"十二五"普通高等教育本科国家级规划教材

新工科建设·计算机类系列教材

国家级精品资源共享课程教材·国家优秀教学团队教学成果

操作系统

（第5版）

罗 宇 文艳军 编著

電子工業出版社
Publishing House of Electronics Industry
北京·BEIJING

内容简介

本书是“十二五”普通高等教育本科国家级规划教材，也是国防科技大学国家精品课程教材和国家优秀教学团队教学成果。操作系统作为计算机系统的核心系统软件，负责控制和管理整个计算机系统的资源并支持用户以进程为单位高效协调地使用这些资源。本书以多道程序技术为基础，以通用操作系统主要功能部件为主线，介绍操作系统的概念、组成、功能、处理流程、设计等内容，包括：绪论，操作系统运行机制与用户界面，进程与处理机管理，进程同步与通信、进程死锁，存储管理，设备管理，文件系统，并行与分布式操作系统，保护与安全，系统虚拟机，Linux 操作系统实例。附录提供与课程配套的实验与课程设计参考资料。配套有实验教材《Linux 操作系统实验教程》，为任课教师免费提供电子课件。

本书可作为高等学校计算机大类专业的教材或参考书，也可供从事计算机研究、开发、维护和应用的专业人员阅读。

图书在版编目（CIP）数据

操作系统 / 罗宇，文艳军编著. —5 版. —北京：电子工业出版社，2019.6
高等学校规划教材
ISBN 978-7-121-36580-5

Ⅰ. ①操… Ⅱ. ①罗… ②文… Ⅲ. ①操作系统－高等学校－教材 Ⅳ. ①TP316

中国版本图书馆 CIP 数据核字（2019）第 096782 号

责任编辑：冉　哲
印　　刷：三河市华成印务有限公司
装　　订：三河市华成印务有限公司
出版发行：电子工业出版社
　　　　　北京市海淀区万寿路 173 信箱　邮编　100036
开　　本：787×1 092　1/16　印张：20.25　字数：571 千字
版　　次：2003 年 4 月第 1 版
　　　　　2019 年 6 月第 5 版
印　　次：2022 年 11 月第 8 次印刷
定　　价：52.00 元

凡所购买电子工业出版社图书有缺损问题，请向购买书店调换。若书店售缺，请与本社发行部联系，联系及邮购电话：（010）88254888，88258888。

质量投诉请发邮件至 zlts@phei.com.cn，盗版侵权举报请发邮件至 dbqq@phei.com.cn。

本书咨询联系方式：ran@phei.com.cn。

前　　言

操作系统是计算机中的核心系统软件，它负责控制和管理整个计算机系统的资源并组织用户高效协调使用这些资源，使计算机各部件在极大程度上并行运行。操作系统课程是计算机大类专业的核心课程。随着计算机技术的发展，各类嵌入式系统得到广泛应用，其他相关专业也相继把操作系统作为一门重要的必修或选修课程。

本书阐述了操作系统的基本工作原理及设计方法，以多道程序技术为基础，以通用操作系统主要功能部件为主线，介绍操作系统的概念、组成、功能、处理流程、设计等内容。最后一章给出了当前流行的 Linux 操作系统设计实例。

本书是“十二五”普通高等教育本科国家级规划教材，也是国防科技大学国家级精品资源共享课程教材和国家优秀教学团队教学成果。作者长期从事操作系统设计、开发和教学工作，根据自己 30 多年的科研和教学实践积累的经验，参考国内外近几年出版的教材和文献，并结合科研开发工作对操作系统教学的要求，充分考虑当前我国计算机教育的现实情况，并参考了全国硕士研究生招生考试计算机科学与技术学科联考计算机学科专业基础综合考试大纲中的操作系统考查内容，编写了本书。作者剔除了传统操作系统教材已无实际使用价值的内容，增加了实用操作系统的典型处理方法，使本书的内容具有先进性及实用性；并且本着循序渐进的原则，采用通俗的语言和先进的实例，全面阐述操作系统的基本概念、原理、方法；既注重对操作系统经典内容的论述，又注意介绍操作系统的发展趋势及重要的研究开发成果，如第 10 章的系统虚拟机。修订后全书共 11 章，每章之后配有小结及习题，以加深理解。

第 1 章介绍什么是操作系统及操作系统的形成、发展与现状；

第 2 章介绍操作系统的运行机制与用户界面；

第 3 章介绍进程管理及线程的基本思想；

第 4 章介绍并发及死锁；

第 5 章介绍存储管理；

第 6 章介绍设备管理；

第 7 章介绍文件系统；

第 8 章介绍并行与分布式操作系统；

第 9 章介绍保护与安全；

第 10 章介绍系统虚拟机；

第 11 章介绍 Linux 操作系统实例。

附录 F 提供了可参考的综合实验指南。

其中，前 7 章是操作系统的核心内容，可根据教学目的及课时安排选择增加第 8、9、10、11 章内容。本书适于 36～64 学时的课堂教学。建议在讲前 3 章时布置多进程（或多线程）编程、内核综合实验，穿插讲解习题及课程实验内容，也可利用本书配套实验教材《Linux 操作系统实验教程》安排实验。本书为任课教师免费提供电子课件，可通过华信教育资源网 http://www.hxedu.com.cn 注册下载。本课程更多资源（含录像、课件、大纲、习题、问答、试题等）可通过爱课程网站获取。

本书第 9 章及附录 A～D 由文艳军编写，其他部分由罗宇编写。陈燕晖、李思阳、晏益慧、张辉、许祥、张晨、韩明峰、邹鹏、邓胜兰为本书编写提供了素材或建议，在此表示感谢。

本书可作为高等学校计算机大类专业的教材，对于具有高级程序设计语言初步知识和对计算机有一定了解的专业人士，亦是较全面的参考书。书中疏漏谬误之处恳请专家、读者指正。另特别感谢编辑冉哲以读者角度对本书的修改建议。

作者

于长沙・国防科技大学计算机学院

目　录

第1章　绪　论

计算机系统在国民经济和人们生活中起着越来越重要的作用。操作系统是计算机系统不可或缺的核心系统软件，是计算机系统的调度、控制中心。一方面，操作系统将裸机改造成为功能强大、各部件高效运行、使用方便灵活、安全可靠的虚拟机，为用户提供计算机系统的良好使用环境；另一方面，操作系统采用合理有效的方法组织多个用户任务共享计算机的各种资源，最大限度地提高资源的利用率。

自世界上第一台计算机 ENIAC 于 1946 年问世以来，计算机在运算速度、存储容量、元器件工艺及系统结构等方面都有了惊人的发展。以前，人们按照计算机元器件工艺的演变过程将计算机的发展划分为 4 个时代：电子管时代、晶体管时代、集成电路时代和大规模集成电路时代。与硬件发展相类似，人们也将操作系统的演变和发展过程划分为 4 个时代：单道批处理时代，多道批处理、分时和实时系统时代，同时具有多方面功能的多方式系统时代，并行与分布式系统时代。

本章将介绍什么是操作系统及操作系统在计算机系统中的地位和作用。并通过阐述操作系统历史的演变过程，使读者对操作系统的基本概念及技术的产生和发展等问题有一个直观的了解，从而使读者对不同类型操作系统的基本特征、今后的发展方向及目前流行的操作系统有更深刻的认识。

1.1　什么是操作系统

众所周知，处理机（CPU）、主存、辅存、终端、网络设备等硬件资源通过主板连接构成了看得见、摸得着的计算机硬件系统。为了能使这些硬件资源高效地、尽可能并行地被用户程序所使用，也为了给用户程序提供易用的访问这些硬件的方法，我们必须为计算机配备操作系统软件。操作系统的工作就是管理计算机的处理机、主存、外部设备等硬件资源，提供存放于存储设备中的文件等逻辑资源，并组织用户任务（如以进程的形式）使用这些资源。

操作系统是一种系统软件，是软、硬件资源的控制中心，它以尽量合理有效的方法组织单个或多个用户以多任务方式共享计算机系统的各种资源。

1.1.1　计算机系统的软件构成

计算机系统的软件层次及构成如图 1.1 所示。

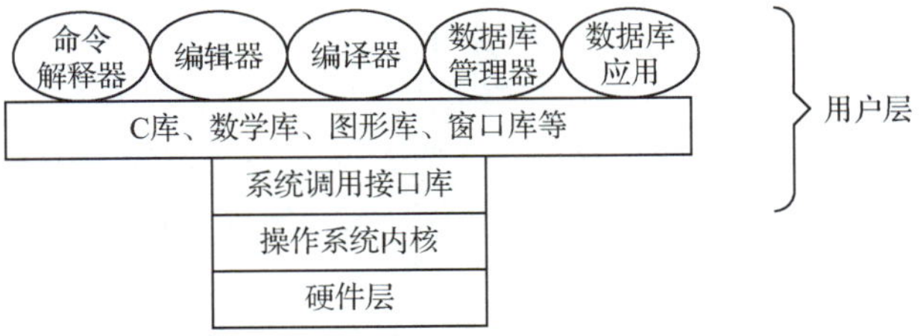

图 1.1　计算机系统的软件层次及构成

当用户在计算机中安装操作系统时，如图 1.1 所示的操作系统内核、命令解释器、编辑器、编译器，以及各种库程序，甚至数据库管理器、数据库应用等都从安装介质复制到计算机系统的磁盘中。

无论是安装 UNIX、Linux 还是 Windows 操作系统，命令解释器都是一个必不可少的程序。用户通过它来使用计算机。如果没有它，用户就无法操作计算机，无法输入命令让计算机去执行（注意，在窗口界面中，用户通过与命令解释器对应的程序管理器，如 Windows 的 explorer.exe，来使用计算机）。在现代操作系统实现中，命令解释器不是操作系统内核的组成部分，但它在使用计算机的过程中是不可缺少的。用户在终端输入的命令就是由命令解释器接收并解释执行的。其他的操作系统内核层之上的程序则是根据计算机的定位（服务器或工作站）而选择安装的。如果将计算机定位成开发程序用的工作站，那么用户必须安装编辑器进行程序编辑，并安装编译器进行程序编译。如果把计算机作为一个网络上的 Web 服务器，那么必须安装 Web 服务器程序。无论是用户自编的普通 C 语言程序还是数据库应用程序，都需要在安装并运行操作系统后再进行开发或安装。这些在操作系统内核层之上的程序，不管是命令解释器、Web 服务器，还是用户自编的程序，都要通过操作系统提供的进程机制来运行。

从狭义上看，操作系统只包含如图 1.1 所示的**操作系统内核**。它是一个非常重要的系统程序，管理着系统中所有的公共资源，并提供实现程序运行的进程机制。由于操作系统内核工作的重要性、特殊性，它必须在一种特殊的保护状态下运行，以免受到用户层程序的干扰和破坏，因此，它提供一组称为**系统调用**的接口，供上层程序调用，从而保证操作系统内核在特殊保护状态下运行，并且满足上层程序对系统资源的申请、使用、释放，以及进程的创建、结束等诸多功能的调用。

图 1.1 中的各种库程序实际上就是一些可以重用的、公用的子程序，它们提供形形色色的功能。系统提供这些库程序是为了方便用户编程。用户不必为了实现一个通用的功能再重写库程序代码，而只要引用库程序中的函数即可。库程序可以看成一些通用的、公共的程序集合，利用操作系统内核提供的简单的资源管理功能实现复杂的复合功能。这些通用的公共程序之所以不放到操作系统内核中实现，是因为它们不涉及系统公共资源的管理，也是为了控制操作系统内核的大小。

1.1.2 操作系统作为特殊子程序

从图 1.1 可以看出，操作系统内核位于计算机硬件之上。操作系统内核为用户层程序提供系统调用功能。系统调用与普通函数调用相似，可以看成对特殊的公共子程序的调用。因为这些程序提供了一些可以被任意用户层程序调用的公共功能，所以用户不需要再编写实现这些功能的程序，只要调用操作系统内核提供的相应“系统调用”即可。但是，要特别注意系统调用的特殊性，即系统调用处理程序运行在一种特殊的保护状态下。在这种状态下，程序可以执行一些特权指令，访问用户层程序访问不到的系统存储空间。系统调用之所以具有这样的特殊性，是因为系统调用处理程序涉及系统共享资源的操作。

举例来说，求 $\sqrt{x}$ 的值是许多用户程序都要做的工作，可以把它作为一个公共子程序实现。那么它需要作为系统调用在操作系统内核中实现吗？回答是否定的。虽然计算 $\sqrt{x}$ 需要许多条机器指令来实现，但是因为它不涉及系统的共享资源，只对输入变量 x 进行操作，所以可以把它作为数学库中的子程序来实现。

计算机都使用磁盘来存放系统或用户的程序及数据，存放在磁盘中的程序或数据称为**文件**。当一个用户程序要访问某个文件中的某段信息的时候，需要知道这段信息存放在磁盘哪个扇区中，需要向磁盘控制器发送读扇区的请求，需要查看扇区信息是否已经读入主存。如果这些操作都交给用户来编程实现，不仅复杂，而且重复。因此，操作系统给用户提供一个简单的、统一的文件操作界面，即磁盘中可以包含许多文件，每个文件可以按照读/写方式打开，然后进行读/写操作，最后关闭文件。用户无须知道磁盘是怎么工作的、如何读/写数据，也不需要知道要读/写的数据放在磁盘的哪个扇区中，只需要知道读/写哪个文件的哪一段数据即可。利用这个简单的文件操作界面就可以与磁盘进行数据交换。至于确定文件信息在哪个扇区中、如何读/写这个扇区，则由操作系统的系统调用处理程序来实现。因为磁盘不是某个用户的私有资源，磁盘中的文件可以供多个用户访问，涉及磁盘和文件的管理数据都应该受到保护，所以文件操作以操作系统内核系统调用的形式实现。

1.1.3 操作系统作为资源管理者

计算机由处理机、主存、辅存、终端、网络设备等硬件资源组成。处理机提供程序执行能力；主存、辅存提供程序和数据的存储能力；终端提供人机交互能力；网络设备提供计算机间通信能力。这些硬件资源要能被计算机用户高效地使用，必须有适合每种硬件资源特点的资源分配和使用机制。

为使硬件资源充分发挥作用，必须允许多用户或单用户以多任务方式同时使用计算机，以便让不同的资源由不同的用户任务同时使用，减少资源的闲置时间。例如，当一个用户任务将文件内容从辅存向主存的缓冲区读出时，另一个用户任务可以让自己的程序在处理机上运行。这样，处理机、主存、辅存同时工作，也就提高了资源利用率。

要让每种资源被多用户任务充分利用，就需要研究每种资源的特点。对于单处理机来说，它只能执行一个指令流。如果多个用户任务都要使用它，那只有让多个用户任务的程序分时地在处理机上运行，也就是说，处理机交替地运行多个用户任务中的程序。这意味着，操作系统要合理调度多用户任务来使用处理机。存储设备为程序和数据提供存储空间，只要多个用户的程序和数据按照规定的位置存放，互不交叉占用，它们就可以共存。操作系统要做的事就是管理存储空间，把适用的空间分配给用户的程序和数据使用；当用户任务访问这些程序和数据时要能够找到它们。

针对不同资源的特点，资源管理提供两种资源共享使用的方法："时分"和"空分"。

① **时分**是指由多个用户进程分时地使用该资源。除上述的处理机外，还有很多其他的资源也必须分时地使用，如外部设备控制器、网卡等，这些控制部件包含了控制 I/O 的逻辑，必须分时地使用。

② **空分**是针对存储资源而言的。存储资源的空间可以被多个用户进程共同以分割的方式占用。

在时分共享使用的资源当中，有如下两种不同的使用方法。

① **独占式**使用。独占表示某个用户任务占用该资源后，可以执行对资源的多个操作，使用一个完整的周期。例如，如果多个用户任务使用打印机，那么对打印机的独占式使用是指多个用户任务一定是分时地使用该打印机的；每个用户任务使用打印机时，执行了多条打印指令，打印了一个完整的对象（如完整的文件）。这里，每个用户任务要执行多条打印指令，为了不让多条打印指令在执行过程中被别的打印任务中断，用户任务需要在执行打印指令前申请独占该打印机资源，执行完所有打印指令后再释放。

② **分时式**共享使用。这种共享使用是指用户任务占用该资源后无须使用一个逻辑上的完整周期。例如，对处理机的占用，用户任务随时都可以被剥夺处理机，只要运行现场保存好了，下次该用户任务再次占用处理机时就可以继续运行。再如，对磁盘的输入/输出，当一个用户任务让磁盘执行一个 I/O 请求后，其他用户任务也可向磁盘发出 I/O 请求，操作系统并不要求某个

用户任务的几个 I/O 请求之间不能插入其他用户任务的 I/O 请求。

操作系统应针对不同的资源类型，实现不同的资源分配和使用策略，并为资源分配、释放、使用提供相应的系统调用接口。

1.1.4 操作系统提供程序并发运行机制

用户可使用计算机进行科学计算、数据管理、通信、控制等工作。要实现所述的这些任务，必须执行相应的程序。用户使用处理机来执行程序，用程序驱动外部设备来进行数据交换，驱动网络设备来进行通信。用户的意图必须由程序及程序的输入参数表示出来。为了实现用户意图，必须让实现相应功能的程序得以执行；为了能让程序得以执行，需要由操作系统给程序及程序数据安排存放空间；为了能提高资源利用率，增加并发度，还必须让多个用户程序能分时占用处理机；为了能让一个程序还没运行完就允许另一个程序占用处理机运行，就必须保存上一个程序的运行现场。因此，必须要对实现各种用户意图的各个程序的执行过程进行描述和控制。

说明程序执行的状态、现场、标识等各种信息，有选择地调度某个程序占用处理机运行，这些工作必须由操作系统完成，这也是为了实现程序对处理机的分时占用。

操作系统一般用**进程**机制来实现程序的执行。

进程是指程序的执行，即程序针对某个数据集合的执行过程。操作系统的进程调度程序决定处理机如何在各执行程序间的切换。操作系统为用户提供进程创建和结束等的系统调用功能，使用户能够创建新进程以运行新的程序。

操作系统在系统初始化后，会为每个可能的系统用户创建第一个用户进程，用户的其他进程则可以由先前生成的用户进程通过“进程创建”系统调用陆续创建，以完成用户的各种任务。

在支持交互使用计算机的系统中，用户的第一个进程往往需要运行命令解释器程序（对于图形窗口终端用户而言，就是具有窗口界面的程序管理器，如 Windows 操作系统的 explorer.exe），这个程序会从终端获得用户输入的命令（或用户单击执行程序图标的信息），再进行相应的处理，可能会调用操作系统的“创建进程”系统调用，创建新进程去运行实现命令功能的程序。例如，在 Linux 操作系统控制的终端上输入：

```
$ cp /home/ly/test.c /home/wq/hello.c
```

那么，这一行字符串会由命令解释器程序获得，它会创建一个子进程，由子进程去运行 cp 实用程序，由 cp 实用程序建立一个新文件/home/wq/hello.c，并把/home/ly/test.c 文件中的内容读出来，写到/home/wq/hello.c 中。

1.2 操作系统的发展历史

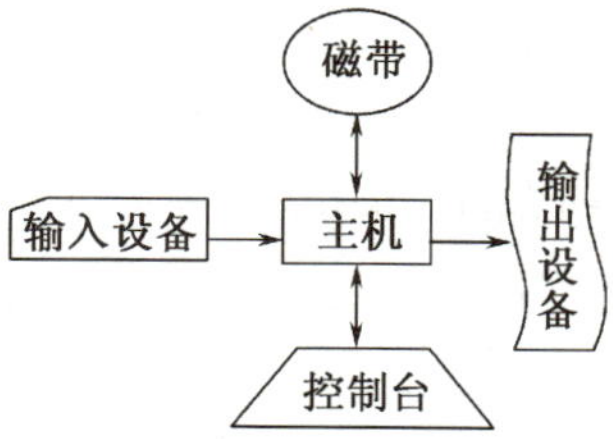

图 1.2 早期计算机系统

在计算机刚刚诞生的 20 世纪 40 年代，计算机系统仅由硬件和应用软件组成。在这一时期，整个计算机系统是由用户直接控制使用的，所以又称为“手工操作”阶段。当时的计算机不仅速度慢、存储容量小，而且外部设备（简称外设）简单，主要使用磁带作为辅存，如图 1.2 所示。整个计算机系统由单个用户独占使用。当时用户使用计算机的大致方法是：将程序和数据以穿孔方式记录在卡片或纸带上，把卡片或纸带装在输入设备上；然后在控制台上形成输入命令，启动设备将卡片、纸带信息或磁带上的信息输入指定的主存单元；接着在控制台上指定主存启动地址，并启动程序运行；最后在打印机等输出设备上取得程序运行的结果。

显然，在这种使用方式下，用户在上机时独占全部资源，使用机器语言编写程序，并且对计算机各部分的工作直接实施人工干预，或者由用户自己所写的程序控制。在硬件各部分速度较低且程序较小的情况下，这种方式还能被人们所接受。但是，随着计算机速度的提高，以及FORTRAN，COBOL等高级程序设计语言的问世，这种方式势必使人无法忍受。

例如，用户要运行一个用FORTRAN语言编写的程序，必须先把存有FORTRAN编译程序的磁带安装在磁带机上，将FORTRAN编译程序和用户编写的FORTRAN源程序调入主存，并对FORTRAN源程序进行编译；然后再安装磁带上的“链接程序”，对编译好的程序进行链接，形成目标程序；最后启动目标程序运行。

由此可见，一批包括语言编译程序在内的系统软件的问世，使用户上机过程变得更繁杂，并增加了程序运行前的准备时间。由于计算机运算速度的提高，因此上述人工操作势必造成更大的资源浪费。为了缩短运行前的准备时间，提高计算机资源的利用率，人们提出了简单的改进措施，引入了“系统操作员”的概念。各用户将自己的程序及程序的运行步骤（控制意图）交给系统操作员，系统操作员将这种形式的一批用户作业按类进行划分，每次处理一类作业。

例如，将需要进行FORTRAN编译程序的作业组织成一类依次进行编译，并由系统操作员控制计算机运行用户程序。当然，这种使用计算机的方法仍旧停留在手工操作阶段，人的操作速度与机器的运行速度相比，仍存在极大的差距。由于人的操作缓慢，使得计算机资源在大部分时间被闲置，因此急需用程序来代替人的手工操作。

1.2.1 监督程序

20世纪50年代，为了减少系统操作员工作所花的时间，提高资源利用率，人们开始利用计算机系统中的软件来代替系统操作员的部分工作，从而产生了最早的操作系统——早期批处理系统。

1. 批处理系统

批处理系统的基本思想是：设计一个常驻主存的程序（监督程序，Monitor）。由系统操作员有选择地把若干用户作业合成一批，安装在输入设备中，并启动监督程序。然后，由监督程序自动控制这批作业运行。监督程序首先把第一道作业调入主存，并启动该作业；一道作业运行结束后，再把下一道作业调入主存启动运行。待一批作业全部处理结束后，系统操作员则把作业运行的结果一起交给用户。按照这种方式处理作业，各作业间的转换及各作业的运行完全由监督程序自动控制，从而减少了部分人工干预，有效地缩短了作业运行前的准备时间。

所谓**作业**（Job），是用户在一次上机活动中要求计算机系统所做的一系列工作的集合。从执行的角度看，作业由一组有序的**作业步**组成，如编译、运行分别称为不同的作业步。

当监督程序取代系统操作员的部分工作后，用户应以某种方式告知监督程序其作业的处理步骤。因此，在早期批处理系统中引出了“作业控制语言”和“作业控制说明书”的概念。作业控制说明书是使用作业控制语言编写的、用于控制作业运行的一段描述程序。在组织一道作业时，通常将作业控制说明书放在被处理的作业前面（或插入适当位置），由监督程序通过解释执行作业控制说明书中的语句来控制作业的运行。典型的卡片作业结构如图1.3所示。

这叠卡片中某些卡片表示了作业控制说明书中的语句。监督程序通过逐条解释、执行该作业控制说明书中的语句来自动控制作业运行，具体步骤说明如下。$JOB语句说明该作业的名字、预计最大执行时间等信息。监督程序解释$FORTRAN语句的结果是，把FORTRAN编译程序调入主存，并启动其编译后面的源程序。编译结束后，控制返回给监督程序。监督程序解释$LOAD语句的结果是，通过链接程序把经过编译的程序链接起来，形成可执行程序。最后，解释$RUN语句，从而启动可执行程序运行。

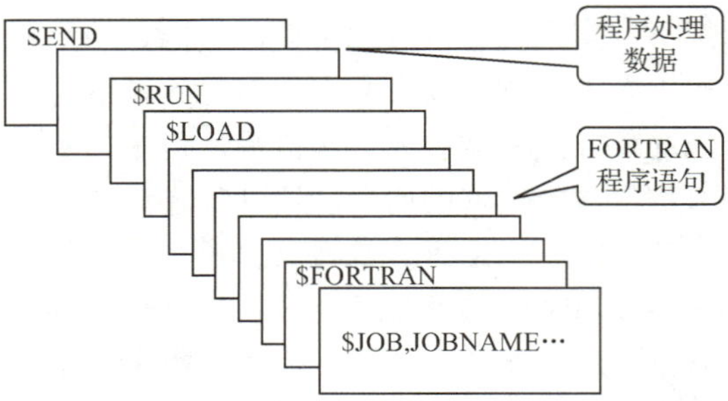

图 1.3　典型的卡片作业结构

监督程序内专设一个作业控制程序（Job-Controller）以控制作业的运行。作业的控制意图描述在作业控制说明书中。作业控制程序在控制某道作业运行时，其实质性工作是解释执行作业控制说明书中的语句，实现对作业的控制。从逻辑上看，作业由三部分组成：源程序（或程序）、数据及“加工”步骤。监督程序一旦接收到一道作业，就开始根据“加工”步骤所规定的动作逐步完成对作业的加工活动。

如果用户可以使用全部的机器指令，就可以直接控制和使用系统资源（如主存、外部设备等），但是用户编程中的错误往往可能导致各种预想不到的后果。为了避免这类错误发生，人们将机器指令分为“普通指令”和“特权指令”，并且引入了“**模式/态**”（Mode）的概念。把有关I/O的指令、对特殊寄存器的访问等列为特权指令，并且规定只有监督程序才有权执行特权指令，用户程序只能执行普通指令。将I/O指令列为特权指令后，用户便不能直接控制设备进行传输了。如果用户希望进行I/O操作，则必须向监督程序提出请求；监督程序通过调用系统内部的程序段来完成用户的I/O请求。由此引出了“**系统调用**”（System Call）或称“广义指令”的概念。

监督程序为用户提供一系列分别完成各种不同功能的系统调用程序段。用户程序中可以用一条特殊的硬件转移指令（不带转移地址，直接转到操作系统与硬件约定的地址）请求一次特定的（通过编号区分）系统调用。当处理机执行到用户程序中的系统调用指令时，硬件通过产生“**自陷**”（Trap）并借助转换机制将当前的用户模式转变为监督模式，随之转入监督程序运行。监督程序根据用户提供的调用参数进行相应的处理，如完成I/O操作等功能。处理结束后，监督程序根据“自陷”前所保存的现场将模式改变为用户模式，退回用户程序继续执行。

“系统调用”概念的引入提高了监督程序在整个系统中的地位，丰富了监督程序的功能。监督程序不仅对作业的处理流程进行自动控制，而且还负责为用户程序的运行提供各种功能的服务。系统调用的引入也为用户提供了使用计算机系统的新接口，使用户从直接使用物理处理机的繁杂束缚中解脱出来，呈现在用户面前的是一台功能强大、使用方便的虚拟处理机。引入系统调用后，用户对系统内部各种资源的使用均由监督程序代为完成，因而也使系统更加安全，既避免了用户在编程使用资源时可能出现的某些错误，也有利于提高资源利用率。

在手工操作阶段，存储器全部由用户支配使用。引入监督程序后，存储器不再由用户独占，常驻主存的监督程序必须占用部分主存空间。通常，监督程序占用主存的0～k单元，而k+1～n单元由用户程序占用。监督程序所在的存储空间称为“**系统空间**”，用户程序所在的存储空间称为“**用户空间**”。为了避免用户程序执行时有意或无意地对系统空间进行存取访问，在硬件方面提供一个界地址寄存器，用于存放系统空间与用户空间的分界地址。若系统处于用户模式，每次访问主存时，硬件会自动进行地址越界检查，从而保证了监督程序不被破坏。这种保护称为“**存储保护**”。

在早期批处理系统中，当系统动态运行时，可能一段时期处于监督模式，一段时期又处于用户模式。从用户模式进入监督模式主要是由用户程序中的系统调用引起的。例如，用户请求设备 I/O 或请求结束运行。但是，若在用户程序执行过程中永远不出现系统调用，或者永远不出现请求结束运行的系统调用（如用户程序进入了“死循环”），监督程序便失去了作用。为了防止这种情况发生，人们设置了**“定时器中断”**。

定时器（Timer）是一个硬件计数器，其计时长度可以根据需要而调整。计数器根据硬件的计时周期自动计时，计数器满后便发生定时器中断。用户程序执行时，若碰到定时器中断，则无条件进入监督程序。监督程序根据当前作业控制说明（或规定）的“最大运行时间”值来判断该程序是否进入了“死循环”，从而可以有效地防止某个用户程序长期垄断处理机的现象。

引出上述概念后，早期批处理系统中的监督程序工作流程如下。

（1）判断输入设备中是否有待输入的作业，如果没有，则等待作业输入。

（2）从输入设备输入一道作业。

（3）控制作业运行。

① 取一条作业控制说明书中的语句，解释执行。如果是一条“作业终止”语句，则删除该作业，转第（1）步。

② 如果当前是一条“执行性语句”（如请求编译、请求运行用户程序等），则在主存中建立相应程序的运行环境，并分配处理机，开始在用户模式下执行该程序。

③ 在用户模式程序的执行过程中，如果发生“中断”事件（如 I/O 中断、系统调用、程序执行错误等），将控制转入监督程序。当“中断”事件处理结束后，返回用户态，用户程序继续执行。

④ 用户程序执行结束后，进入监督程序，控制转第①步，取下一条作业控制说明书中的语句执行。

监督程序如同一个系统操作员，它负责批处理作业（即按照作业控制说明书运行的作业）的 I/O，并自动根据作业控制说明书，以单道串行的方式控制作业运行，同时在程序运行过程中通过提供各种系统调用的方式来控制计算机资源的使用。虽然监督程序并不能被称为操作系统（它与操作系统的本质差别在于监督程序不具有并发控制机制），但监督程序在系统中的地位和作用、实现的基本目标及管理资源的基本方法与操作系统类似。真正的操作系统就是在此基础上进一步发展和完善起来的。

与手工操作阶段相比，监督程序的引入有效地减少了人工干预时间和作业运行前的准备时间，相对提高了处理机的利用率。但是，在计算机运算速度大幅度提高的形势下，用这种方法管理计算机远不能满足需要。首先，在一个处理机上运行的程序启动 I/O 操作时，处理机被迫处于空闲状态或**忙等待**（Busy_Wait）状态，也就是说，处理机启动 I/O 操作后，再循环判断 I/O 操作是否完成，而没有做实质性工作，这将导致高速的处理机受到慢速外部设备的牵制，从而使处理机无法充分得到利用。

2. 利用脱机 I/O 技术改善系统性能

因为作业的 I/O 操作与作业的运行是串行的，所以受卡片机、光电机、打印机等慢速 I/O 设备的影响，处理机的利用率难以提高。为了进一步提高系统的工作效率，必须解决低速 I/O 的问题。磁带机的传输速度比卡片机、光电机和打印机的速度快，若用磁带机代替这类低速设备便可进一步缩小处理机与外部设备之间在速度上的差异。历史上，人们曾采用脱机 I/O 技术实现作业的 I/O 操作，其系统模型如图 1.4 所示。

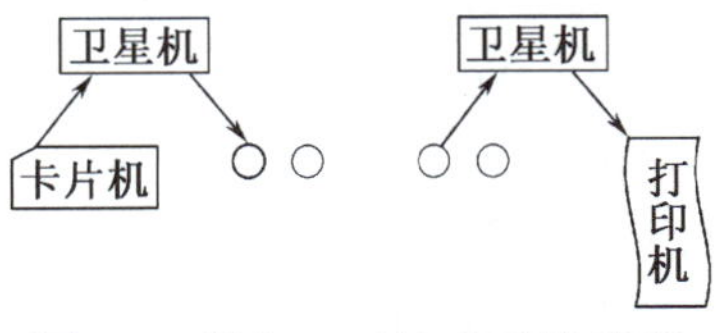

图 1.4　脱机 I/O 技术系统模型

在采用脱机 I/O 技术的系统中，主机的所有 I/O 都是通过磁带机进行的。用户的作业由另一台能力较弱、价格较低的卫星机负责从卡片机传输到磁带（称为输入带）上，然后系统操作员将输入带安装到与主机相连的磁带机上。主机在处理输入带上的作业时，将产生的输出结果直接送到输出带上。系统操作员再将输出带安装到卫星机上，由卫星机负责将输出带上的信息从打印机上输出。由于磁带机的速度比慢速 I/O 设备（如卡片机、打印机）的快，因而按照这种脱机方式控制作业的 I/O 操作，可以减少其所花费的时间，有效地提高处理机的利用率。如果将一台主机与多台卫星机有机地组合，使速度得到最好的匹配，则可以大幅度提高系统的处理能力。从 20 世纪 50 年代末到 60 年代初，这种脱机处理方式被广泛地应用于批处理系统中。

无论如何，由于处理机与 I/O 设备是以串行方式工作的，也就是说，当处理机工作时，I/O 设备闲着；当 I/O 设备工作时，处理机处于忙等待，这就限制了设备的利用率。另外，从方便用户的角度来说，采用这种批量处理的控制方法，用户不能以交互方式使用计算机，从而限制了对计算机的灵活使用。随着对这些问题不断深入的研究和解决，逐步形成了第 2 代操作系统。

1.2.2 专用操作系统

20 世纪 60 年代初，计算机硬件有了很大的发展。例如，主要元器件由电子管变成了晶体管，出现了磁盘、通道、终端等部件。而这些硬件的发展为监督程序提出了新的研究课题，也为操作系统的形成提供了重要的物质基础。这一时期是操作系统形成的重要时期。随着计算机应用的巨大牵引，不仅批处理系统得到了充分的发展，而且还出现了实时（Real Time）、分时（Sharing Time）等不同类型的系统。

1. 多道批处理系统

在早期批处理系统（也称单道批处理系统）中，处理机与 I/O 设备以串行方式工作，故两者的利用率较低。为了提高资源利用率，人们开始使用 I/O 缓冲、SPOOLing 等技术，尤其是引入了“多道程序设计”（Multiprogramming）的思想，使单道批处理系统发展为多道批处理系统。

（1）利用 I/O 缓冲实现异步编程

在单道批处理系统中，作业的处理过程是单道串行的，所以在监督程序的控制下，处理机与外部设备也按串行方式工作。为改变这种串行工作方式，人们首先采用了缓冲（Buffering）技术使两者在一定程度上并行操作。

例如，在主存中建立两个长度相同的缓冲区：B0，B1。对于一批待输入的信息，首先将其中的一个记录从外部设备中读入 B0，读完后接着将下一个记录从外部设备中读入 B1，与此同时，处理机开始处理 B0 中的记录。待处理机的处理工作与输入工作均结束后，则将下一个记录读入 B0，处理机同时处理 B1 中的记录。如此重复，直至将信息全部输入并处理完毕，这种利用双缓冲区实现的 I/O 操作在一定程度上实现了处理机与外部设备并行工作。这类并行的实现要求 I/O 设备有较强的功能，能够不依赖于处理机实现外部设备与主存独立地交换数据，在引入通道技术后这个缓冲技术得到了广泛应用。

（2）SPOOLing 技术

通道技术的引入，使处理机与外部设备并行操作成为可能。

通道是指专门用来控制 I/O 的硬件装置，可以实现外部设备与主存直接交换数据，在相当长的时间里不用打扰处理机，因此这时处理机可以去干别的事情。为了能够消除脱机 I/O 带来的人工干预的麻烦，又要保持脱机 I/O 系统中作业高速入/出主存的特点，人们借助通道和磁盘成功地实现了著名的 SPOOLing 系统。通道也可看成专门的 I/O 处理机，磁盘则是一种比磁带更快且能够随机存取的辅存。

SPOOLing（Simultaneous Peripheral Operation On Line 的简称）的含义是并行的外部设备联机操作。用 SPOOLing 技术控制批处理系统中作业 I/O（如图 1.5 所示）的基本思想是：用磁盘（或一组磁盘）设备作为主机的直接 I/O 设备，即系统直接从磁盘中选取作业运行，作业的运行结果也直接存入磁盘，相应的通道（在设备驱动程序驱动下）则负责并行地将卡片机中的用户作业输入磁盘，或者将磁盘中作业的运行结果从打印机上输出。

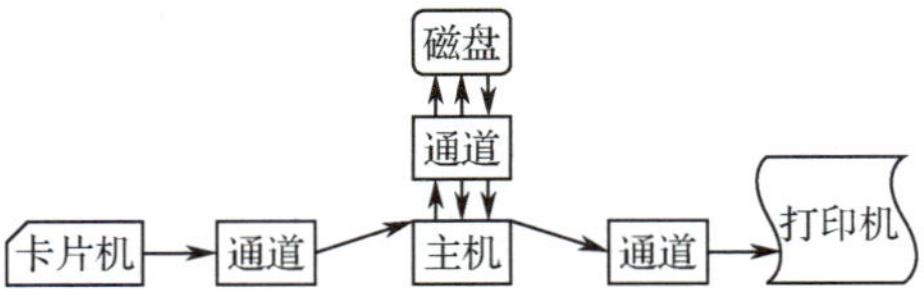

图 1.5　SPOOLing 技术控制批处理系统中作业的 I/O

通道直接受主机控制，主机与通道之间借助**中断机制**相互通信。例如，只要卡片机上有用户作业，系统便启动设备通道，通道被启动后便将作业依次通过主存传输至磁盘中，在作业输入期间，主机可以并行地从事其他工作。类似地，只要磁盘中存在等待输出的信息且打印机空闲，则系统通过启动通道将信息从打印机上输出。所以，SPOOLing 技术又被称为“伪脱机 I/O”技术，被广泛地用于后来的批处理系统中。采用 SPOOLing 技术实现 I/O 与主机并行的系统通常又简称为 SPOOLing 系统。SPOOLing 技术为实现多道批处理系统中的多道程序设计思想提供了重要的基础。

（3）多道程序设计技术

如前所述，人们采用 SPOOLing 技术，利用主机和通道间的并行性，可以使作业的 I/O 与主机运算并行，提高了系统效率。当在主机中运行的某道作业需要传输大量数据时，人们可以采用缓冲技术来获得一定程度上的并行。尽管如此，由于系统中作业之间仍以串行方式被处理，即主存在任何时刻至多保持一道作业，处理完一道作业后再从外部选取另一道作业，因此无法进一步提高资源（如处理机、主存等）的利用率。为了从根本上解决这一问题，人们提出了“多道程序设计”技术。

多道程序设计技术的基本思想是，在主存同时保持多个程序（作业），主机（书中若没有特殊说明，则都是单处理机系统）以交替方式同时处理多个程序。

所谓多个程序，从宏观上看，是指主机内同时保持和处理若干已开始运行但尚未结束的程序。而采用这种多道程序设计技术的系统被称为多道程序设计系统。

由于任何一道作业的运行总是交替地串行使用处理机、外部设备等资源，即：使用一段时间的处理机，然后使用一段时间的 I/O 设备，如图 1.6 所示，因此，如果采用多道程序设计技术，加之对多个程序实施合理的运行调度，则可以大大提高处理机与外部设备的利用率，使两者高度并行工作。

如图 1.7 所示，是三道作业同时运行时处理机与外部设备的利用情况。当作业 A 因请求 I/O 设备而放弃处理机时，操作系统为作业 A 启动相应通道（由通道独立地控制 I/O 设备）后，便把处理机重新分配给作业 B，此时处理机与 I/O 设备并行工作。类似地，当作业 B 也请求 I/O 设备时，处理机重新分配给作业 C。因此，只要系统能保持足够道数的作业，再加上合理的调度，便可能使处理机与 I/O 设备获得高度的并行。采用多道程序设计技术无疑大大提高了主存及其他资源的利用率。

图 1.6 单道作业的执行过程

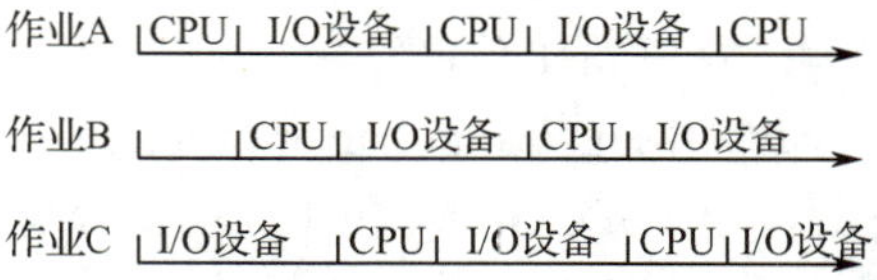

图 1.7 多道作业的执行过程

引入多道程序设计技术，无论对于实现多道批处理系统，还是交互式、分时系统，乃至实时系统，均提供了重要的技术手段。多道程序设计系统的出现标志着操作系统的形成。

操作系统的最基本特征如下：

① 并发（Concurrent）机制，支持多道程序设计技术。

② 共享（Sharing）机制，控制各种并发活动正确（空分或时分）地共享系统软、硬件资源。

正是由于这两个特征使得操作系统变得极其复杂。

利用上述介绍的各种技术，特别是多道程序设计技术，便将早期的单道批处理系统发展成了多道批处理系统。多道批处理系统的基本特征是：系统按照成批（或称批量）的形式输入用户作业，并采用 SPOOLing 技术和多道程序设计技术控制多道作业运行。

2. 分时系统

多道批处理系统的出现有效地提高了系统资源的利用率，但却失去了手工操作阶段的“交互性”优点。也就是说，使用多道批处理系统的用户必须将其作业的控制意图完全地描述在作业控制说明书中。用户一旦把作业交给了系统，便不能再以“会话”方式控制作业运行了，所以用户会在一定程度上感觉不便。

首先，用户的算题周期延长了，用户向机房提交的作业往往需要几经反复才能获得所需结果（对一个新程序尤其如此）；其次，在程序运行过程中失去了人的主观能动作用。

按照手工操作方式算题，程序员可以观察程序的运行情况，一旦发现错误便可以随时设法改正。特别是对一个给定的数学模型，当需要观察不同参数对其产生的影响时，尤其需要交互式环境。“方便用户”是操作系统追求的重要目标之一，所以在这一阶段很快出现了以多道程序设计技术为基础的交互式系统，即“分时系统”。

由于控制台和打印机这类外部设备作为交互作用的人机接口设备极不方便，因此当时作为理想的人机接口设备的终端便应运而生。

终端是集 I/O 能力为一体的设备。在此设备基础上，系统为用户提供一组终端命令，在操作系统中设立一个**命令解释程序**（作用相当于批处理系统中的作业控制程序）。用户可以在终端上通过命令与系统交互，从而产生了交互式系统。将交互式系统与多道程序设计系统相结合便形成了分时系统。

在分时系统中，一台计算机与多台终端相连接。用户通过各自的终端和终端命令以交互方式使用计算机。系统使每个用户都能感觉到好像自己在独占计算机。而在系统内部，操作系统负责协调多个用户分时共享处理机，这便是所谓“分时”的含义。

在协调用户分享处理机时，操作系统通常采用“时间片轮转”原则分配处理机给用户。操作系统规定一个被称为“时间片”的时间单位，所有终端用户轮流享用一个时间片的处理机时间。例如，若有 n 个用户，时间片值为 Q，则每个用户在 nQ 的时间内至少能使用 Q 个时间单位的处理机。由于处理机的速度比人在终端上输入命令的速度快很多，因此用户似乎感到处理机被自己所独占。

分时系统的基本特点如下：

① 并发性。系统能协调多个终端用户同时使用 CPU（即系统内部具有并发机制），能控制多个程序同时运行。

② 共享性。对资源而言，系统在宏观上使各终端用户共享计算机的各种资源，而在微观上它们则分时使用这些资源。

③ 交互性。对系统和用户双方而言，人与系统以对话方式进行工作。

④ 独立性。对用户而言，感觉只有他自己在使用计算机。

显然，前两个特点（即并发和共享）是各类操作系统所共有的基本特征，而后两个特点是分时系统所独有的特点。

交互式作业是指在分时系统中，用户通过终端和系统提供的终端命令指导上机的过程。用户的一次交互使用机器的过程被看成交互式作业。交互式作业的提交形式与批处理作业不同。用户登录代表了用户交互作业的生成，用户动态地向系统提交作业步，每完成一个作业步的动作，系统便给出相应的回答信息，用户继续提交下一个作业步，直至作业全部完成，用户和系统以交互方式工作。分时系统上的交互式作业比批处理系统上的作业在管理和控制方面要简单些。

分时系统的一个重要设计是分时地为所有终端用户服务，如在某终端用户输入命令的时候，处理机可能在处理其他终端用户已经输入的命令。为了保证交互的及时性，当分时系统的用户动态提交作业步时，系统必须立即响应并处理每个作业步的动作。对终端用户通过终端提交的作业步，系统必须加以识别并立即解释执行。为此，系统设有命令解释程序，由它解释终端所输入的命令。如图 1.8 所示是分时系统的运行环境。

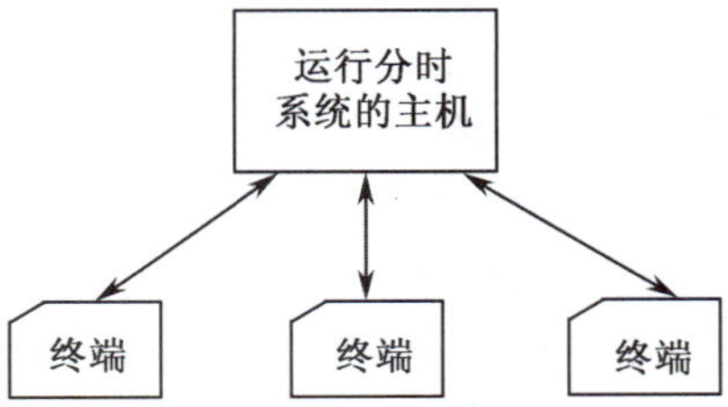

图 1.8　分时系统的运行环境

3．实时系统

随着计算机的不断普及和发展，计算机的应用领域日益扩大。20 世纪 60 年代后期，计算机已广泛应用于工业控制、军事控制及商业事务处理等领域。这类应用领域对计算机系统提出了新的要求，希望系统对来自外部的信息能在规定的时限内做出处理，我们称之为实时处理。

所谓“实时”（Real Time），可以理解为立即、及时的意思，是指计算机的运算和处理时间与被控过程或事务处理所需的真实时间相适应。我们把面向这类实时应用的计算机系统称为实时系统。虽然实时系统大都具有专用性，而且其种类、规模及对实时性的要求程度各不相同，但对于大、中型实时系统来说，绝大部分都以多道程序设计技术为基础，所以在资源管理、并发控制等方面与其他类型系统具有相同的基本特性。实时系统与其他类型系统的本质差别在于“及时性”，即实时系统应能及时地响应外部事件的请求并在严格规定的时间内完成对该事件的处理，控制实时设备和实时任务协调一致地运行。“高可靠性”也是实时系统的主要设计目标之一。为了提高实时系统的及时性和可靠性，软、硬件都必须采用相应的措施加以保证。

“实时”应用可分为两类。

① 实时控制

例如，将计算机用于飞行器的飞行自动控制属于实时控制应用。在这类应用中，计算机要对测量系统所测得的数据及时进行处理并及时输出，以便对被控目标进行及时控制或向控制人员显示结果。类似地，把计算机用于工业控制，如用计算机控制炼钢，这时计算机要对传感器定时送来的“炉温”数据及时进行处理，然后控制相应的机构使得炉温按照一定的规律变化或恒定不变。这类应用被称为“实时控制”。这类系统必须确保及时，因此又称为强实时系统。现在诸多在各类控制系统的计算机中运行的“嵌入式操作系统”都属于实时控制类系统。

② 实时事务处理

例如，把计算机用于飞机订票系统、银行管理系统等属于实时事务处理应用。在这类应用中，计算机能对用户的服务请求及时做出回答，并能及时修改、处理系统中的数据。这类应用被称为“实时事务处理”。

实时系统的主要特征和功能如下。

① 时钟分辨度高。有更高的时钟中断频度，可实现更精确的计时，因此时钟分辨度高，可以更加频繁地进入操作系统“处理机（进程）调度程序”运行，保证实时任务及时占用处理机，以此保证实时任务的快速响应。

② 支持可剥夺任务调度。保证实时任务无条件地剥夺非实时任务运行，不会让非实时任务耽误实时任务。

③ 多级中断机制。保证实时任务对应的事件中断为高级。例如，在计算机控制的炼钢系统中，能对传感器“炉温”数据采集设备对应的中断及时进行处理，允许它的中断打断其他诸如键盘中断等低级中断的处理程序。

20 世纪 60 年代是操作系统不断成熟、蓬勃发展的重要时期，不仅先后出现了多道批处理系统、分时系统和实时系统，而且操作系统的基本理论、原理、基本技术和设计方法也已日趋成熟。从本节的介绍中读者不难看出，各种不同类型的系统均基于多道程序设计系统。故本书并未专辟章节具体介绍各类系统，而是以多道程序设计系统为核心介绍操作系统的基本理论、原理、基本技术和设计方法。同时在具体讨论各种资源管理的策略和方法时，对其所适用的环境也加以研究和分析。

1.2.3 多种方式操作系统

20 世纪 60 年代中期，随着计算机集成电路和操作系统的飞速发展，用户对计算机和操作系统的要求不断提高。新机种的不断出现，一方面满足了用户的需要，另一方面也给用户带来了某些不便，这是因为用户使用新机器势必要舍弃在老机器上已通过的程序。而随着应用广度与深度的不断扩展，原有程序已成为一笔巨大的财富。对此，IBM 公司首先推出了系列机概念。

所谓系列机就是在同一系列的机器中，新型号的机器能与老型号的机器兼容，这样用户既可以立即使用更高级的机器，又能在新机器上继续使用原有的程序，两全其美。为了满足用户的需要，计算机也被设计成容量大、功能全、几乎能提供用户需要的所有功能的通用计算机。与这种形势相适应，第三代操作系统被设计成多种方式操作系统，即一个操作系统既能处理批量作业，也能处理分时、实时等作业。这类系统的典型代表是 UNIX、VMS（DEC VAX 机器上的操作系统）操作系统。

多种方式操作系统不仅给用户提供了很大方便，而且对计算机资源的利用也更为合理。在单方式操作系统中，可供运行的作业类型受到限制，而多种方式操作系统能处理任何类型的作业，可将各种类型的作业合理搭配，系统更容易达到饱和状态，从而更加有利于提高资源的利用率。

1.2.4 个人计算机操作系统、并行与分布式操作系统及其发展

20 世纪 80 年代初，计算机已十分普及，特别是个人计算机（Personal Computer，PC）已开始进入千家万户，使得人们对计算机的使用要求更高了。这时，人们不仅仅满足于在计算中心使用计算机，并且要求在办公室、家中也能方便地使用计算机并能够交换信息。这促进了计算机网络的发展，人们把许多计算机连成网络。在网络中的计算机可以相互通信，共享软、硬件

资源，从而可以让用户通过多种多样的终端或工作站访问遍布各地的计算机网络。计算机网络的出现给计算机的发展和应用带来了动力，同时也给操作系统提出了新的问题。

为了能控制计算机网络，人们提出了“分布式操作系统”（Distributed Operating System）的理想境界。在为分布式操作系统理想而奋斗的实践中，网络操作系统派生出来。1983 年诞生的 4.2BSD UNIX 包含了对 TCP/IP 通信协议的支持，它是网络操作系统的代表。分布式操作系统与传统的操作系统有很多共同之处，但是它面临着传统操作系统所没有遇到过的网络中机间通信的问题。分布式操作系统在传统操作系统的基础上增加了许多机器定位、机间通信等方面的内容。

20 世纪 90 年代以来，随着共享主存的对称多处理机系统的广泛应用，“多机操作系统”也已经成熟。多机操作系统不同于单机操作系统，它支持多个处理机真正地并行运行多个程序。多机操作系统以支持并行多任务为其主要特征，充分发挥计算机中多处理机并行处理的优势，在科学计算及高端事务处理服务器领域占有重要地位。

1985 年，微软公司受苹果公司的 Macintosh 操作系统窗口式人机界面的影响，发布了基于 DOS 的 Windows 操作系统。微软公司的“Windows 系列操作系统”，以其特有的图形化人机界面，为计算机被普通用户所接受起到了决定性作用。这种操作系统以图形显示设备、鼠标、键盘等 I/O 外部设备为基础，配备有相应图形显示驱动程序及窗口管理模块。各种实用程序不再用文本行的界面，取而代之的是图形化的窗口界面，这使计算机更加接近大众，更加快速地得到普及。

操作系统自形成以来，经过几十年的发展，其基本原理和设计方法已趋于成熟。出现了许多得到广泛公认的流行系统，如 UNIX，Windows 操作系统等。20 世纪 80 年代之后，随着通用微处理器芯片的高速发展，个人计算机和工作站系统得到了迅猛发展，强烈冲击着传统小型机和中大型机市场。相应地，微机及工作站上的操作系统获得了快速的发展和应用（如 Windows，Solaris，IRIX 等）。从操作系统的发展历史看，推动其发展的动力主要来自计算机系统的不断创新和计算机应用的不断深入。

当前操作系统还在不断发展过程中，以下 4 个方面是发展的研究重点。

① 嵌入式操作系统的研究。伴随着智能手机、机器人、智能家电家具等设备的发展，对操作系统在功能和所占储存空间大小权衡方面，对实时响应和交互界面，对设备间通信都提出了新的要求。

② 强实时操作系统的研究。对操作系统的实时响应要求从来没有停止过，要求计算机的最大响应时间越来越短，对任务调度时机、算法的要求越来越高，特别是针对通用操作系统的实时性研究还在不断发展当中。

③ 并行操作系统的研究。随着高性能通用微处理器的发展，人们已经成功地提出了用它们构造“多处理机并行”的体系结构，如基于共享主存的对称多处理机系统（SMP）、多核系统。用成千上万个微处理器实现基于分布式存储的大规模并行处理机系统（MPP），这类被称为巨型机的并行系统有着良好的发展前景。建立在这类并行机上的操作系统与传统操作系统有明显的区别，其突出特征是提供各类并行机制，如并行文件系统、并行 I/O 控制、多处理机及协处理机的分配和调度、处理机间的通信和同步、用户任务的并行控制等。

④ 网络操作系统和分布式操作系统的研究。计算机网络系统和分布式操作系统已经深入人心。就目前情形而言，网络操作系统也还在不断进化当中，基于 Client/Server 模型的分布式操作系统也已不断走向应用，完全分布式的操作系统还未成形，仍将是研究的热点问题。另外，集群计算结构及网格结构的发展、新型网络存储的发展，给操作系统及其文件系统研究带来了新的挑战。

1.3 主要操作系统介绍

目前最常用的操作系统是 Windows 系列、UNIX 家族和 Linux。其中，UNIX 常用的变种有 SUN 公司的 Solaris、IBM 公司的 AIX、惠普公司的 HP UX 等。Linux 内核的实现思想也借鉴了 UNIX，而其命令界面及系统调用接口几乎和 UNIX 一样。其他比较常用的操作系统还有 Mac OS，NetWare 等。

1.3.1 Windows 系列及 MS DOS

微软公司于 1975 年成立，最初只有一个 BASIC 编译程序和比尔・盖茨、保罗・艾伦两个人。但现在，微软公司已成为世界上最大的软件公司，其产品涵盖操作系统、开发系统、数据库管理系统、办公室自动化软件、网络应用软件等各个领域。Windows 系列是由微软公司从 1985 年起开发的一系列操作系统产品，包括个人（家用）、商用和嵌入式三条产品线。Windows 系列操作系统主要产品如图 1.9 所示。

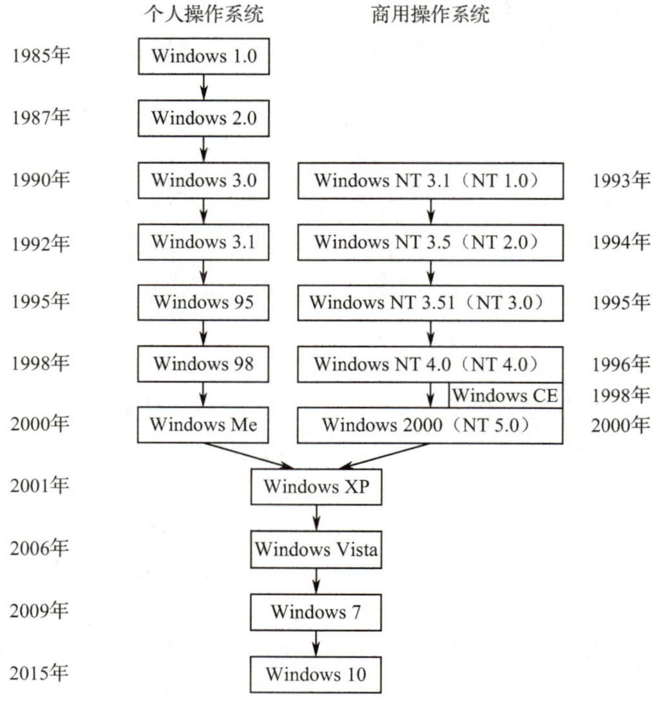

图 1.9 Windows 系列操作系统主要产品

微软公司从 1983 年开始研发 Windows 操作系统。当时，IBM PC 已进入市场，微软公司开发的个人计算机操作系统 DOS 和编程语言 BASIC 的编译器随 IBM PC 捆绑销售，取得了成功。Windows 操作系统最初的研制目标是在 DOS 基础上提供一个多任务的图形用户界面。不过，第一个取得成功的图形用户界面操作系统并不是 Windows 操作系统，而是 Windows 操作系统的模仿对象—— 苹果公司于 1984 年推出的 Mac OS（运行于 Macintosh 机上）。Macintosh 机及其上的 Mac OS 风靡美国多年，是当时 IBM PC 和 DOS 操作系统在市场上的主要竞争对手。当年，苹果公司曾对 Windows 操作系统不屑一顾，并大力抨击微软公司抄袭 Mac OS 的外观和灵感。但 Macintosh 机和 Mac OS 是封闭式体系（硬件接口不公开、系统源代码不公开等），而 IBM PC 和

MS DOS 是开放式体系（硬件接口公开、允许并支持第三方厂家制造兼容机、操作系统源代码公开等），这个关键的区别使得 IBM PC 后来者居上，销量超过了 Macintosh 机，并使在 IBM PC 上运行的 Windows 操作系统的普及率超过了 Mac OS，成为在个人计算机市场占主导地位的操作系统。

1. MS DOS

DOS 是微软公司与 IBM 公司开发的、广泛运行于 IBM PC 及其兼容机上的操作系统，全称是 MS DOS。

20 世纪 80 年代初，IBM 公司开发了 IBM PC。当其涉足个人计算机市场时，曾多方考察选择配合该机的操作系统。1980 年 11 月，IBM 和微软公司正式签约，日后的 IBM PC 均使用 DOS 作为标准的操作系统。由于 IBM PC 大获成功，微软公司也随之得到了飞速发展，MS DOS 从此成为个人计算机操作系统的代名词，发展为个人计算机的标准平台。

IBM PC 上所配的操作系统称为 PC DOS，是 IBM 公司向微软公司买下 MS DOS 的版权，经过修改和扩充后而产生的。

MS DOS 最早的版本是 1981 年 8 月推出的 1.0 版，1993 年 6 月推出了 6.0 版，最后一个 MS DOS 版本是 DOS 6.22，以后不再有新的版本。MS DOS 是一个单用户个人计算机操作系统，自 4.0 版开始具有多任务处理功能。

2. Windows 3.1，Windows 95/98 及 Windows Me 的发展历史

微软公司 Windows 操作系统的个人产品线由 20 世纪 80 年代的 DOS 演变而来，其中，影响较大和较突出的版本是 Windows 3.1 和 Windows 95。

Windows 3.1 在 1992 年发布，该系统修改了 3.0 版的一些不足，并提供了更完善的多媒体功能。Windows 操作系统开始流行起来，确定了其在 PC 领域的垄断地位。而 Windows 95 一上市就风靡世界。Windows 3.1 及以前的版本均为 16 位系统，因而还不能充分利用硬件的发展提供强大功能。同时，它们必须与 DOS 共同管理系统硬件资源，依赖 DOS 管理文件系统，且只能在 DOS 之上运行，并且它不是多道程序设计系统，因而还不能算是完整的操作系统。而 Windows 95 则重写了操作系统内核，不再基于 DOS 系统，特别是增加了多任务，使得用户可以同时运行多个程序，成了真正的多道程序设计系统，并在提供强大功能（如网络和多媒体功能等）和简化用户操作（如桌面和资源管理等新特性）两个方面都取得了突出的成绩。

2000 年 9 月，微软公司推出 Windows 95/98 的后续版本 Windows Me（视窗千禧版，Microsoft Windows Millennium Edition），较之 Windows 95/98 没有本质上的改进，只是扩展了一些功能，增加了一些驱动程序。Windows Me 的后续版本是把微软公司个人产品线与商用产品线合二为一（即把 Windows Me 和 Windows 2000 合二为一）的 Windows XP。这种产品线的合并同时意味着，微软公司以后的个人和商用机器的 Windows 操作系统都基于 Windows NT 内核。

3. 微软公司的多用户操作系统 Windows NT 系列

微软公司在 20 世纪 80 年代中后期的主流产品 Windows 和 DOS 都是个人计算机上的单用户操作系统。1985 年，IBM 公司开始与微软公司合作开发商用多用户操作系统 OS/2，1987 年 OS/2 推出后，微软公司开始计划建立自己的商用多用户操作系统。1988 年 10 月，微软公司聘用 Dave Culter 作为 Windows NT 的主设计师，开始组建开发新操作系统的队伍。1993 年 5 月 24 日，经过几百人 4 年多的工作，微软公司正式推出 Windows NT。在相继推出 Windows NT 1.0，2.0，

3.0，4.0 后，2000 年 2 月，推出 Windows 2000（原来称为 Windows NT 5.0）。而 Windows 2000 的后一个版本是 Windows XP。后来又推出了 Windows 2003。2006 年推出 Windows Vista，2009 年推出 Windows 7，系统性能得到很大改善。2015 年又推出了 Windows 10。

Windows NT 的目标是开发在工作站和服务器上使用的 32 位操作系统，以充分利用 32 位微处理器等硬件新特性，并使其容易适应将来的硬件变化，同时不影响已有应用程序的兼容性（使原有的工作量和修改量最小）。

Windows NT 设计初期采用 OS/2 界面，后来因 Windows 3.1 操作系统的成功又改用 Windows 系列的界面。Windows NT 系列可支持 Intel x86 和部分 RISC CPU。Windows NT 较好地实现了充分利用硬件新特性、可扩充性、可移植性、兼容性等设计目标，它支持对称多处理机结构、内核级多线程、多个可装卸文件系统（MS DOS FAT、OS/2 HPFS、CDROM CDFS、NT 可恢复文件系统等），还支持多种常用 API（应用编程接口，如 WIN 32，OS/2，DOS，POSIX 等），提供源码级兼容或二进制兼容，内置网络和分布式计算，具有互操作性。Windows NT 的安全性达到了美国政府 C2 级安全标准。

Windows NT 的后一个版本与 Windows Me 的后一个版本合二为一，称为 Windows XP。Windows XP 的设计理念是，把以往 Windows 系列软件个人版的易用性和商用版的稳定性集于一身。

4. 嵌入式操作系统

微软公司推出的嵌入式操作系统有用于掌上电脑的 Windows CE 和用于手机的 Smartphone 等。

1.3.2 UNIX 大家族

UNIX 是一种多用户操作系统。其在 1969 年诞生于美国贝尔实验室。由于其具有简洁、易于移植等特点而很快得到注意、发展和普及，成为从微型计算机跨越到巨型计算机的唯一操作系统。除贝尔实验室的“正宗”UNIX 版本外，UNIX 还有大量的变种。目前的主要变种有 SUN Solaris，IBM AIX 和 HP UX 等，不同变种间的功能、接口、内部结构与函数基本一致但又有不同。除变种外，还有一些系统，如 Mach 和 Linux，它们与变种的 UNIX 不同。变种是在正宗版本的基础上修改（包括界面与内部实现）而来的，而 Mach 和 Linux 只是系统调用接口相同，其内核则完全被重写。

最早的 UNIX 具有内核结构小巧、接口简单统一、功能丰富实用、用高级语言编写、可移植性好、源代码免费开放等优点，这些优点对 UNIX 的迅速成功起着重要作用。但后来由于变种不加控制地繁衍，以及功能的不断增加，其中的一些优点并没有完全保持下来。后来的 UNIX 内核结构结构不再小巧，而变得越来越庞大、复杂和笨拙。源代码免费开放和简单的许可证传播形式促进了早期的普及，但也导致了后来各变种间的不兼容。

此外，最初的 UNIX 就有内核结构可扩充性不强、缺乏图形界面、接口对初学者和普通用户不友好等缺点。现在这些缺点有的得到了改善，有的还存在。图形界面在后来得到了发展，如 X-Window，Motif 等。但是，内核结构问题至今仍存在。

UNIX 最初的许多概念、命令、实用程序和语言，今天仍沿用，显示了 UNIX 原始设计的简洁和高效。

UNIX 的发展主要经历了 5 个阶段。其发展历程如图 1.10 所示。

（1）UNIX 的产生

UNIX 起源于 Multics 项目开发的失败。Multics（Multiplexed Information and Computing Service 的简称）项目由 AT&T 公司的贝尔实验室、通用电气（General Electric）公司和麻省理工

学院联合开发，旨在建立一个能够同时支持数千用户的分时系统。该项目因目标过于庞大而失败，于 1969 年撤销。

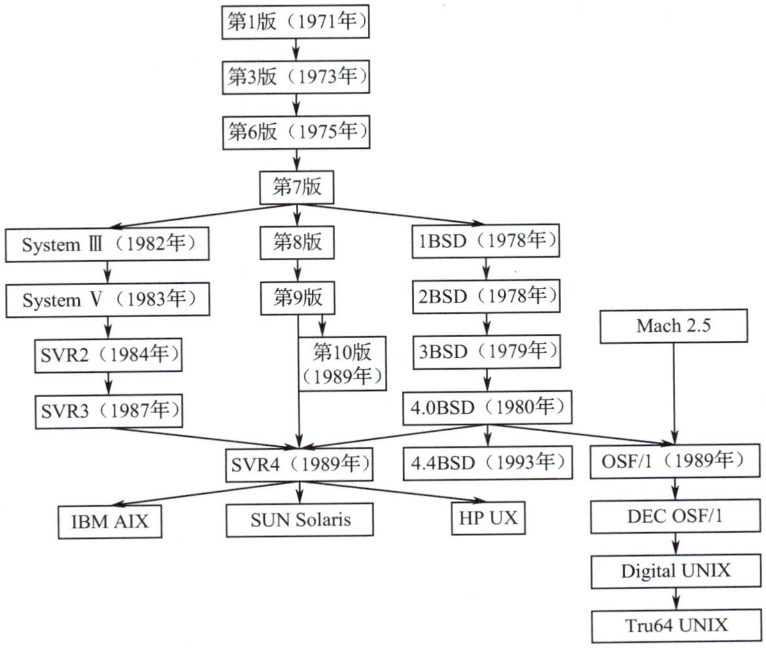

图 1.10　UNIX 发展历程

退出 Multics 项目后，贝尔实验室的雇员 Thompson 开始在公司的一台闲置的 PDP-7 机（主存 4KB）上开发一个“太空漫游”游戏程序。由于 PDP-7 机缺少程序开发环境，为了方便这个游戏程序的开发，Thompson 和公司的另一名雇员 Ritchie 一起用 GE-645 汇编语言（以前用于 Multics 项目开发）开发 PDP-7 机上的操作环境。最初是一个简单的文件系统（后来演化为 S5 文件系统），很快又添加了一个进程子系统、一个命令解释器（后来发展为 Bourne Shell）和一些实用工具程序，这个系统被命名为 UNIX。

此后，随着贝尔实验室工作环境的需要，UNIX 被移植到 PDP-11 机上，并逐渐增加了新的功能。很快地，UNIX 开始在贝尔实验室内部流行，许多人都加入对它的开发。1971 年，《UNIX 程序员手册》第 1 版出版。从这之后直到 1989 年，贝尔实验室又相继推出 10 个版本的 UNIX。

1973 年，Ritchie 开发的 C 语言对 UNIX 的发展起了重要作用。同年，用 C 语言重写了 UNIX（UNIX 第 4 版），这使得 UNIX 的可移植性大大增强，这是 UNIX 迈向成功的关键一步。

1973 年 10 月，Thompson 和 Ritchie 在 ACM（Association for Computing Machinery，计算机协会）的 SOSP（Symposium on Operating Systems Principles，操作系统原理讨论会）上发表了首篇 UNIX 论文，这是 UNIX 首次在贝尔实验室以外亮相。

（2）免费扩散（1973 年到 20 世纪 70 年代末）

自从在 SOSP 上发表论文后，UNIX 马上引起了众人的注意和兴趣。UNIX 软件和源代码迅速以许可证形式免费传播到世界各地的大学及研究机构中。这些大学、研究机构在免费使用的同时，对 UNIX 进行了进一步的研究、改进和移植。贝尔实验室又将这些改进与移植加到其以后的 UNIX 版本中。这种管理员与用户之间的敬业精神正是 UNIX 快速成长和不断发展的关键因素。UNIX 早期发展的这种特征与近年 Linux 的发展极为相似。

另外，众多大学对 UNIX 的免费使用，使学生得以熟悉 UNIX。这些学生毕业后又把 UNIX

传播到各种商业和政府机构中，这对 UNIX 早期的传播和普及起到了重要作用。

UNIX 的第一次移植是由 Wollongong 大学于 1976 年在 Interdata 机上进行的。其他几次较早的移植包括：1978 年，微软公司与 SCO 公司合作将 UNIX 移植到 Intel 8086 上，即 XENIX 系统（最早的 UNIX 商业变种之一）；1978 年，DEC 公司将 UNIX 委托移植到 VAX 上，即 UNIX/32V（3BSD 的前身）。

（3）商用版本的出现和三大主线的形成（20 世纪 70 年代中期到 80 年代中期）

20 世纪 70 年代中期到 80 年代中期，众多大学和公司的参与，使 UNIX 的变种迅速增多。像 SUN Solaris，IBM AIX 和 HP UX 等变种主要基于以下三条主线上的某个版本发展而来：由贝尔实验室发布的 UNIX 研究版（UNIX 第 1 版到 UNIX 第 10 版，或称 V1 到 V10，以后不再发行新版），由加州大学伯克利分校发布的 BSD（Berkeley Software Distribution），由贝尔实验室发布的 System Ⅲ 和 System Ⅴ。

1984 年的 AT&T 公司大分家使得 AT&T 公司可以进入计算机市场。因此，除贝尔实验室研究小组继续研究和发行 UNIX 研究版外，AT&T 公司成立了专门的 UNIX 对外发行机构。这些机构先后发行了 System Ⅲ（1982 年）、System Ⅴ（1983 年）、System Ⅴ Release 2（SVR2，1984 年）、System Ⅴ Release 3（SVR3，1987 年）。许多商业 UNIX 变种都是基于这条主线实现的。

加州大学伯克利分校是最早（1973 年 12 月）领取许可证的 UNIX 用户之一。最初的 BSD 版本发行（1978 年春的 1BSD 和 1978 年末的 2BSD）仅包含应用程序和实用工具（如 vi 解释器，Pascal 编译，C 编译，shell 解释器等），没有对操作系统内核本身进行修改和再发行。1979 年末的 3BSD 则在操作系统内核设计上实现了页式虚存，它是由加州大学伯克利分校发行的第一个操作系统内核。在 3BSD 中所做的虚存工作使该校得到美国国防部资助，推出了 4BSD（1980 年的 4.0BSD 到 1993 年的 4.4BSD），其中集成了 TCP/IP，引入了快速文件系统（Fast File System，FFS）、套接字等大量先进技术。BSD 对 UNIX 的发展具有重要影响，有许多新技术是 BSD 率先引入的。SUN OS 就是基于 4BSD 的。加州大学伯克利分校对 UNIX 的开发工作一直由计算机科学研究小组（Computer Science Research Group，CSRG）承担，1993 年发行 4.4BSD 时，CSRG 宣布因缺少资金等原因而停止 UNIX 开发，因此 4.4BSD 是加州大学伯克利分校发行的最后一个版本。

到 20 世纪 80 年代，UNIX 已在从微型计算机到巨型计算机等众多不同机型上运行。作为通用操作系统，当时 UNIX 的主要竞争对手是各计算机厂商的专有系统，如 IBM 的 OS 360/370 系列等。

（4）两大阵营和标准化（20 世纪 80 年代后期）

20 世纪 80 年代后期，UNIX 已经出现了很多变种。变种增多导致了程序的不兼容性和不可移植（同一应用程序在不同 UNIX 变种上不能不经修改而直接运行）。因此，迫切需要对 UNIX 进行统一标准化，这就导致了竞争的两大阵营和中间标准机构的出现。

1987 年，在统一市场的浪潮中，AT&T 公司宣布了与 SUN 公司的一项合作，将 System Ⅴ 和 SUN OS 统一为一个系统。其余厂商（IBM，Digital，HP，Apollo 等）十分关注这项合作，认为他们的市场处于威胁之下，于是联合开发新的开放系统。他们的新机构称为开放软件基金会（Open Software Foundation，OSF），于 1988 年成立。作为回应，AT&T 和 SUN 公司联盟也于 1988 年形成了 UNIX International（UNIX 国际，UI）。以 SVR4 为契机的这场“UNIX 战争”将系统厂商划分成 UI 和 OSF 两大阵营，并围绕着两大主要 UNIX 系统技术（SVR4 和 OSF/1）展开竞争。

1989 年，在 SVR3，BSD 和 XENIX 的基础上，AT&T 的 UNIX Software Operation（UNIX

软件工作室，USO）设计实现了 SVR4。SVR4 是非常成功且广泛使用的一个版本（目前大部分 UNIX 商业变种都基于 SVR4)。SVR4 的开发对操作系统内核进行了大幅度重写，吸收了由 SUN OS 提供的许多特性，如虚拟文件系统（Virtual File System，VFS）接口、一个完全不同的存储管理体系结构和 SUN 网络文件系统（Network File System，NFS)。除从 SUN OS 吸收增强特性外，还从 BSD，SVR3 和 XENIX 中吸收了诸多特性，并对 UI 定义的新特性进行了补充。

定义 SVR4 的过程在当时来说是非常开放的。最终用户、软件开发商、系统管理员、经销商等都被要求列出他们的系统软件问题，并就他们对下一代 UNIX 环境的希望提供反馈。最终的目标是，确定如何最好地增强 UNIX 的可用性和可伸缩性。基于这些意见和反馈，SVR4 从当时的三个主要 UNIX 分支（BSD/SUN OS，SVR3，XENIX）汲取了最优的技术。

SVR4 通过把 UNIX 的三个主要分支联合到一个公用环境中来统一零碎的 UNIX 市场。SVR4 使已安装的 80%的 UNIX 系统得到了统一，使主要基于 SVR3、XENIX 的变种和基于 BSD/SUN OS 的变种得到了统一。SVR4 规范了系统调用等接口，使用户二进制程序在处理机型号相同的情况下跨操作系统版本移植成为可能。

与 UI 相对立的 OSF，则于 1989 年推出基于卡内基-梅隆大学 Mach 2.5 版的操作系统 OSF/1。

20 世纪 80 年代中期，由卡内基-梅隆大学开发的 Mach 支持 UNIX 系统调用编程接口，但却是一个全新的操作系统内核。OSF/1 和 NextStep 等商业系统都基于 Mach 2.5。Mach 2.5 的后续版本 Mach 3.0 与 2.5 版的内核结构完全不同，引入了所谓微内核结构。不过由于微内核结构的系统开销太大，因此一直没有商业化。

除 UI 和 OSF 所做的统一和标准化努力外，还出现了若干 UNIX 标准接口（主要是编程接口)，如 AT&T 公司的 SystemⅤ接口定义（SystemⅤ Interface Definition，SVID)、IEEE POSIX 规范（1990 年的 POSIX 1003.1)、X/Open 可移植性指南（X/Open Portability Guideline，XPGA，如 1993 年的 XPG4）等。

任一标准都只涉及大多数 UNIX 系统功能的一个子集。从理论上说，如果程序员只使用该子集的函数，其应用程序就可以移植到任何遵从同一标准的系统中。但这也意味着，程序员不能利用硬件或操作系统特性对应用程序进行优化，也不可能利用某些 UNIX 厂商提供的特殊功能。标准化保障了可移植性，却给性能优化制造了障碍。与这一矛盾相关的是，在标准化过程中，各厂商总想加入一些特性来标榜自己的“产品特色和优势”，这也使得标准化没有完全成功。

（5）共同面对 Windows NT 的竞争和两大阵营的淡化（20 世纪 90 年代）

20 世纪 90 年代初期，美国经济萧条，加上微软公司的 Windows 操作系统蓬勃发展，这一切都威胁着 UNIX 操作系统的发展乃至生存。共同面对的外来竞争，使两大阵营（UI 与 OSF）的争斗很快淡化下来。

1993 年，UI 停止商业运作。出于各种原因，SVR4 从 1989 年至今几经易主，先后曾属于 AT&T UNIX Software Operation（1989 年)，UNIX 系统实验室（UNIX System Laboratories，USL，1991 年)，Novell 公司（1991 年部分股权，1993 年所有股权)，X/Open（1993 年底，仅拥有商标和授权书）和 SCO 公司（1995 年底)。

Digital 公司于 1993 年发行的 DEC OSF/1 是唯一一个基于 OSF/1 标准的商业操作系统。此后，Digital 公司从该操作系统中删减了许多与 OSF/1 相关的部分，1995 年将其改名为 Digital UNIX。1998 年，Digital 公司被 Compaq 公司并购后又改名为 Tru64 UNIX。

1.3.3 自由软件 Linux 和 freeBSD 等

1984 年，自由软件的积极倡导者 Richard Stallman 组织开发了一个自由软件的软件体系——GNU（GNU is Not UNIX 的简称)，并拟订了一份通用公用版权协议（General Public License，

GPL）。所谓自由软件，是指由开发者提供软件的全部源代码，任何用户都有权使用、复制、扩散、修改该软件，同时用户也有义务将自己修改的源代码公开。自由软件可免费提供给任何用户使用，也包括用于商业目的；并且自由软件的所有源代码也是公开的，可免费得到。它的源代码不仅公开而且可自由修改，无论修改的目的是使自由软件更加完善，还是在修改的基础上开发上层软件都没有问题。

自由软件的出现给人们带来很大的好处。首先，免费可使用户节省相当一笔费用；其次，公开源代码可吸引尽可能多的开发者参与软件的查错与改进。在开发协调人的控制下，自由软件新版本的公布、反馈、更新等过程是完全开放的。

目前，人们已很熟悉的一些软件，如因特网域名服务器程序 BIND、Perl 编程语言环境、Web 服务器程序 Apache、TCP/IP 网络软件等，实际上都是自由软件的经典之作。还有 C++编译器、FORTRAN 77、SLIP/PPP、IP Accounting、防火墙、Java 内核支持、BSD 邮件发送、Lynx 浏览器、Samba（用于在不同操作系统间共享文件和打印机）、Applixware 的办公套装、starOffice 套件、Corel Wordperfect 等都是著名的自由软件。

1993 年，Linux 的创始人 Linus Torvalds 把 Linux 奉献给了 GNU，从而使用户能够使用从底层到应用的全套自由软件。

1. Linux

Linux 是一个多用户操作系统，是由 Linus Torvalds 主持开发的遵循 POSIX 标准的操作系统。它提供了 UNIX 的编程界面，但内核实现则完全重写。虽然 Linux 内核是重新写的，但是其实现方法及数据结构基本上都借鉴了 UNIX 的思想。它是一个免费的自由软件，源代码开放，这是它与 UNIX 及其变种的不同之处。UNIX 虽然有过免费发送给学校和科研机构的时代，但是其所有者 AT&T 公司可以经营计算机产品后，开始收取转让费和使用费。由于内核可以转让，所以其变种也非常多，影响了对用户程序的兼容性。

Linus 在 2001 年初的 Linux World 大会前夕推出了 Linux 2.4 内核。Linux 有内核（Kernel）与发行套件（Distribution）两种版本号。内核版本指在 Linus 领导下的开发小组开发的系统内核的版本，如 Linux 2.6，即内核版本 2.6（一般来说，序号的第 2 位为偶数的版本表明这是一个可以使用的稳定版本，如 2.0.35；而序号的第 2 位为奇数的版本一般有一些新的东西加入，是一个不太稳定的测试版本，如 2.1.88）。一些组织机构或厂商将 Linux 内核同应用软件和文档包装起来，并提供一些安装界面、系统设定与管理工具，这样就构成了一个发行套件，如最常见的 Slackware，Red Hat，Debian，红旗 Linux 等。实际上，发行套件就是 Linux 的一个大软件包。相对于内核版本，发行套件的版本号随发布者的不同而不同，与内核的版本号是相对独立的，如 Slackware 3.5，Red Hat 9，Debian 1.3.1 等。

（1）Linux 的产生与发展

Linux 最初是由芬兰赫尔辛基大学计算机系的大学生 Linus Torvalds，在 1990 年年底到 1991 年的几个月中，为了自己的操作系统课程学习和后来上网使用而陆续编写的。他使用自己买的 Intel 386 PC，利用 Andrew S. Tanenbaum 设计的微型操作系统 Minix 作为开发平台。据 Linus 说，刚开始的时候他根本没有想到要编写一个操作系统内核，更没想到这一举动会在计算机界产生如此重大的影响。最开始是一个进程切换器，然后是为自己上网需要而自行编写的终端仿真程序，再后来是为他从网上下载文件而编写的硬盘驱动程序和文件系统。这时，他发现自己已经实现了一个几乎完整的操作系统内核。出于对这个内核的信心和发展愿望，Linus 希望这个内核能够免费扩散使用。但出于谨慎，他并没有在 Minix 新闻组中公布它，而只是于 1991 年底在赫尔辛基大学的一台 FTP 服务器上发了一则消息，说用户可以下载 Linux 的公开版本（基于 Intel 386 体系结构）和源代码。从此以后，Linux 得到了所有 Linux 爱好者的协助开发。

Linux 的兴起可以说是 Internet 上创造的一个奇迹。由于它是在 Internet 上发布的，因此网上的任何人在任何地方都可以得到 Linux 的基本文件，并可通过电子邮件发表评论或提供修正代码。这些 Linux 的热心者中，有将它作为学习和研究对象的大专院校的学生与科研机构的研究人员，也有网络黑客等，他们所提供的所有初期的上载代码和评论后来证明对 Linux 的发展至关重要。正是由于众多热心者的努力，使得 Linux 在不到三年的时间里变为一个功能完善、稳定可靠的操作系统。

1993 年，Linux 的第一个产品——Linux 1.0 版问世，它是按完全自由版权进行扩散的。它要求所有的源代码必须公开，而且任何人均不得从 Linux 交易中获利。然而半年以后，Linus 开始意识到这种纯粹的自由软件理想对于 Linux 的扩散和发展来说实际上是一种障碍，而不是一股推动力，因为它限制了 Linux 以磁盘复制或者 CD-ROM 等媒体形式进行扩散的可能，也限制了一些商业公司参与 Linux 的进一步开发并提供技术支持的愿望。于是 Linus 决定转向 GPL 版权，这一版权除规定有自由软件的各项许可权外，还允许用户出售自己的程序复制品。这一版权的转变后来证明对 Linux 的进一步发展确实极为重要。从此以后，有多家技术力量雄厚又善于市场运作的商业软件公司加入了原先完全由业余爱好者和网络黑客参与的这场自由软件运动，开发出了多种 Linux 的发布版本，增加了更易于用户使用的图形界面和众多的软件开发工具，极大地拓展了 Linux 的全球用户基础。Linus 本人也认为："使 Linux 成为 GPL 的一员是我一生中所做过的最漂亮的一件事。"一些软件公司，如 Red Hat 等也不失时机地推出了自己的以 Linux 为核心的操作系统版本，这大大推动了 Linux 的商品化。在一些大的计算机公司的支持下，Linux 还被移植到 Alpha，PowerPC，MIPS 及 SPARC 等微处理机的系统中。

随着 Linux 用户基础的不断扩大、性能的不断提高、功能的不断增加、各种平台版本的不断涌现，以及越来越多商业软件公司的加盟，Linux 不断地向高端发展，开始进入越来越多的公司和企业计算领域。Linux 被许多公司和 Internet 服务提供商用于 Internet 网页服务器或电子邮件服务器，并已开始在很多企业计算领域大显身手。1998 年下半年，由于 Linux 本身的优越性，使它成为传媒关注的焦点，进而出现了当时的"Linux 热"。首先是各大数据库厂商（Oracle，Informix，Sybase 等），继而是其他各大软/硬件厂商（IBM，Intel，Netscape，Corel，Adaptec，SUN 公司等），纷纷宣布支持甚至投资 Linux（支持是指该厂商自己的软/硬件产品支持 Linux，即可以在 Linux 下运行，最典型的是推出 xxx for Linux 版或推出预装 Linux 的机器等）。即使像 SUN 和 HP 这样的公司，尽管它们的操作系统产品与 Linux 会产生利益冲突，也开始大力支持 Linux，从而达到促进其硬件产品销售的目的。

（2）Linux 的特点

Linux 能得到如此大的发展，受到各方青睐，是由它的特点所决定的。

① 免费、源代码开放。Linux 是免费的，获得 Linux 非常方便；Linux 开放源代码，使得使用者能控制源代码，安全并易于扩展。因为内核有专人管理，内核版本无变种，所以对用户应用兼容性有保证。

② 出色的稳定性和速度性能。

③ 内核模块化好。用户可以按照 Linux 的用途选择内核模块，达到精简内核，节省主存的目的。

④ 功能完善。Linux 包含了人们期望操作系统拥有的特性，不仅仅是 UNIX 的，而且也有其他操作系统的功能，包括多任务、多用户、页式虚存、库的动态链接、文件系统缓冲区大小

的动态调整、支持非常多的文件系统等。

⑤ 极具网络优势。因为 Linux 的开发者是通过 Internet 开发的，所以网络支持功能在开发早期就已加入。而且 Linux 对网络的支持比大部分操作系统都更出色。它能够支持 Internet 或其他任何使用 TCP/IP 或 IPX 协议的网络，经由以太网、ATM、调制解调器、HAM/Packet 无线电（X.25 协议）、ISDN 或令牌环网相连接。Linux 也是 Internet/WWW 服务器系统的理想选择。在相同硬件的条件下（即使是多处理器），它通常比 Windows NT，Novell 和大多数 UNIX 系统的性能要卓越。Linux 拥有世界上最快的 TCP/IP 驱动程序。Linux 支持几乎所有通用的网络协议，包括 E-mail，UseNet News，Gopher，Telnet，Web，FTP，Talk，POP，NTP，IRC，NFS，DNS，NIS，SNMP，Kerberos，WAIS 等。

⑥ 硬件支持广泛，硬件要求低。刚开始的时候，Linux 主要是为低端 UNIX 用户而设计的，在只有 4MB 主存的 Intel 386 处理器上运行良好。同时，Linux 不仅能运行在 Intel x86 处理器上，也能运行在 Alpha，SPARC，PowerPC，MIPS 等 RISC 处理器上。

⑦ 用户程序众多（而且大部分是免费软件），程序兼容性好。由于 Linux 支持 POSIX 标准，因此大多数 UNIX 用户程序也可以在 Linux 下运行。另外，为了使 UNIX SystemⅤ和 BSD 上的程序能直接在 Linux 上运行，Linux 还增加了部分 SystemⅤ和 BSD 的系统接口，使 Linux 成为一个完善的 UNIX 程序开发系统。Linux 也符合 X/Open 标准，具有完全的 X-Window 实现，使得现有的大部分基于 X-Window 的程序不需要任何修改就能在 Linux 上运行。Linux 的 DOS“仿真器”——DOSEMU 可以运行大多数 MS DOS 应用程序。Windows 程序也能借助 Linux 的 Windows“仿真器”的帮助，在 X-Window 支持下运行。

（3）Linux 的运营方式

Linux 是目前三大主流操作系统之一。Linux 如此大受青睐，客观上是因为 Linux 具有成本、性能和可靠性等方面的优势。另外，微软公司 Windows NT 在性能和稳定性等方面的问题，更使 Linux 成为大受欢迎的替代品。而主观上是因为用户对微软公司垄断的抵制和对免费软件的好感。

Linux 一开始主要在一些软件高手间流行，很快地在 Internet 上吸引了大批技术专家投入 Linux 的开发工作。它的开发者虽然大多是在业余时间进行开发的，但其水平绝不是业余的。从开发模式上看，Linux 采取分布式的开发模式（参与开发的人分布在世界各地，通过网络参与开发）。Linux 及其应用程序的开发大多以项目（Project）为组织形式，项目的参与者都有具体的分工：开发经验丰富、有管理经验的参与者通常担当协调人，负责分派工作和协调工作进度；其他参与者，有的从事程序编写，有的负责程序测试。

Linux 内核虽然源代码公开，但对内核版本的确定是由专门的小组进行的。各项目小组开发出来的内核程序，经由专门的小组认可后再加到内核的发行版本中，从而确保了内核版本的一致性。

由于 Linux 独特的分布式开发模式，因此项目管理工作需要使用专门的软件。

错误跟踪系统（Bug Tracking）可以替开发者处理来自电子邮件（E-mail）或其他网上资源的错误（Bug）报告，还能定义开发者的角色和职责，如编程人员、软件集成人员和测试人员。

工作流程管理（Workflow Management）系统除能够分配开发者的职权外，还能进行文档管理、版本控制管理及工作成本评估。

项目管理（Project Management）系统能够跟踪相关的工作，提供调度、储备和优化资源的机制。

由此可以看出，Linux 开发的有序性和有效性保证了它的高度可靠性。项目小组开发出的程序经过一段时间的测试之后，就会在 Internet 上发布测试版和源代码，由更广泛的用户继续测试，直到程序相对稳定，才会发布程序的正式版本。正式版本的使用者如果发现错误，可以通过 Internet 报告，因此问题一般都能迅速得到解决。由于源代码公开，用户也可以自己动手解决问题。因此，Linux 软件往往比商业软件错误更少，而且修改错误更为及时。

Linux 通过 Internet 在全球范围内网罗了一大批职业的和业余的技术专家，在 Internet 上形成了一个数量庞大而且非常主动热心的支持者群体。他们通过网络很快地响应用户所遇到的问题。例如，当 Pentium Ⅱ 设计上的错误刚被发现时，Linux 是最早提供解决方案的操作系统。

Linux 早期主要依靠网上的免费技术支持，虽然这种免费技术支持通常是快速响应的，但终归无法向用户提供百分之百的保证和承诺。近年来，越来越多的商业公司开始提供对 Linux 的收费技术支持。这种收费技术支持更为正规、可靠、有保证，从而进一步增强了大多数 Linux 普通用户的使用信心，同时改善了 Linux 的形象。例如，Red Hat 可提供每天 24 小时、每周 7 天（简称 24×7）的电话支持。这些正规的技术支持服务，对于把 Linux 更快地推向企业计算领域无疑是大有帮助的。商业公司的加盟还增加了 Linux 的应用软件，如 Oracle，Informix，Sybase 推出了以 Linux 为平台的数据库系统，这些弥补了 Linux 缺乏大型应用软件的不足，并能为 Linux 用户提供可靠的服务。

2．其他免费操作系统（freeBSD，Minix 等）

（1）freeBSD

它是美国加州大学伯克利分校开发的免费支持 POSIX 标准的操作系统。它基于 4.4BSD，改写了原来有版权保护的源自 UNIX 的代码，运行于 Intel x86 平台上。因其高效和完美而被发烧友们誉为“学院公主”。freeBSD 的用户群包括公司、网络服务提供商、研究人员、计算机专家、学生及家庭用户，目前主要用于教育和娱乐领域。

（2）Minix

它是一个运行于 Intel x86 平台上的微内核结构的教学用多用户操作系统。其特点是免费，源代码公开。它的接口界面与 UNIX 相同，但内部结构与代码完全不同，从内核、编译器到实用工具和库文件均不含有任何 AT&T UNIX 代码。Minix 由荷兰阿姆斯特丹自由大学的知名操作系统专家 Andrew S. Tanenbaum 主持设计与实现。

虽然 Minix 的源程序代码完全公开，但它是有版权的，它不属于公有，也不同于 GNU 公共许可证下的软件。其版本所有者（Prentice Hall）允许任何人下载 Minix 用于教学或研究领域，但若要把 Minix 用于商业系统或其他产品中，则需要 Prentice Hall 许可。

Minix 并不是实用的操作系统，为其设计的应用软件大多数用于教学和实验。而正是由于它简单的设计思想和极小的内核，因此在教学中得到了广泛应用。它特别适合 UNIX 初学者了解同类操作系统的工作机理。

习题 1

1.1 为什么要有操作系统？

1.2 操作系统中哪个程序支持用户操作计算机，提供什么机制支持用户程序并发运行？

1.3 操作系统是如何支持用户“方便”编程的？

1.4 早期监督程序（Monitor）的功能是什么？

1.5 用作业控制语言描述的作业控制说明书中应该包含哪几条语句？

1.6 试述监督程序的工作过程。

1.7　试述多道程序设计技术的基本思想。为什么采用多道程序设计技术可以提高资源利用率？

1.8　什么是分时系统？其主要特征是什么？适合哪些应用？

1.9　什么是实时系统？其主要特点是什么？适合哪些应用？

1.10　引入 SPOOLing 技术的硬件基础是什么？

1.11　举一个现实生活当中的并发与共享的例子，重点说明人（处理机）如何在多个工作（程序）中切换，如何在多个工作中使用共享的工具（资源）。

1.12　主存和处理机这两个计算机资源应该以何种方式得到使用。

第 2 章　操作系统运行机制与用户界面

第 1 章介绍了操作系统程序在整个系统中所处的层次。由图 1.1 可以看出操作系统处在中间层，向下管理和控制硬件资源，向上为外层软件及用户程序提供使用方便、功能强大的服务。操作系统的主要功能就是管理处理机、主存、I/O 设备及文件，并提供支持程序并发运行的机制。对操作系统的这些管理和支持功能，将在后续各章中分别介绍。

本章先讨论操作系统具有特定功能的程序集合是如何组织和驱动其动态执行的，然后讨论用户与操作系统的系统编程接口及用户操作界面。

2.1　中断和异常

通常，操作系统提供的主要功能都是由内核程序实现的。处理机在运行上层程序时，能进入操作系统内核运行的唯一途径就是中断或异常。当中断或异常发生时，运行用户模式程序的处理机会马上进入内核运行。

中断和异常是操作系统的重要概念。中断的引入是为了开发处理机和通道（外部设备）之间的并行操作。当处理机启动通道（外部设备）进行 I/O 操作后，通道（外部设备）就可以独立工作了，处理机也可以去做与此次 I/O 操作不相关的其他事情。在通道（外部设备）I/O 操作完成后，还必须告诉处理机，让处理机继续处理 I/O 操作以后要做的工作。通道（外部设备）要告诉处理机本次 I/O 操作已经完成，必须通过**中断机制**。

中断现象在人们的日常生活中屡见不鲜。例如，某人正在讲话，他人因某种紧急事项要讲话人去处理，故对其说："请中断一下，有急事找您。"于是讲话人暂停讲话，待处理完急事后又继续他的讲话。这种"暂停讲话"就是一种中断现象。

异常表示处理机执行指令时本身出现算术溢出，零作为除数，取数时发生奇偶错，访存指令越界，或执行了一条所谓"自陷指令"等情况，这时也可以中断当前的执行流程，转到相应的错误处理程序或自陷处理程序。**自陷指令**（也称陷入指令或访管指令）的出现，使得在用户模式下运行的程序可以调用内核程序。用户程序或系统实用程序等在处理机上执行时，若要请求操作系统为其服务，可以安排执行一条自陷指令引起一次特殊的异常。可以说这个异常只是一种特殊的程序调用，特殊之处在于处理机状态从"用户模式"变成了"监督模式"，另一个特殊之处在于普通程序调用指令包含了被调程序地址，而自陷指令无须给出地址，为了内核的安全，也只能允许转到"固定陷入点"的程序执行。

最初，中断和异常并没有区分开，把它们统称为中断。随着它们的发生原因和处理方式的差别越来越明显，才有了以后的中断和异常，因此必须注意中断这个词，在不同的历史阶段包含了不同的内涵。

2.1.1　中断和异常的区别

下面来看一个计算机系统会有一些什么样的中断和异常。通过对中断和异常进行如下分类，主要是想解释进入内核运行的可能情形，以及不同类型的中断和异常在处理方式上的差别。

目前流行的分类方法是，根据打断当前程序运行的原因把历史上混为一体的中断分为两类。

① 中断（Interruption），也称外中断，指来自处理机执行指令以外的事件发生。例如，外部设备发出的各种 **I/O 结束中断**，表示设备 I/O 操作已完成，希望处理机能够向设备发下一个 I/O 请求，同时让完成 I/O 操作后的程序继续运行；**时钟中断**，表示一个固定的时间间隔已到，需要让处理机处理计时、启动定时运行的任务等。这一类中断通常是与当前程序（进程）运行无关的事件。不同中断具有不同的中断优先级，表示事件的紧急程度。在处理高级中断时，低级中断可以被临时屏蔽。

② 异常（Exception），也称内中断、例外或自陷（Trap），指源自处理机执行指令内部的事件，如程序的非法操作码、地址越界、算术溢出、虚存系统的缺页及专门的自陷指令等。异常不能被屏蔽，一旦出现应立即处理。

下面列举的是更详细的打断处理机当前指令正常执行顺序的各种中断和异常事件。

① I/O 中断。这是用于反映通道或外部设备工作状态（如打印机输出结束中断，磁盘传输错）的中断。

② 时钟中断。固定间隔由时钟部件发生的中断，这也是发生最多的中断。操作系统利用时钟中断处理各种计时，如进程时间片是否用完判定、I/O 操作超时判定等都是由时钟中断处理程序激活的。

③ 机器故障。它是在机器发生错误（如机器校验错、电源故障、主存读数错等）时产生的异常，用于反映硬件故障，以便进入诊断程序。

④ 程序性异常。它是指程序执行错误，是由于错误使用指令或错误访问数据引起的，如非法操作码、无效地址、算术溢出等。

⑤ 自陷指令。由于程序执行了自陷指令（系统调用指令）而产生异常。这表示用户程序欲请求操作系统为其完成某项工作（如创建进程、读/写文件等）。

2.1.2 中断分级

在计算机系统中，不同的中断源可能在同一时刻发出中断信号，也可能前一个中断还未处理完，紧接着又发生了新的中断。为了区分和不丢失每个中断信号，通常用一些固定的触发器来寄存它们，并规定当其值为 1 时表示有中断信号，当其值为 0 时表示无中断信号。这些寄存中断的触发器组成的寄存器称为“中断寄存器”。其中每个触发器称为一个“中断位”。为了控制方便，一般对中断寄存器的各位顺序编号（如从左至右顺序编号），并称此编号为“中断序号”。

因为外部中断信号是由不同外部设备产生的，可能在同一时刻由不同外部设备向处理机发出多个中断信号，所以存在谁先被响应和处理的优先顺序问题。为使系统能及时地响应和处理所发生的紧迫中断，在计算机发展早期设计中断系统硬件时，根据各种中断的轻重缓急在线路上做出了安排，从而使处理机对中断响应有一个优先顺序。在设计硬件时，对各类中断规定了高、低不同的响应级别，把紧迫程度大致相当的中断源归并在同一级别，而把紧迫程度差别较大的中断源放在不同的级别。级别高的享有绝对优先响应的权利，即级别不同的两个以上中断同时出现时，首先响应级别高的中断，而且级别高的中断可以打断级别低的中断的处理过程。通常，把中断享有的高、低不同的响应权利称为**中断优先级**。

在当前实际系统中，有多少中断优先级，每个中断应划归哪一级别，是由操作系统设计者设定的。一般来说，高速设备的中断优先级高，慢速设备的中断优先级低。因为高速设备的中断被处理机优先响应可以让处理机尽快地向高速设备发出下一个 I/O 请求，提高高速设备的利用率。但是也要考虑到特殊用户需求，如实时控制系统数据输入设备，处理速度不一定快，但是为了保证实时控制，却要将其中断优先级设置为较高。例如，某小型机上的操作系统把中断优先级分为如下三种。

① 时钟中断的中断优先级为 6 级。

② 磁盘中断的中断优先级为 5 级。

③ 终端等其他外部设备中断的中断优先级为 4 级。

对同一个中断优先级内的若干中断源，按照该中断寄存器中从左至右的顺序来决定处理的先后顺序。在多级中断系统中，处理机处理中断的轨迹会复杂些。当多级中断同时产生时，处理机按照优先级由高到低的顺序响应，如图 2.1 所示。当正在处理低级中断时，若出现了高级中断，则高级中断的处理立即打断低级中断的处理，如图 2.2 所示。

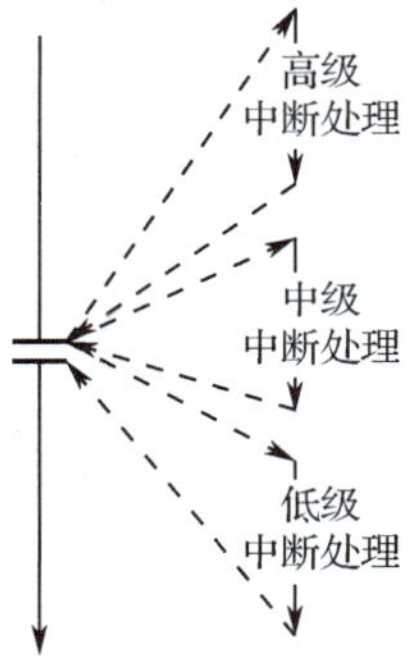

图 2.1　多级中断同时产生的处理机响应轨迹

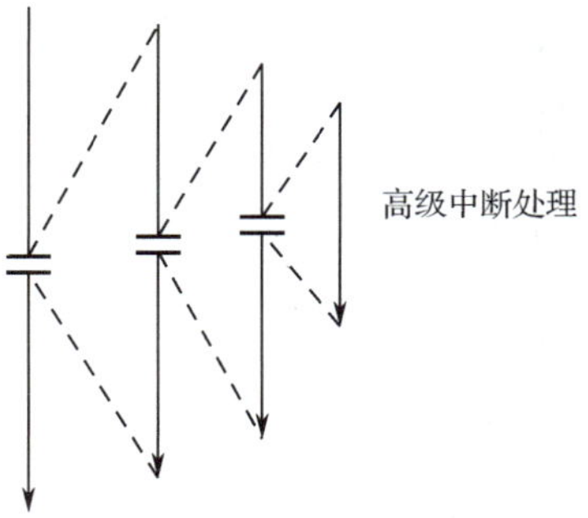

图 2.2　高级中断打断低级中断的处理机响应轨迹

所谓 **“中断屏蔽”**，通常是指禁止响应中断。为了打破中断级别由硬件设计时确定的不灵活的固定模式，现代计算机提供可以由程序设置中断屏蔽的方法。以前有些操作系统提供专门的手段用来禁止某些中断出现（即中断触发器不允许置 1）。例如，IBM 370 机使用特权指令向特定控制寄存器发送中断屏蔽位。这类被禁止出现的中断一旦发生，则此中断被丢弃（忽略不管）。

现在大部分操作系统允许中断出现（即中断触发器允许置 1），但暂时不响应它们。例如，在计算机所用的可编程中断控制器中，处理机可以执行特权指令来设置可编程中断控制器的屏蔽位。即使通过硬件将已设置屏蔽码的中断位置为 1，处理机也不会响应该中断。硬件只是保存此次中断，以便将来在屏蔽解除时再进行处理。通常的设备中断、时钟中断等外部中断可以被暂时禁止响应，这种禁止响应中断的屏蔽方式又称为**软屏蔽**。

由于处理机可以通过执行特权指令来设置中断屏蔽，因此操作系统可以根据需要来屏蔽同时到达的中断，从而由操作系统来决定中断的响应次序，达到由操作系统决定中断级别的目的。显然，屏蔽功能给多级中断操作系统的中断级别设置带来了灵活性。图 2.3 说明了设置中断屏蔽位后影响中断响应的情形。

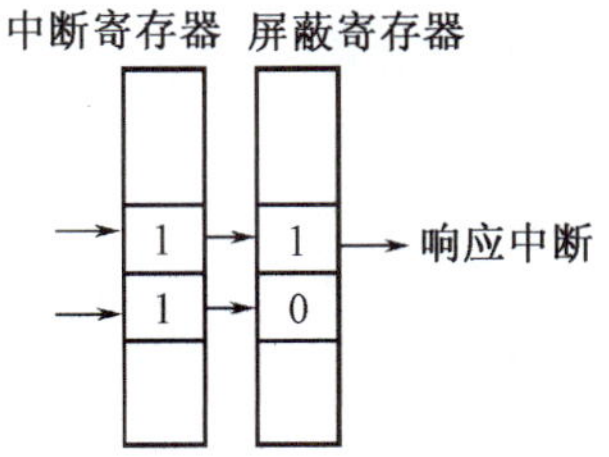

图 2.3　设置中断屏蔽位后影响中断响应的情形

处理机优先级，是指处理机当前正在运行的程序的中断响应级别。当处理机处于某个优先级时，只允许处理机响应比该优先级高的中断，而屏蔽低于或等于该优先级的中断。设置处理机优先级，就是设置屏蔽寄存器，确保处理机不会响应优先级小于或等于处理机优先级的中断。以前述某小型机中断优先级设置为例，当处理机优先级为 5 级时，除时钟中断外其他中断全部被屏蔽。

但是，处理机执行指令时产生的异常，如执行非法指令、自陷指令（trap 指令）时，不能被屏蔽，必须马上响应处理。在异常处理程序运行时，是否屏蔽外部中断或屏蔽哪些外部中断会根据异常处理的需要设置，一般不需要对外部中断进行屏蔽。

2.2 中断/异常响应和处理

处理机在执行任何指令时都可能发生中断或异常，那么处理机如何响应中断和异常，又如何转到中断和异常处理程序执行呢？

2.2.1 中断/异常响应

中断信号是外部设备或时钟部件发给处理机的，故在处理机的控制部件中需增设一个能检测中断信号的逻辑。该逻辑能够在每条机器指令执行周期内的最后时刻扫描中断寄存器，“询问”是否有中断信号。若无中断信号或被屏蔽，则处理机继续执行程序的后续指令，否则处理机停止执行当前程序的后续指令，无条件地转入内核的中断处理程序，这一过程称为中断响应。

异常是在执行指令的时候，由于指令本身的原因发生的。指令的实现逻辑发现异常发生从而转入内核的异常处理程序。

在响应中断/异常时，一定会涉及如何保护中断运行现场，如何找到中断/异常处理程序，中断/异常处理程序在什么处理机模式下运行等问题。下面详细讨论这些问题。

1. 断点和恢复点

处理机一旦响应中断，立即开始执行中断处理程序；当中断处理结束后，重新返回中断点执行后续指令，如图 2.4 所示。故当中断发生时，处理机刚执行完的那条指令地址称为“断点”。一般，断点应为中断的那一瞬间程序计数器（PC）寄存器所指指令的前一条指令地址，即中断发生时正在执行的那一条指令的地址。中断时，程序计数器所指的地址（即断点的逻辑后续指令）称为“恢复点”。

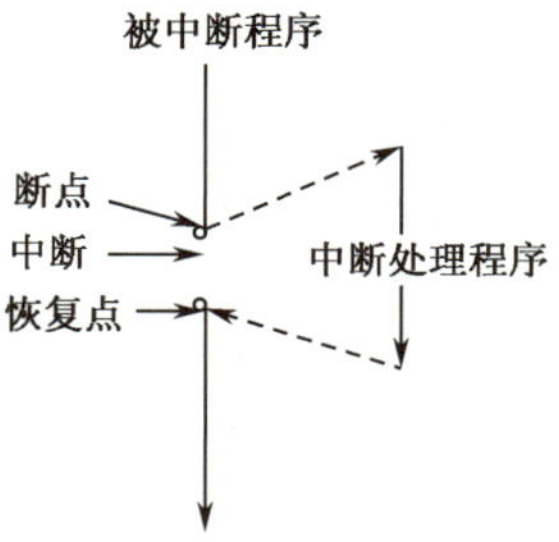

图 2.4　中断处理的处理机响应轨迹

中断处理是一项短暂性的工作，逻辑上处理完后还要回到被中断的程序，从其恢复点继续运行。为了能实现正确的返回，在中断处理前、后必须保存和恢复被中断的程序现场。

所谓**现场信息**，是指中断那一时刻确保程序继续运行的有关信息，如程序计数器、通用寄存器及一些与程序运行相关的特殊寄存器中的内容。现场的保护和恢复可由硬件、软件共同配合完成，现场信息通常保存在与被中断程序（进程）相关的系统数据结构中。

在异常发生时，恢复点会因为不同的异常而有所区别。对于大部分由用户程序指令执行出错而引起的异常，操作系统的处理方式是结束所运行的程序，因此也不会回到用户程序。如果通过自陷指令进行系统调用，则处理完成后返回自陷指令的下一条指令。对于虚存系统访存指令的缺页异常（参见存储管理缺页处理相关内容），处理完成后会返回发生异常的指令而重新执行该访存指令，以保证这次访存指令能够顺利执行。

2. 核心态和用户态

中断和异常的处理程序是内核程序，都必须在一种特权状态下运行，因为这些程序需要访问外部设备等操作系统管理的资源或者涉及系统的管理表格。

在计算机系统中，处理机通常执行两类不同性质的程序：一类是用户程序或系统外层的应用程序，另一类是内核程序。这两类程序的作用不同，后者是前者的服务者和控制者。显然，如果对两类程序给予同等“待遇”，则对系统的安全极为不利，所以内核程序享有用户程序所不能享有的某些特权。因此，将处理机的运行状态分为核心态和用户态（等同于以前所述的监督模式和用户模式），内核程序在核心态下运行，允许在核心态下运行的程序执行所有的指令（包括特权指令）；而外层所有程序在用户态下运行，特权指令不允许在用户态下执行。在**处理机状态字**（也称**程序状态字**，简写为 PS 或 PSW）寄存器内设置一个标志位，根据其当前值为 1 或 0 来分别表示处理机处于核心态或用户态。

划分了核心态和用户态后，就严格区分了两类不同性质的程序，它们各自有严格区别的存储空间。在处理机运行时，不同状态有完全不同的待遇。用户程序中许多涉及共享资源的工作是由内核程序代为完成的，当用户程序需要操作系统为之服务时，绝对不能通过通常的程序调用方式来调用操作系统的相应程序，而必须设法通过执行自陷指令（系统调用）引起一次异常而转入内核程序。

也有人把核心态称为管态、系统状态、监督方式，将用户态称为目态、用户状态或用户方式等。而且，在许多系统中为了进一步增加操作系统的安全性，进一步将核心态细分为若干不同的状态，同时也将操作系统分为若干层，不同层次的软件运行在不同的状态下。例如，VAX/VMS 操作系统将用户态称为用户方式，将核心态细分为核方式、执行方式、管理方式三种，并规定不同的方式享有不同的特权；硬件必须提供对操作系统运行状态的支持。再如，Intel x86 处理机运行状态有 0，1，2，3 环之分，不过 Intel x86 上运行的操作系统（如 Linux 和 Windows）只用到 0 环和 3 环，0 环表示核心态，3 环表示用户态。

3. 中断/异常向量及 PS 和 PC 寄存器

为处理方便，一般为操作系统中每个中断/异常信号编制一个相应的中断/异常处理程序，并把这些程序的入口地址放在特定的主存单元中。通常，将这片存放中断/异常处理程序入口地址的主存单元称为中断/异常向量，或系统控制块。

对不同的操作系统，中断/异常向量中的内容细节也不尽相同。中断/异常向量的每个单元中除存储中断/异常处理程序的入口地址外，还常用来保存处理机状态转换的信息。例如，中断/异常处理程序运行要用到的新 PS（处理机状态字，又称程序状态字）值和新 PC（程序计数器）值。

处理机的取指令部件根据 PC 寄存器的值到主存中取指令。

PS 寄存器的值用于描述处理机的运行状态，主要包含处理机当前运行态、处理机优先级、屏蔽外中断与否等标志位。

PS 中的处理机优先级表示当前处理机所运行的中断处理程序所对应的中断级别，显然，处理机优先级与中断优先级有对应关系。如果处理机优先级等于 4 级，则表示处理机正在处理中断优先级为 4 级的中断，这时 4 级及 4 级以下优先级的中断都应该被屏蔽。

在中断/异常向量中，每个中断信号占用连续的两个单元：一个单元保存中断/异常处理程序的地址（对应 PC）；另一个单元保存处理中断/异常时处理机应具有的状态（对应 PS）。

中断/异常向量是中断系统中一个非常重要的数据结构。当响应中断/异常时，硬件先把当前 PS 和 PC 的值作为程序现场保存起来，然后从中断/异常向量的相应单元中取出新的 PS 和 PC 值，并装入 PS 和 PC。处理机便根据新装入的 PC 值转去进行中断/异常处理。因为 PS 装入了新值，而且确定处理机状态为核心态，所以中断处理程序总是在 PS 状态域所表示的核心态下执行。

2.2.2 中断/异常处理

整个中断/异常从发现到处理完毕都需要由硬、软件相互配合，协调完成。大部分操作系统的中断/异常处理过程均类似。在中断/异常处理中，一般包括保存现场、分析中断/异常原因、进入相应的中断/异常处理程序、可能重新选择程序（进程）运行、恢复现场等过程，如图 2.5 所示。

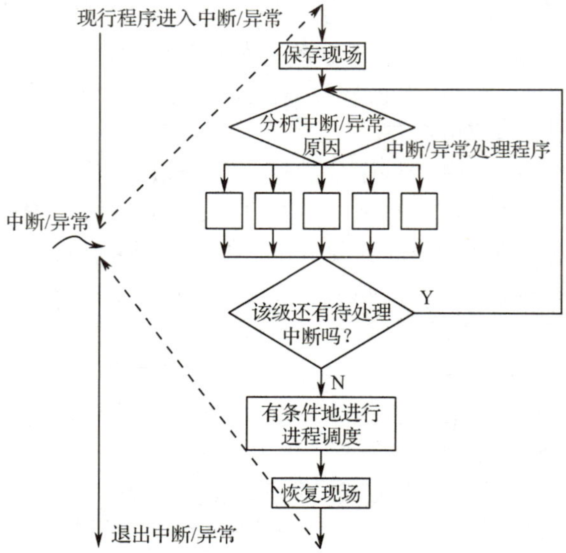

图 2.5　一般的中断/异常处理过程

【例 2.1】下面以某小型机上的 UNIX 系统为例，介绍中断/异常处理过程中各部分的工作。

UNIX 的中断/异常向量如图 2.6 所示，每个中断/异常对应中断/异常向量中的两个单元，分别保存处理该中断/异常时的处理机状态（PS）和中断/异常处理程序的入口地址（PC）。

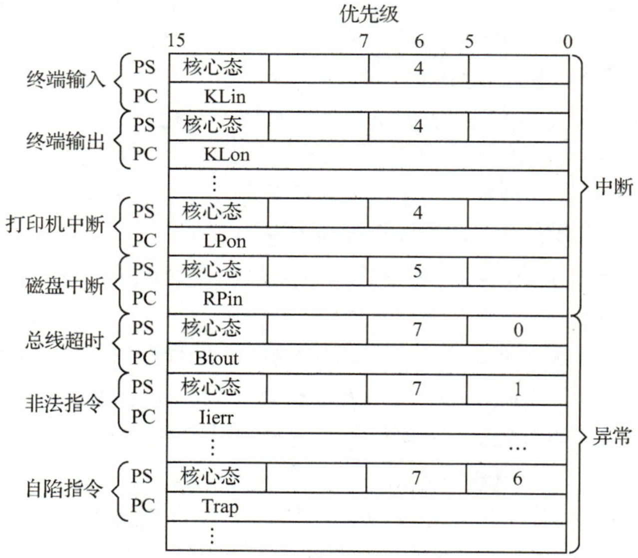

图 2.6　UNIX 的中断/异常向量

（1）中断/异常进入

中断/异常发生后，硬件自动地进入响应中断/异常的过程——交换 PS 和 PC 的值，具体步骤如下：

① 硬件机构自动将 PS 和 PC 的值存入处理机中的暂存寄存器。

② 根据发生的中断/异常，硬件从指定的中断/异常向量单元中取出新的 PS 和 PC 值，分别装入 PS 和 PC。

③ 硬件将保留在内部寄存器中的原PS和PC的值作为现场信息保存到与被中断程序相关的栈中，这里的栈用于保护原来运行程序的现场。

硬件完成以上三步后，控制便根据中断/异常向量单元中的 PC 值转入相应的处理程序。对于异常，在这个例子中，硬件最初将控制转入一个入口地址为 Trap 的处理程序，如图 2.6 所示。因此，为了使软件能区别不同的异常并给予不同的处理，在中断/异常向量相应的异常单元中，分别在对应的 PS 单元中的低 5 位存放一个不同的编号，该编号被称为异常类型号，如总线超时的异常类型号为 0。总之，对于不同的中断，硬件将转入不同的中断入口程序；对于所有的异常，则首先转入公共的入口程序。

一般的中断/异常处理过程均可以划分为如下三个阶段：① 保存现场；② 分析处理，即分析原因后转入相应的处理程序；③ 恢复现场。

在本例中，系统专门设置了一个总控程序，负责这三个阶段的转入工作。

对于中断/异常，尽管硬件通过中断/异常向量表项最初转入的处理程序入口各不相同，但在各个处理程序中，都先转入总控程序进行进一步现场保存等公共工作后，再去调用各个不同的中断/异常处理程序。

总控程序完成如下工作：① 继续保存断点现场。② 分析原因，调用中断/异常处理程序。③ 恢复断点现场，返回。

（2）保存现场

UNIX 采用分散保存现场的方法，操作系统对每个程序（进程）分配一片区域。每当中断/异常发生时，便将现场保存在当前程序（进程）相关的现场区内。现场区均组织成**“栈”**结构。当出现中断/异常时，将现场信息一条条地压入栈，恢复现场时，再逐步退栈。尤其在多级中断系统中，现场区必须组织成栈结构。高级中断能够打断低级中断的处理，待高级中断处理结束后，再返回低级中断处理。为了不丢失低级中断的现场信息，显然应该用栈结构保存现场。当然，子程序调用也需要栈来保存返回地址及子程序要使用的工作寄存器原内容。所以说，**栈是程序运行不可缺少的数据结构**。

例如，如图 2.7 所示，它描述了高级中断打断低级中断的处理过程。在最初响应和处理低级中断时，被中断的程序现场保留在栈的底部。当高级中断打断低级中断时，高级中断则将低级中断处理断点现场压入栈。当高级中断结束时，通过恢复现场撤除栈上的相应现场信息。紧接着低级中断便得到处理，当低级中断处理完成返回时，最后撤除栈上的相应现场信息。只要栈空间足够大，便能保证多级中断的嵌套处理。

UNIX 响应、处理一次中断/异常时的现场内容如图 2.8 所示。最初响应中断/异常时硬件将 PS 和 PC 的内容压在栈底，而后转入相应的处理程序。这些程序入口在将控制过渡到总控程序中的同时，将 r0 寄存器的内容压入栈。进入总控程序后，有必要在栈中继续保存如下现场：

① 新的处理机状态寄存器的内容（记为 nps）进栈。对于异常处理来说，nps 的低 5 位包含异常类型号。

② 通用寄存器 r1，r6 的内容入栈，其中 r6 寄存器内容在该系统中用作栈指针（SP）。

③ 从 nps 中截出低 5 位（异常类型号），记为 dev 进栈，以利于对异常的进一步分析处理。

④ 总控程序在将控制转给各个具体的中断/异常处理程序时，将返回总控程序的地址（记为 tpc）进栈。

⑤ 各中断/异常处理程序在进行相应处理之前，将 r5，r4，r3，r2 通用寄存器内容入栈，待根据 tpc 返回总控程序时，再恢复 r5，r4，r3，r2 寄存器。

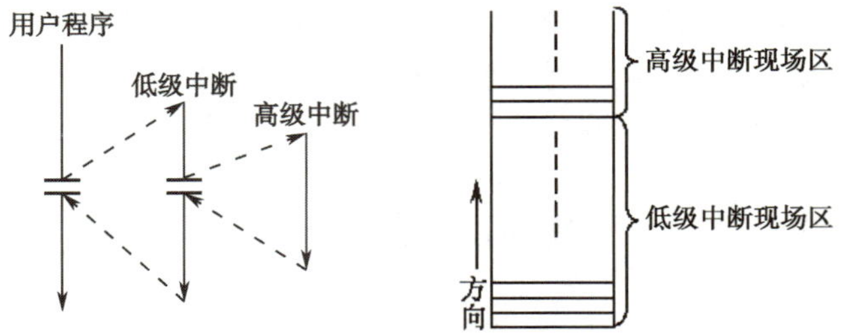

图 2.7　高级中断打断低级中断的处理过程

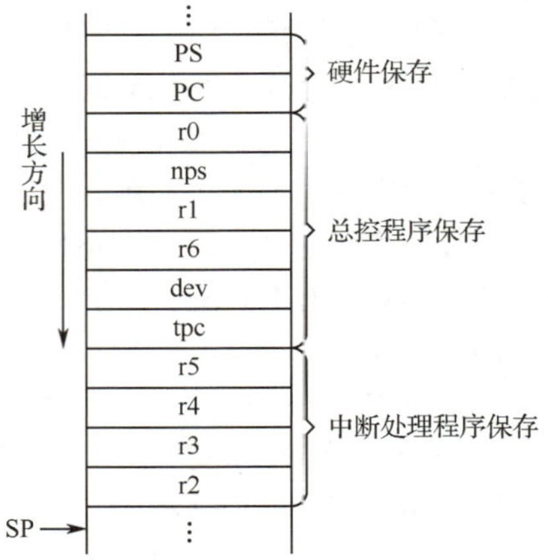

图 2.8　UNIX 响应、处理一次中断/异常时的现场内容

（3）分析原因并转入中断/异常处理程序

在此阶段，总控程序根据中断/自陷原因，转入各个中断/异常处理程序，同时将返回总控程序的地址保存在栈中。

I/O 中断表示先前发送给设备控制器的 I/O 请求已经完成，I/O 中断的处理通常会向设备控制器发送下一个 I/O 请求，并就绪原来等待 I/O 结束的进程，进行下一步处理工作。时钟中断是最频繁发生的中断，它是定时发生的。一旦发生时钟中断，时钟中断处理程序需要完成操作系统及刚被中断的进程的时间统计、软定时器计数减时操作等。

异常处理则需要区分是正常发生的操作系统的系统调用处理（这时运行操作系统的系统调用处理程序），还是确实产生了指令执行出错（如发生溢出等其他异常，对产生异常的程序进行结束处理）。

（4）恢复现场

当中断/异常处理结束后，必须退出中断/异常。在多级中断系统中，考虑退回当前中断时，必须依据原先被中断的程序，完成不同的工作。

① 如果此次是高级中断，并且被中断的程序是一个低级中断处理程序，则应返回到该低级中断处理程序中。UNIX 通过保存的 nps 内容判断处理机先前的状态。若为核心态，则根据保存的现场恢复被中断的低级中断处理程序现场，具体恢复现场的动作如下：

退栈，恢复 r0，r1 寄存器。

执行 rtt 指令，该指令自动将现场区中的 PS 值、PC 值装入 PS 和 PC 寄存器中，从而退出此次中断。

② 如果原来被中断的是用户程序，即用户态程序，则在退出中断/异常之前应先考虑进行一次调度选择，即**运行进程调度程序**，以挑选更适合在当前情况下运行的新程序（进程）。这是因为，原来被中断的用户程序在此次中断/异常处理过程中，可能由于其要等待的事件没有发生而不具备继续运行的条件，也可能被降低了运行的优先级，还可能由于此次中断/异常的处理使得其他程序获得了比其更高的运行优先级。为了权衡系统内各个程序（进程）的运行机会，此时有必要进行一次调度选择。在进行了调度选择后，无论是挑选出另外一个新程序（进程），还是仍然选择原程序（进程）继续运行，都必须恢复所选程序的现场。

UNIX 系统是通过 nps 的内容来判断处理机先前的状态的。若为用户态，而且此时确实存在优先级更高的程序（即发现重新调度标志已被某个中断/异常处理程序置为大于 1 的值），则调用系统内部的进程调度程序。在调度选择结束后，再为新选出的（也可能还是原来的）程序（进程）

恢复现场（注意，不同的进程均有其各自的现场区）并退出中断/异常。

2.3 操作系统运行模式

操作系统的功能模块有哪些？什么时候、如何运行操作系统的功能模块？下面先介绍操作系统主要由哪些功能模块组成，然后说明几个典型的操作系统运行模式，弄清操作系统功能模块在什么模式下运行。

1. 操作系统功能模块

操作系统通常都包含系统初始化、进程管理、存储管理、I/O 设备管理、文件管理等主要功能模块，还需要提供支持用户使用计算机的命令解释程序。以 UNIX 为例（Linux 类似），大部分功能模块以内核程序方式实现，即在核心态下运行，但是有些功能模块是通过创建用户进程并以用户程序方式实现的，如命令解释程序就是在用户态下运行的。

【例 2.2】 以 UNIX 为例，介绍操作系统的主要功能模块如下。

（1）系统初始化模块

当系统加电后，计算机 ROM 程序按约定将内核加载到主存中，并执行系统初始化程序。系统初始化模块入口只在系统启动时进入一次，在以后系统正常运行期间不再进入。首先，系统初始化程序初始化系统数据区及硬件，如初始化空闲物理页帧、系统的各种缓冲池、中断控制器、中断/异常向量表、外部设备等。在初始化各种系统表格后，还要创建 1 号进程。让 1 号进程运行 INIT 程序，创建 tty 终端进程（tty 终端进程会检验从终端输入的用户登录信息，然后运行命令解释程序，接收并解释执行用户命令）。现代 UNIX 的初始化模块还会创建许多只运行内核程序的进程，运行一些不会由用户程序激活但需要定期运行的内核程序。当初始化完成后，代表用户的 tty 终端进程已经存在，操作系统的其他功能模块可以**以中断/异常方式**随时被用户程序所调用并执行。

（2）进程管理模块

进程是操作系统组织用户程序在计算机中运行的机制。进程管理模块包含有关进程的系统调用处理，如进程创建和结束、进程通信及进程同步等，也包含对处理机的分时使用管理程序，如进程调度和进程切换。这些程序都涉及对管理进程用的进程控制块等数据结构的操作，但它们会在不同的时机被调用。例如，进程创建、进程通信及进程同步过程往往在由用户程序发出系统调用时执行，而进程调度和进程切换则在重新分配处理机时执行，如当中断/异常处理完成要返回用户态时执行。

（3）存储管理模块

存储管理与进程管理关系密切，因为进程运行必须占有主存空间，所以把进程空间分配程序也划分到存储管理模块中，如主存管理模块、进程空间分配、支持虚空间的进程页面内/外存之间交换等。进程空间分配在进程创建时执行。进程页面交换的目的是希望多个进程轮流占用主存并运行（详见存储管理内容）。进程页面交换程序通常作为操作系统的独立任务被定时地启动运行。

（4）I/O 设备管理模块

I/O 设备管理模块包含设备访问接口程序、数据缓冲管理模块、各种驱动器公共程序、各种设备驱动程序和设备中断处理程序等，实现对设备的管理，并提供 I/O 功能。

（5）文件管理模块

文件管理模块包含文件访问接口程序、文件系统目录结构管理程序、文件数据缓冲管理模块、辅存空间管理程序等，实现对外部存储设备的管理，并提供对文件的使用功能。

2. 操作系统运行模式

操作系统的这些功能模块如何运行呢？在 UNIX/Linux 实现中，上述模块都是在核心态下运行的，主要在中断/异常发生时嵌入用户进程中运行。

一般来说，操作系统可以有如下三种运行模式。当前主流操作系统（如 UNIX/Linux、Windows）都采用内核嵌入用户进程运行模式。

（1）独立运行的内核模式

如图 2.9（a）所示，这是早期操作系统的实现方式。操作系统的执行不与任何用户进程关联，它有自己独立的存储空间。当然它作为管理程序也可以访问用户的进程空间，有自己独立的运行环境，如保存运行现场的栈。当用户进程被中断或发出系统调用时，该进程的现场被保存到与进程相关的运行现场区，处理机开始运行内核程序。内核程序运行在自己独立的系统栈上，当完成处理后，又恢复用户进程现场运行，或者进行进程调度，并切换到被调进程运行。

在这种运行模式下，进程只运行用户态程序，内核程序可看成在一个特殊的系统执行实体（或称特殊的进程）中运行。在该模式下，当用户进程发出一个 I/O 系统调用请求时，内核程序往往要访问发出请求的用户进程的系统表格，在启动外部设备时，又要建立一个该 I/O 请求与用户进程的连接，以便等 I/O 完成中断处理时能够定位用户进程并恢复它的运行。

这种模式最大的问题是，内核程序作为一个特殊进程运行，它的并发运行实现起来很困难。当一个 I/O 请求发给外部设备后，外部设备进行 I/O 操作需要一定的时间，内核程序因此而被阻塞，处理机去运行别的进程，而别的进程就不可再激活内核程序了。

为了提高内核程序的并发性，随着操作系统的发展，后来在创建用户进程时，同时也为该进程分配一个核心栈，用于运行内核程序，从而出现了内核程序在用户进程中运行的模式。

（2）内核嵌入用户进程运行模式

这种模式可以理解成内核程序被当作函数调用和运行。如图 2.9（b）所示，操作系统服务程序（各功能模块）、中断处理程序等在自陷和中断时，利用每个用户进程各自的核心栈空间，运行于用户进程中。所谓操作系统运行于用户进程中，只是利用了附属于该进程的核心栈空间。系统空间独立于用户进程的用户空间，而且系统空间地址不与用户空间地址重叠，各占一片连续地址空间的高部与低部，如图 2.10 所示。

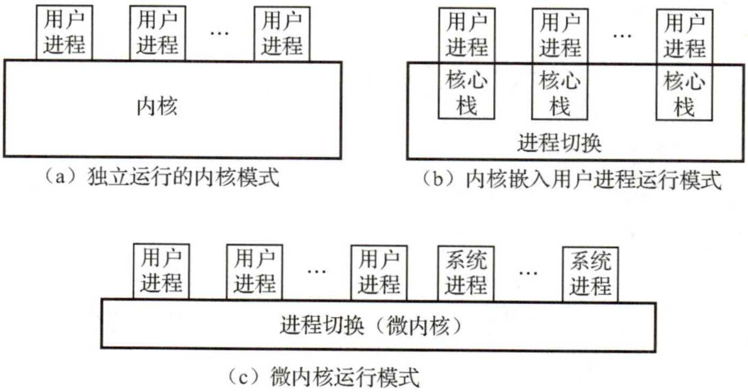

图 2.9　操作系统的三种运行模式

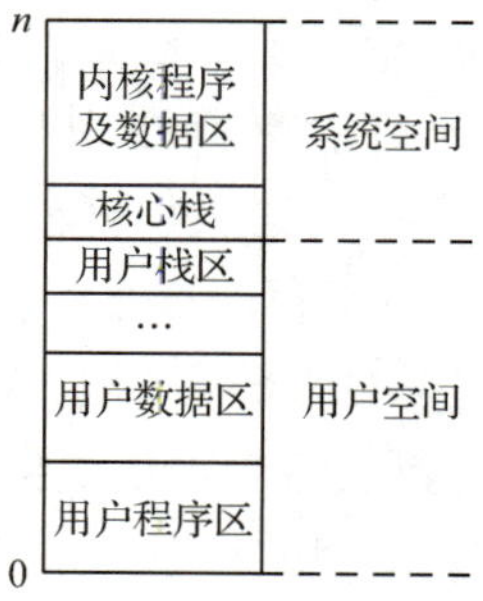

图 2.10　系统空间和用户空间

当运行用户程序的处理机自陷或遇到中断时，处理机转到核心态下运行，控制转移给内核，用户程序的现场被保护起来，启用刚被中断进程的核心栈作为以后程序执行、过程调用的工作用栈。注意，这时只是处理机状态的转换，程序还是认为在当前的用户进程中执行，并没有发生进程切换，而只是在同一进程内的处理机运行态的切换。所以说这种模式把调用内核程序（如系统调用处理程序、中断处理程序）运行，当作一种特殊的函数调用。其特殊之处在于，处理机状态字（PS）会被重置，并且无须提供函数地址。

在内核完成它的工作后，如果决定继续原来被中断的用户程序的运行，则将处理机的模式恢复到用户态，并恢复刚被中断的现场运行。在这种情况下，一个用户进程在运行用户程序的中途可以运行内核程序，运行完后又接着运行原用户程序。在运行完内核程序后，如果有高优先级的进程可运行，则可进行进程调度切换。如果决定进行进程切换，则将当前进程置成非运行状态，把选定要运行的进程置成运行状态，再恢复被选进程的现场。逻辑上，进程调度切换程序不属于任一进程。

本书在操作系统结构和技术实现描述中，如果没有特别指明，都假设操作系统运行模式为本模式。

（3）微内核运行模式

如图 2.9（c）所示，将原来由核心态实现的大部分操作系统功能转由一些用户态运行的进程来实现，系统调用转接代码、进程调度切换代码和中断处理程序还是在核心态下嵌入被中断进程的核心栈执行。采用该模式，可以使核心态运行的程序非常少。微内核操作系统 Mach 3.0 就采用这种运行模式。虽然它在模块化、层次化方面有可取之处，但是因为用户程序和内核程序运行在各自独立的进程中，它们之间在通信、合作时开销太大，损失了系统的性能，因此这种运行模式的操作系统并没有被广泛接纳。

大部分现代操作系统以图 2.9（b）所示的模式运行，操作系统内核功能以外的其他系统功能，是由独立的进程实现的。例如，UNIX 的 1 号进程，实现对终端用户进程的创建。还有一些如安全检查、FTP、WWW 网络服务等系统功能，都采用独立的进程来实现。这些运行系统外围功能的进程又称为系统守护进程。

2.4 系统调用

系统调用是操作系统内核程序和用户态运行程序之间的接口。系统中的各种共享资源都由操作系统统一掌管，因此在操作系统的上层软件或用户程序中，凡是与资源有关的操作（如分配主存、进行 I/O 操作及文件操作等）都必须通过某种方式向操作系统提出服务请求，并由操作系统代为完成。操作系统要组织用户程序运行，还要提供与进程相关的系统服务。此外，操作系统还常常为用户提供一些另外的服务（如提供时间、日期、获取当前系统的某些状态等）。

因此，操作系统必须提供某种形式的接口，以便让外层软件通过这种接口使用系统提供的各种功能。人们称这种接口为系统调用（System Call）接口。

所谓系统调用，可以看成用户程序（或用户态运行的系统程序）在程序一级请求操作系统为之服务的一种手段。早期的教科书曾称其为广义指令。当外层程序需要操作系统为之服务时，可以在程序中安排一条类似于转子指令形式的代码（自陷指令 trap），实现对操作系统的调用。对程序来说，一条广义指令就好像是一条普通的指令。但是广义指令不同于机器直接译码就能执行的硬件指令，广义指令的执行将导致一次对操作系统内核程序的“调用”，由操作系统的一段程序完成广义指令所指定的服务。

系统调用在功用上和过程调用一样。但在具体实现上，为了保护操作系统内核的安全，系统调用指令（trap 指令）和过程调用指令的区别在于：过程调用指令包含要调用程序的地址，而 trap 指令没有地址，必须转到约定的入口执行；另外 trap 指令会使处理机从用户态改到核心态运行，而过程调用指令不会改变处理机运行态。

1. 自陷指令

计算机系统的程序运行环境被分为核心态和用户态。在两种不同状态下运行的程序之间不能发生任何形式的普通子程序调用。用户态运行的用户（或某些系统功能）程序，在其运行过程中如欲请求操作系统为其提供服务，显然不可以通过普通转子指令直接调用核心态运行的操作系统程序。但如何将这一愿望通知操作系统呢？这还得依赖中断/异常机制为其进行“服务信号”的传递。根据不同的服务请求，通过中断/异常机制来驱动操作系统中的不同程序提供所需服务。为此，大部分的机器都提供一条能产生异常的机器指令，称为“自陷指令”（也称为陷入指令或访管指令）。例如，在 PDP-11 机器上提供了一条自陷指令 trap（在 Intel x86 机器上的 Linux 用指令 INT 0x80 实现）。当处理机执行该指令时，硬件自动完成如下步骤：

① PS 内容压入现场栈。

② PC 内容压入现场栈。

③ 从中断向量 034 单元中取出内容装入 PS。

④ 从中断向量 036 单元中取出内容装入 PC。

不难看出，若程序中安排了一条 trap 指令，当处理机执行该指令时便产生一次“自陷”，从而进入操作系统内核。

在 UNIX 操作系统中，利用 trap 指令可以使用户程序（或用户态运行的其他系统程序）向操作系统发出服务请求。用户程序（或用户态运行的其他系统程序）通过系统调用类型号指定此次所需的服务。系统调用类型号可存于约定寄存器中传递给内核程序。

用户态运行的程序中的 trap 指令将导致处理机发生一次“自陷”，中断/异常机制按照硬件 trap 指令对应的中断/异常号，查中断/异常向量表中 trap 对应表项保存的自陷处理程序地址，将控制转入自陷处理程序。自陷处理程序再以约定寄存器中系统调用类型号为索引，找到系统调用散转表中的服务程序入口地址，转到具体的系统调用服务程序。为此，UNIX 内核有一个系统调用散转表数据结构，如图 2.11 所示，以保存与系统调用类型号相对应的服务程序的入口地址。

编号	参数个数	服务程序入口地址
0	0	do_fork
1	3	do_read
2	3	do_write
…	…	…

图 2.11 系统调用散转表

2. 系统调用的实现

为了方便高级语言程序使用系统调用，通常提供一个系统调用库，其中包含许多系统调用接口函数，这些函数看上去就是一些普通的子程序，但是这些函数往往是由为数不多的几条汇编指令实现的，而且必须要包含一条 trap 指令，这样才能保证在执行 trap 指令时将处理机的控制转移给操作系统内核的相应程序。使用系统提供的系统调用库来进行系统调用，不但可以使用户不必关心系统调用的细节，而且可以避免由用户直接安排 trap 指令可能引起的错误。

（1）参数传递

在系统调用时，系统调用库函数需要向内核程序传递系统调用类型号，以及该系统调用需要的参数。那么如何将参数传递给内核程序呢？现在的机器一般都用约定好的寄存器来传递系统调用类型号及其他参数。如果参数较多，则利用系统调用的进程栈空间来存放要传递的参数。

操作系统的二进制编程接口（ABI）说明书会说明应使用哪些寄存器或栈，如何传递参数。当系统调用处理结束后，也用约定好的寄存器返回处理结果。

在普通子程序调用时也需要传递参数，当然也需要约定好传递参数的寄存器或栈。用户用高级语言编写程序时并不需要关心这些寄存器。因为只要用户按子程序调用格式写语句，编译器在编译子程序时，就会将用户子程序调用语句中的参数放入约定好的寄存器，生成指令并从约定好的寄存器或栈中取出参数。注意，子程序调用和系统调用并不一定使用相同的寄存器来传递参数。

（2）系统调用处理过程

【例 2.3】 下面以 UNIX 为例，介绍系统调用处理的具体过程。假设用户程序使用系统调用库函数 write()对文件进行写操作，此时如何进行系统调用和处理呢？

对操作系统外层的程序，可用系统调用库函数 write(文件 id，…)对文件进行写操作。write()是一段汇编代码，其中包含了 trap 指令。调用 write( )实质上就是调用包含 trap 指令的代码段。在调用 write()时，把文件 id 等参数复制到子程序调用约定的参数传递寄存器中，在 write()中又把这些参数及 write 对应的系统调用类型号放到为系统调用约定好的参数传递寄存器中。如果可以直接用汇编语言编写用户程序，则在该程序中可以直接加入 trap 指令，进行系统调用。系统调用过程如下（参见图 2.12）。

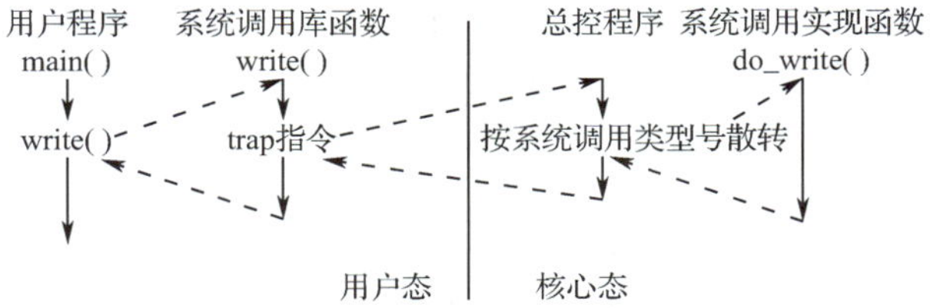

图 2.12　系统调用过程

① 当处理机运行到 trap 指令时，产生异常，保存现场后，根据 trap 指令的中断/异常号查中断/异常向量表得到系统调用总控程序地址，转到总控程序。

② 总控程序根据系统调用类型号，查系统调用散转表，得知参数个数，然后从约定寄存器读入参数。最后根据系统调用散转表转到相应的服务程序（系统调用实现函数）。

③ 服务程序结束后返回，总控程序将此次服务的结果存入约定的返回结果的寄存器。

④ 最后回到恢复现场，退出系统调用处理。至此即完成了一次系统调用，用户程序又可继续运行。

3. 主要系统调用举例

下面以 POSIX 系统调用为例，介绍一些典型的系统调用。POSIX 标准实质上起源于 UNIX，故 POSIX 标准描述的系统调用与 UNIX 系统调用是一样的。

【例 2.4】 下面列举了 POSIX 标准的一些典型系统调用，它是以函数形式表示的。用户编程时也将以函数调用方式引用这些系统调用函数。但必须清楚，这些系统调用函数由若干机器指令组成，其中包含了设置系统调用参数寄存器、trap 指令及获得系统调用结果并返回上级函数的若干指令。

POSIX 标准定义的系统调用如下所述。

（1）进程管理及进程通信相关

① pid=fork( )。该系统调用产生一个子进程，继承父进程的程序及数据。pid 用于存放 fork( )系统调用的返回值，即子进程号。

② exit(status)。结束当前运行的进程。

③ pid=wait( )。等待任一子进程结束。pid 用于存放结束子进程的进程号。

④ s=execve(name, argv, environp)。用 name 所指定的执行文件替换进程当前运行的执行文件。进程从新执行文件的第一条语句开始执行。

⑤ s=kill(pid, signal)。向 pid 指定的进程发送一个 signal 信号。

（2）文件和设备 I/O 相关

因为在 UNIX 中，设备被看作特殊的文件，故设备的 I/O 方式与文件的 I/O 方式相同。不同的只是代表设备的文件名是一些特殊的文件名（如 U 盘的设备文件名是/dev/sda）。

① fd=open(filename, flag)。打开 filename 文件。flag 说明以读/写方式打开，返回文件描述符到 fd 中。

② s=close(fd)。将 fd（文件描述符）代表的已打开文件关闭。

③ position=lseek(fd, offset, reference)。移动文件的当前读/写指针。

④ n=read(fd, buffer, nbytes)。将从当前读/写指针开始的 nbytes 字节写到 buffer 中。

⑤ n=write(fd, butter, nbytes)。将 buffer 中的数据写到文件中。

⑥ s=stat(filename, &buf)。获得文件的状态信息。

（3）目录和文件系统管理

① s=chdir(dirname)。将当前工作目录变成 dirname。

② s=mkdir(name, mode)。建立一个 name 目录。

③ s=rmdir(name)。删除 name 目录。

④ s=link(name1, name2)。建立一个新 name2 文件（目录），且使 name2 指向 name1，即 name2 等价于 name1。

⑤ s=unlink(name)。删除 name 文件（目录）。

⑥ s=mount(special, name, flag)。将 special 所代表的外存设备中的文件系统根目录安装到 name 目录下。

⑦ s=umount(special)。卸载文件系统。

⑧ s=chmod(name, mode)。改变文件的访问保护信息。

（4）其他系统调用

其他系统调用还有获得系统时钟，获得操作系统版本信息等。

需要说明的是，用户要使用系统资源、创建进程等都必须通过系统调用实现，但并不是说，用户就一定会在编程时直接调用系统调用函数。现在的操作系统提供了非常多的库程序或中间件（Middle Ware）。用户编程时也许使用上层的库函数就够了，而不必直接调用系统调用函数。Windows NT 就是这样。微软提供了一个所谓的 Win32 API 函数集合，它实质上是一些高层库函数，当执行这些库函数时，才会调用系统调用函数。因此该库函数提供了更易用的界面、更强大的功能，而系统调用则是实现这些更强大功能的基础。

2.5 人机界面

前面说明了用户态程序和操作系统内核程序之间的程序设计界面——系统调用。它只是描述了程序执行时用户态程序与内核程序的调用关系。要实现用户上机的目的，需要激活相关程序并运行它，但要让计算机去运行哪个程序（系统实用程序或用户程序）必须由用户说明，为此必须借助语言表达出来，这就是作业控制语言及命令语言。

用户使用语言指示计算机要做的事情，对用户的记忆力要求很高。用户要知道语言的语法和语义，格式稍有差错都不能成功。另外，用户要运行系统实用程序，也必须熟知计算机有哪些实用程序，并通过作业控制语句或输入命令告知系统，否则无法让系统知道用户要运行什么。为减少用户的记忆负担，现代操作系统都提供图形化用户界面，提示用户该系统有哪些实用程序，以及输入实用程序所需的参数。

2.5.1 命令语言

在用户使用计算机时，人机界面是一种能进行人机通信的语言。该语言的性质在很大程度上与操作系统的类型有关。分时系统与批处理系统相比，工作方式有很大不同。因此这两种系统使用的通信语言也不相同。

随着批处理系统的出现，产生了控制作业运行的作业控制语言（JCL）。用户用作业控制语言预先写好作业控制说明书，将作业控制说明书和作业数据一起提交给计算机，操作系统按作业控制说明书中的语句来执行作业，以达到按照用户意图控制作业运行的目的。在批处理作业执行过程中，缺少用户与系统之间交互的能力，用户一旦向系统提交一道作业后，就无法再对该作业的执行过程进行控制。故用户和系统间基本上处于一种脱机的状态。这种通信语言的功能较强，除含有启动系统实用程序（如编译器、装配器）和用户程序的功能外，还包含控制转移语句，具有可编程能力。例如，利用条件转移语句，在判断编译器运行出错时，绕过运行装配器而直接结束作业。

批处理系统中设置了一个 JCL 解释程序，它顺序地读取并解释执行作业控制说明书中的 JCL 语句。根据语句的含义，可以直接“启动”其他系统实用程序。如果是简单实现的语句，则由 JCL 解释程序直接处理以完成语句所指定的动作。

在分时系统中，用户可以直接使用终端命令频繁地与系统进行交互。分时系统使用的通信语言，既可以实现系统实用程序或用户程序的启动，也可以包含控制转移语句。与批处理系统不同的是，分时系统中提供的命令解释程序可以从用户终端读取用户联机输入的命令。

系统为支持命令语言的解释执行，设置了一个命令解释程序（Command Interpreter）来负责解释执行用户当前输入的命令。在 UNIX/Linux 操作系统实现中，命令解释程序在操作系统内核之外，它在用户态下作为一个进程来运行。UNIX/Linux 的 1 号进程会为每个用户终端创建一个进程，用于运行 shell 命令解释程序。该程序不断地读取它所控制的终端发来的命令。

当用户在终端上输入一条命令时，命令解释程序要做如下的工作：

① 通过系统调用读取命令，判断命令的合法性。

② 识别命令，如果是简单命令则处理命令（可能向操作系统发出系统调用），然后继续读取下一条命令。

③ 如果是不认识的命令关键字，则在约定目录下查找与命令关键字同名的执行文件，创建子进程去执行“执行文件”中的程序，等待子进程结束后转而继续读取下一条命令。

当命令执行完成后，命令解释程序在终端上显示提示符，允许用户输入新的命令。

终端命令的一般形式如下：

Command　arg1　arg2　…　arg*n*

其中，Command 是命令关键字，arg1, arg2, …, arg*n* 是执行该命令的参数。

终端命令一般都是串行执行的，即当用户输入的一条命令处理完后，系统发出新的提示符，用户可继续输入下一条命令。若执行一条命令需要较长的处理时间而用户不需要等待它的结果（即与后续命令的执行无关），就可以在该命令的末尾加上一个“开关”（以 UNIX/Linux 为例，在终端命令末尾加上一个符号“&”），将这条命令作为后台命令处理。在处理后台命令时，用户可以接着输入下一条命令，系统可同时对前、后两条命令做并行处理。实现后台执行只需要由命令解释程序创建子进程来执行“执行文件”中的程序，且命令解释程序不等待子进程结束即继续读取下一条命令。

当然，命令解释程序也可以从文件中读取用户先前输入的命令集，且命令集可以包含执行语句及控制语句。控制语句包含循环语句、条件转移语句等，这一类语句由命令解释程序直接处理，它一般不在交互式输入命令时使用，而是在用户预先编写的命令语言程序文件中使用。

系统为用户提供了大量的实用程序，它们都可以通过输入命令关键字为系统实用程序名的终端命令而运行。当用户输入命令解释程序不认识的命令关键字时，命令解释程序不是报错，而是去寻找与命令关键字同名的文件。所以，如果要运行某个系统实用程序，只要输入该程序的执行文件名即可。主要的系统实用程序如下。

① 编辑器。供用户建立和修改源程序文件及其他文件。它会提供一组内部编辑命令由编辑器解析执行。

② 编译器和装配器。实现编译源程序、连接模块、装配目标程序等功能。

③ 文件及文件系统相关的实用程序。实现文件的复制、打印、文件系统装卸等功能。

④ 显示系统进程、资源状态的实用程序。实现进行进程状态显示、文件状态显示、内外存空间显示等功能。

⑤ 用户管理。实现添加/删除用户、口令修改等功能。

【例 2.5】 下面说明 UNIX/Linux 的一些主要命令及其使用示例，其中像 pwd，cd 等简单命令是由 shell 命令解释程序直接解释执行的，而其他的命令则以系统实用程序的方式由 shell 命令解释程序创建子进程执行。

pwd：查看当前工作目录。

cd /usr/home/sally：改变当前工作目录。

ls -l：查看当前工作目录下的文件及其属性，-l 是传给 ls 实用程序的命令参数。

more /etc/passwd：显示/etc/passwd 文件内容。

cp /etc/passwd ./passwd：将/etc/passwd 文件用当前目录下的 passwd 文件替换。

mv passwd oldpasswd：将当前目录下的 passwd 文件改名为 oldpasswd。

rm oldpasswd：删除当前目录下的 oldpasswd 文件。

mkdir temp：在当前目录下建立一个 temp 子目录。

cp -r /mnt：将/mnt 目录下的内容复制到当前目录的 mnt 子目录下。

find / -name passwd -print：从根目录开始查找名为 passwd 的文件。

find / -size +250 -print：从根目录开始查找文件大小大于 250 个块的文件。

grep"init"*.*：在当前目录下的所有文件中找"init"字符串。

who：显示使用终端的用户名单。

su：进入超级用户。

wall "good bye"：向所有登录用户广播"good bye"。

ps -elf：显示系统中所有当前运行的进程信息。

2.5.2 图形化的用户界面

用户操作计算机的界面随着计算机的发展发生了翻天覆地的变化。在批处理系统中，采用脱机方式工作，使用的是作业控制语言。而命令语言的另一种形式是大家较熟悉的，它就是在分时系统或个人计算机上使用的键盘命令，如 UNIX 的 shell 命令、MS DOS 的键盘命令。这是操作系统在联机工作方式下提供的交互式界面，即人和机器可以通过交互方式发出命令，由命令解释程序执行指定的操作，回答执行的结果。交互式键盘命令在 20 世纪 60 年代出现的分时系统中率先得到使用，受到了普遍欢迎，因为键盘命令比批处理系统的作业控制命令要方便得多，灵活得多。

随着计算机应用的普及，人们逐渐感到这种交互式命令不太方便，因为这种命令不直观，它是比较难记的一串串字符命令，还带有各种参数和规定的格式。另外，不同的操作系统所提供的命令的词法、语法、语义和表达风格也不一样。即使一个对 MS DOS 键盘命令十分熟悉的程序员，要改用 UNIX 时，他也得重新学习 UNIX 命令。而且，这种命令还存在一个问题，它是用英文表达的，对于非英文语种国家的计算机应用的推广会形成一种障碍。随着计算机进入各行各业、千家万户，其用户来自不同阶层，如何使人机交互方式进一步变革，使人机对话的界面更为方便、友好、易学，是一个十分重要的问题。在这种需求的推动下，出现了菜单驱动方式、图符驱动方式，直至图形化用户界面。

1. 菜单驱动方式

为了解决命令难记的问题，系统将所有有关的命令和系统能完成的操作，用类似餐馆菜单的方式进行分类、在屏幕上列出。用户根据菜单提示，像点菜一样选择某个命令或某种操作，以控制系统完成指定的工作。

为此，引入了对话框，提示用户需要输入的参数及参数的取值范围或可选项等内容。过去，需要用户一次性输入命令关键字和所有参数来实现一次操作，如今在菜单驱动方式下，可分成多步，先选择菜单命令，再在对话框的提示下输入参数，最后执行。

在系统主菜单中可以显示系统所提供的实用程序列表，而在实用程序菜单中又可提供该实用程序支持的子功能列表。可以看出，菜单是一种提示系统功能或实用程序子功能的方法。利用菜单和对话框可提示性地帮助用户指导计算机工作，大大方便了用户。

菜单有多种类型，如下拉式菜单、上推式菜单和随机弹出式菜单等。

2. 图符驱动方式

图符驱动方式是一种面向屏幕的图形菜单选择方式。图符（Icon）也称图标，是一个较小的图形符号。它用来代表操作系统中的命令、系统功能或者被处理的对象（各种资源，如文件、打印机等）。例如，用小矩形代表被处理的对象文件，用小剪刀代表剪切功能。

所谓图符驱动方式就是，当需要启动某个系统命令或操作功能，或请求编辑或访问某个系统文件时，可以选择代表它的图符，并借助鼠标一类（也可以采用键盘）的标记输入设备的单击和拖动功能，完成命令和操作的选择与执行。

图符与菜单最大的不同是，图符可将被处理对象罗列出来，这更符合用户的使用心理。因为用户使用计算机多数情况是要对某个数据文件进行处理。将被处理对象用图符表示出来，系统根据文件类型自动启动对应的实用程序，使用户省去选择实用程序的时间。

3. 图形化用户界面

图形化用户界面是良好的用户交互界面，它将菜单驱动方式、图符驱动方式、面向对象技术等集成在一起，形成一个图文并茂的视窗操作环境。微软公司的 Windows 系列操作系统就是这种图形化用户界面的典型代表。

在系统初始化后，Windows 操作系统为终端用户生成一个运行 explorer.exe 程序的进程。

explorer.exe 程序是一个具有窗口界面的解释程序。该解释程序打开的窗口比较特殊，就是桌面窗口。在“开始”菜单中罗列了系统可用的各种实用程序，在屏幕上罗列了系统桌面子目录中的文件对象，各个实用程序也都提供了窗口界面。当单击某个实用程序时，就意味着解释程序会产生一个新进程，由新进程去运行该实用程序。运行该实用程序的新进程也会弹出一个窗口，窗口的菜单栏或图符栏会显示该实用程序的子命令。用户可以进一步单击实用程序的子命令。当该命令需要参数时，会弹出一个对话框，指导用户填入命令所需参数。最后单击“确定”按钮，执行命令。

Windows 操作系统的所有系统资源，如文件、目录、打印机、磁盘、网上邻居、各种系统实用程序等都变成了生动的图符。所有程序都拥有窗口界面，窗口中使用的滚动条、按钮、编辑框、对话框等各种操作对象也都采用统一的图形显示和操作方法。在这种图形化用户界面的视窗操作环境中，用户面对的不再是单一的命令输入方式，而是各种图形表示的一个个对象。用户通过鼠标（或键盘）选择需要的图符，采用单击等方式操纵这些图形对象，达到控制系统、运行某个程序、执行某个操作的目的。用户可方便地通过这种统一的用户界面使用各种 Windows 应用程序。

2.6 小结

有两类进入操作系统内核运行的情形，分别称为中断（Interruption）和异常（Exception）。也有人把异常称为例外或自陷。中断一般指来自处理机之外，与当前程序运行无关的一类事件；异常则指来自处理机正在执行的指令，与当前程序运行相关的一类事件。

外部中断可以按紧急程度划分优先级，高级中断可以打断低级中断，高级中断处理时，低级中断被屏蔽。异常一旦发生，系统立即响应。

中断/异常的处理过程一般分为保存现场、分析处理、恢复现场三个阶段。在恢复现场时一般应在返回用户态程序前考虑切换到其他进程工作。

操作系统通常包含的功能模块有：系统初始化模块、进程管理模块、存储管理模块、I/O 设备管理模块、文件管理模块。操作系统运行模式有独立运行的内核模式、内核嵌入用户进程运行模式和微内核运行模式。多数实用操作系统使用内核嵌入用户进程运行模式。

用户与操作系统的编程接口是系统调用，使用计算机系统的主要接口是命令语言或图形化用户界面。

习题 2

2.1　列举几种中断。列举几种异常。中断和异常有何区别？

2.2　现代计算机中的处理机为什么设置用户态、核心态这两种不同的状态？有哪些指令必须在核心态下运行？为什么？

2.3　为什么要把中断分级？如何设定中断的优先级？高级中断是如何打断低级中断处理过程的？

2.4　假设系统有时钟中断、磁盘中断、键盘中断、鼠标中断，请设计它们的优先级，并说明理由。写出磁盘中断处理时，中断屏蔽寄存器应该有的设置值。

2.5　异常可以在核心态下发生吗？为什么？

2.6　什么是中断向量？其内容是什么？试述中断的处理过程。

2.7 中断/异常处理为什么要保存现场和恢复现场？现场应包括哪几方面的内容？哪些寄存器必须用硬件保存与恢复？现场信息可以全部用硬件保护和恢复吗？

2.8 操作系统的主要功能模块有哪些？如果采用微内核运行模式，那么，原来在内核中实现的功能，哪些功能可以在微内核中实现？哪些由用户态运行的进程实现？

2.9 从控制轨迹上看，系统调用和程序级的过程调用都相当于在断点处插入一段程序执行，但它们却有质的差别，试述两个方面的差别。

2.10 操作系统主要有哪些系统调用？

2.11 试述现代终端命令解释程序在什么态下运行，描述其处理流程。

2.12 子程序调用保存的现场和中断/异常处理时保存的现场有什么不同？

第 3 章　进程与处理机管理

处理机是计算机系统的重要资源，操作系统不但要管理处理机，还必须为各种程序提供在处理机上运行的机制。程序要在计算机上**并发**运行，操作系统必须对它们的运行状态进行记录，并调度它们**分时**占用处理机。为了实现上述目的，操作系统要用适当的表格来表示程序的执行，操作系统还要分配存放程序、数据的主存等系统资源，保证用户程序能够顺利地在处理机上运行。

应该说，组织用户使用计算机的机制是随着计算机操作系统的发展而进化的。在监督程序时代，是以作业形式表示程序运行的，那时，作业以同步方式串行地运行每个作业步；当操作系统发展到分时系统时，为了开发同一道作业中不同作业步之间的并发，作业机制已不能满足需要，因而引入了**进程**机制，让进程来实现作业步的执行。但随着多处理机计算机的出现，用户希望一个作业步中的程序还能够同时在多个处理机上运行，因此进程的机制得到了进一步发展，即让一个进程同时拥有多个**线程**，让多个线程在不同处理机上同时运行。

这里假设计算机系统只有一个处理机，而如何把处理机合理有效地分配给各执行程序使用是处理机管理的主要内容。

本章将讨论如何在计算机系统中表示程序及其执行；如何管理和控制程序的执行；如何组织和协调程序对处理机的争夺使用，最大限度地提高处理机的利用率。

本章主要内容如下：

① 进程管理。进程是操作系统的一个重要概念。进程是从批处理系统中，为了支持作业及作业步并发而发展出来的一种机制。进程管理是本章的主要内容，将重点介绍进程的内部表示、进程的状态及变化、进程控制及调度算法等。

② 进程与作业的关系。在早期监督程序时代，作业是处理机使用单位，那时没有进程的概念。在提出多道程序设计思想，以及分时系统出现后，进程概念被引入。本章将介绍在引入进程概念以后作业与进程的关系。

③ 线程的引入。引入线程的目的是支持进程中程序执行的并发。原来的进程只有唯一一个占用处理机的执行单位。在引入线程概念后，一个进程内可以有多个线程，每个线程都可以被调度占用处理机。这样，线程之间完全可以并发或并行执行，而且它们还都共享进程的程序和数据空间。

3.1　进程描述

在操作系统中，程序以进程方式使用系统资源，包括程序和数据所用的空间、系统外部设备、文件等程序运行所需的系统资源，并且以分时共享的方式使用处理机资源。

操作系统相关的进程管理和资源管理模块负责创建进程、为进程加载用户态运行程序、为进程分配资源、调度进程占用处理机、支持进程间通信等。可以把操作系统看成支持进程并且对进程所用系统资源进行管理的系统。

图 3.1 可以解释这一概念。在多道程序设计环境中，有 n 个进程（P_1，P_2，…，P_n）被创建。操作系统定义了各自独立的进程用户空间，用户空间存放用户态运行的程序及处理数据，每个进程在其执行过程中需要访问某些系统资源，包括处理机、物理主存、I/O 设备、文件等。如图 3.1 所示，进程 P_1 正在运行，该进程占有若干物理主存用于运行程序和访问数据，并且控制

了两个 I/O 设备；进程 P_2 也占有若干物理主存，但由于要申请的 I/O 设备已经因 P_1 独占而被阻塞，进入 I/O 设备的等待队列；……；进程 P_n 正在等待分配物理主存。下面要弄清楚，操作系统如何表示一个进程，如何控制进程及管理进程所需的资源。

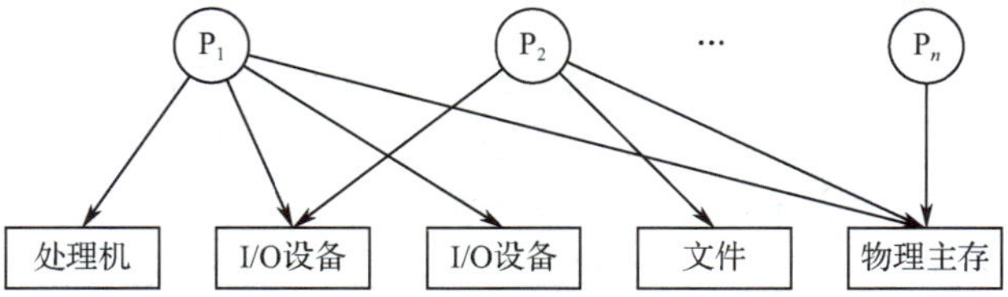

图 3.1　进程与资源

3.1.1　进程定义

进程是支持程序执行的机制。进程可以理解为程序对数据或请求的处理过程。具体来说，进程由以下 4 方面组成：

① 进程至少运行一个可执行程序，含有代码和初始数据，一般在进程创建时说明。注意，可执行程序可以被多个进程共享，换句话说，多个进程可能运行同一个可执行程序。

② 进程包括一个独立的进程用户空间，在进程创建时由操作系统分配。

③ 进程包括系统资源。这是指在进程创建及执行过程中，由操作系统分配给进程的系统资源，包括 I/O 设备、文件等。

④ 进程包括一个执行栈区，包含运行现场信息，如子程序调用时所压的栈帧，系统调用时所压的栈帧等。这是进程运行及进程调度进行处理机切换时所要涉及的数据结构。

用户空间用来存放用户程序和数据。在为进程分配用户空间的同时，操作系统通常还会为用户程序分配运行时所必需的初始系统资源，如程序进行 I/O 所用的标准 I/O 设备（通常是终端），并且在用户空间中加载用户态运行程序和初始数据。在进程运行过程中，操作系统不断地将系统资源以独占方式或者与其他进程共享的方式分配给进程。

在进程创建时，往往会在用户空间定义一个**用户栈**，用来在运行时保存用户程序现场。在内核嵌入用户进程运行模式下，系统还会为进程在操作系统内核空间分配一个**核心栈**，用来保存中断/异常点现场，以及进程运行核心态程序后的转子现场。逻辑上，进程的用户栈和核心栈都属于一个执行栈区。

一个进程至少运行一个可执行程序。程序往往以文件形式存放于辅存中，程序文件中还包含全局变量数据及常量。因此，一个进程需要足够的存储空间来存放进程的程序和数据。为了执行程序，操作系统还必须为进程分配一个栈区，用来保存过程调用时的现场或在栈中分配局部变量空间。如果进程要执行多个程序文件中的程序，操作系统则提供相应的系统调用来支持新文件程序和数据对老程序和数据存储空间的覆盖（如 POSIX 标准的 exec 系列系统调用）。

同一个程序可以由多个进程分别执行。当然，不同的进程虽然执行的是相同的程序，但是处理的是不同的数据，这种程序被称为共享程序。编制共享程序的技术是研制软件（包括操作系统内核）的重要技术。可共享的程序必须是纯代码（Pure Code），也称为可载入（Re-entry）代码。纯代码是指在其执行过程中不改变自身的代码，通常它只能由指令和常数组成。任何一个程序，逻辑上都可以将其分为两部分：执行过程中不改变自身的不变部分和变量等可变部分。程序内的指令、常量本身不会因程序的执行而发生变化。而程序中的数组区、变量存储区及通用寄存器内的信息将随着程序的执行发生不同的变化。显然，若纯代码中仅包含指令和常量，就不会因为被多个进程以交替方式取指令执行而发生执行错误。

为了使程序能成为纯代码，有效的方法是将其中的可变部分从程序体内移出，作为进程相关的环境信息。类似于 C 语言的存储分配方法，程序内的变量被定义在“运行栈”上存储。由于“运行栈”存储的是各进程自身内部的环境信息，每个进程均单独有一个“运行栈”，因此不会发生执行时的中间结果相互覆盖。

我们把程序、数据、用户栈的集合称为**进程映像**（Process Image）。

没有进程映像，进程就不知道运行什么程序。进程映像放在哪里及如何放取决于存储管理机制。在以前的系统中，进程运行时，进程映像都存放在主存中。现代操作系统几乎都采用页式虚存管理机制，操作系统为进程定义了独立的用户虚空间，在进程创建时会分配并初始化进程虚空间，在进程执行新的程序时也会用新的进程映像重新初始化进程虚空间。

初始化进程空间是指将辅助存储器中的可执行程序文件中的程序加载进进程空间，然后依照可执行程序文件中局部变量、全局变量的数据说明，分配进程的数据区空间并对其进行初始化，还要分配好栈区。

3.1.2 进程控制块

操作系统要管理进程和资源，必须拥有每个进程和资源的描述信息及当前状态信息。这些信息由操作系统建立和维护的表格来表示。这些表格包含了进程和资源的标识、描述与状态，可以通过表格中的指针将所有进程连接起来，或将同类资源连接起来，或将同一个进程所用的资源连接起来。通过这些指针，操作系统很容易得到下一个要处理的对象的信息。

操作系统管理和控制一个进程需要什么信息呢？操作系统必须建立一个表格用来描述该进程的存在及状态。这个表格被称为**进程控制块**（Process Control Block，PCB）。它描述进程标识、空间、运行状态、资源使用等信息。

进程标识信息
处理机状态信息
进程控制信息

图 3.2　进程控制块

操作系统管理着大量的进程，每个进程的管理信息被存放于每个进程控制块中。各操作系统的实现方式不同，信息的组织方法也不一样。下面先介绍操作系统管理进程用到的数据。

进程控制块包含下述三大类信息，如图 3.2 所示。

1．进程标识信息

在进程控制块中存放的标识信息主要有进程的标识、进程的产生者标识（父进程标识）、进程所属的用户标识。每个用户都有可能产生多个进程，用户标识信息可以让系统对同一个用户的进程进行统一操作。

2．处理机状态信息

这里指进程的运行现场保存区。进程在运行时，有很多现场信息存在于处理机的各种寄存器中。当进程在中断/异常进入内核运行及在内核中进一步调用子程序时，需要保存处理机运行现场。运行现场以栈帧格式保存在进程的核心栈中。所以逻辑上说，进程核心栈属于进程控制块。当然在具体实现时并不一定将进程核心栈放在进程控制块中，但进程控制块一定要有进程核心栈的地址。运行现场主要包括如下内容：

① 用户可用的寄存器或通用寄存器。这是指任意程序都可以使用的数据或地址寄存器，一般有几十个，甚至上百个。

② 控制和状态寄存器。有许多用于控制处理机执行的寄存器，如包含下一条执行指令地址的程序计数器（PC）、条件码寄存器（条件码是指当前逻辑或数学运算后导致进位或符号变化、

溢出、全 0 或相等情况发生的标志，条件码寄存器即为反映这种变化的寄存器），还有包含中断是否开放、处理机执行模式等状态信息的寄存器，通常称为处理机状态字（PS 或 PSW，又称“程序状态字”）。

处理机状态信息包含了所有处理机寄存器的内容。当进程正常运行时，这些信息存放于寄存器中；当进程在正常流程被外中断打断或异常发生时，寄存器信息必须被保护入栈，以便进程中断返回时可以恢复原来被中断的现场。保存处理机状态信息所涉及的寄存器取决于处理机硬件的设计，通常包含用户可用寄存器、控制和状态寄存器、栈指针等。特别要提到的是处理机状态字（PS），它记载了程序执行的状态信息，如条件码、外中断屏蔽标志、执行模式（核心态还是用户态）标志等。

3. 进程控制信息

（1）调度和状态信息。这些信息用于操作系统调度进程占用处理机，主要包括下列三项。

① 进程状态。定义进程当前的运行状况，如进程正在运行、就绪、等待等状态。

② 调度相关信息。与操作系统调度算法相关，如优先级、时间片、本进程已等待时间、进程上次占用处理机时间等。进程调度程序可根据优先级决定进程占用处理机的优先次序，也可以让等待时间长的进程优先占用处理机。

③ 事件。当进程处于等待状态时，指明进程所等待的事件。这往往是进程与系统或其他进程同步所引起的，如等待 I/O 结束、等待资源锁的释放、等待其他进程结束等。

（2）进程间通信信息。为支持进程间通信相关的各种标志、信号、信件等。多个信件可以组织成队列。这些信息通常存放在信息接收方的进程控制块中。

（3）存储管理信息。例如，说明进程映像的主存地址。在页式虚存系统中即为包含指向本进程页表结构的指针。

（4）进程所用资源列表。说明由进程打开、使用的系统资源。例如，打开的文件、I/O 设备等的描述、状态信息。

（5）链信息。进程可以链接到一个进程队列中，或者链接到相关的其他进程中。例如，同一优先级的就绪进程被链接成一个队列，一个进程可以链接它的父/子进程。进程控制块需要有这样的一些指针域满足操作系统在处理同类、同簇进程时，对同类、同簇进程控制块的访问要求。

在操作系统中，每个进程都有一个唯一的内部数字标识符，它可以是进程控制块的地址，或者是可以映射出进程控制块位置的某种系统内码。进程标识符是非常有用的。在操作系统控制的其他表格中可以用进程标识符来定位进程控制块。例如，在文件访问的有关表格中可以存入进程标识符，说明该文件已被哪几个进程打开；当进程相互通信时，通过进程标识符可以说明要交换信息的对方进程；当进程创建子进程时，用进程标识符来指明父进程或子进程。这里的进程标识符是一个数字式的系统内码，通过它可以建立其他表格与进程控制块之间的联系。

除进程标识符外，进程控制块中也包含了相应的用户标识信息，指明进程所有者的信息或进程所运行程序的所有者的信息。同一个用户的所有进程配合完成用户的上机意图。

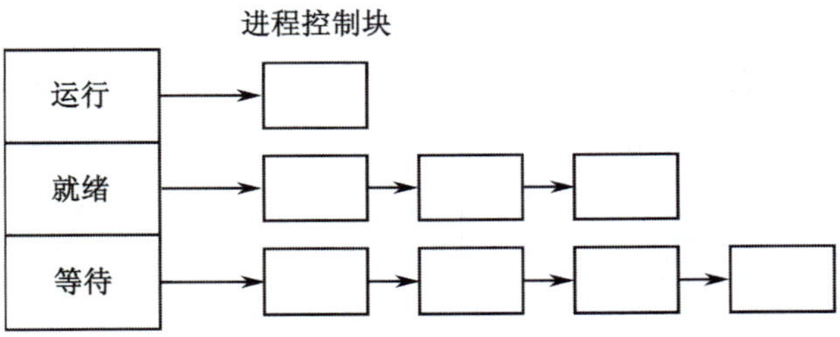

图 3.3　进程链结构

进程控制块中的链接指针可以把有相同特性的进程控制块链接起来，如图 3.3 所示，有三个进程队列。因为只有一个处理机，所以运行队列中只有一个进程，就绪队列中存放等待处理机运行的进程，等待队列中存放某种事件的进程。当然可以按照等待事件不同，设立不同的等待队列，这样就可以用队列区分不同的事件了；待到事件发生时，处理程序就到对应的等待队列中改变进程状态。

进程控制块是操作系统中最重要的数据结构，每个进程控制块都包含操作系统所需的进程信息。进程控制块几乎会被操作系统的所有模块访问和修改，包括各系统调用处理程序、进程调度、资源分配、中断处理和性能监督分析模块。

许多操作系统中的程序都需要访问进程控制块的信息。要直接访问这些表格并不难，每个进程都有唯一的标识符，它可以被用作输入，通过查找或变换得到 PCB 地址来访问进程控制块。但为了系统的层次化、模块化，可以利用面向对象设计方法，设计一个专门处理例程来处理对进程控制块的访问。所有其他程序都通过这个专门处理例程来读/写进程表格。可以在该处理例程中设置许多保护措施，而且在进程控制块结构调整时只需修改该例程即可。事实上，在操作系统设计过程中，对所有公共数据结构都存在这样一个问题，用户往往把对该公共数据结构的规范操作集中在一个例程中，这称为**管程设计方法**。

3.2 进程状态

进程表示了程序的运行环境及运行过程。要做到程序的并发运行，操作系统必须能使不同进程中的程序占用处理机运行，所以一个进程在从创建到结束的生命期内会占用处理机，也会从处理机上下来让别的进程去运行。

从处理机的角度看，可以通过改变程序计数器（PC）的值来改变指令的执行次序。程序计数器可以从一个应用程序的代码段改变为另一个应用程序的代码段，这也是处理机进程切换所要做的事情。从各独立程序的角度看，各独立程序的运行被称为任务或进程运行。

可以把一个进程里的程序指令执行序列称为进程的踪迹。从处理机的角度看，处理机的指令执行序列是交替包含各进程踪迹的。假设有三个进程在一个处理机上运行，其处理机指令的执行序列如图 3.4 所示。

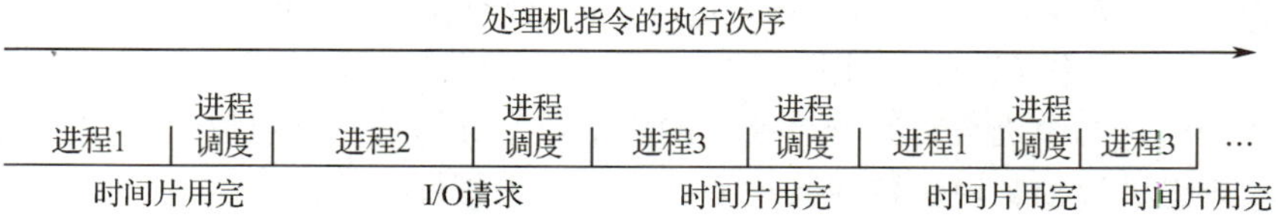

图 3.4　处理机指令的执行序列

首先，进程1 的程序在处理机上运行，当因时钟中断进入内核时，发现操作系统分给该进程的时间片用完，进程调度程序会选取进程 2 来占用处理机；进程 2 运行到某系统调用时，系统调用处理要发送 I/O 请求，因其要等 I/O 操作完成，故进程调度程序会选取进程 3 来运行；当系统分给进程 3 的时间片用完后，进程调度程序又恢复进程 1 上次保存的运行现场往下执行。

操作系统运行进程调度程序的时机是，当进程中断/异常从用户态进入核心态后，等待中断/异常处理完成，并准备返回用户态之前。例如，时钟中断发生并进入内核，用于处理与时间相关的事务，如时间片用完检测、系统时钟、处理定时器超时等。

从图 3.4 可看出，进程从创建到结束会经历运行、等待 I/O 操作完成、等待处理机等不同的状态。

3.2.1 进程的创建与结束

进程是用于运行用户程序的实体。一般的进程都要经历创建、断断续续运行、最后结束的过程。当然，进程是不是结束要看如何利用进程来处理数据。在有些情况下用进程来循环处理请求队列中的请求，那么这些进程会循环地运行请求处理程序，永不结束，直到系统关机。这样的进程称为服务器进程或守护进程。

1. 进程创建

操作系统提供了进程创建的系统调用。用户程序可以通过“进程创建”系统调用创建新的进程去运行新的程序。新进程加入系统时，操作系统创建管理该进程所要的系统表格，为进程分配空间并初始化进程空间，准备好执行程序和数据。

在需要时，一个进程可以创建一个新的进程，被创建的进程称为子进程，创建者进程称为父进程。除系统“祖先”进程外，其他进程只能由父进程建立。而“祖先”进程是在系统初始化时由初始化程序通过初始化“祖先”进程的进程控制块建立的。

在 UNIX/Linux 中，操作系统初始化时所创建的 1 号进程是所有用户进程的祖先，1 号进程为每个从终端登录系统的用户创建一个终端进程，这些终端进程又会利用“进程创建”系统调用创建子进程，从而形成进程层次体系，称为进程树或进程族系。

系统服务进程是一类特殊的进程，它们运行用户态程序，但不属于任何登录用户生成的进程，它们往往用于完成系统功能，如安全检查、网络服务等。UNIX/Linux 的 1 号进程也是一个系统服务进程，一旦创建，一般不会结束。除非系统要撤销它们提供的系统功能或要关机。

进程创建时，操作系统的处理过程如下：

① 接收新建进程运行所需的初始值、初始优先级、初始执行程序描述等由父进程传来的参数。

② 请求为进程控制块（PCB）分配空间，得到一个内部数字进程标识符。

③ 用从父进程传来的参数初始化 PCB。

④ 产生描述进程空间的数据结构，如页表；用初始参数指定的执行文件初始化进程空间，建立程序区、数据区、栈区等。

⑤ 用进程运行初始值，初始化该进程的运行现场保护区。构造一个运行现场栈帧。等该进程第一次被调度后会从该栈帧恢复运行现场，从而能够进入用户程序的入口点运行。

⑥ 设置好父进程等关系域。

⑦ 将进程置为就绪状态。

⑧ 将 PCB 挂入就绪队列，等待被调度运行。

2. 进程结束

操作系统为用户提供系统调用服务用于结束进程，以释放进程所占用的所有系统资源。进程可以请求操作系统结束自己，或在进程发生异常时陷入内核并结束进程。进程结束处理主要包括释放进程所占用的系统资源，进行有关信息的统计工作，理顺本进程结束后其他相关进程的关系，最后调用进程调度程序选取高优先级就绪进程来运行。

进程结束处理时，操作系统的处理过程如下：

① 将进程状态改为结束状态。

② 关闭所有打开的、使用过的文件、设备。

③ 脱离用户进程与其所执行程序文件的映射关系。

④ 统计相关信息，将统计信息记入 Log 文件或进程控制块。

⑤ 清理其相关进程的链接关系，如在 UNIX 中，将该结束进程的所有子进程链到 1 号进程上，作为 1 号进程的子进程，并通知父进程自己结束。

⑥ 释放进程空间，释放进程控制块空间。

⑦ 调用进程调度程序将处理机转给其他进程运行。

3.2.2 进程状态变化模型

进程在它的生存周期中，由于系统中各进程并发运行及对资源独占访问等的相互制约，使得它们的状态不断发生变化。通常，进程处于以下 5 种状态之一。各操作系统具体实现不同，可以进一步细分就绪和等待状态。

① 运行状态（Running）：一个进程正在处理机上运行，称此进程处于运行状态。在单机环境下，每一时刻最多只有一个进程处于运行状态。

② 就绪状态（Ready）：一个进程已获得除处理机外的一切所需资源，一旦得到处理机即可运行，称此进程处于就绪状态。

③ 等待状态，又称阻塞状态（Blocked）：一个进程正在等待某个事件而暂停运行，例如，等待某个资源变为可用或等待 I/O 操作完成。

④ 创建状态（New）：一个进程正在被创建。这是还没转到就绪状态之前的状态。

⑤ 结束状态（Exit）：一个进程正在从系统中消失时。这是因为进程结束或其他原因所致。

创建和结束状态对进程管理是非常有用的。当一个新进程被创建时，将为它分配进程控制块结构，设置进程标识符等参数，系统中已经存在该进程的 PCB 表了，但它还不能被调度运行，这时需要设置该进程为创建状态，表示该进程的 PCB 表还需要完成进一步的初始化工作才可以被调度运行。从某种意义上说，置为创建状态保证了进程创建对进程控制结构操作的完整性。等到创建工作完成，再将进程状态置为就绪，这时进程调度程序才可以选取该进程，以保证进程调度一定在创建工作完成后进行。

同样地，当进程到达自然结束点，或因某种错误，或由其他授权进程结束时，进程不能再运行，系统需要逐步释放系统资源，最后释放进程控制块。因此，系统首先必须置该进程为结束状态，再进一步做信息统计、资源释放工作，最后将 PCB 表清零，并将其所占用的存储空间返还给系统。

图 3.5 说明了进程状态变化的情形，可能的状态变化如下。

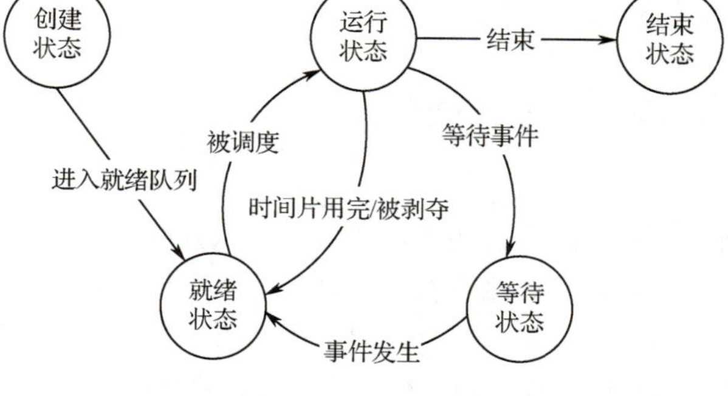

图 3.5 进程状态变化图

① 空→创建状态。当产生一个新进程用于执行一个程序时，新进程处于创建状态。产生进程最先发生在操作系统初始化时，由初始化程序创建第一个进程，以后由父进程通过创建进程的系统调用产生子进程。

② 创建状态→就绪状态。当进程创建完成并初始化后，一切就绪，准备运行，变为就绪状

态。有些操作系统为了使系统资源不致被过分地分散到各个进程中，通常限制从创建状态进入就绪状态的进程数，使主存等系统资源集中给有限的进程使用。因此可能有的进程进入了创建状态，但很长时间不能进入就绪队列，等操作系统把它选中时，才分配所有资源，变为就绪状态。

③ 就绪状态→运行状态。处于就绪状态的进程被进程调度程序选中，然后被分配到处理机上运行，于是进程状态变成运行状态。

④ 运行状态→结束状态。当进程发出结束进程系统调用或者因错终止时，当前运行的进程会进入内核做结束处理。

⑤ 运行状态→就绪状态。处于运行状态的进程在其运行过程中，时钟中断处理程序发现分给它的时间片用完，使进程从运行状态变为就绪状态。进程还有以下可能出现这种状态的改变：在可剥夺的操作系统中，当中断处理程序使更高优先级的进程就绪后，进程调度程序可以将正在运行的进程从运行状态改变为就绪状态，选更高优先级的进程运行。

⑥ 运行状态→等待状态。当进程请求某个资源且必须等待以得到它时，就从运行状态变为等待状态。进程往往以系统调用的形式请求操作系统提供服务，这是一种特殊的、由运行用户态的程序调用内核程序的形式。例如，当进程请求操作系统服务时，操作系统得不到提供服务所需的资源；或进程请求一个 I/O 操作时，操作系统已启动 I/O 设备，但 I/O 操作尚未完成；或进程与其他进程通信，要接收信件时，但对方还未发出，进程都会阻塞。

⑦ 等待状态→就绪状态。当进程要等待的事件到来时，如 I/O 操作结束中断，中断处理程序必须把相应等 I/O 操作结束的进程状态从等待变为就绪。

⑧ 就绪状态→结束状态。这种状态变化没有在图 3.5 所示的进程状态变化图中列出，但在有些操作系统中，可以支持父进程终止没在运行的子进程，或特权进程终止任何其他进程。

⑨ 等待状态→结束状态。同就绪状态→结束状态的情形。

现代操作系统不再像早期的操作系统一样依次排列进程控制块，由进程状态信息来区分不同的状态，查找时还须顺序扫描。现代操作系统依靠队列把相关的进程链接起来，以节省系统查找进程的时间。图 3.6 说明了进程创建后状态变化时，操作系统管理的队列结构及变化图。

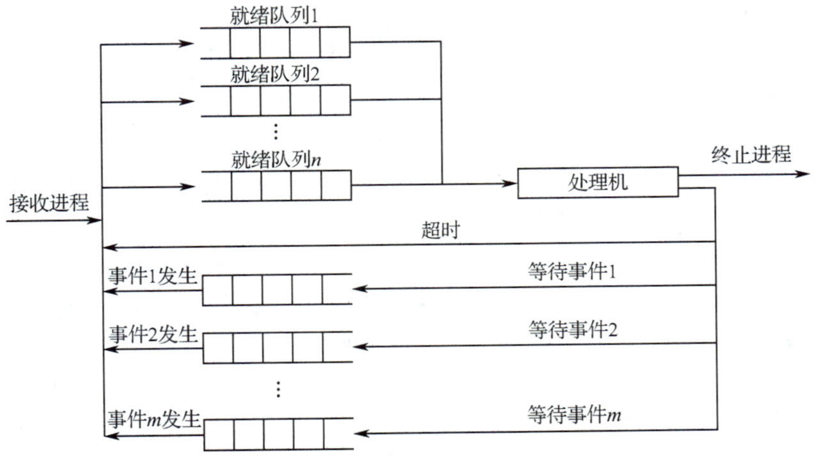

图 3.6　进程创建后状态变化时，操作系统管理的队列结构及变化图

系统按进程优先级数设立几个就绪进程队列，同一优先级的进程在同一队列中。系统先取最高优先级的队列中的队首进程占用处理机，当时间片用完时，往往会重新计算优先级并将其挂到相应的就绪队列中。若需要等待事件时，则将其挂到相应的事件等待队列中。如果某个事件发生，则系统从相应等待队列中选取队首进程，重新计算优先级并将其挂到就绪队列中。

3.2.3 进程挂起

就绪、运行、等待等状态可以反映进程的基本变化，但是在某些操作系统中，进程的状态更复杂。为了更好地利用系统的有限资源为进程服务，有必要设立挂起（Suspend）状态，使处于挂起状态的进程不能立即运行。挂起状态是因为如下的原因而引入的：

① 为支持进程交换。操作系统为了节省主存而将某些进程挂起，并把它们交换出主存。就是说，处于挂起状态的进程没有资格占用主存，如果有进程从其他状态变为挂起，就把该进程映像占用的主存释放给系统。

② 有时需要将系统中可能引起系统出错的进程挂起。

③ 一个交互式用户可能因调试程序或其他原因挂起程序的运行。

④ 一个进程可能需要周期性地运行，如记账和系统监督进程，在等待下一次执行周期时挂起。

如图 3.7 所示是具有挂起状态的进程状态变化图。在此系统中，进程增加了两个新的状态：就绪挂起和等待挂起。

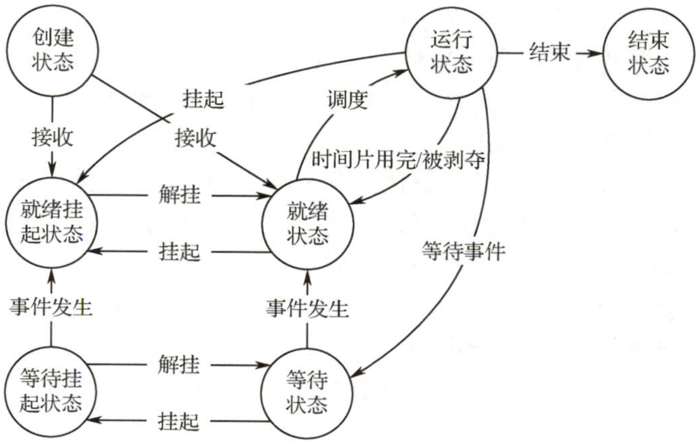

图 3.7 具有挂起状态的进程状态变化图

进程处于挂起状态到底意味着什么呢？当进程在主存中时，它就处于运行、就绪或等待状态之一。但是，当进程处于等待状态时，进程所等待的事件并不能很快到来，所以进程在短时间内不能往下运行，它就没有必要占着宝贵的主存空间。为了能使处于等待状态的进程释放主存空间，系统将其交换到辅存中，这时进程便处于挂起状态。

在支持虚存管理的系统中，进程的运行不要求将进程映像的所有程序和数据放入主存，只要求马上要运行的程序段和数据段在主存中。这时同样多的物理主存可以支持更多的进程存在，但反映进程映像位置的数据结构“页表”及进程控制块的一些信息也需要占用物理主存。虽然所有要访问的程序或数据都可以在要访问时才占用主存，但如果每个进程占用一部分物理主存，当进程达到一定数量时，主存也会显得不够用。这时会出现每个进程都申请主存，但系统已经没有空闲主存，要求每个进程释放已占用主存的情形。这时，系统性能也会有很大的损失，会导致主、辅存频繁地交换（因为释放已占用主存要求将主存数据交换到辅存中，以备下次使用时将其调入主存）。因此在虚存系统中也可以引入进程挂起功能。这时，处于挂起状态的进程意味着没有占用任何主存。例如，在 UNIX 中，处在系统空间中的该进程页表及部分进程控制块信息也被交换到辅存中，系统不会访问处于挂起状态的进程页表和那些交换出主存的进程控制块信息，直到进程被解挂。

下面分析图 3.7 中的进程状态变化情形。

① 等待状态→等待挂起状态。操作系统可以定时地进行进程交换，进行进程交换时选取等待状态的进程转化成等待挂起状态，即释放进程映像所占的主存。在页式虚存系统中，将进程的所有物理页淘汰，并将该进程的页表和进程控制块中的部分内容也交换出主存，释放更多的主存空间。

② 等待挂起状态→就绪挂起状态。当等待并挂起的进程等待的事件发生时，进程从等待挂起状态转化到就绪挂起状态。注意，一个挂起的进程还是保留了进程控制块的部分信息在主存中，可由操作系统访问到。一旦要进行状态更改，操作系统可立即修改进程控制块的状态域。

③ 就绪挂起状态→就绪状态。当操作系统选取进程进行交换时，一个高优先级的就绪挂起状态的进程可以被解挂，即将该进程映像从外部存储器调入主存，这时该进程从就绪挂起状态变成就绪状态。如果是虚存系统，则该进程可以有机会占用主存。

④ 就绪状态→就绪挂起状态。一般操作系统只将处于等待状态的进程挂起，但在必要时也可以将处于就绪状态的进程挂起以释放更多的主存。例如，有时有必要将低优先级的进程挂起，而使一个马上能等到事件的进程保持原有的等待状态。

⑤ 创建状态→就绪挂起状态与创建状态→就绪状态。一个新创建的进程可以进入就绪挂起状态或就绪状态。

⑥ 等待挂起状态→等待状态。一般不应出现这种状态转换，但当一个高优先级的等待挂起进程所要等待的事件马上要发生时，操作系统可以先将它解挂。

⑦ 运行状态→就绪挂起状态。一般而言，一个运行状态的进程在时间片用完时会变为就绪状态。若有必要，一个进程也可以直接从运行状态变为就绪挂起状态，这时说明该进程所占用的主存空间全被释放。

⑧ 任一状态→结束状态。当进程结束或因错终止时，进程可以从运行状态变为结束状态。在某些操作系统中，进程可以被强行终止，这就要求系统可以把处于任一状态的进程变为结束状态，统计进程有关的信息，释放进程的所有资源。

3.3 进程控制与调度

前面两节描述了进程在系统中的表示及进程的状态变化。下面介绍进程运行和切换的系统实现技术。

3.3.1 进程运行

在创建进程时，操作系统为它的运行准备好了初始现场。进程调度程序选择进程占用处理机运行后，进程调度程序会马上把栈中存放的初始现场信息恢复到处理机的各个寄存器中，在存放输入参数的寄存器中放置由栈中得到的初始输入参数，将进程运行程序的初始地址也恢复到处理机中。此时，进程将运行创建进程时指定的程序。创建进程时指定的程序是由进程在用户态下运行的。如果进程在运行程序的过程中发生了中断或异常（如系统调用、外部设备中断），进程会转入内核运行。

1. 执行模式

处理机执行用户程序和执行内核程序的模式（执行态）是有区别的。这是因为，处理机在运行内核程序时，可以获得更多的特权（称为特权态），以便内核程序实现更强的功能。而在运行用户程序时（称为用户态），其权限有限，也不能直接访问操作系统内核空间，这样保障了系统的安全性。许多处理机支持至少两种执行模式。某些指令只能在特权态下执行，如读/写处理机状态字（PS）等控制寄存器及存储管理相关的一些指令。另外在特权态下，程序还可以访问更大的地址空间。

用户态就是非特权态，用户程序在这一模式下运行。当然，现代操作系统的许多系统功能也由用户态运行的程序实现，如 UNIX/Linux 操作系统的 1 号进程，它在用户态下运行 INIT 程序，负责所有用户终端进程的创建。特权态又称核心态、系统态或监督模式。内核程序在这种模式下运行。

以往在特权态下才能执行的一些指令，在现代计算机中变成了通用指令。它们在任何模式下都可以执行，如 I/O 指令。现代计算机用通用的读/写指令来实现 I/O 操作。它与一般读/写指令不同的是，它的物理地址指向一片特定的空间。当指令译码发现是对特定空间的访问时，把它转送 I/O 控制部件，做相应的 I/O 操作。如果操作系统能提供某种手段将指定物理空间映射到用户（虚存）空间上，那么不但能实现用户态的 I/O 驱动程序，而且还能用高级语言实现 I/O 操作，这是因为 I/O 操作与一般读/写指令格式一致，所不同的只是地址范围不一样。

划分特权态与非特权态的理由是，保护操作系统和操作系统的数据表格不被可能出错的用户程序破坏。处理机如何知道它处于哪种执行模式？执行模式如何变化？何时变化？前面讲过，处理机状态字（PS）中有 1 位表示处理机执行模式。当运行在处理机上的用户程序产生自陷，或被外部事件中断进入内核程序运行时，系统要通过重置 PS 马上将处理机模式转换为核心态：原处理机状态字作为运行现场被保护起来，新的处理机状态字被置为核心态。这时，处理机执行任何特权指令或访问系统的空间都不会报错，待到返回用户态程序时，原保护的处理机状态字被恢复，处理机模式又转到用户态下。此后如果执行了特权指令，处理机则会报错。

如上所述，进程既为运行用户程序而创建，又会在用户自陷或外部中断时去运行内核程序。当进程运行内核程序时，系统将保存用户程序的运行现场，包括所有处理机状态、现场信息，保留原用户程序使用的栈不被核心态程序使用。当进程运行内核程序时，系统使用为该进程分配的核心栈空间，这样当内核程序调用子程序或被中断时，可以利用核心栈保存现场。

2. 处理机模式转换

处理机在执行每条机器指令时，都会查看是否有中断发生。如果没有中断，则处理机继续原来的执行流程；如果有中断发生，处理机会按设计时的约定，用中断处理程序的入口地址重置 PC 的值，同时将原来的 PC 值保存到栈中，这时处理机转向内核程序执行。毫无疑问，操作系统应马上继续保护中断点的处理机现场，将处理机模式从用户态转换成核心态。在处理机控制权转到内核入口后，内核入口程序应做以下工作。

① 保护处理机现场，包括保护包含原 PC 值的处理机状态字，以及各种其他寄存器，如有用户栈的指针。

② 处理机模式转换成核心态，以便以后执行的程序可以执行特权指令。

③ 根据中断级别设置中断屏蔽。一般，如果发生了某级中断，则要屏蔽该级及以下级别的中断，转中断处理程序。

用户程序执行自陷指令进入内核运行的情形与上述情形基本相似，只是无须设置中断屏蔽，然后操作系统调用服务例程运行。

在操作系统处理中断或系统调用的过程中，可能会导致一些处于等待状态的高优先级进程变成就绪状态，如一个 I/O 操作结束中断处理后会使原来那个等 I/O 操作完成的等待状态进程变成就绪状态。在处理时钟中断的过程中，可能会发现正运行的进程时间片已用完，这都会引起请求进程的调度及切换。当上述情形发生时，操作系统立即置好“请求进程调度”标志，马上进行进程调度并切换，或等中断或异常处理完准备返回恢复点时进行进程调度并切换。当然，如果没有发生上述事情，原进程的现场还是会被恢复运行的。

3．进程切换

进程切换是指处理机从一个进程的运行转到另一个进程中运行。进程切换与处理机模式转换不同。当模式转换时，处理机在逻辑上还在同一进程中运行。而进程切换指处理机转入另一个进程运行。

如果进程因外部中断或异常进入核心态运行，在执行完操作后又恢复用户态刚被中断的程序运行，则操作系统只需要恢复进程进入内核时所保存的处理机现场，无须改变当前进程空间等环境信息。但如果要切换进程，那么当前运行进程改变了，当前进程空间等环境信息也需要改变。进程切换程序会涉及如下过程：

① 保存处理机的上下文，包括 PC、PS、进程核心栈指针等其他寄存器。

② 修改当前运行进程的进程控制块，包括将进程状态从运行状态改成其他状态，将该进程的进程控制块链接到相应新状态队列中。

③ 选择另一个进程运行，这是进程调度程序所涉及的内容。

④ 修改新选定进程的进程控制块，包括把其状态改变为运行状态。

⑤ 将当前进程存储管理数据修改为新选定进程的存储管理数据。例如，改变当前进程存储地址寄存器的内容。如果是虚存系统，由于原来在处理机快表（TLB）中的页表项都是原进程页表项的缓冲，其地址变换是原进程的虚实映射，因此要作废掉处理机快表中的各项数据，并将当前进程页表指针改为指向新选定的进程页表。

⑥ 恢复新选定进程上次切换出处理机时的运行现场，按原来保存的 PC 值重置寄存器，运行新选定进程。

3.3.2 进程调度

在单处理机多道程序设计系统中，进程被作为占用处理机运行的执行单位。由于处理机是最重要的计算机资源，因此合理、有效地选择进程占用处理机是进程调度的重要任务。提高处理机的利用率及改善系统响应时间、吞吐率（单位时间完成的作业量），在很大程度上取决于进程调度性能的好坏。一个进程能够在处理机上运行之前，还必须占有系统的其他资源（如主存等）。为了合理地安排进程占用这些资源，为进程占用处理机运行做准备，操作系统也涉及对其他资源调度的概念，即选择进程占用系统的其他资源。

1．一般调度的概念

一般意义上，调度就是选择。操作系统管理系统的有限资源，当有多个进程（或多个进程发出的请求）要使用这些资源时，鉴于资源的有限性，必须按照一定的原则选择进程（或请求）来占用资源，这就是调度。选择进程占用处理机称为进程调度；选择磁盘请求进行磁盘 I/O 操作称为磁盘调度等。有时因为使用者太多，可使用的资源太少，会设置一种“使用资格”状态。选择资源申请者进入“使用资格”状态，也称为调度。

下面介绍三种针对使用者占用不同资源的调度。

① 高级调度，又称作业调度。在支持批处理的系统中，新提交的作业排入批处理队列中。

高级调度从批处理队列中选取合适的作业，产生相应进程运行作业控制语句的解释程序。作业一旦被高级调度选中，相应的进程及进程组就会产生，其他系统资源才有可能被占用。

② 中级调度。在实存方式存储管理系统中，中级调度选取在辅存中的进程占用物理主存，为占用处理机做好准备。在虚存方式存储管理系统中，只有进程被中级调度选中，进程才有资格占用主存。对于被交换到辅存中的进程，系统将进程占用的所有主存页帧释放，且在没被中级调度选中之前不会再占用主存。因此，通过中级调度可以控制进程对主存的使用。一个进程在生命周期内可能被多次交换。

③ 低级调度。低级调度决定处于就绪状态的哪个进程将获得处理机。通常所说的进程调度就是指低级调度。执行低级调度往往使原占用处理机的进程因各种原因放弃处理机，或者有更高优先级的进程变成就绪状态。实现低级调度的程序称为分派程序（Dispatcher）。

下面将重点讲述进程调度问题，讨论进程调度的剥夺与非剥夺方式、引发进程调度的原因、进程调度和切换的时机。为了实现系统响应时间、吞吐率及资源利用率等方面的指标，设计进程调度时不但要考虑进程调度算法，而且还要考虑提供一个好的调度机制。

2．进程调度方式

进程调度有以下两种基本方式。

① **非剥夺方式**。在这种方式下，一旦分派程序把处理机分配给某个进程后，便让它一直运行下去，直到进程完成或发生某事件（如提出 I/O 请求）而阻塞时，才把处理机转给另一个进程。这种调度方式的优点是简单、系统开销小。但它存在很明显的缺点，例如，当一个紧急任务到达时，不能立即投入运行，实时性差。另外，如果有若干后到的短进程，则需等待长进程运行完毕，致使短进程的周转时间变长。

例如，有三个进程（P_1，P_2，P_3）先后（但又几乎同时）变为就绪状态，它们分别需要 20，4，2 个单位时间运行完毕，若它们按 P_1，P_2，P_3 的顺序运行且不可被剥夺，则三个进程各自的周转时间分别为 20，24，26 个单位时间。显然，这种非剥夺方式对短作业 P_3 而言是不公平的。

② **剥夺方式**。在这种方式下，某个进程正在运行时，因中断或系统调用进入内核后，可以被系统以某种原则剥夺它的处理机，将处理机转给其他进程。剥夺原则可以是优先级原则，即高优先级进程可以剥夺低优先级进程的处理机；也可以是时间片轮转原则，正在运行的进程时间片用完后被剥夺处理机。

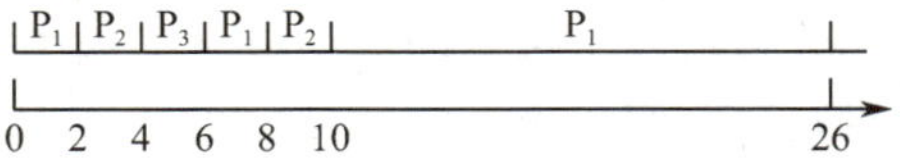

图 3.8　三个进程的运行情况

图 3.8 给出了前述的三个进程在基于时间片轮转原则的剥夺方式下的运行情况（假设时间片值为 2 个时间单位）。可以看出，P_1，P_2，P_3 的周转时间分别为 26，10，6 个单位时间，平均周转时间已由非剥夺方式的 23.5 个单位时间降低为 14 个单位时间。采用剥夺方式的进程调度，对加快系统吞吐率、加速系统响应时间都有明显的好处。

3．引发进程调度的原因

当进程正常运行时，怎么会出现进程调度的要求呢？这主要有两方面的原因：一方面，正在运行的进程无法再继续运行下去，而系统中有其他待运行的进程，操作系统必须把处理机交给一个合适的进程来运行；另一方面，对可剥夺方式进程调度的支持，例如，出现更高优先级的进程从原来的等待状态变为就绪状态，需要处理机，或者为了让等待处理机过长时间的进程占用处理机，从而引起进程调度。

进程主动放弃处理机的原因如下。

① 正在运行的进程运行完毕。当执行程序的进程执行完程序要结束其使命时，它向操作系统发“进程结束”系统调用，操作系统在处理进程结束系统调用后应请求重新调度。

② 正在运行的进程发出 I/O 操作有关的系统调用。当操作系统代其启动外部设备 I/O 操作后，在 I/O 请求没有完成前，要将进程变成等待状态，这时应该请求重新调度。

③ 正在运行的进程要等待其他进程或系统发生的事件，例如，等待另一个进程的通信数据，这时操作系统应将正在运行的进程挂到等待队列中，并且请求重新调度。

④ 正在运行的进程得不到所要的系统资源，例如，要求进入临界段，但还不能进入，这时等待的进程应自动放弃处理机，并且请求重新调度。

⑤ 正在运行的进程发出“自愿放弃处理机”的系统调用时。有些操作系统提供这种系统调用。

为了支持可剥夺方式的进程调度，在以下情况发生时，新就绪的进程可能会按某种调度原则替换正运行的进程，因此也应该请求重新调度。

① 当中断处理程序处理完中断，如 I/O 中断、通信中断，导致某个等待状态的进程变成就绪状态时，应该请求重新调度。

② 当进程释放资源，走出临界段，导致其他等待该资源的进程从等待状态变成就绪状态时，应该请求重新调度。

③ 当进程发出系统调用，引起某个事件发生，导致其他等待事件的进程就绪时。

④ 其他任何原因导致有进程从其他状态变成就绪状态时，如进程被中级调度选中。

为了支持可剥夺方式进程调度，即使没有新就绪的进程，为了让所有就绪进程轮流占用处理机，可在下述情况下申请进行进程调度。

① 发生时钟中断，当时钟中断处理程序调用有关时间片的处理程序，发现正在运行的进程的时间片用完时，应请求重新调度，以便让其他进程占用处理机。

② 在按进程优先级进行进程调度的操作系统中，当任何原因导致进程的优先级发生变化时，应请求重新调度。例如，进程通过系统调用自愿改变优先级，系统处理时钟中断，根据各进程等待处理机时长而调整进程的优先级。

操作系统并不一定在引发进程调度原因产生时就马上运行进程调度程序。下面说明进程调度和切换的时机。

4. 进程调度和切换的时机

进程调度和切换程序是内核程序。当请求调度的事件发生后，才会运行进程调度程序。当选中了新的就绪进程后，才会进行进程间的切换。这三件事情必须按这个顺序执行，但是它们并不一定连续执行。从理论上讲，这三件事情应该一气呵成，但在实际设计中，在内核程序运行时，如果在某个时刻出现了引发进程调度的原因，并不一定能够马上进行进程调度与切换。

例如，在运行中断处理程序时，来了一个更高优先级的 I/O 中断，在高优先级中断处理完成后，因为把对应的等待该 I/O 中断的进程变为就绪状态，所以请求调度。如果此时马上进行进程调度与切换，则原被高级中断打断的那个低级中断处理程序还没有运行完成，不但影响中断的响应时间，原来在 I/O 硬件中的现场也可能会丢失。再如，当进程在临界段中时，发生时钟中断，导致请求调度事件发生。如果此时马上进行进程调度与切换，则会导致临界段所占资源不能尽快被释放。

在现代操作系统设计中，不能进行进程调度和切换的情况说明如下。

① 在中断处理的过程中。此时，部分现场存于外部设备控制器中，当时的外部设备状态也是现场的一部分，如果这时进行进程调度与切换，必须保存当时的全部现场，这在实现上很难做到，而且中断处理是系统工作的一部分，逻辑上不属于某个进程，不应作为某个进程的程序段而被剥夺处理机。

② 在其他需要完全屏蔽中断的原子操作过程中，如解锁原子操作，解锁可能会就绪一个要加锁的进程。在原子操作过程中，既然连中断都要屏蔽，就更不应该进行进程调度与切换。

③ 当进程在临界段中时，一般也不应该被切换。在运行用户程序的进程自陷进入操作系统内核后，如果进入临界段，需要采用独占方式访问共享数据，理论上必须加锁，以防止其他并行程序进入。在加锁后到解锁前，不应切换到其他进程运行，以加快该共享数据的释放。但是在一些强实时的系统里，在临界段里面的进程也可以被打断运行，因为来了中断，待中断处理完成后调度更高优先级的实时进程运行。

如果在上述过程中产生了引起调度的条件，例如就绪了某个进程，并不能马上进行调度和切换，系统只好置上请求调度标志，等走出上述过程后再调用进程调度程序进行相应的调度与切换。操作系统何时进行进程调度和切换与其实现相关。

应该进行进程调度与切换的时机总结如下。

① 当产生引起调度的条件，且当前进程无法继续运行下去时（如发生各种进程放弃运行的情况），可以马上进行调度和切换。如果操作系统只在这种情况下进行进程调度，那么该操作系统支持非剥夺方式。

② 当中断处理结束或自陷处理结束后，返回被中断进程的用户态程序运行现场前，若置上请求调度标志，即可马上进行进程调度和切换。如果操作系统支持在这种情况下进行进程调度，即实现了剥夺方式的调度。因为这时原进程并没有主动放弃处理机，而是在准备返回用户态程序继续执行时，操作系统运行了调度程序而被剥夺。

切换往往在调度完成后立刻发生。进程的切换过程根据处理机结构的不同而不同。典型的进程切换要求保存原进程当前切换点的现场信息，恢复被调度进程的现场信息。现场信息主要包括 PC、PS 及其他寄存器内容，堆栈指针，进程存储空间的指针（如进程页表指针）。

为了进行进程现场切换，内核将原进程的上述信息压入当前进程的核心栈来保存它们，并更新堆栈指针。内核从新进程的核心栈中装入新进程的现场信息，还要更新当前运行进程存储空间的指针，并且作废掉处理机快表中有关原进程的信息。在内核程序完成清除工作后，重新设置 PC，控制转到新进程的程序中，新进程开始运行。

3.3.3 进程调度算法

前面已经描述了进程的调度时机，进程调度就是选择进程占用处理机。本节将介绍常用的进程调度算法。在描述进程调度算法之前，先给出几个概念。

① 周转时间，指进程从创建到结束运行所经历的时间。

② 平均周转时间，指 n 个进程的周转时间的平均值。一般来说，如果调度算法使得平均周转时间缩短，则用户满意度和系统效率会提高。

③ 等待时间，指进程处于等待处理机状态的时间之和。等待时间越长，用户满意度越低。

④ 平均等待时间，指 n 个进程的等待时间的平均值。如果一个调度算法使得平均等待时间变短了，意味着缩短了平均周转时间。

不同的调度算法可满足不同的要求，要想得到一个满足所有用户和系统要求的算法，几乎是不可能的。

1．先来先服务（FCFS）调度算法

先来先服务调度算法是最简单的调度方法。其基本原则是，按照进程进入就绪队列的先后次序进行选择。对于进程调度来说，一旦一个进程得到处理机，它就一直运行下去，直到该进程完成任务或者因等待某事件而不能继续运行，才会让出处理机。先来先服务调度算法属于非剥夺方式。

从表面上看，这个方法对于所有进程都是公平的，并且一个进程的等待时间是可以预先估计的。但是从另一方面来说，这个方法并非公平，因为当一个大进程先到达就绪状态时，就会使许多小进程等待很长时间，增加了进程的平均周转时间，会引起许多小进程用户的不满。

今天，先来先服务调度算法已很少用作主要的调度算法，尤其是分时和实时系统中。但它常被结合在其他的调度算法中使用。例如，在使用优先级作为调度依据的系统中，往往对许多具有相同优先级的进程使用先来先服务的原则。

2．优先级调度算法

按照进程的优先级高低来进行调度，使高优先级进程优先得到处理机的调度算法称为优先级调度算法。进程的优先级可以由操作系统按一定原则赋予，也可以在操作系统外部安排，甚至可由用户支付高额费用来购买。

但在许多采用优先级调度算法的系统中，通常使用动态优先级。一个进程的优先级不是固定的，可能会随许多因素的变化而变化，例如，进程的等待时间、已使用的处理机时间或其他资源的使用情况。

优先级调度算法又可分为下述两种：

① 非剥夺的优先级调度算法。一旦某个高优先级的进程得到处理机，就一直运行下去，直到由于其自身的原因（任务完成或等待事件）而主动让出处理机，才让另一个高优先级进程运行。

② 可剥夺的优先级调度算法。任何时刻都严格按照优先级高的进程在处理机上运行的原则进行调度，或者说，在处理机上运行的进程永远是就绪进程队列中优先级最高的进程。在进程运行过程中，一旦有另一个优先级更高的进程出现（如一个高优先级的等待状态进程因事件的到来而成为就绪状态），进程调度程序就迫使原运行进程让出处理机给更高优先级的进程使用，或称为抢占处理机。在UNIX系统中，其进程调度算法属于“可剥夺的优先级调度算法”。每个进程的优先级都是动态优先级，由系统为各进程每隔一个时间间隔计算一次优先级。

3．时间片轮转调度算法

时间片轮转调度算法也多用于进程调度。采用此算法的系统，其进程就绪队列往往按进程到达的时间来排序。进程调度程序总是选择就绪队列中的第一个进程，也就是说，按照先来先服务原则进行调度，但进程仅占用处理机一个时间片。在使用完一个时间片后，即使进程还没有完成其运行，它也必须让出（被剥夺）处理机给下一个就绪的进程。而被剥夺的进程返回就绪队列的末尾重新排队，等候再次运行。时间片轮转调度算法特别适合分时系统使用。当多个进程驻留主存时，在进程间转接的开销一般不是很大。

由于时间片值对计算机系统的有效操作影响很大，所以在设计此算法时，应考虑下列问题：时间片值如何选择？它是固定值还是可变值？它对所有用户都相同还是随不同用户而不同？显然，如果时间片值很大，大到一个进程足以完成其全部任务所需的时间，那么此时间片轮转调度算法就退化为先来先服务调度算法了。如果时间片值很小，那么处理机在进程间的切换工作过于频繁，使处理机的开销变得很大，而处理机真正用于运行用户程序的时间将会减少。通常，

最佳的时间片值应能使分时用户得到好的响应时间，因此时间片值应大于大多数分时用户的询问时间，即当一个交互进程正在执行时，给它的时间片值相对来说略大些，使它足以产生一个 I/O 请求；或者时间片值略大于大多数进程从计算到 I/O 请求之间的间隔时间。这样可使用户进程工作在最高速度上，并且也减少了进程间切换的不必要的开销，提高了处理机和 I/O 设备的利用率，同时也能提供较好的响应时间。

各系统的最佳时间片值是不同的，而且随着系统负荷不同而有所变化。关于时间片值的更进一步考虑和时间片轮转调度算法参阅“多级反馈队列调度算法”。

特别要注意的是，时间片是否用完的判定程序是由时钟中断处理程序激活的，因此时间片值必须大于时钟中断间隔。

4. 短进程优先（SPF）调度算法

短进程优先调度算法从进程的就绪队列中挑选那些运行时间（估计时间）最短的进程进入主存运行。这是一个非剥夺算法。它一旦选中某个短进程，就应该保证该进程尽可能快地完成运行并退出系统。这样减少了在就绪队列中等待的进程数，同时也缩短了进程的平均等待时间，提高了系统的吞吐量。但从另一方面来说，各进程的等待时间的变化范围较大，并且进程（尤其是大进程）的等待时间难以预先估计。也就是说，用户对他的进程什么时候完成心里没底。这样，当后续短进程过多时，大进程可能没有机会运行，导致“饿死”。而在先来先服务调度算法中，进程的等待和完成时间是可以预期的。

短进程优先调度算法要求事先能正确地了解一道作业或进程将运行多长时间。但通常一个进程没有这方面可供使用的信息，只能估计。在生产环境中，对于一道类似的作业可以提供大致合理的估计；而在程序开发环境中，用户难以知道他的程序大致将运行多长时间。

正因为此算法明显偏向短进程，而且进程的运行时间是估计的，所以用户可能把他的进程运行时间估计得过短，从而争取优先运行。为此，当一个进程的运行时间超过所估计的时间时，系统将停止这个进程，或对超时部分加价收费。

短进程优先调度算法和先来先服务调度算法都是非剥夺算法，因此均不适用于分时系统，因为不能保证对用户及时响应。

5. 最短剩余时间优先调度算法

最短剩余时间优先调度算法是将短进程优先调度算法用于分时环境的变形。其基本思想是，让“运行到任务完成时所需的运行时间最短”的进程优先得到处理，包括新进入系统的进程。在最短进程优先调度算法中，一个进程一旦得到处理机，就一直运行到任务完成（或等待事件）而不能被剥夺（除非主动让出处理机）。而最短剩余时间优先调度算法允许被一个新进入系统的且其运行时间短于当前运行进程的剩余运行时间的进程所抢占。

该算法的优点是，可以用于分时系统，保证及时响应用户要求。缺点是，系统开销增加。首先，要保存进程的运行情况记录，以比较其剩余时间长短；其次，剥夺本身也要消耗处理机时间。毫无疑问，这个算法使短进程一进入系统就能立即得到服务，从而缩短进程的平均等待时间。

6. 最高响应比优先调度算法

Hansen 针对短进程优先调度算法的缺点提出了最高响应比优先调度算法。这是一个非剥夺的算法。按照此算法，每个进程都有一个动态优先数，该优先数不但是要求的服务时间的函数，而且是该进程得到服务所花费的等待时间的函数。进程的动态优先数计算公式如下：

优先数=（等待时间+要求的服务时间）/要求的服务时间

要求的服务时间是分母，所以对短进程是有利的，因为它的优先数高，可优先运行。另外，因为等待时间是分子，所以长进程由于其等待了较长时间，从而提高了其优先数，终于得到了处理机。进程一旦得到处理机，它就一直运行到进程完成任务（或因等待事件而主动让出处理机），中间不被抢占。

可以看出，“等待时间+要求的服务时间”是系统对作业的响应时间，所以在优先数公式中，优先数的值实际上也是响应时间与服务时间的比值，称为响应比。响应比高者得到优先调度。

7. 多级反馈队列调度算法

短进程优先调度算法或最短剩余时间优先调度算法均是在估计的进程运行时间基础上进行调度的，但在程序开发环境或其他情况下，往往难以估计进程的运行时间。这里所研究的算法是时间片轮转调度算法的发展，不必估计进程运行时间。但是本算法仍然基于以下考虑：

① 为提高系统吞吐量和缩短进程的平均等待时间而照顾短进程。

② 为得到较好的 I/O 设备利用率和对交互用户的及时响应而照顾 I/O 型进程。

③ 在进程运行过程中，按进程运行情况动态地考虑进程的性质（I/O 型进程还是处理机型进程），并且要尽可能快地决定进程当时的运行性质（以 I/O 为主还是以计算为主），同时进行相应的调度。

具体来说，多级反馈队列的概念如图 3.9 所示。系统中有多个进程就绪队列，每个就绪队列对应一个调度级别。第 1 级队列的优先级最高，以下各级队列的优先级逐次降低。调度时，选择高优先级队列中的第 1 个就绪进程。

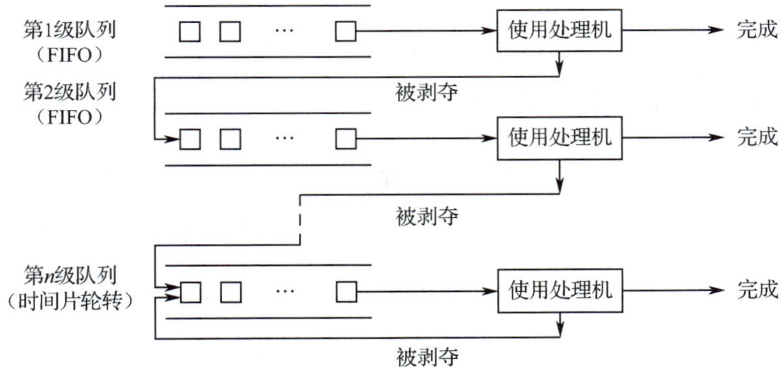

图 3.9　多级反馈队列的概念

各级队列中的进程具有不同的时间片值。优先级最高的第 1 级队列中的进程的时间片值最小。随着队列级别的增高，其进程的优先级降低了，但时间片值却增大了。通常，下放一级，其时间片值增大 1 倍。各级队列均按先来先服务原则排序。

调度方法：当一个新进程进入系统后，它被放入第 1 级队列的末尾。该队列中的进程按先来先服务原则得到处理机，并使用一个相应于该队列的时间片。假如进程在这个时间片内完成了其全部任务，或因等待事件或 I/O 而主动放弃了处理机，该进程就撤离系统（任务完成）或进入相应的等待队列，从而离开就绪队列。若进程使用完了整个时间片后，其运行任务并未完成（也没有产生 I/O 请求），仍然要求运行，则该进程被剥夺处理机，同时它被放入下一级队列的末尾。当第 1 级队列为空后，调度程序才去调度第 2 级队列中的进程。其调度方法同前。当第 1、2 级队列全部为空后，才去调度第 3 级队列中的进程……当前面各级队列全部为空后，才去调度最后第 n 级队列中的进程。第 n 级（最低优先级）队列中的进程采用时间片轮转调度算法进行调度。当比运行进程更高级别的队列中到来一个新的进程时，它将抢占处理机，而被抢占的进程回到原队列的末尾。

多级反馈队列的调度操作如上所述，它根据进程运行情况的反馈信息而对队列进行组织并调度进程。但对此调度算法需要说明如下。

① 照顾I/O型进程的目的在于充分利用外部设备，以及对终端交互用户及时地予以响应。为此，通常I/O型进程会进入最高优先级队列，从而能很快得到处理机。另一方面，第1级队列中进程的时间片值也应大于大多数I/O型进程产生一个I/O请求所需的运行时间。这样，既能使I/O型进程得到及时处理，也避免了不必要的过多的在进程间转接处理机的操作，以减少系统开销。

② 处理机型（计算型）进程由于总是用尽时间片（有些计算型进程一直运行几小时也不会产生一个I/O请求），而由最高优先级队列逐次进入低优先级队列。虽然运行优先级降低了，等待时间也较长，但终究会得到较大的时间片值来运行，直至在最低一级队列中轮转。

③ 在有些分时系统中，一个进程由于I/O操作完成而要求重新进入就绪队列，并不是将它放入最高优先级队列，而是让它进入因I/O请求而离开的原来那一级队列。这就需要对进程所在的队列序号进行记录。这样做的好处是，有些计算型进程偶然产生一次I/O请求，I/O操作完成后仍然需要很长的处理机运行时间，为减少进程的调度次数和系统开销，就不要让它们从最高级队列逐次下移，而是直接放入原来所在队列。

但在一个大的程序中，不同的程序段有不同的运行特点。有时计算多，有时 I/O 操作多。也就是说，一个计算型进程有时也可以看成 I/O 型进程。为此在有些系统中，当进程每次由于I/O操作完成而重新进入就绪队列时，就将它放入比原来高一级的就绪队列，这样就能体现出进程由计算型向I/O型变化的状态。

3.4 作业与进程的关系

进程是系统资源的使用者，系统的资源大部分都是以进程为单位分配的。而用户使用计算机是为了实现一串相关的任务。通常，把用户要计算机完成的这一串任务称为作业。前面介绍过批处理作业的概念，下面先介绍批处理系统中作业与进程的关系，然后再介绍分时系统中作业与进程的关系，以及支持批处理的分时系统是如何实现批处理作业的。

作业是用户向计算机提交的相关任务的集合，而进程则是具体完成用户任务的运行实体，负责分配计算机资源的基本单位。那么，用户如何提交作业？作业在何时、如何分解成独立运行的进程实体？进程（或进程族）又如何完成作业的功能呢？本节将讨论这些问题。

1．批处理系统中作业与进程的关系

批处理系统中的作业与进程的关系如图3.10所示。用户通过磁带或卡片机向系统提交批处理作业，由系统的 SPOOLing 输入进程将作业放入磁盘的输入井，作为后备作业。作业调度程序（一般也作为独立的进程运行）每当选择一个后备作业运行时，首先为该作业创建一个进程（称为该作业的根进程）。该进程将执行作业控制语言解释程序，解释该作业的作业控制说明书。“根进程”在运行过程中可以动态地创建一个或多个“子进程”，执行作业控制说明书中的语句。例如，对一条“编译”语句，该进程可以创建一个子进程去执行编译程序，对用户源程序进行编译。类似地，子进程也可以继续创建子孙进程去完成指定的功能。因此，一道作业就动态地转换成了一组运行实体——进程族。当“根进程”遇到作业控制说明书中的“撤除作业”语句

时，将该作业从运行状态改变为完成状态，将作业及相关结果送入磁盘的输出井。作业终止进程负责将输出井中的作业利用打印机等输出，并回收作业所占用的资源，删除作业的有关数据结构，删除作业在磁盘输出井中的信息等。作业终止进程撤除一道作业后，可向作业调度进程请求进行新的作业调度。至此，一道进入系统运行的作业全部结束。因此，所谓一道作业处于运行状态，实际上是指与作业相应的进程正在内部活动。进程受自身轨迹和系统内各种因素的作用“走走停停”，在三种进程的基本状态中反复变化。当一道作业的全部进程均结束后，作业也相应地结束。

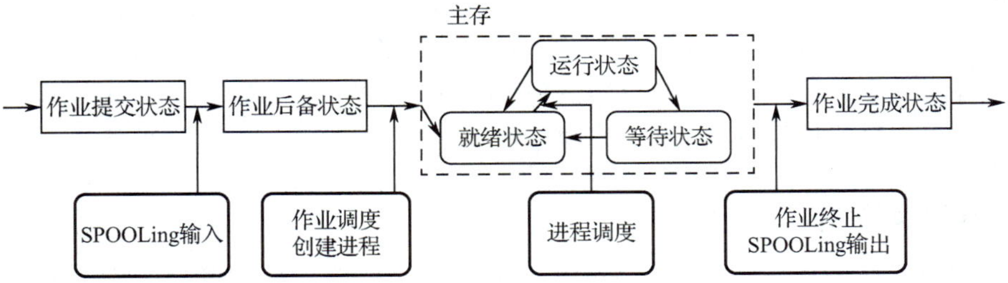

图 3.10　批处理系统中的作业与进程的关系

作业控制语言解释程序是一个可共享的程序。在多道程序设计系统中，作业控制语言解释程序对应着多个执行活动，同时控制多道作业运行。引入进程概念后，系统为多道作业分别创建执行作业控制语言解释程序的根进程，便能实现同一个作业控制语言解释程序对不同作业的控制。

2. 分时系统中作业与进程的关系

在分时系统中，作业的提交方法、组织形式均与批处理系统作业有很大差异。分时系统的用户通过命令语言逐条地与系统应答式地输入命令，提交作业步。每输入一条（或一组）命令，便直接在系统内部对应一个（或若干）进程。在系统启动时，系统为每个终端建立一个进程（称为终端进程）。该进程运行命令解释程序。命令解释程序从终端读入用户输入的命令，并解释执行每条命令。对于每条终端命令，都可以创建一个子进程去具体执行。若当前的终端命令是一条后台命令，则可以和下一条终端命令并发处理。各子进程在运行过程中完全可以根据需要创建子进程。当终端命令所对应的进程结束后，命令的功能也相应处理完毕。用户本次上机完毕，通过一条登出命令结束上机过程。

分时系统的作业就是用户的一次上机交互过程。可以认为，终端进程的创建是一个交互作业的开始，登出命令运行结束代表交互作业的终止。

命令解释程序的流程扮演着批处理系统中作业控制语言解释程序的角色，只不过命令解释程序是从用户终端接收命令的。命令解释程序的流程如图 3.11 所示。

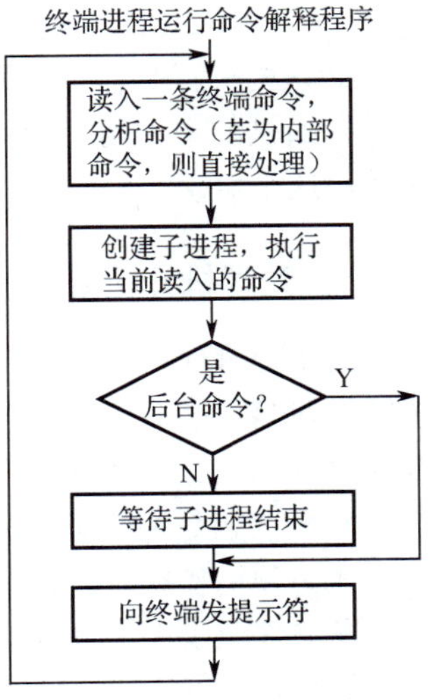

图 3.11　命令解释程序的流程

命令解释程序的流程说明如下。

① 读入终端命令。命令解释程序最初（或者处理完前一条命令后）发出相关系统调用，请求设备管理程序为其从终端上读入一条用户输入的命令，并将命令放在约定的工作变量中。

② 分析命令。命令解释程序接收到一条终端命令后，要分析命令语法及参数的正确性。若不正确，则由终端输出错误信息，

并重新显示输入命令的提示符（如$）。

③ 执行当前命令。当命令解释程序判断输入的命令合法后，便创建一个（或一组）子进程，根据命令功能为子进程加载相应的执行程序。子进程具体负责对命令的处理。例如，在UNIX/Linux系统中，用户输入一条列出当前系统中所有运行进程的命令：

```
$ps -eal
```

这时，终端进程创建一个子进程去执行文件名为ps的程序。运行ps的子进程完成相应的处理后，向终端显示系统中所有运行进程的信息，然后自行结束。

④ 等待子进程结束消息。当创建子进程后，终端进程便主动等待子进程结束的信息。当子进程结束后，终端进程便结束等待，重新向终端发一个提示符，开始下一条新命令的读入和处理。若当前命令指定为后台执行，则终端进程不必在此等待。

显然，命令解释程序也是一个可共享执行的程序，可以由多个终端进程共享。

3. 交互地提交批处理作业

在同时支持交互和批处理的操作系统中，人们可以按交互方式准备好批处理作业的有关程序、数据及作业控制说明书。例如，可用交互系统提供的全屏幕编辑命令编辑天气预报程序，用编译及装配命令将程序变成可执行文件，用调试命令进行程序调试。在调试成功后，用户每天都要做如下工作：准备原始天气数据；运行天气预报执行文件，处理原始数据；把结果打印出来等。这时，用交互系统提供的全屏幕编辑命令编辑将要提交的作业控制说明书文件，假设其文件名为job。该作业控制说明书文件中包含下述命令：

```
cp data workingfile      //将原始数据复制到workingfile文件中
forecast                 //运行forecast，它是天气预报执行文件，处理workingfile数据
                         //文件，结果存于result文件
lpr result               //打印result文件
```

然后用一条作业提交命令（假设为$llsubmit job）将作业提交给系统作业队列。系统有专门的作业调度进程负责从作业队列中选取作业，为被选取的作业创建一个根进程来运行命令解释程序，解释并执行作业控制说明书中的命令。

3.5 线程的引入

处理机一直是计算机系统的一个非常重要且特殊的资源。用户要运行程序，必须以操作系统提供的机制来占用处理机资源。下面先介绍处理机分配单位的演变过程，再介绍为什么要引入线程这个概念。

1. 处理机分配单位的演变

在批处理时代早期，只有作业的概念。用户交给计算机完成的任务称为作业。同时操作系统以作业为单位分配系统资源，如为作业分配主存，为作业分配处理机等。虽然说多道作业可以同时进入主存，作业之间可以并发执行，但是，同一道作业是一个作业步一个作业步地串行执行的，也就是说，同一道作业的作业步是不能并发执行的。事实上，同一道作业的作业步之间有些必须同步执行，但是也有一些作业步之间没有次序限制。为了提高并发度，也应该让可以并发的作业步能够并发地占用处理机运行。为此，原来的作业为处理机设置的分配/调度单位已不能满足发展的需求，从而引入了进程。

引入进程后，系统资源，特别是处理机的分配单位变成了进程，原来由一道作业完成的用

户任务通过系统中多个进程来实现。一个进程代表了一个作业步。因为进程可以并发地占用处理机运行，所以实现了同一道作业中不同作业步的并发。最初，系统是以作业为单位分配主存或处理机等资源的；引入进程后，作业概念的内涵变了，系统不再以作业为单位分配资源，而是以进程为单位分配资源。但是，只有被系统选中（高级调度）了的作业才能有资格建立一系列进程而占用系统资源。

2．线程概念的引入

引入进程是为了实现作业步的并发执行。既然是实现同一个作业的并发进程，那么进程之间就会有许多的协作，就需要进行数据交换。进程有自己独立的存储空间，互不干扰。如果要进行进程间数据交换，则需要系统调用的支持。操作系统必须提供相应的进程间通信的系统调用来完成进程间数据交换的任务，这样会给编程带来困难。因此，一种共享存储空间的进程概念应运而生，它被称为轻权进程（Light-Weight Process，LWP）。让完成同一个作业的进程共享同一片存储空间，但是进程独立作为处理机的调度单位占用处理机。因为这些轻权进程共享存储空间，所以可以利用全局变量或全局数据结构进行数据交换；又因为轻权进程作为独立的处理机调度单位，可以被进程调度程序调度占用处理机并发地运行。

另一方面，随着共享主存多处理机计算机的发展，用户迫切需要加速单个作业步的运行。如果一个作业步由一个进程实现，让不同作业的进程同时占用多处理机并行执行，可以加速系统的作业吞吐率，但不能够加快单个作业步的运行速度。事实上，同一个作业步的工作也是有可并行成分的。

例如，一个实现天气预报的程序可以将处理长沙、北京、上海地区天气数据的过程并行地展开。如果还沿用传统的进程实现天气预报程序执行，那么由于进程内程序执行的顺序性，因此不可能实现不同地区数据处理的并行执行。

为此，线程的概念应运而生。在一个进程中可以包含多个可以并发（并行）执行的线程。系统按进程分配所有除处理机以外的系统资源（如主存、外部设备、文件等），而程序则依赖于线程运行，系统按线程分配处理机资源。引入线程后，进程概念的内涵改变了，进程只作为除处理机以外系统资源的分配单位。线程与轻权进程是从不同的出发点和不同的实现方式而发展来的两个相似概念。

进程与线程的关系如图 3.12 所示。在进程建立时，同时也为该进程建立第一个线程，用于运行程序（注意，进程至少要包含一个线程），以后在适当的时候，可以通过操作系统的“线程创建”系统调用或其他方法建立后续线程。这些线程共享程序区和数据区，但是它们有各自的运行栈区，可以被独立地调度占用处理机并行或并发地运行。当某个线程被剥夺处理机时，只需把其运行现场保存到该线程的对应栈区中；当下次该线程被调度时，就又可以从上一次的剥夺点恢复现场继续运行。当进程内所有的线程结束时，意味着进程结束，从而释放进程占用的所有资源。

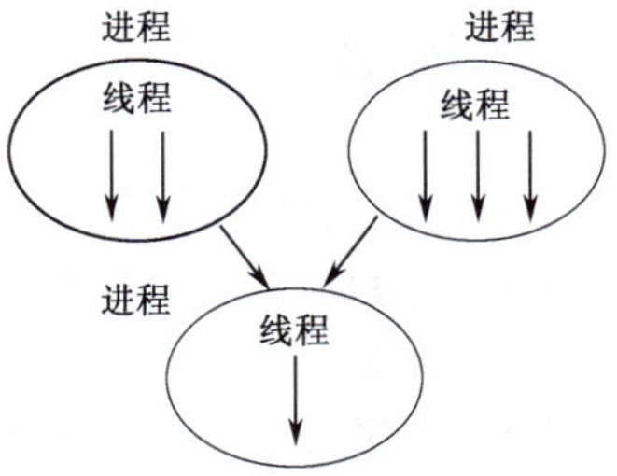

图 3.12　进程与线程的关系

在进程内，每个线程可以运行进程程序区中的不同子程序或相同的可再入子程序，它们处理着不同的用户原始数据，或处理着不同的外来请求。每个线程完成一个相对独立的任务，尽可能地并发（并行）运行。同时因为它们是实现同一个作业步的，所以它们之间总会存在着同步与通信，而共享存储区这一特点使得同步与通信相对简单。线程的引入为共享存储的并行编程提供了极大的便利。同时，在创建线程时，无须再分配存储空间，所以创建的开销比进程要小。通过加快运行实体之间的通信速度和节省运行实体创建的开销，可以大大提高利用线程并发编程的作业的运行效率。

3.6　小结

进程是支持程序运行的系统机制。操作系统管理、控制进程所用的标识和特性信息的集合称为进程控制块（PCB）。进程控制块主要包含进程标识信息、处理机状态信息、进程控制信息。程序、数据、用户栈的集合称为进程映像。

进程状态一般分为运行、就绪、阻塞/等待、创建、结束状态。与进程控制有关的系统调用主要有创建、结束进程。进程挂起是指进程没有占用主存或没有资格占用主存。

进程的处理机模式转换是指进程从运行用户态的程序转入核心态的程序，或者反过来，从核心态转入用户态。进程切换是指处理机从一个进程转到另一个进程中运行。

进程调度的基本功能是按照某种调度算法（或原则）为进程分配处理机。进程调度也称为低级调度或处理机调度。进程的调度方式分为剥夺方式和非剥夺方式。剥夺方式能充分保证系统的并发性，非剥夺方式可以简化操作系统程序设计。引起进程调度的原因主要有进程结束、进程等待事件、进程时间片用完、有更高优先级进程就绪等。进程调度的时机主要有：当产生引起调度的条件，且当前进程无法继续运行下去时；当中断处理结束或自陷处理结束，返回被中断进程的用户态程序执行现场前。

进程调度算法有 FCFS、SPF、优先级、时间片轮转、短进程优先、最短剩余时间优先、最高响应比优先、多级反馈队列调度算法等。目前，操作系统通常使用改良的多级反馈队列调度算法。

作业是完成用户上机任务的宏观实体，进程则是系统内部的微观运行实体。用户作业是通过相应的一组进程运行来具体完成的。

为了实现进程间存储空间共享而引入轻权进程；为了实现进程内的多个程序并发（并行）运行而引入线程。在引入线程概念后，进程成为系统资源（除处理机以外）的分配单位，线程则是处理机的分配单位。

习题 3

3.1　为什么要引入进程概念？试述进程与程序的区别。

3.2　进程控制块的作用是什么？其中应包括哪些信息？

3.3　什么是挂起状态？什么是等待状态？二者有何区别？

3.4　列举几种进程状态发生变化的情景，并说明是什么程序改变了哪个进程的状态？

3.5　进程创建的主要工作是什么？

3.6　进程切换的主要工作是什么？

3.7　列举几个典型的引起进程调度的原因。

3.8　什么时候进行进程调度最合适？请说明理由。

3.9　证明短进程优先（SPF）调度算法可使进程的平均等待时间最短。

3.10　对于三类进程（I/O 为主、计算为主和 I/O 与计算均衡），应如何赋予它们运行优先级，并说明理由。

3.11 假设在单处理机上有 5 个（1，2，3，4，5）进程争夺运行，其运行时间分别为 10, 1, 2, 1, 5 秒，其优先级分别为 3, 1, 3, 4, 2，这些进程几乎同时到达，但在就绪队列中的次序依次为 1, 2, 3, 4, 5，试回答：

① 给出这些进程分别使用时间片轮转、SPF 和优先级调度算法调度时的运行进度表。其中，时间片轮转调度算法的时间片取值为 2。

② 在上述各算法的调度下，每个进程的周转时间和等待时间为多少？

③ 具有最短平均等待时间的算法是哪个？

3.12 假定有这样一个进程调度算法，它为各进程累加处理机运行时间并首先调度在最近一段时间内占用处理机时间最短的进程运行。为什么该算法有利于 I/O 型进程，而又不会让处理机型进程永久地等待？

3.13 试述剥夺方式与非剥夺方式之间的区别，并分析各自的优缺点。

3.14 许多进程调度算法都是含有变量的，例如，时间片轮转调度算法的时间片值，多级反馈队列调度算法中的队列个数、优先级和各队列的调度算法，以及进程在队列之间移动的原则等。也可以说，这些调度算法通过选取某些变量的不同值可能演变成其他算法。例如，对时间片轮转调度算法，当时间片取值无穷大时，便演变成 FCFS 调度算法。另外，一种调度算法也可以包含另一种调度算法。试述下面的各对进程调度算法之间的关系。

① 优先级调度算法与短进程优先调度算法

② 多级反馈队列调度算法与先来先服务调度算法

③ 优先级调度算法与先来先服务调度算法

④ 最高响应比优先调度算法与多级反馈队列调度算法

⑤ 时间片轮转调度算法与短进程优先调度算法

3.15 假定对于交互作业进程采用时间片轮转调度算法，对于后台批处理作业进程采用多级反馈队列调度算法，试述这样的不同队列不同调度算法与多级反馈队列调度算法的区别。

3.16 进程调度算法决定了被调度进程的执行次序。在单处理机上，若有 n 个进程同时处于就绪状态，那么对这 n 个进程有多少种不同的调度顺序？请给出关于 n 的计算公式。

3.17 作业与进程有何不同？它们之间有什么关系？

3.18 在终端上启动执行一个 shell 脚本程序，会创建什么进程？

3.19 什么是批处理作业和交互式作业？它们的特点是什么？系统如何管理它们？

3.20 在支持批处理与分时的操作系统中，用户如何在终端上提交批处理作业和交互式作业？

3.21 进程与线程的区别是什么？多线程编程与多进程编程相比的优势和缺点各是什么？

第 4 章　进程同步与通信、进程死锁

在多道程序设计系统中，无依赖关系的任务在逻辑上可以分配给不同的进程并行地推进。进程是可以并发（多进程分时占用处理机）或并行（多进程同时占用不同处理机）在处理机中运行的。进程中运行着用户自编的程序或系统实用程序。这些程序在运行过程中，会因为中断/异常进入操作系统内核运行，因为所有进程的内核空间是共享的，此时，会去访问一些需要分时独占使用的共享资源或数据。访问共享资源或数据时会引发一种互斥关系，以满足各进程不同时使用共享资源或数据的要求。另一种情形是，一个进程需要向另一个进程传递数据，也就是说，后面的进程必须等待前面进程的数据到达才能继续运行，这是一种进程间的次序关系，称为同步。

在引入线程的系统中，进程内的多个线程可以并发或并行运行。因为同一个进程的多线程共享了进程的用户空间，所以各线程在运行过程中同样会因为访问共享数据及等待数据而发生互斥与同步关系。

为了正确控制并行/并发活动，必须提供相应的工具以协调这些制约关系。本章将给出相应的同步互斥工具。

进程间的互斥关系可能引起一种死锁状况。早期的操作系统在收到进程对某种资源的申请后，若该资源尚可分配，则立即将资源分配给这个进程。后来发现，对资源不加限制地进行分配可能导致进程间由于竞争资源而相互等待，以致无法继续运行。人们把这种局面称为死锁（Deadlock）。死锁问题直到 1965 年才被 Dijkstra 首先认识。1968 年，Havender 在评论 OS/360 操作系统时说："原先多任务的概念是让多个任务不加限制地竞争资源……但是随着系统的发展，很多任务被锁在系统中了。"

那么，什么是死锁？死锁在系统中是怎样产生的？人们用什么方法来解决死锁？这些也是本章要讨论的问题。

本章的主要内容包括操作系统对并行的支持、同步与互斥的概念、实现同步与互斥的手段、死锁的概念与死锁防止。

4.1　并行编程

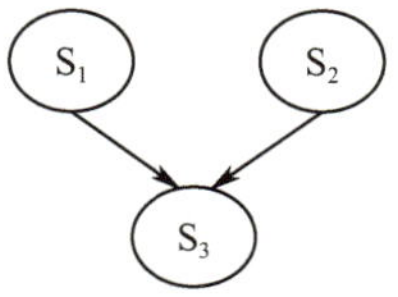

图 4.1　任务中子任务关系示意图

用户编程是为了实现一个计算任务。一个计算任务可以分解为许多子任务，子任务之间并不一定是严格串行运行的，通常有可以并行运行的成分。如图 4.1 所示，一个计算任务由三个子任务组成，图中的箭头说明子任务间的次序关系，没有次序关系的子任务可以并行。例如，S_1 和 S_2 可以并行。但是人们习惯了顺序编程，例如，把图 4.1 中的子任务按照 S_1，S_2，S_3 顺序进行处理。

4.1.1　并行编程方法

许多计算任务均包含可并行执行的子任务，要想让任务中的并行成分能够并发或并行执行，

通常有如下三种方法：

① 程序员编写顺序程序，系统设计一个“并行识别器”实用程序，把顺序程序作为“并行识别器”的输入，识别程序中存在的并行成分，利用操作系统支持的进程（线程）机制把这些并行成分对应地创建成一组并行进程（线程），并发/并行地执行。

② 由程序员识别并发成分，利用并发程序设计语言编写并发程序，在编译时由编译系统安排创建相应的一组进程（线程）以控制并发执行。

③ 由程序员识别并行成分，利用操作系统支持的进程（线程）机制提供的系统调用或高层的并行库函数，生成进程（线程）并使其执行并行子任务。如果用 C 语言进行并行程序设计，因为 C 语言不是并行程序设计语言，所以我们必须用这种方法。目前看来，这种方法用得多。

人们利用并行程序设计语言作为并行编程的高级语言。并行程序设计语言中通常提供相应的结构和语句，供程序员描述其程序中的并发成分。一般，并行程序设计语言可以从顺序程序设计语言增加并行语句成分改造而来。但一些新的语言，在设计的时候就已经考虑了对并行程序设计的支持。

下面给出一种在普通顺序程序设计语言中增加并行成分基本语句，即并行语句的方法。

为了在高级语言一级描述程序中的并行成分，Dijkstra 引出了一种并行语句 Parbegin/ Parend。该语句的形式是：

Parbegin S1; S2; …; S_n; Parend;

其中，S_i（i=1, 2, …, n）是单条语句，包含在 Parbegin 和 Parend 之间的所有语句可以并行执行。

例如，对图 4.1 的计算任务可以描述为：

Parbegin
S_1;
S_2;
Parend;
S_3;

并行语句 Parbegin/Parend 的结构化特征非常好，但存在着描述能力不强的缺点，即存在用该语句无法描述的并行优先关系，如图 4.2 所示。

这是因为并行语句只描述了并行执行成分，非并行成分的串行执行只能通过语句的自然顺序实现，如果有比较复杂的同步，则无法描述。若能辅以其他同步手段（如本章将介绍的信号量机制），则并行语句可以大幅度提高其描述能力。

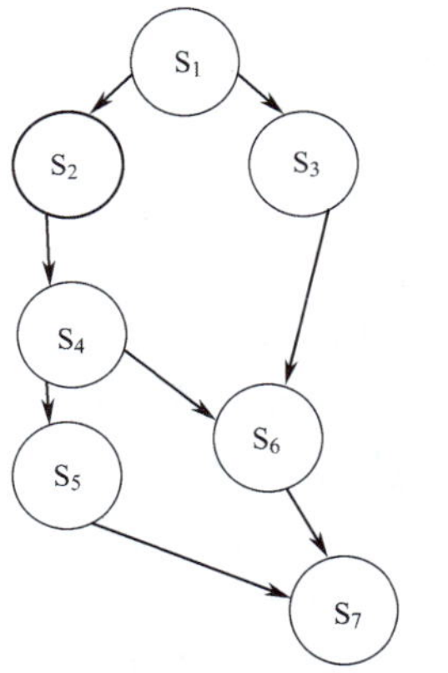

图 4.2　并行语句不能描述的并行优先关系

4.1.2　操作系统的支持

前面给出了一种并行成分的高级语言表示法（Parbegin/Parend），要想真正使并行程序并发/并行地运行，还需依赖操作系统的进程或线程机制。

通常，操作系统提供进程或线程创建、结束和同步等系统调用，用来支持并行程序的运行。如果用户用并行程序设计语言编写并行程序，编译系统在对该程序进行编译时，会将程序中的并行语句转化为对操作系统相关系统调用函数的调用，动态地创建一组进程或线程来执行该程序。也就是说，系统将利用进程或线程的并行性来获得程序中并行成分的并行执行。当然，用户也可以直接利用这些系统调用函数来编写并行程序。

下面给出 UNIX/Linux 中支持并行运行、与进程相关的几个系统调用。

① fork( )——创建一个新进程。该系统调用执行完成后，系统就创建了一个子进程。子进程映像的程序区、数据区和用户栈区按如下规则生成：该子进程继承父进程的程序空间，复制

父进程的数据区和用户栈区。也就是说，不管是父进程还是子进程，在占有处理机后，都从 fork()调用的返回点开始执行，但是数据区和用户栈区已经完全分开，父进程 fork()调用的返回值是子进程的进程标识 pid，子进程 fork()调用的返回值是 0。

② exit(status)——进程结束。该系统调用发出后，操作系统将从内核中删除调用 exit()的进程，并将 status 值传给等待它结束的父进程。

③ wait(&status)——等待子进程结束。当有多个子进程时，任意一个子进程结束后，会将控制返回调用者，并将子进程调用 exit(status)时的 status 值送到&status 指针所指存储单元中。在控制返回调用者时，同时将所得到的子进程 pid 作为 wait()的返回值。

④ waitpid(pid, …)——等待 pid 所指的进程结束。

有了上面几个系统调用的支持，便可以将图 4.1 的计算任务用多进程来实现，考虑到 S_1 和 S_2 要并行执行，将其中的 S_1 和 S_3 两个子任务放在父进程中执行，而将 S_2 放在子进程中执行，并利用 exit()和 wait()系统调用来控制父、子进程之间的同步关系。程序示意描述如下：

```
pid = fork();
if(pid == 0)then
{
        S2;
        exit(0);
}
else
        S1;
wait();
S3;
```

首先，父进程利用 fork()系统调用产生一个子进程以执行 S_2，同时父进程将执行 S_1。子进程完成任务后调用 exit()，通知父进程自己已经结束了；父进程运行完 S_1 后调用 wait()，以等待子进程结束。一旦内核发现子进程结束了，父进程就从 wait()返回，即可继续执行后续语句 S_3。

注意，在执行 pid = fork();语句后，新进程已经诞生，它拥有程序区、数据区、用户栈区。逻辑上这都是通过复制父进程的程序区、数据区、用户栈区得到的，所以父、子进程都有存放同名 pid 变量的数据区。但是父进程的 pid 与子进程的 pid 已经是两个不同的变量，父进程的 pid 在执行完该语句后被赋值为“子进程的 pid”，而子进程的 pid 被赋值为 0。

在传统高级语言基础上，利用操作系统提供的进程或线程系统调用，或在此之上的多线库函数进行并行程序设计，是最为常见的。关于多线库函数参见第 8 章。

用多线程编写并行程序与用多进程编写并行程序相比，因为多线程天然共享进程用户空间，可以直接用全局变量进行数据交换，而不同进程一般不共享用户空间，只是共享内核空间，所以进程间交换数据需要通过内核空间进行，不如线程间交换数据方便。

内核程序可以在不同进程中并发或并行地运行，它们又会访问内核空间中的共享数据，故一定要考虑同步与互斥问题。

4.2 进程的同步与互斥

进程因为协同实现用户任务或者要共享计算机资源，所以在进程之间存在着相互制约的关系。这些制约关系可以分为以下两类：

① 同步关系（或称直接制约关系），指为完成用户任务的伙伴进程之间，因为需要在某些位置上协调它们的工作次序而等待、传递信息所产生的制约关系。

② 互斥关系（或称间接制约关系），指进程之间因相互竞争使用独占型资源（互斥资源）所产生的制约关系，如进程间因争夺打印机设备而导致一方必须等待另一方使用结束后方可使用。

本节主要讨论系统中常见的同步与互斥问题，并给出基本的解决方法。进程的同步与互斥是并发/并行运行进程活动中经常遇到的问题。

4.2.1 同步与临界段问题

同步问题主要是因为进程之间协调工作时需要等待、传递信息而产生的。

【例 4.1】 由两个进程来实现如图 4.2 所示的任务。其中，进程 P_1 依次执行 S_1，S_2，S_4，S_5，S_7 子任务，进程 P_2 依次执行 S_3，S_6 子任务。那么进程 P_1 和进程 P_2 在如下三个点存在同步关系：

① 进程 P_2 的 S_3 执行前必须等待进程 P_1 的 S_1 执行完毕。

② 进程 P_2 的 S_6 执行前必须等待进程 P_1 的 S_4 执行完毕。

③ 进程 P_1 的 S_7 执行前必须等待进程 P_2 的 S_6 执行完毕。

临界段（Critical Section）问题的实质是进程互斥使用资源问题。下面举例描述临界段问题。

【例 4.2】 进程 P_1 和 P_2 共享硬件的"打印机"资源，即 P_1 和 P_2 分别执行如图 4.3 所示的操作。

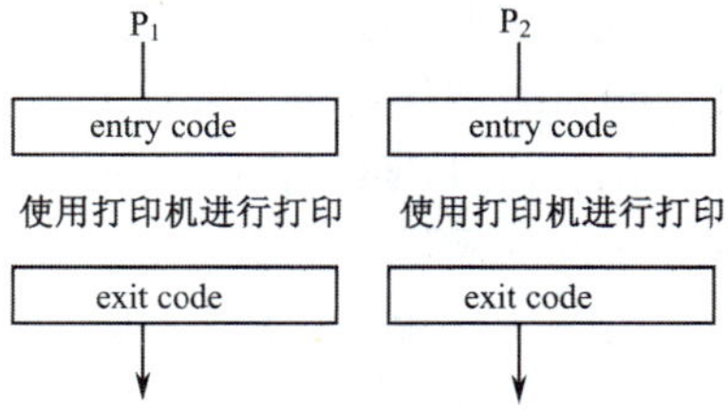

图 4.3　进程共享打印机

打印机是需要互斥使用的独占型资源。若让它们随意使用，则两个进程的输出信息很可能交织在一起，看起来极不方便，故必须互斥使用，即在每个进程使用打印机的前、后分别加上一段控制代码 entry code 和 exit code，以保证互斥使用。在第 6 章中将会看到，使用独占型设备的 entry code（入口码）是请求分配设备的系统调用， exit code（出口码）是释放设备的系统调用。

【例 4.3】 进程 P_1 处理存款到一个账户中，同时进程 P_2 处理借贷。下面的程序框架显示进程如何访问共享变量 balance。

```
shared double balance; /* shared variable */
```

进程 P_1 的程序框架：	进程 P_2 的程序框架：
…	…
balance = balance+amount;	balance = balance-amount;
…	…

这些高级语言语句将被编译成几条机器指令，如下所示：

进程 P_1 的程序框架：	进程 P_2 的程序框架：
load R_1, balance	load R_1, balance
load R_2, amount	load R_2, amount
add R_1, R_2	sub R_1, R_2
store R_1, balance	store R_1, balance

假设进程 P_1 在单处理机上运行且正在执行下面的指令，此时发生定时中断：

load R_2, amount

如果中断处理完成后运行进程调度程序，进程调度程序接下来可能选择 P_2 进程运行，它执行"balance = balance−amount;"机器指令代码段。当然中断处理完成后也可能再调度 P_1 进程运行。那么在进程 P_1 和 P_2 之间，就出现着竞争条件（Race Condition）。如果进程 P_1 赢了，那么已经读到 R_1 和 R_2 中的值就会加在一起，并安全地写回到主存的共享变量中。如果进程 P_2 赢了，它将会读取 balance 的最初值，计算 balance 和 amount 的差值，然后将差值存放到保存 balance 的主存位置。那么进程 P_1 最后会重新使用前面已经装入 R_1 的原来的值，这个原来的值在进程 P_1

被剥夺处理机时被保存起来，接着进程 P_1 会计算 balance 与 amount 的和，从而产生新的 balance 值。这与进程 P_1 阻塞时，进程 P_2 写入的 balance 值不相同，因而再次写入保存 balance 的主存位置，会使进程 P_2 更新的值丢失。

根据两个进程对共享变量 balance 的使用，程序在进程 P_1 和 P_2 中，都定义了一个临界段。对于进程 P_1，临界段就是计算 balance 与 amount 之和的部分；但对于进程 P_2，临界段就是计算 balance 与 amount 之差的部分。因为同一个程序在相同数据上的多次执行可能产生不一样的结果，所以这两个进程的并发/并行执行是不能保证确定性的。在一次执行中，进程 P_1 可能赢了，在下一次的执行中，进程 P_2 可能赢了，因而在共享变量中会有不同的最后结果。只考虑进程 P_1 的程序或进程 P_2 的程序，是不可能检查出问题的，问题是由于共享所引起的，而不是由于顺序代码中的错误造成的。解决方法是，让任意一个进程在它需要的时候进入相应的临界段，而其间排斥另一个进程也进入相应的临界段，这样就可以避免临界段问题。

从上述关于临界段问题的两例可知，进程间若共享必须独占使用的资源，则往往存在互斥问题，即存在临界段问题。下面给出临界段问题的描述。

临界资源（Critical Resource，CR）：一次仅允许一个进程使用（必须互斥使用）的资源。例如，独占型硬件资源，以及可以由多进程访问的变量、表格、队列、栈、文件等软件资源。

临界段（Critical Section，CS）：是指各进程必须互斥执行的那种程序段。该程序段实施对临界资源的操作。

若 n 个进程（$P_1,P_2,\cdots,P_n$）共享同一个临界资源，则每个进程所执行的程序中均存在关于该临界资源的临界段 $\{CS_1,CS_2,\cdots,CS_n\}$，这些临界段必须互斥执行。通常，称这组进程间存在临界段问题。

4.2.2 解决临界段问题的硬件实现方法

通过硬件支持是解决临界段问题的低级方法或称元方法，并且硬件实现方法与计算机体系结构有关。我们先介绍单处理机系统中的屏蔽中断（关中断）方法，然后介绍共享主存多处理机体系结构中可行的解决临界段问题的硬件指令。

1．屏蔽中断方法

在一个单处理机多道程序设计系统中，中断会引起多进程并发执行，因为中断处理结束会引起进程调度程序执行。如果某进程在临界段中发生中断，随着上下文切换，会保存被中断进程寄存器状态，然后调度另外的进程执行；另一个进程如果再进入相关临界段，会修改它们的共享数据；如果再次进行进程切换，原先进程重新执行时，会使用原来保存的寄存器中的不一致的数据，导致错误。如果程序员能够意识到中断引起的并发会导致错误的结果，可考虑在程序执行临界段部分的处理时，屏蔽中断。

下面的程序说明如何利用中断开放 enableInterrupt 和中断屏蔽 disableInterrupt 指令，编写临界段部分代码，以避免两个进程同时进入临界段。当一个进程进入它的临界段时，中断被屏蔽，然后当该进程结束它的临界段执行时，再开放中断。当然，这种技术可能影响 I/O 系统的行为，因此，用户态程序不能使用 enableInterrupt 和 disableInterrupt 指令。而且要使用屏蔽中断实现临界段互斥执行，应该保证临界段尽可能短，以确保进程尽快走出临界段，保证中断响应。

```
Program for P1（进程 P1 的程序）
    disableInterrupt();
    balance = balance+amount;
    enableInterrupt();
```

```
Program for P2（进程 P2 的程序）
    disableInterrupt();
    balance = balance–amount;
    enableInterrupt();
```

中断屏蔽只能用于单处理机系统，并且只能用在核心态程序中，这是因为屏蔽中断往往是特权指令，不能在用户态执行。在多处理机共享主存的系统中实现互斥，需要硬件提供某些特殊指令。例如，在一个存储周期内同时完成对某个主存单元的内容测试和修改，或者完成对寄存器和主存单元的内容交换等。利用这些特殊指令可以实现临界段的互斥执行。它们是硬件指令，硬件指令是不会被中断打断执行的。

2. Test_and_Set 指令

该指令完全由**硬件实现**，没执行完之前不会被中断。其功能语义描述如下：

```
boolean Test_and_Set(boolean &target){
  boolean rv = target;
  target = true;
  return rv;
}
```

如果机器支持 Test_and_Set 指令，则可以通过说明一个布尔变量 Lock，赋初值为 false，用下列方法解决互斥问题：

```
do{
     while(Test_and_Set(Lock));
     critical section
     Lock = false;
     non critical section
}while(1);
```

注意，在 Lock 变量值不为 false（即 0）时，“while(Test_and_Set(Lock));”语句会一直循环做空操作，直到其值为 false，才进入临界段。

3. Swap 指令

该指令也是完全由**硬件实现的**，没执行完之前不会被中断。其功能语义描述如下：

```
void Swap(boolean &a, boolean &b){
     boolean temp = a;
     a = b;
     b = temp;
}
```

注意，以上是 Swap 指令的功能语义描述，并非软件实现定义。事实上，它们是由硬件系统直接实现的。

如果机器支持 Swap 指令，则互斥问题可以用类似的方法解决。进程间的全局布尔变量 Lock 初值为 false，每个进程均设一个局部布尔变量 Key：

```
do {
      Key = true;
      while(Key==true)
      Swap(Lock, Key);
      critical Section
      Lock = false;
      non critical section
}while(1)
```

确保 Lock 变量值为 false 时进入临界段，就可保证原来没有进程在相关临界段中。

上述实现临界段的硬件方法一般都要求临界段相当短，如果临界段过长会影响中断的响应，或者会引起处理机在空操作上循环导致忙等待。

4.2.3 信号量

1965 年，Dijkstra 提出了一种称为信号量（Semaphore）的同步/互斥工具，通常称为信号量机制。信号量机制是一种功能较强的机制，可用来解决互斥与同步问题。下面首先给出信号量机制的抽象描述。信号量机制由“信号量”和“P 操作、V 操作”两部分组成。信号量（s）为一个整型变量，只能被两个标准的原语所访问，分别记为 P 操作和 V 操作，定义为：

```
P(s){
        while s <= 0
        ; //空操作
        s = s – 1;
}
V(s){
        s = s + 1;
}
```

注意，P，V 操作是两条原语。

1．原语的概念与实现

原语（Primitive）是指完成某个功能且在物理上或逻辑上不能被分割、不被中断执行的操作序列，有时也称原子操作。像前面所述的 Test_and_Set 和 Swap 指令，其指令就是由硬件实现的原子操作。原语的这种在物理上不能被中断执行的特性，在使用单处理机且处于核心态时，可由软件通过关中断的方法实现。

原语之所以不能被分割或被中断执行，是因为它对变量的操作过程如果被打断，可能会去执行另一个对同一变量的操作过程，从而出现临界段问题。如果能够找到一种解决临界段问题的元方法，就可以实现对共享变量操作的原语。

解决临界段问题的**元方法**如下：

① 屏蔽中断方法。这种方法只能用于单处理机且处于核心态的情形。在进入临界段之前屏蔽中断，在走出临界段时开放中断。在单处理机情形下，屏蔽中断使临界段程序不可能被打断执行，从而实现了临界段操作的原子性。

② 利用 Test_and_Set 和 Swap 硬件指令解决临界段问题。这可以解决多处理机情形下的临界段问题。

因为 P(s)和 V(s)中的 s 是临界资源，所以可以根据需要选取上述一种解决临界段问题的元方法来实现 P，V 原语。

下面用屏蔽中断方法实现 P(s)和 V(s)的原语。

```
P(s){
        disableInterrupt();
        while(s <= 0){
            enableInterrupt();
            disableInterrupt();
        }
        s = s–1;
        enableInterrupt();
}
V(s){
        disableInterrupt();
        s = s+1;
```

```
        enableInterrupt();
    }
```

注意，在 P 操作的 while 循环中开放中断的目的是，在循环忙等待时能够响应中断，同时也可以有机会执行进程调度程序，以便另一个进入临界段的进程被调度运行以走出相关临界段。

在多处理机中可以用 Test_and_Set 指令实现 P(s)和 V(s)的原语。

```
P(s){
    while(T&S(lock));
    while (s <= 0){
        lock = 0;
        while(T&S(lock));
    };
    s = s – 1;
    lock = 0;
}
V(s){
    while(T&S(lock));
    s = s +1;
    lock = 0;
}
```

lock 是用于对 s 变量进行互斥操作的锁。请大家想想为什么做 P 操作时，如果没有成功，要释放 lock 这把锁？这是因为，当某进程做不成 P 操作时，进程调度程序可以调度其相关进程去执行对应的 V 操作，待到 V 操作做完回来，P 操作也可以成功了。如果在 P 操作循环中不释放 lock，那么相关进程的 V 操作也就不能完成。

2．信号量的使用

信号量机制能解决 n 个进程的临界段问题。假设 n 个进程共享一个公共信号量 mutex，其初值为 1。任意一个进程 P_i 的结构如下：

```
do{
    P(mutex);
    critical section
    V(mutex);
    non critical section
}while(1);
```

信号量机制也能用于解决进程间各种同步问题。例如，有两个并行进程 P_1，P_2 共享一个公共信号量 synch，初值为 0。P_1 执行的程序中有一条 S_1 语句，P_2 执行的程序中有一条 S_2 语句。而且，只有当 P_1 执行完 S_1 语句后，P_2 才能开始执行 S_2 语句。对这种简单的同步问题，很容易用信号量机制解决。它们之间的同步控制描述如下：

```
semaphore synch;
synch = 0;        // 信号量初值为 0
```

进程 P_1 程序框架如下：	进程 P_2 程序框架如下：
…	…
S_1;	P(synch);
V(synch);	S_2;
…	…

如果要解决例 4.1 的同步问题，可以用信号量描述如下：

```
semaphore s13, s46, s67;
```

```
s13 = 0; s46 = 0; s67 = 0;        //信号量初值都设置为 0
```

进程 P_1 程序框架如下：

```
…
S1;
V(s13);
S2;
S4;
V(s46);
S5;
P(s67);
S7
…
```

进程 P_2 程序框架如下：

```
…
P(s13)
S3;
P(s46);
S6;
V(s67);
…
```

3. 信号量的非忙等待实现

解决临界段问题的有关硬件方法及信号量机制所描述的 P，V 操作，都存在“忙等待”（Busy-Waiting）现象。如果某个进程正在其临界段中，则其他欲进入临界段的进程均须在它们的 entry code 中连续地循环等待（如执行“while(condition);”语句等）。这种循环等待方式实现的互斥工具又称为自旋锁（Spinlock）。在该处理方式下，如果能够很快走出循环，进入临界段（如相关临界段很短，其他进程可以很快走出临界段）则是可取的；但是如果相关临界段很长，势必会使欲进入临界段的进程长时间循环等待其他进程走出相关临界段，这样会浪费宝贵的处理机时间，其他已经在临界段中的进程也不能及时得到处理机运行。

为避免出现信号量机制中的“忙等待”现象，可重新定义 P，V 操作。在某个进程执行 P 操作过程中，若发现信号量的状态不允许其立即进入临界段，则 P 操作应使该进程放弃处理机而进入约定的等待队列（调用系统函数 block()）。当某个进程执行 V 操作时，如果发现在该信号量上有被阻塞的等待进程，则 V 操作负责将其唤醒（调用系统函数 wakeup()）。

无忙等待的 P，V 操作定义包括信号量定义、P 操作定义和 V 操作定义。

（1）信号量定义

```
typedef struct{
    int value;
    struct process *L;
}semaphore;
```

每个信号量定义成一个结构，其中包括一个整型变量 value 和与该信号量相关的等待状态进程队列 L。

（2）P 操作定义

```
void P(semaphore s){
    s.value = s.value – 1;
    if (s.value<0){
        add this process to s.L;
        block();
    }
}
```

注意，在进程调用 block()之后，进程从运行状态进入等待状态，并执行进程调度程序，处理机因此而进入被调度的新进程运行。

（3）V 操作定义

```
void V(semaphore s){
```

```
        s.value = s.value +1;
        if (s.value<=0 ={
              remove a process P from s.L;
              wakeup(P);
        }
    }
```

这里的 wakeup(P)将 P 操作（进程）从等待状态改变为就绪状态，这样待到执行进程调度程序时，进程调度程序可能会选中 P（进程）运行，P（进程）从 block()返回，进入临界段运行。

在实际系统中，可以将进程队列 L 设计成由 PCB 组成的队列，排队的原则一般选用 FIFO 策略（以防止某个进程长时间得不到运行而出现饿死现象），或者按进程优先级由高到低排队。

信号量机制同步能力强，是目前仍广泛采用的一种进程同步和互斥工具。其主要缺点是程序结构差，用户若使用不当易产生死锁（死锁问题将在 4.4 节详细讨论）。

4.2.4 管程

管程是一种特殊程序设计结构，利用它可以实现共享数据的互斥操作。管程的互斥功能由编译器利用底层同步/互斥机制来实现。

使用信号量和 P，V 操作实现进程互斥时，进程能够直接对共享变量进行操作，因此程序员必须小心安排 P，V 操作，避免造成程序设计错误，例如，有意或无意的非法操作。在进程共享主存的前提下，如果能集中并封装针对一个共享资源的所有操作，包括所需的同步/互斥操作，即把相关的共享变量及其操作集中在一起统一控制和管理，就可以方便地管理和使用共享资源，使进程之间的相互作用更为清晰，更易于编写正确的并发程序。

1974 年和 1977 年，Hoare 和 Brinch Hansen 根据抽象数据类型原理提出了新的同步机制——管程（Monitor）。其基本思路是：把分散的临界段集中起来管理，并把共享资源用数据结构抽象地表示出来，由于临界段是访问共享资源的代码段，因此由一个“秘书”程序管理到来的访问。“秘书”每次只让一个进程来访，这样既便于对共享资源的管理，又能实现互斥访问。在后来的实现中，“秘书”程序更名为管程。管程实质上是把临界段集中到抽象数据类型模板中。

一个管程主要由三部分组成：

① 局部于该管程的共享数据，这些数据表示共享资源的状态；

② 局部于该管程的一组操作过程（函数），每个过程完成对上述数据的某种规定操作；

③ 对局部于该管程的数据的初始化。

由编译器实现管程时要考虑如下关键因素：

① 管程中的共享变量在管程外部是不可见的，外部只能通过调用管程中所说明的外部过程（函数）来间接地访问管程中的共享变量，即管程有很好的封装性。

② 为了保证共享数据的一致性，管程应互斥使用。管程有一个重要的特性，即任一时刻，在管程中只能有一个活跃进程。这一特性使管程能有效地完成互斥。管程的互斥运行，由编译器在编译时负责插入相关代码实现，因为是由编译器而非程序员来安排互斥的，所以出错的可能性要小得多。

③ 管程中需要有进程等待队列和相应的等待和唤醒操作。仅有互斥还不够，还需要一种办法使进程在无法继续运行时被阻塞。

4.2.5 进程同步与互斥举例

在日常生活中，同步的例子比比皆是。例如，客车上的司机和售票员各司其职，为完成同一个运送乘客的任务相互配合。如图 4.4 所示，当汽车到站，司机将车停稳后，售票员才能开启车门，让乘客下、上车后再关车门。只有当得到车门已关好的信号后，司机才能启动汽车继续行驶。而在计算机系统中，共同完成同一个任务的一组进程之间亦是如此，常常存在类似的同步问题。下面以几个典型的实例，论述如何用 P，V 操作解决同步互斥问题。

1．有限缓冲区问题

问题的描述如下：假设一组生产者进程 P_1，P_2，…，P_k 和一组消费者进程 C_1，C_2，…，C_m，通过 n 个缓冲区组成缓冲池，共同完成“生产和消费”任务，如图 4.5 所示。每个缓冲区中存放一个消息，生产者将生产出的消息放入空缓冲区，消费者从满缓冲区中取出消息。当所有缓冲区均满时，生产者必须等待消费者提供空缓冲区；当缓冲池中所有缓冲区全为空时，消费者必须等待生产者提供有消息缓冲区。另外，对所有生产者和消费者进程来说，把缓冲池看成一个整体，因此缓冲池是临界资源，即任何一个进程在对池中某个缓冲区进行“存”或“取”操作时，都必须和其他进程互斥执行。用信号量机制来解决这种问题，首先定义下列公共信号量。

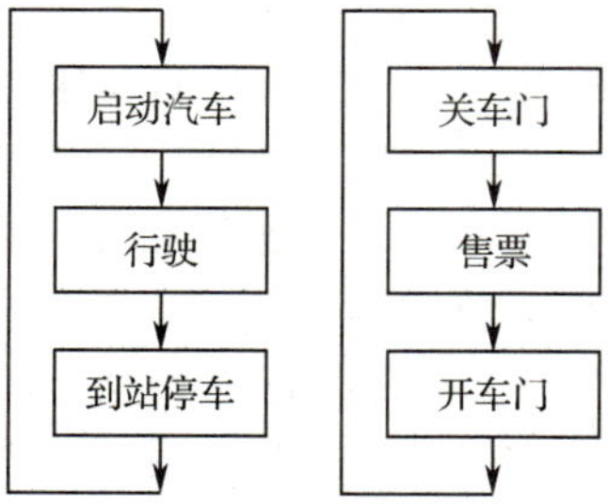

图 4.4　司机与售票员同步

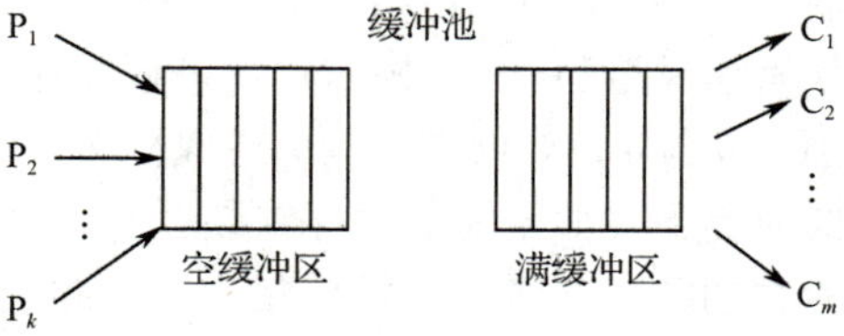

图 4.5　有限缓冲区问题

① 信号量 mutex。初值为 1，用于控制互斥访问缓冲池。
② 信号量 full。初值为 0，用于计数。full 值表示当前缓冲池中满缓冲区个数。
③ 信号量 empty。初值为 n，用于计数。empty 值表示当前缓冲池中空缓冲区个数。
有限缓冲区生产者/消费者进程描述如下：

```
typedef struct{
        …
} item;                                 //消息类型
typedef struct{
    struct item inst;
    struct buffer *next;
} buffer;                               //缓冲类型
semaphore full, empty, mutex;           //信号量
struct item nextp, nextc;               //消息变量
full = 0;                               //设置信号量初值
empty = n;
mutex = 1;
```

生产者进程程序框架如下：

```
do{
    …
    produce an item in nextp
    …
    P(empty);
    P(mutex);
```

```
        …              //获得一个空缓冲区
        …              //将 nextp 数据复制到空缓冲区中
        …              //将缓冲区加到满缓冲区队列中
        V(full);
        V(mutex);
    }while(1);
```

消费者进程程序框架如下：

```
    do{
        P(full);
        P(mutex);
        …              //获得一个满缓冲区
        …              //将满缓冲区数据复制到 nextc 中
        …              //将缓冲区还给空缓冲区队列
        V(empty);
        V(mutex);
        …
        consume the item in nextc
        …
    }while(1);
```

应该特别注意，无论是在生产者还是消费者进程中，V 操作的次序都是无关紧要的。但两个 P 操作的次序却不能颠倒，否则可能导致死锁。

特别要理解，为什么对空缓冲区和满缓冲区计数要用信号量来表示。如果 full 和 empty 不用信号量表示，而作为一般的整型数，那意味着，在对这些计数变量操作时也要保证互斥操作，必须引入另外的信号量来实现对 full 和 empty 共享变量的互斥操作。

2. Reader/Writer 问题

计算机系统中的数据（如文件、记录）常被若干并行进程共享。但其中某些进程可能只希望“读”数据（这种进程称为Reader）；另一些进程则希望修改数据（这种进程称为 Writer）。就共享数据而言，Reader 和Writer 是两种不同类型的进程。通常，两个或两个以上的Reader 同时访问共享数据时，不会产生副作用。但若某个 Writer 和其他进程（Reader 或 Writer）同时访问共享数据，则可能导致数据不一致的错误。为此，要想同时尽可能地让 Reader 和 Writer 并行运行，只需保证任何一个 Writer 进程能与其他进程互斥访问共享数据即可。这种特殊的同步互斥问题称为 Reader/Writer 问题。

该问题是在 1971 年首先由 Courtots 等人提出并解决的。考虑到 Reader 和 Writer 争夺访问数据时可以具有不同的优先级，Reader/Writer 问题有几种变形。一种称为 First Reader/Writer 问题（第一类 Reader/Writer 问题，Reader 优先，优先考虑并行性）；另一种称为 Second Reader/Writer 问题（第二类 Reader/Writer 问题，Writer 优先，优先考虑数据更新）。

在第一类 Reader/Writer 问题中，当 Reader 和 Writer 争夺访问共享数据时，Reader 具有较高优先级。该问题的具体描述如下：

① 如果当前无进程访问数据，无论 Reader 或 Writer 欲访问数据都可直接进行访问。

② 如果已有一个 Reader 正在访问数据，那么其他欲访问数据的 Reader 可直接访问，而当前欲访问数据的 Writer 则必须无条件等待。

③ 若某个 Writer 正在访问数据，则当前欲访问数据的 Reader 和 Writer 均须等待。

④ 当最后一个结束访问数据的 Reader 发现有 Writer 正在等待时，则将其中的一个唤醒。

⑤ 当某个 Writer 结束访问数据时发现存在等待者，若此时只有 Writer 处于等待状态，则唤醒某个 Writer；若此时有 Reader 和 Writer 同时处于等待状态，则按照 FIFO 或其他原则唤醒一个 Writer 或唤醒所有 Reader。

在该问题中的“Reader 优先”主要表现在：除某个 Writer 正在访问数据之外，在任何情况下 Reader 欲访问数据均可以直接访问，即只要存在 Reader 正在访问数据，后续到达的那些欲访问数据的 Reader 就无须顾忌此时是否已存在等待访问数据的 Writer，均可以直接进行访问。

第二类 Reader/Writer 问题则不同，它试图使 Writer 具有较高的访问优先级。所谓“Writer 优先”表现在：Writer 欲访问数据时，将尽可能早地让它访问。只要存在一个 Writer 正在等待访问数据，那么任何后续欲访问数据的 Reader 均不能进行访问。这体现了数据更新优先原则。

【例 4.4】 如图 4.6 所示，假设 T_0 时刻有若干 Reader 正在访问数据，而在此之后顺序出现了一组等待者，如果在 T_6 之后的较长时间内不出现新等待者，在正在访问数据的 Reader 均结束后，则后续访问数据的顺序将是 $Writer_1$→$Writer_2$→（$Reader_1$, $Reader_2$, $Reader_3$）。

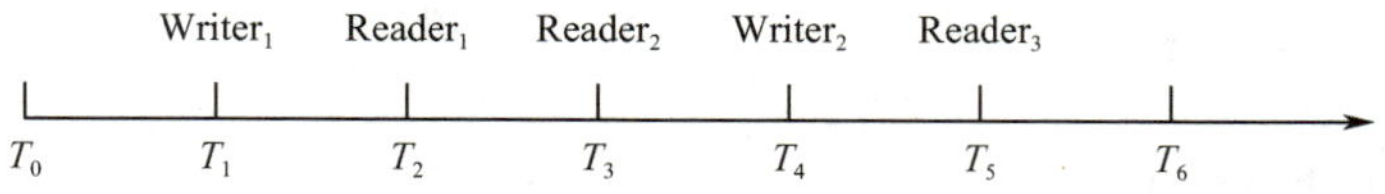

图 4.6　等待序列

不难看出，上述两种方法均能解决 Reader/Writer 问题，但均可能导致进程被饿死的现象。在第一种情况下，Writer 可能因为连续不断地出现新的 Reader 而长期不能访问数据导致饿死。在第二种情况下，Reader 可能因为连续不断地出现新的 Writer 而长期不能访问数据导致饿死。因此，人们又提出了另一些关于 Reader/Writer 问题的解决方法（本节不予介绍）。

下面使用信号量机制给出解决第一类 Reader/Writer 问题的实现方法。Reader/Writer 进程共享下列数据结构：

```
semaphore mutex, wrt;
int readcount;
```

其中，mutex，wrt 初值均为 1；readcount 初值为 0。变量 readcount 用于记录当前有多少个 Reader 正在访问数据；信号量 mutex 保证 Reader 之间互斥地修改 readcount；wrt 则是 Reader 和 Writer 共享的一个互斥信号量。

Writer 进程的一般结构如下：

```
P(wrt);
…
writing is performed
…
V(wrt);
```

Reader 进程的一般结构如下：

```
P(mutex);
readcount = readcount+1;
if (readcount = =1)
        P(wrt);
V(mutex);
…
reading is performed
…
P(mutex);
```

```
readcount = readcount–1;
if (readcount= =0)
    V(wrt);
V(mutex);
```

3．哲学家就餐问题

Dijkstra 于 1965 年首先提出并解决了哲学家就餐问题。该问题是大量并发控制问题的一个典型例子。

哲学家就餐问题描述如下：5 个哲学家倾注毕生精力用于思考问题（Thinking）和吃饭（Eating），他们坐在一张放有 5 把椅子的圆桌旁，每人独占一把椅子。圆桌中间放置食品，桌上放着 5 根筷子，如图 4.7 所示。哲学家在思考问题时，并不影响他人。只有当哲学家饥饿的时候，他才试图拿起左、右两根筷子（一根一根地拿起）。如果筷子已在他人手上，则需等待。饥饿的哲学家只有同时拿到两根筷子才可以开始吃饭。而且，也只有当他吃完饭后才放下筷子，重新开始思考问题。

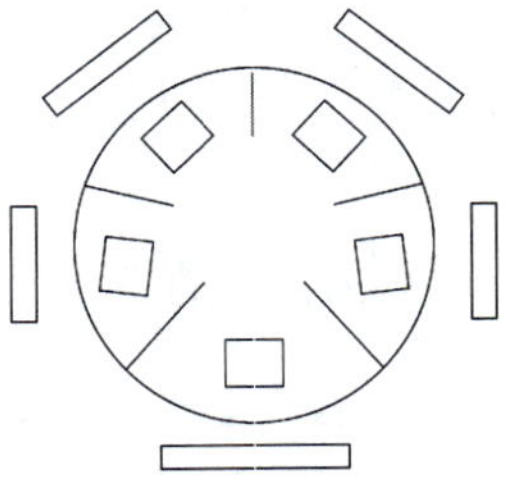

图 4.7　哲学家就餐问题

在这里，筷子是共享但是又必须互斥使用的资源。这种互斥问题的一个简单解决办法是：为每根筷子单独设一个信号量，哲学家取筷子前执行 P 操作，放下筷子后执行 V 操作。哲学家共享下列数据：

```
semaphore   chopstick[5];        // 其中，各信号量初值均为 1
```

那么，第 i 个（i=0, 1, 2, 3, 4）哲学家所执行的程序描述如下：

```
do{
    P(chopstick[i]);
    …              //取左边筷子
    P(chopstick[(i+1)% 5]);
    …              //取右边筷子
    Eating
    …              //放左边筷子
    V(chopstick[i]);
        …          //放右边筷子
    V(chopstick[(i+1)%5]);
    …
    Thinking
    …
}while(1);
```

尽管这种方法简单，并能保证任何时候均不存在两个相邻哲学家同时在吃饭的情况，但由于进程的并发/并行执行与处理机的调度问题，可能使每个哲学家都只拿到自己左边的筷子，那么这一组进程就会发生没有人能够继续下去的死锁现象。

4.3　消息传递

进程之间交换信息称为进程间通信。要实现进程间通信，有如下两种基本方法：

① 共享存储（Shared Memory）方法。要通信的进程之间存在一片可直接访问的共享空间，通过对这片共享空间进行写/读操作实现它们之间的信息交换。例如，一个进程向这片共享空间

写数据，而另一个进程从共享空间读取数据。对共享空间写/读数据时，需要使用同步/互斥工具（如 P，V 操作）对其共享空间的写/读动作进行控制。在共享存储方法中，操作系统只负责为通信进程提供可共享使用的存储空间和一些同步/互斥工具，而数据交换则由用户安排的读/写指令完成。需要注意的是，用户进程的用户空间一般都是独立的，要想让两个用户进程共享用户空间必须通过特殊的系统调用来实现，而进程内的线程是自然共享进程的用户空间的。

② 消息传递（Message Passing）方法。消息传递的主要思想是：系统提供发送消息 Send()与接收消息 Receive( )两个系统调用，进程间通过这两个系统调用进行数据交换。这种方法通过进程共享的内核空间，把一个进程的数据传递到另一个进程的用户空间中。如果要通信的进程之间不存在可直接访问的共享空间，则必须利用操作系统提供的消息传递类系统调用实现进程间通信。

4.3.1 消息传递原理

消息传递类系统调用的一般形式如下：

① 发送消息 Send(destination, &message)

② 接收消息 Receive(source, &message)

在实际的通信系统中，有关通信的系统调用格式会有所不同。这里所列出的是一般的格式。发送者必须把要发送的消息准备好，存放于进程用户空间的消息缓冲区中，给出消息要到达的目的地标识；接收者接收消息时将给出接收消息的接收缓冲区，可视情况给出源地址标识。源地址可以是通信双方公用的信箱标识，也可用来说明接收者只接收由源地址标识的进程发来的消息。

1. 消息传递方法

实现消息从发送者到接收者的传递有两种方法。

一种方法是设立一个通信参与者共享的逻辑实体，如信箱，发送者只是向信箱发送消息，接收者从信箱取消息。这种方法又称为间接通信方法。共享的逻辑实体可以是操作系统在内核空间中提供的一组数据结构，也可以以磁盘中的文件为基础，最主要的特点就是它不属于通信中的任意一方，而是一个中介实体。

另一种方法是直接以接收者进程的内部标识为目的地标识发送消息，这种方法又称为直接通信方法。这种方法虽然很直观，但是在进程间通信编程时不一定能够方便得到要执行通信进程的内部标识。

2. 消息缓冲区

进程之间通信的目的是相互合作，完成某项任务。发送者进程发送一个消息给接收者进程，可以是某个任务在发送者进程中的工作已完成，后续工作由接收者进程完成，这时发送者进程可以结束或去执行其他的任务；发送者进程也可以等待接收者进程完成相应的工作后再做后续处理。所以消息传递常常作为进程同步的手段。

要实现进程间的消息传递，可以设定在通信源和目的地之间存在一条虚拟的通信链，该链从源进程消息缓冲区开始，以目的进程消息缓冲区结束，链中可以包含许多系统的缓冲区。系统设立消息缓冲区可以带来以下好处：

① 在接收方准备好接收缓冲区之前，发送方就可以发送，这时消息可以存放在系统的消息缓冲区中。

② 一旦消息从发送方缓冲区复制到系统缓冲区中，发送方缓冲区又可存放另一个要发送的消息，而无须等待上一个消息被接收者完全接收，这样能实现消息传递的流水线操作。

4.3.2 消息传递示例

【例 4.5】举例说明实现“消息传递系统”的基本设计思想。在一个消息定长（8 个字）的简单直接消息传递系统中，进程间通过如下两个基本系统调用进行通信：

① Send(&A)：发送者用于发送消息。&A 为含接收者标识符和消息正文的用户空间发送缓冲区起始地址。

② Receive(&A)：接收者用于接收当前已到达的消息。&A 为消息的用户空间接收缓冲区起始地址。若当前无消息到达，则接收者进入等待状态，直到一条消息到达，再从内核返回。

操作系统内部按如下思想实现上述消息系统：操作系统管理一个用于进程通信的缓冲池，其中每个缓冲区 buffer 可存放一条消息；欲发送消息时，发送者向缓冲池申请一个可用的 buffer，接收者取出一条消息时再释放一个 buffer。消息缓冲区的格式说明如图 4.8 所示。

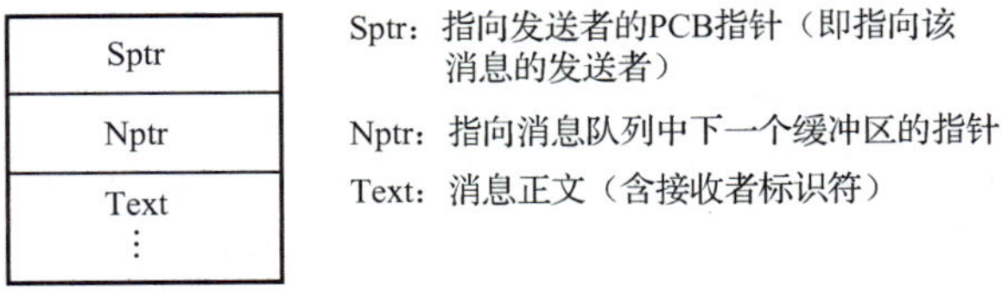

图 4.8 消息缓冲区格式说明

系统中每个进程均设置一个消息队列，任何发送给该进程的消息均暂存在其消息队列中（按 FIFO 原则进出）。在进程 PCB 中设置一个队列头指针 Hptr 指向该消息队列。为了保证对该进程消息队列的互斥操作，在 PCB 中设置一个互斥信号量 Mutex（初值为 1）。PCB 中同时设一个用于计数信号量 S_m（初值为 0），S_m 也用于记录该消息队列中现存消息的数目，如图 4.9 所示。

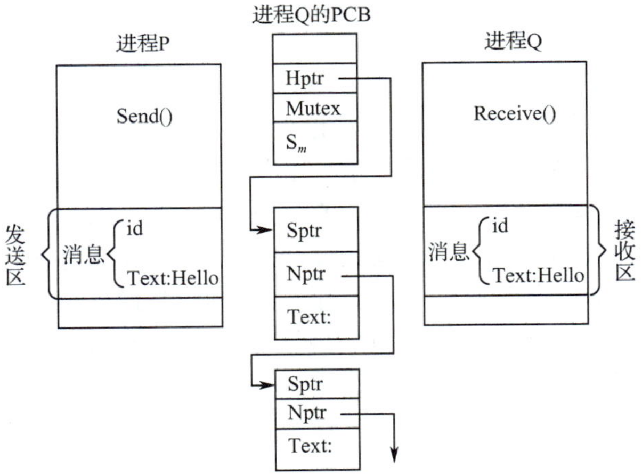

图 4.9 进程间消息传递

Send(&A)处理程序框架如下：

```
Send(&A){
    …
    new(&p);                    //从系统空闲缓冲队列获得一个空闲缓冲区 p
    p.Sptr = address of the sender's PCB;
    move the message to buffer p;
    find the receiver's PCB;
    P(mutex);
    add buffer p to the receiver's message queue;
    V(Sm);
    V(mutex);
```

```
        ...
    };
```

Receive(&A)处理程序框架如下：

```
    Receive(&A){
        ...
        P(S_m);
        P(mutex);
        move out a buffer f from the message queue of the receiver;
        V(mutex);
        move sender's name and text from buffer f to receiver;
        dispose(&f);                    //将缓冲区 f 还给系统空闲缓冲区队列
        ...
    };
```

注意，发送消息处理程序框架中的new()和接收消息处理程序框架中的dispose()函数都有针对系统空闲消息缓冲区队列的操作，因此系统空闲消息缓冲区队列可以看作一个临界资源。在new()和 dispose()函数中对系统空闲消息缓冲区队列进行操作时，需要利用信号量对整个空闲的消息缓冲区池加锁，这里不再详述。

在这个消息传递系统实现中，每个进程的消息队列，以及系统的空闲消息缓冲区没有被看作一个整体临界资源，而是各自作为独立的临界资源进行加锁，并为每个独立临界资源设立一个信号量作为锁变量。这样做的好处就是大大提高了并行性。在这个例子中，对同一个进程的消息摘/挂必须互斥，但不同进程的消息摘/挂都是可以并行的，因为不同进程涉及的是不同的队列，即不同的临界资源。

4.3.3 管道通信简介

管道是 UNIX 系统的传统进程通信方式，也是 UNIX 最有意义的贡献之一。由于管道通信机制方便有效，目前已被引入许多操作系统中。管道实质上是一种空间有限信息流的缓冲机制，它连接发送进程与接收进程，以实现它们之间的数据通信。

管道不同于一般的消息缓冲机制，它以 FIFO 方式组织字节流数据的传输，并保证进程间同步执行。当管道中无数据时，接收进程等待；当管道满时，发送进程等待。在 UNIX/Linux 系统中，管道是以文件为基础的，利用共享文件实现管道通信，因此管道通信可以借用文件系统的操作界面，包括文件的创建、打开、关闭和读/写。发送进程视管道为输出文件，以字符流的形式把大量数据送到管道中；接收进程视管道为输入文件，从管道中接收数据。读/写进程相互同步，必须做到以下三点：

（1）进程对通信机制的使用应该是互斥的。一个进程正在使用管道写入或读取数据时，另外的进程必须等待，等待锁被释放。

（2）发送者和接收者进程双方都要存在，如果一方已经不存在，就没有必要再发送或接收信息了。系统发现这种情况时，会发出 SIGPIPE 信号通知还存在的进程做相应的错误处理。

（3）发送信息和接收信息之间要实现正确的同步关系。这是由于管道的长度是有限的，即管道缓冲区有限。如果进程执行一次写管道操作，且管道有足够的空间，那么写操作把数据写入管道后唤醒由于此管道空而等待的进程；如果此次操作会引起管道溢出，则本次写操作必须暂停，直到其他进程从管道中读取数据，使管道有空余空间为止。这称为写阻塞。反之，当读进程读空管道时，如果出现读阻塞，则读进程应睡眠，直到写进程唤醒它。

管道可以在多个发送者和多个接收者之间传递数据。

4.4 死锁

在早期的操作系统中，当进程申请某种资源时，若该资源尚可分配，则立即将资源分配给这个进程。后来发现，对资源不加限制地分配可能导致进程间由于竞争资源而相互制约以致无法继续运行，这就是死锁（Deadlock）。死锁在系统中是怎样产生的？人们用什么方法来解决死锁？这些正是本节要讨论的问题。

4.4.1 死锁示例

在日常生活中，经常有许多有关死锁的例子。例如，4 个车队从东、南、西、北 4 个方向开来，行至一个井字形的马路（如图 4.10 所示）时，便可能出现 4 个车队都无法再前进的状态：东路车队要等北路车队开走后才能前进，北路车队要等西路车队开走后才能前进，西路车队要等南路车队开走后才能前进，而南路车队却要等东路车队开走后才能前进。显然，各路车队等待的事件都不可能发生。若不采用特殊方法解决该问题，这 4 个车队将永远停留在井字形的路上而处于死锁状态。

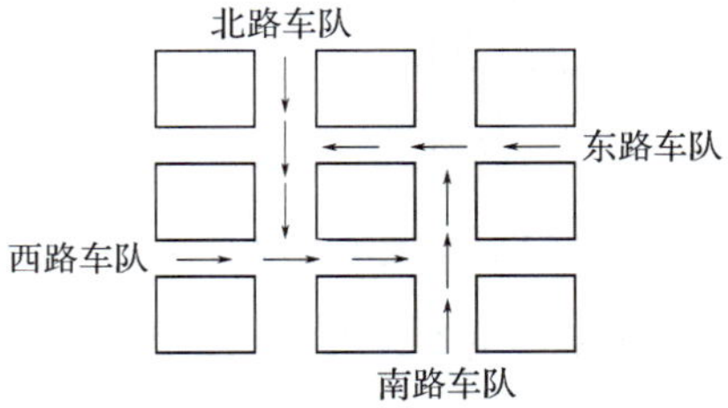

图 4.10　交通死锁的例子

在计算机系统中，进程发生死锁与上述例子在实质上是一样的。计算机系统中有各种资源，如主存、外部设备、数据、文件等，进程是因相互竞争资源而导致死锁的，与 4 个车队（可视为进程）竞争路口（可视为资源）类似。

下面分别就进程竞争外部设备、存储空间，以及一组伙伴进程相互通信而导致死锁的情况各举一例。

【例 4.6】竞争外部设备举例。设系统中有输入、输出设备各一台，进程 A，B 的代码形式如下：

进程 A	进程 B
① 申请输入设备	① 申请输出设备
⋮	⋮
② 申请输出设备	② 申请输入设备
⋮	⋮
③ 释放输入设备	③ 释放输出设备
④ 释放输出设备	④ 释放输入设备

由于 A，B 是并行进程，因此语句执行的先后次序是不确定的。如果某次执行按 A①，B②，… 的次序进行，即进程 A 得到了输入设备，进程 B 得到了输出设备。以后无论进程 A 和进程 B 按什么次序执行它们的语句，总会出现这种局面：进程 A 执行到语句②便开始等待输出设备，进程 B 执行到语句②开始等待输入设备，即：形成了进程 A 占有输入设备等待输出设备而进程 B 占有输出设备等待输入设备的局面。因为进程 A 结束等待的前提是进程 B 释放输出设备，而进程 B 结束等待状态的前提是进程 A 释放输入设备，所以进程 A，B 均无法继续执行而出现死锁，如图 4.11 所示。

【例 4.7】竞争存储空间的 SPOOLing 系统中也可能出现死锁。

为了加快 I/O 速度，进程输出信息时先将其送到输出井中。某些 SPOOLing 系统规定，必须将输出信息全部输出到输出井中之后才能在输出设备上输出，只有在输出设备上输出完成才能释放输出数据所占的输出井空间。假设系统有三个进程 A，B，C 并发地向输出井输出信息，如果三个进程均未输出完毕而输出井空间已耗尽，如图 4.12 所示，则进程 A，B，C 都占有一部分空间，并且必须等待另外两个进程释放一些输出井空间才能继续运行，于是形成了死锁。

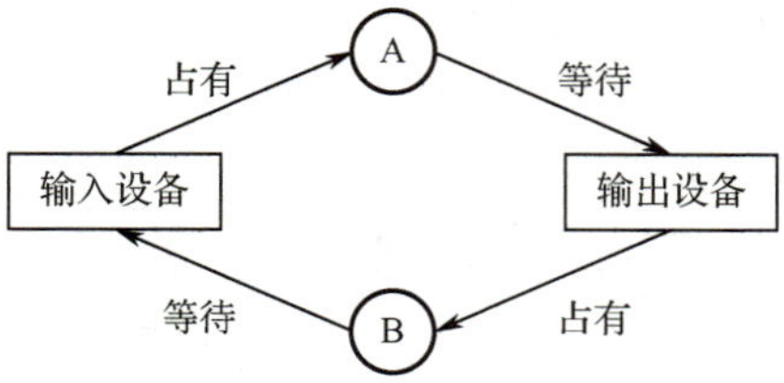

图 4.11　竞争外部设备出现死锁示例

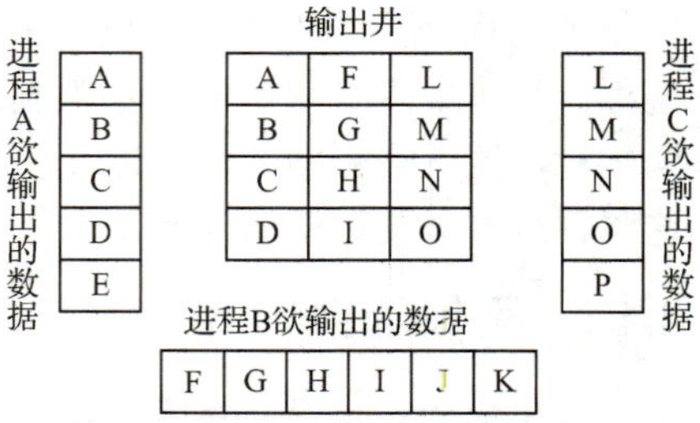

图 4.12　SPOOLing 系统出现死锁示例

【例 4.8】 进程通信举例。设有 4 个进程 P，S，Q，R 用 4 个缓冲区通信，进程分别有如下代码。

进程 P	SEND(R, 1):	通过 1 号缓冲区向 R 发送信息
	WAIT(R, ANSWER):	等待 R 的回答
	SEND(Q, 2):	通过 2 号缓冲区向 Q 发送信息
进程 R	SEND(S, 3):	通过 3 号缓冲区向 S 发送信息
	WAIT(S, ANSWER):	等待 S 的回答
	RECEIVE(P, 1):	接收 P 送来的信息
	ANSWER(P):	回答 P
进程 S	RECEIVE(Q, 4):	接收 Q 从 4 号缓冲区送来的信息
	RECEIVE(R, 3):	接收 R 从 3 号缓冲区送来的信息
	ANSWER(R):	回答 R
进程 Q	RECEIVE(P, 2):	接收 P 从 2 号缓冲区送来的信息
	SEND(S, 4):	通过 4 号缓冲区向 S 发送信息

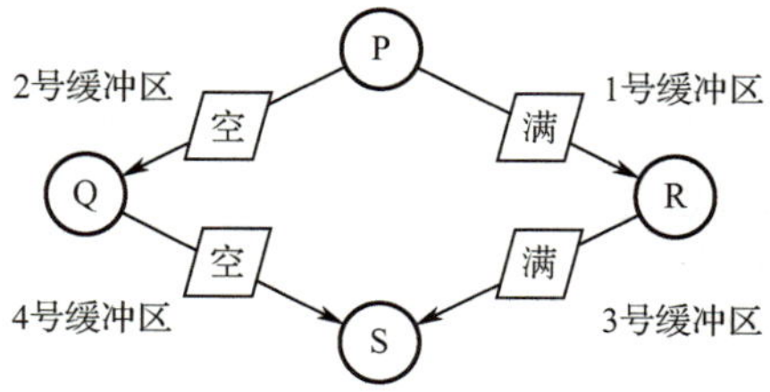

图 4.13　进程通信产生互相等待示例

这 4 个进程启动后将进入互等状态：P 要收到 R 的回答后才向 Q 发送信息，R 回答 P 之前要等待 S 的回答，S 要收到 Q 送来信息后才回答 R，而 Q 需要收到 P 送来信息后才向 S 发送信息。这样它们都无法再运行。R，Q，S，R 及 4 个缓冲区之间的关系如图 4.13 所示。

在例 4.6 和例 4.7 中，死锁的出现与进程间运行的相对速度有关，若进程按其他次序运行就不一定出现死锁。因此，死锁是一种与时间相关的问题。但是在例 4.8 中，无论进程按什么次序运行总免不了互等，它属于这一组协同进程本身设计中的错误，不是我们下面要讨论的死锁问题。

4.4.2　死锁定义

本节论述死锁的定义及其存在的必要条件，并描述系统资源分配状态的资源分配图。

从上述举例中不难看出，死锁是指进程处于等待状态且等待的事件永远都不会发生。但是，在这种定义下所包括的死锁范围太广。例如，某个进程执行一条等待语句 WAIT(EVENT)，等待事件标志 EVENT 被置为 1，但系统中没有任何进程负责将 EVENT 置为 1，那么，按这种定义，该进程也处于死锁状态。

然而，计算机系统中进程间竞争资源是导致死锁的主要原因。如果把处于死锁状态的进程所等待的事件局限为释放资源，并规定有等待进程就有被等待的进程，则例 4.8 可视为程序设计本身的错误。

死锁定义：在一个进程集合中，若每个进程都在等待某些释放资源事件的发生，而这些事件又必须由这个进程集合中的某些进程来产生，就称该进程集合处于死锁状态。

在前述车队事件中，可以把 4 个车队看成一个进程集合，它们都处于等待状态，等待的都是另一个车队让出路口。对另外几例，同样可用上述定义来分析。

出现死锁的系统必须同时满足下列 4 个必要条件。

条件1：互斥。在出现死锁的系统中，必须存在需要互斥使用的资源。计算机系统中有存储器、处理机、外部设备、共享程序等各种资源。有的资源可以共享使用，有的资源必须独占使用，即互斥使用。若系统中所有资源均可共享使用，则进程不会处于等待资源的状态，因而不会出现死锁。那么可以肯定，如果系统出现了死锁，则必然存在需要互斥使用的资源。

条件2：占有等待。在出现死锁的系统中，一定有已分配到了某些资源且在等待另外资源的进程。如果这个条件不满足，则所有等待资源的进程都不会占有任何资源，而资源的拥有者也不会处在等待资源的状态中。因此拥有资源的进程迟早会释放出它们所拥有的资源，从而使等待这些资源的进程结束等待状态。故条件 2 也是死锁必须满足的条件。

条件3：非剥夺。在出现死锁的系统中，一定有不可剥夺使用的资源。不可剥夺是指在进程未主动释放资源之前不可夺走其已占资源。若资源都可剥夺，进程就不会进入僵持状态，也就不会出现死锁。

条件 4：循环等待。在出现死锁的系统中，一定存在一个处于等待状态的进程集合，表示为 $\{P_0, P_1, \cdots, P_i, P_{i+1}, \cdots, P_n\}$，其中 P_i 等待的资源被 P_{i+1} 占有（$i=0, 1, \cdots, n-1$），P_n 等待的资源被 P_0 占有，如图 4.14 所示。

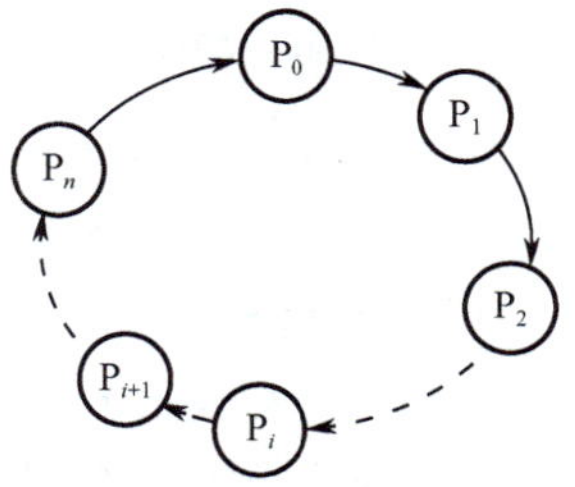

图 4.14　循环等待

条件 4 乍看与死锁定义似乎一样，其实不然。按死锁定义构成等待圈所要求的条件更严，它要求 P_i 等待的资源必须由 P_{i+1} 来满足。循环等待条件则松一些，P_i 等待的资源由 P_{i+1} 占有，当然也可能被另一个进程所占有。例如，系统中有两台输出设备，P_0 占有一台，P_k 占有另一台，且 k 不属于集合 $\{0, 1, \cdots, n\}$。P_n 等待一台输出设备，它可以从 P_0 获得，也可以从 P_k 获得。因此，虽然 P_n，P_0 与其他一些进程形成了循环等待，即系统有一个循环等待圈，但 P_k 不在圈内，若 P_k 释放了输出设备，则可打破循环等待圈，如图 4.15 所示。因此，循环等待只是死锁的必要条件。

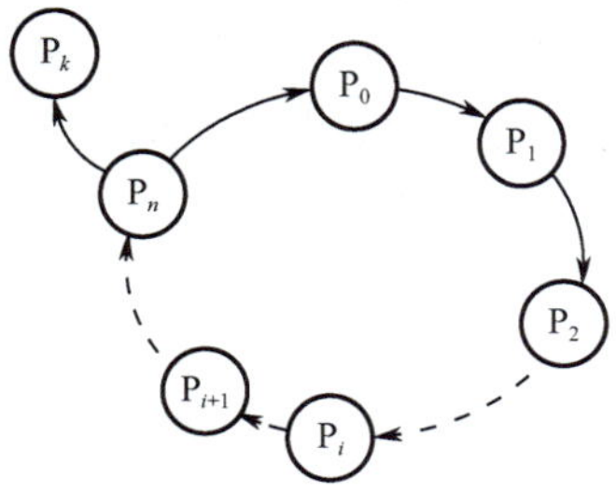

图 4.15　满足条件 4 但无死锁

值得注意的是，上述 4 个必要条件不是彼此独立的。例如，条件 4 包含了前面三个条件。将它们分别列出是为了便于研究各种防止死锁的方法。

为了描述和研究死锁，人们使用了各种工具。其中，资源分配图就是广为应用的一种描述系统内资源使用与申请状况的工具。

资源分配图定义如下。资源分配图 $G=(V, E)$。其中顶点集 $V=P\cup R$，P 是进程集合，$P=\{P_1, P_2, \cdots, P_n\}$，$P_i$ 在图中用圈表示；R 是资源类集合，$R=\{r_1, r_2, \cdots, r_n\}$，$r_i$ 表示系统中的某类资源，在图中用方框表示，该类资源的数量在方框中用圆点表示。E 是边的集合。E 中有两类边，一类是请求边(P_i, r_i)，表示进程 P_i 等待一个 r_i 资源；另一类是分配边(r_i, P_i)，表示进程 P_i 占有一个 r_i 资源。

资源分配图在系统中是随时间变化的。当 P_i 请求 r_i 资源时，将一条请求边(P_i, r_i)加在图中；若此请求被满足（分给 P_i 一个 r_i 资源），则将这个请求边改成分配边(r_i, P_i)。当 P_i 释放一个 r_i 资源时，便去掉分配边(r_i, P_i)。例如，系统有两台宽行打印机和一台图形显示器，P_1 请求一台宽行打印机，则有如图 4.16 所示的资源分配图。如果 P_1 分配到一台宽行打印机并请求一台图形显示器，P_2 分配到一台图形显示器并请求一台宽行打印机，则有如图 4.17 所示的资源分配图。

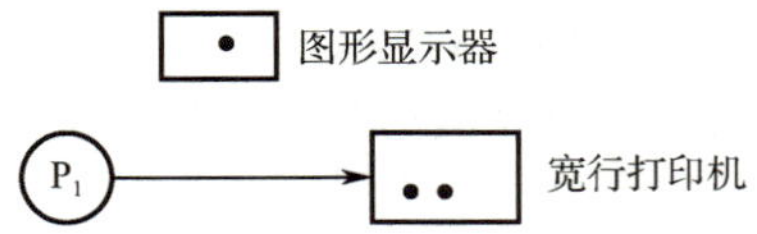

图 4.16　资源分配图示例 1

死锁的必要条件 4（循环等待）与资源分配图中含有的圈是等价的。若系统中出现死锁，则资源分配图中必有圈。但资源分配图中有圈并不一定有死锁。如图 4.18 所示，{P_1, P_3}虽然形成循环等待圈，但是当 P_2 释放 r_1 资源或 P_4 释放 r_2 资源后，循环等待圈即被打破，如图 4.19 所示。

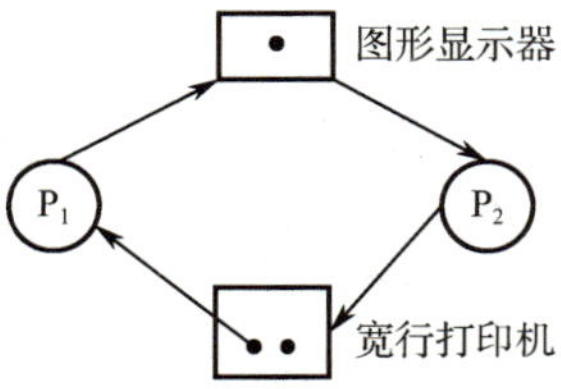

图 4.17　资源分配图示例 2

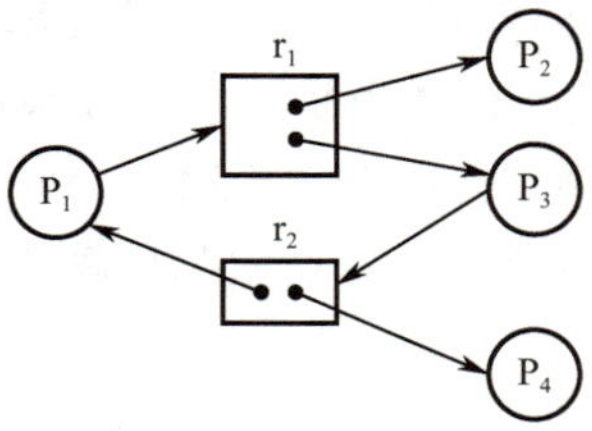

图 4.18　资源分配图含圈但无死锁

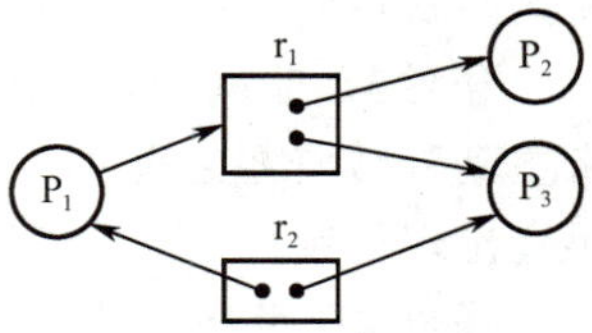

图 4.19　循环等待圈被打破

资源分配图含圈而系统又不一定有死锁的原因是，同类资源数大于 1，若系统中每类资源都只有 1 个资源，则资源分配图含圈就变成了系统出现死锁的充分必要条件。

解决死锁问题一般采用两类方法：一类是设计无死锁的系统；另一类是允许系统出现死锁，并在发现死锁后进行排除。

设计无死锁的系统通常采用下述两种途径：

① 死锁防止（Deadlock Prevention）。通过在应用编程时或资源分配管理设计时破坏死锁存在的必要条件来防止死锁发生。

② 死锁避免（Deadlock Avoidance）。在进行资源分配管理时，判断满足这次分配资源后是否仍存在一条确保系统不会进入死锁状态的路径。如果没有这样的路径，即使现有资源能满足申请，也拒绝分配。

如果允许系统出现死锁，则应提供能够发现系统中有无进程处于死锁状态的死锁检测（Deadlock Detection）手段。为此，可以由操作员人为判断是否出现死锁，或在操作系统中设立一个检测进程（平时处于睡眠状态），周期性地被唤醒以检查系统中有无死锁进程，一旦发现死锁应及时排除。有关排除死锁的研究称为死锁恢复（Deadlock Recovery）。

综上所述，死锁主要研究死锁防止、死锁避免、死锁检测及死锁恢复。

4.4.3　死锁防止

若把死锁的 4 个必要条件记为 c_1, c_2, c_3, c_4，把死锁记为 D，则有逻辑公式：

$$D \rightarrow c_1 \wedge c_2 \wedge c_3 \wedge c_4$$

$$!c_1 \vee !c_2 \vee !c_3 \vee !c_4 \rightarrow !D$$

其中，→表示“蕴含”，∧表示“与”，∨表示“或”，!表示“非”。

由此可见，只要有一个必要条件不成立，系统就能保证不出现死锁，这是死锁防止的理论基础。

1．破坏互斥条件

如果允许系统资源都能共享使用，则系统不会进入死锁状态。例如，在 UNIX 系统中，对终端设备的分配就采用非独占的共享方式，允许多个进程同时使用终端输出。但是，这样做可能会出现多个进程交叉在终端输出的情形，可能导致输出信息不易读的问题。这种方法在某些情况下不一定是切实可行的，因为有些资源若共享使用则无法保证正确性。例如，对临界资源的访问就必须互斥进行。

2．破坏占有等待条件

方法一　进程申请到了它所需要的所有资源后才开始运行。在运行过程中，进程只需要释放资源，不需要申请资源。这种方法又称资源预分配法。由于资源是一次性全部分配的，因此获得资源的进程不会进入等待资源状态。而那些所需资源不能全部被满足的进程则得不到任何资源，处于初始等待状态。这种方法虽然能保证系统不出现死锁，但是资源利用率很低。例如，某进程需要运行几十小时，在结束运行前需要打印结果，但是打印机要在这个进程开始运行前就获得分配。资源预先分配的方法适用于对辅存空间的分配，因为辅存的数量较大，属于非紧俏资源。但是也存在不能预计使用多少资源的问题。

方法二　在进程提出申请资源前，必须释放已占有的一切资源。这样虽然提高了资源利用率，但设计程序时要仔细，有时仍需提前申请资源才能保证正确性。例如，必须先申请主存才能再占有处理机，而且占有处理机前不能释放运行程序及处理数据所占的主存。

破坏占有等待条件还应考虑饿死问题。若进程一次申请的资源较多，而系统又无法满足进程，只好让进程等待，这种等待很可能是长时间的。例如，进程 P_1 申请资源 r_1, r_2, r_3，但系统现在只有 r_3 资源，故 P_1 等待。这时进程 P_2 申请 r_3 资源，于是 P_2 被满足。之后某个进程释放 r_1，r_2 资源，由于系统已把 r_3 资源分配给了 P_2，故 P_1 仍需等待。若类似事件不断发生，则 P_1 可能被饿死。这种现象其实质与死锁效果类似，必须有相应的防止措施。例如，按申请资源的先后次序给进程赋予优先级。

3．破坏非剥夺条件

在进程主动释放占有的资源前，允许资源管理者剥夺进程所占有的资源，也能保证系统不出现死锁。

方法 1　当进程 P_i 申请 r_i 资源时，资源管理者检查 r_i 资源中有无可分配的资源。若有，则分配给 P_i；否则，将 P_i 占有的资源全部回收而让申请进程进入等待状态。此时，P_i 需要等待的资源包括新申请的资源和被剥夺的原占有资源。

方法 2　当进程 P_i 申请 r_i 资源时，检查 r_i 资源中有无可分配的资源。若有，则分配给 P_i；否则，检查占有 r_i 资源的进程 P_k。若 P_k 处于等待资源状态，则剥夺 P_k 的 r_i 资源分配给 P_i；若 P_k 不处于等待资源状态，则置 P_i 为等待资源状态（注意，此时，P_i 原已占有的资源可能被剥夺）。

剥夺资源时需要保存现场信息，因为使用资源的进程尚未主动释放资源，并不知晓所占资源已被系统剥夺。这种做法会导致开销很大，故只宜在处理机和主存这类重要资源的管理上使用。在剥夺处理机时，需要保存处理机运行现场，以便在进程再次申请并得到处理机时恢复现场；在剥夺主存资源时，需要保存主存内容到磁盘交换区中，以便进程再次获得主存时，将保存信息恢复到主存中。该做法不宜剥夺其他需独占使用的资源。

4．破坏循环等待条件

采用资源顺序分配法可以破坏循环等待条件。该方法首先给系统中的资源编号，即寻找一个函数 F：$R\rightarrow\mathbf{N}$（R 为资源类集合，$\mathbf{N}$ 为自然数集合）。进程只能按序号由小到大顺序申请资源。例如，某个进程已占有资源 $r_1,r_2,\cdots,r_i$，又申请 r_{i+1} 资源。资源分配程序检查是否对于所有的 $j\in\{1, 2, \cdots, i\}$，均有 $F(r_j)<F(r_{i+1})$成立。若不成立，则拒绝分配。

【例 4.9】系统有输入设备 I、输出设备 O、磁带驱动器 T，编号分别为 $F(\mathrm{I})=1$，$F(\mathrm{T})=3$，$F(\mathrm{O})=4$。进程 P 有如下请求序列：①申请输入设备 I；②申请输出设备 O；③申请磁带驱动器 T。

语句①，②都是正常的。语句③则是非法语句，因为 $F(\mathrm{T})=3$，$F(\mathrm{O})=4$，如果在语句②与③之间有“释放输出设备 O”的语句，则语句③才合法。

采用资源顺序分配法的系统不会出现循环等待，可以用反证法证明。假设在这样的系统中存在循环等待的一组进程，不妨记为 $\{P_0,P_1,\cdots,P_n\}$，且进程 P_i 拥有 r_i 资源，那么根据资源顺序分配原则有

$$F(r_0)<F(r_1)<\cdots<F(r_n)<F(r_0)$$

即有 $F(r_0)<F(r_0)$，显然这与资源编号的唯一性矛盾，因此这种假设不成立。

在给资源编号时，应尽量使编号能适应一般程序请求资源的先后次序。例如，进程开始时使用输入设备的可能性较大，结束时使用输出设备的可能性较大，故通常前者编号应小于后者。

注意：破坏占有等待条件与破坏循环等待条件要求用户在编程时实现，而破坏互斥条件与破坏非剥夺条件可以在资源管理模块设计时予以考虑。

为叙述简单，记向量 $\boldsymbol{A}_i$ 为 $A(i, 1), A(i, 2), \cdots, A(i, m)$，其中 $\boldsymbol{A}$ 为 $n\times m$ 矩阵。定义长度为 m 的向量 $\boldsymbol{X}$，$\boldsymbol{Y}$ 间的关系为：$\boldsymbol{X}\leqslant\boldsymbol{Y}$ 当且仅当 $\boldsymbol{X}(i)\leqslant\boldsymbol{Y}(i)$（对于所有的 $i=1, 2, \cdots, m$）。

4.4.4 死锁避免

1965 年，Dijkstra 根据“银行家为顾客贷款”的思想提出了另一种保证系统杜绝死锁的方法（称为银行家算法）。银行家有一笔资金，n 个顾客需要银行家提供贷款。顾客所需的全部资金可根据顾客的要求分期付给。如果顾客获得全部资金，肯定在一定期间内会将资金全部归还给银行家。由于 n 个顾客所需的资金总数通常比银行家拥有的资金总数多（当然每个顾客要求的资金总数应小于等于银行家拥有的资金总数），因此给顾客提供资金时银行家需仔细斟酌，以免顾客得不到所要的全部资金而造成资源可能无法回收。例如，银行家拥有的资金总数为 10，顾客 P, Q, R 需要的资金总数分别为 8, 3, 9。若第一次 P 请求 4，Q 请求 2，R 请求 2，则银行家还剩资金 2，然后 Q 又请求 1，于是 Q 所需资金全部被满足。一段时间之后，Q 便将资金全部归还给银行家，这时银行家拥有资金 4，P 再次请求资金 4，被满足后，P 将归还所有资金，于是银行家拥有资金 8，最后满足 R 的要求。这一过程如图 4.20 所示。

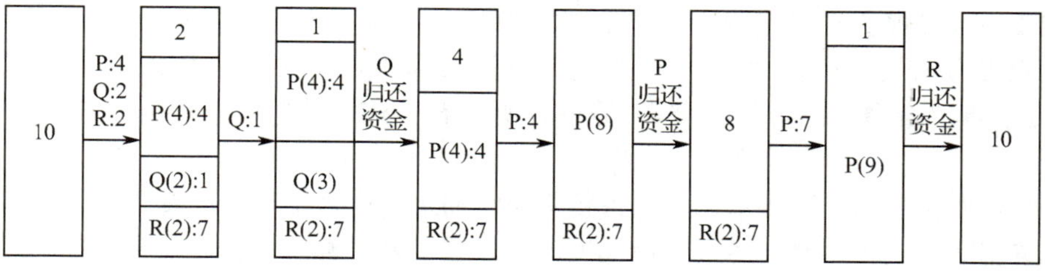

图 4.20　银行家为顾客贷款示例

但若 P 请求 4，Q 请求 2，被满足后，R 请求 3 则不应分配。因为若此时满足了 R 的请求，那么待 Q 下一次请求被满足且 Q 归还全部资金后，银行家仅拥有资金 3，此数目今后既不能满足 P，也不能满足 R。P，R 因得不到全部资金而无法继续，并且都不会归还部分资金给银行家。此时，P，R 便进入了死锁状态。

从上例可以看出，当顾客申请资金时，能否给予满足的关键是，考察这次提供的资金会不会给今后的贷款造成障碍。当按上例中第一种情况贷款时，每进行一步，余下的资金都能保证总存在一种方法可满足顾客以后的需求，故系统处于安全状态。但按第二种情况贷款时，若满足了 R 的请求，虽然余下的资金可满足 Q 的需求，但并不能保证 P 和 R 的进一步需求得到满足，故系统处于不安全状态。死锁避免正是通过确保系统随时处于安全状态来防止死锁的。

安全状态定义：设系统中有 n 个进程，若存在一个序列（$P_1,P_2,\cdots,P_n$），使得 P_i（$i=1,2,\cdots,n$）以后还需要的资源可以通过系统现有空闲资源加上所有 P_j（$j<i$）已占有的资源来满足，则称此时这个系统处于安全状态。序列（$P_1,P_2,\cdots,P_n$）称为安全序列。

在银行家为顾客贷款的例子中，当 P 第一次申请资金 4 时，安全序列为〈QPR〉或〈PQR〉或〈PRQ〉；当 Q 申请资金 2 时，安全序列为〈QPR〉或〈PQR〉。若此时 R 申请资金 3，则不存在安全序列了。若 R 申请资金 2，则安全序列为〈QPR〉。

银行家算法是以系统中只有一类资源为背景的死锁避免算法。1969 年，Haberman 将银行家算法推广到多类资源环境中，形成了现在的死锁避免算法。其数据结构如下：

① n 为系统的进程个数，m 为系统的资源类型数。

② Available(1∶m)为现有资源向量，Available(j) = k 表示有 k 个未分配的第 j 类资源。

③ Max(1∶n, 1∶m)为资源最大申请量矩阵，Max(i, j) = k 表示进程 i 在运行过程中对第 j 类资源的最大申请量为 k。

④ Allocation(1∶n, 1∶m)为资源分配矩阵，Allocation(i, j) = k 表示进程 i 已占有 k 个第 j 类资源。

⑤ Need(1∶n, 1∶m)为进程以后还需要的资源矩阵，Need(i, j) = k 表示进程 i 以后还需要 k 个第 j 类资源，显然 Need = Max−Allocation。

⑥ Request(1∶n, 1∶m)为进程申请资源矩阵，Request(i, j) = k 表示进程 i 正申请 k 个第 j 类资源。

资源分配程序的工作过程：当进程提出资源申请时，系统首先检查该进程对资源的申请量是否超过其最大需求量，以及系统现有资源能否满足进程需要。若超过，则报错；若不能满足，则让该进程等待。否则，进一步检查，把资源分给该进程，系统能否处于安全状态。若安全，则分配，否则置该进程为等待资源状态。

设进程 i 申请资源，申请资源向量为 Request(i)，则有如下的资源分配过程：

① 如果 Request(i)＞Need(i)，则报错返回。

② 如果 Request(i)＞Available，则因系统暂无足够资源而返回。

③ 假设进程 i 的申请已获准，于是修改系统状态：

Available = Available − Request(i)

Allocation(i) = Allocation(i) +Request(i)

Need(i) = Need i−Request(i)

④ 调用安全状态检查算法。

⑤ 若系统处于安全状态，则将进程 i 申请的资源分配给进程 i，返回。

⑥ 若系统处于不安全状态，则在恢复下列系统状态后，因为系统不能保证安全，资源没有分配而返回：

Available = Available + Request(i)

Allocation(i) = Allocation(i)−Request(i)

Need(i) = Need(i)+ Request(i)

下面介绍安全状态检查算法。

设 Work(1∶m)为临时工作向量。初始时，Work=Available，令 $N=\{1, 2, \cdots, n\}$。

① 寻找 $j\in N$ 使其满足 Need(j) ≤Work。若不存在这样的 j，则转③。

② Work = Work+Allocation(j)，$N=N-\{j\}$，转①。

③ 如果 N 为空集，则返回，提示系统安全；如果 N 非空，则返回并提示系统不安全。

采用死锁避免方法要求用户在提交作业时说明对各类资源请求的最大量（即说明 Max (i)），这对用户来说是不方便的。况且在有些情况下，资源的最大申请量是不定的。此外，系统处于不安全状态时，只是有发生死锁的可能性，并不一定会进入死锁状态。主要原因是，虽然说明了进程在运行过程中所需的最大资源量，但进程在活动期间对资源的请求是动态的，时而申请几个，时而释放一些。因此当系统处于不安全状态时，若碰上某些进程释放一些资源，则很可能系统又进入了安全状态。

该算法时间复杂度为 $O(mn^2)$。如果每类资源中只有一个资源，则可借助资源分配图来进行安全性检查，算法时间复杂度可降至 $O(n^2)$。为了在资源分配图中体现进程以后还需要的资源量（Need），在图中引入需求边〈P_i, r_i〉，表示 P_i 以后还要申请 r_i 资源。需求边用虚线表示以区别于请求边。当 P_i 请求 r_i 资源时，将需求边改成请求边。若请求被满足，则把请求边改成分配边。当 P_i 释放 r_i 资源时，将分配边改成需求边。修改后的资源分配图与安全状态间的关系为：当且仅当图中无圈时，系统处于安全状态（证明留作习题）。故检查资源分配图是否含圈即可判断系统是否处于安全状态。由于只需要关心图中形如 P_i→□→P_j 的顶点，故又可以把它简化为 P_i→P_j，于是图中顶点个数等于进程个数 n，因此算法复杂度为 $O(n^2)$。

4.4.5 死锁检测

一方面，死锁避免方法在每次资源申请时，系统都需要做安全状态检查，开销太大；另一方面，进程今后要申请的资源总数往往是不可能预先知道的。若系统中未制定无死锁防范措施，即允许系统出现死锁，则必须设置一套机构用来检查系统中有无进程已进入死锁状态。一旦发现死锁应立即排除，以确保系统继续正常运行。

可以采用化简资源分配图的方法来检测系统中有无进程处于死锁状态。资源分配图的简化过程如下：

① 在图中找一个进程顶点 P_i，P_i 的请求边均能立即满足。

② 若找到这样的 P_i，则将与 P_i 相连的边全部删去，转①；否则化简过程结束。

如果化简后所有的进程顶点都成了孤立点，如图 4.21 所示，则称该图可完全化简；否则称该图是不可完全化简的，如图 4.22 所示。不难证明，系统中有死锁的充分必要条件是，资源分配图不可完全化简。经过化简后，非孤立点的进程处于死锁状态（证明留作习题）。

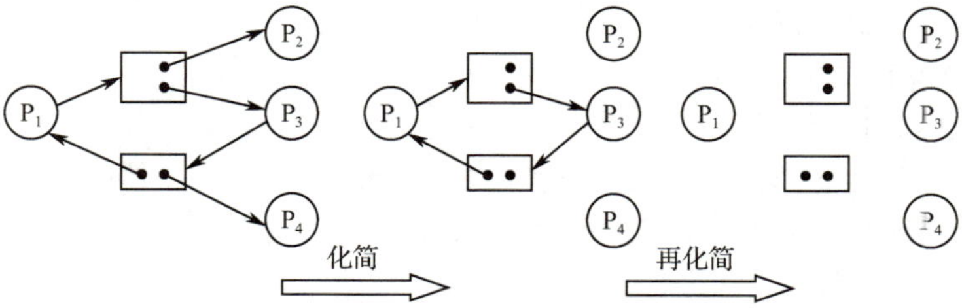

图 4.21　可完全化简

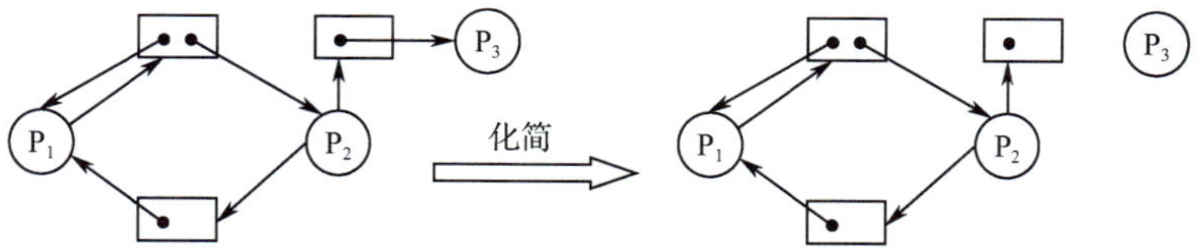

图 4.22　不可完全化简

资源分配图可以用死锁避免算法中的数据结构来描述：Allocation 表示分配边；Request 表示请求边；Available 表示系统资源集合 R 中那些没有被分配的资源。例如，对应图 4.23 各个数据结构中的内容如下：

	Allocation: $r_1\ r_2\ r_3$	Request: $r_1\ r_2\ r_3$	Available: $r_1\ r_2\ r_3$
P_1	0 0 0	1 0 1	1 1 1
P_2	1 1 0	0 0 0	
P_3	1 0 2	0 1 0	
P_4	0 0 1	0 1 0	

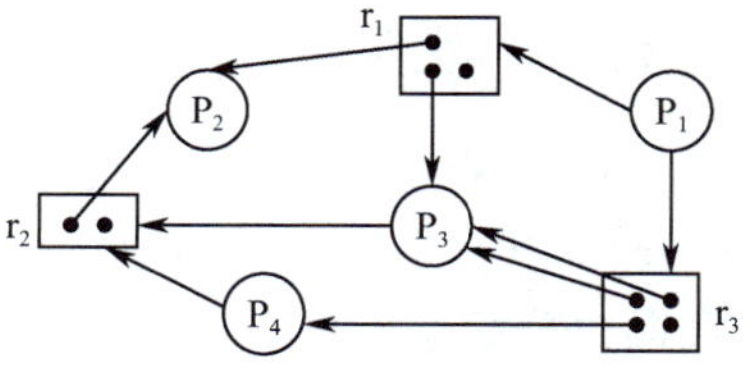

图 4.23　资源分配图示例

用算法描述资源分配图的化简过程，即死锁检测算法，如下所述。

设 Work$(1:m)$为临时工作向量。初始 Work = Available，令 $N=\{1,2,\cdots,n\}$。

① 寻找 $j \in N$ 使得 Request(j) ≤Work，若不存在则转③。

② Work = Work+Allocation(j)，$N = N-\{j\}$，转①。

③ 若 N 为空集，则无死锁；若 N 不为空集，则存在死锁进程，且此时的集合 N 是处于死锁状态的进程标号的集合。

不难看出，死锁检测算法与死锁避免算法很相似。差别仅在于，死锁避免算法考虑了进程今后可能要申请的资源量，或者说，死锁避免算法假设进程将以后可能要申请的资源量都考虑到 Request 中来判断系统是否进入了死锁状态。

死锁检测算法的时间复杂度也是 $O(mn^2)$。若每类资源中只有一个资源，则系统有死锁的充分必要条件是资源分配图中含有圈。在这种情况下，死锁检测可以通过判断图中是否含有圈来进行，其时间复杂度为 $O(n^2)$。

4.4.6　死锁恢复

当死锁检测程序发现系统中有死锁进程时，可通过破坏死锁的必要条件立即排除它。

【例 4.10】破坏循环等待条件举例。

从死锁进程集合中选择某个进程予以删除，例如，删除图 4.24 中的 P_2，死锁便被排除了。在选择删除的进程时，一般从优先级高低、进程运行的时间长短，以及进程已用了多少资源等方面考虑，以便使系统损失最小。在多个进程中，应该首先考虑将优先级低的进程作为删除对象。但是在优先级相等或相差不大的情况下，则应考虑进程已运行了多长时间，以减少损失。在计算机中，有些资源很宝贵，使用一次费用较高，故选择被删除的进程时，应尽量避免选择这类进程。

在选出被删除的进程后，一种方法是将它所有的执行过程全部删除，另一种方法是让这个进程退回到系统可摆脱死锁状态的某个点上。要实现这种功能当然需要进程在该点上进行现场保护，这一点又叫检查点。4.4.1 节中所举的车队一例，若选择东路车队为被删除的车队而让其退回到始发处，则损失可能很大，排除死锁只需使东路车队退到如图 4.25 所示的 A 点即可。

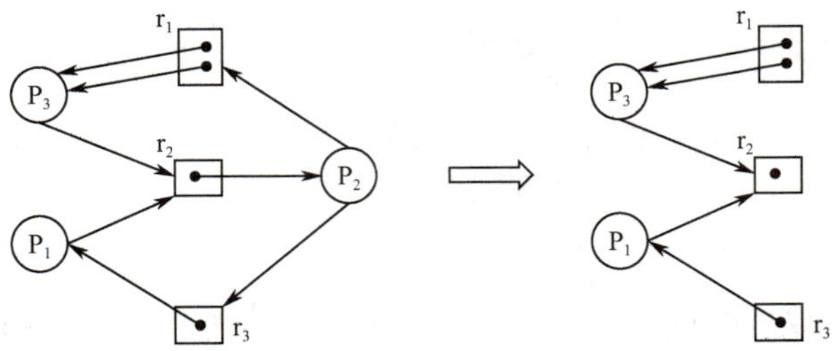

图 4.24　将 P_2 进程删除，从死锁状态恢复

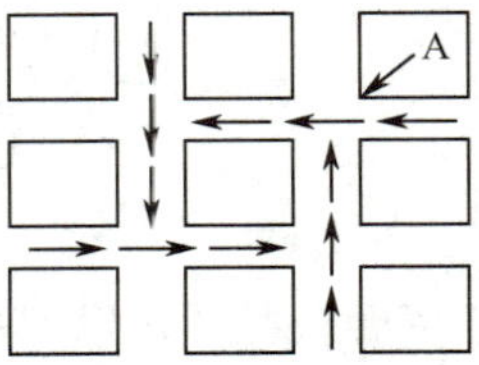

图 4.25　车队释放路口

4.4.7　死锁综合处理

前面各种处理死锁的方法都有局限性，无论哪种方法都无法适用于各类资源。1973 年，Howard 提出了死锁综合处理的建议。其思想是，把系统中的全部资源分成几大类，整体上采用资源顺序分配法，再对每类资源根据其特点选择最合适的方法。

例如，将系统资源分成以下 4 类：

① 内部资源（系统所用的资源，如 PCB、页表空间等）。

② 主存、处理机。

③ 作业资源（如打印机、磁带驱动器、文件等）。

④ 辅存。

将①, ②, ③, ④类资源编号为 1, 2, 3, 4，可按编号递增次序申请资源。对第 1, 4 两类资源采用预分配法；对第 2 类采用剥夺法；对第 3 类采用死锁避免法。而对那些哪种方法也不适合的资源，可用死锁检测程序定期对系统进行检测，发现死锁后再排除它。

实际系统实现时，因为进程运行程序是用户所编的，不可能确保用户一定按照次序申请资源；死锁避免算法需要系统知道进程总资源量，也不可能实现；死锁检测算法开销太大，也不实用。

现在的**实际情况**是，在设计操作系统时，在开销不是很大的情况下，通过各种渠道防止死锁的发生。例如，将终端作为非独占设备，让处理机和内存资源可剥夺，使外部设备虚拟化，将资源从有限变为无限。还有一些其他技术，如为防止磁盘空间资源用尽发生死锁，可以设定空闲空间阈值，当阈值到达时，不再允许生成新的文件，提醒用户删除不用文件，避免文件删除操作都不可执行的情况发生（删除操作可能需要申请磁盘空间，如为运行删除操作进程，需要将别的进程所占内存空间剥夺，被剥夺空间原数据需要保存到磁盘空间中）。实际系统死锁的发生往往由人判断，若发生死锁，则往往重启进程或重启系统`。

4.5　小结

本章重点讨论实现并行成分的并发/并行执行，必须依靠操作系统提供的进程（线程）机制，操作系统提供进程（线程）创建、结束及同步等系统调用，用户编程可直接或间接使用这些系统调用实现程序的并发/并行执行。

进程同步关系是指协调完成同一个任务的进程之间需要在某些位置上相互等待的直接制约关系；进程互斥关系指进程间共享独占型资源而必须互斥执行的间接制约关系，互斥问题也称临界段问题。

利用硬件提供的特殊指令可以实现基本互斥工具，实现进程互斥。主要硬件方法有屏蔽中断方法、Test_and_Set 指令或 Swap 指令。

原语表示一个操作的不可分割特性，可以通过屏蔽中断、加硬锁等方法来保证这种操作的不可分割特性。

信号量机制（又称关于信号量的P，V操作，或简称P，V操作）是理想的同步/互斥工具，能够解决临界段问题和各种同步/互斥问题。

研究典型的进程同步、互斥问题，如有限缓冲区问题、Reader/Writer 问题和哲学家就餐问题是非常重要的，因为它们代表着不同的并行控制问题。这些问题也一直被用于检测新提出的各种同步/互斥工具。

信号量机制作为同步互斥/工具是理想的，但它难以作为进程通信工具。消息传递是目前广泛采用的理想通信工具，它不仅能方便地用于传输消息，而且也能用于解决各种同步/互斥问题。“消息传递系统”可以分为直接通信和间接通信两种类型，后一类型又称为信箱通信。管道通信是一种保序的字节流消息传递方式。

在计算机系统中，进程间由于竞争资源而造成相互等待以致僵持不下的状态称为死锁。出现死锁时，系统必然满足 4 个条件：互斥、占有等待、非剥夺和循环等待。通常采用两种方法解决死锁：一是设计无死锁的系统，二是允许系统出现死锁后排除之。前者包括死锁的防止和避免，死锁防止是通过破坏死锁存在的 4 个必要条件进行的，死锁避免是通过保证系统随时处于安全状态而实现的。死锁检测可以通过化简资源分配图来实现，死锁恢复可以通过破坏死锁的 4 个必要条件来达到。死锁的 4 种处理方法都有一定的局限性，采用综合方法处理死锁在一定程度上能解决由这些局限而造成的问题。

在现代操作系统中，死锁问题并不严重。多数系统采用资源可剥夺法来预防死锁，或者对死锁不予理睬。当操作员从外部发现系统僵持不下时可删除有关进程，或重新启动一次系统。

习题 4

4.1 并行任务如何在程序中表示？

4.2 并行任务并行/并发运行的操作系统机制是什么？

4.3 Hyman 于 1966 年提出了如下描述的解决临界段问题的算法，判断它是否正确。如果不正确，举例说明它有什么问题。

两个进程 P_0 和 P_1 共享下列变量：

```
boolean flag[2];
    int turn;
```

其中，flag 数组元素初值均为 false。进程 P_i（$i = 0$ 或 1）所对应的程序表示为

```
do{
    flag[i]= true;
    while(turn≠i){
        while(flag((i+1)%2)){
            空操作;
        };
        turn = i;
    };
    …
    critical section
    …
    flag[i] = false;
    …
```

```
        non critical section;
    }while(1);
```

4.4 何谓原语？它与系统调用有何区别？如何实现原语的不可分割性？

4.5 什么是“忙等待”？如何克服“忙等待”？

4.6 如果 P，V 操作不作为原语，即可分割执行，那么是否还可用于解决互斥问题？如果不能，举例说明。

4.7 使用下列指令设计一个解决 *n* 个进程互斥问题的算法：① Swap 指令。② Test_ and_ Set 指令。

4.8 如何定义二值（仅取 0 或 1）信号量的 P，V 操作？并利用其实现一般（多值）信号量的 P，V 操作。

4.9 无忙等待的信号量机制中，等待队列通常设计成 FIFO 队列。如果将其设计成栈，会出现什么问题？

4.10 假设系统只提供信号量机制（P，V 原语）。如欲重新定义如下所示的两条原语：ENQ 和 DEQ。其中，r 是某个资源；P 是一个进程；queue(r)是等待使用资源 r 的进程 FIFO 队列；inuse(r)是一个布尔变量。

```
ENQ(r){
    if(inuse(r))then{
        insert P in queue(r);
        block P;
    };
    else {
        inuse(r)= true;
    }
}
DEQ(r){
    P = head of queue(r);
    if(P≠nil) then activate P;
    else {
        inuse(r)= false;
    }
}
```

试利用信号量机制实现 ENQ 和 DEQ，允许使用任何所需的数据结构和变量。

4.11 多元信号量机制允许 P，V 操作同时对多个信号量进行操作。每个信号量控制一类资源的申请或释放，这种机制对同时申请或释放若干类资源是非常有用的。假设二元信号量（用于同时申请或释放二类资源）机制中的 P 原语定义为：

```
P(S, R): While(S<=0 or R<=0);
    S = S–1;
    R = R–1;
```

试用一元信号量机制实现该 P(S, R)操作的原子性。

4.12 为什么说 P，V 操作使用不当容易出现错误。请列举可能出现哪些类型的错误，并分析有限缓冲区的生产者、消费者程序。颠倒两个 P 操作次序时，在什么条件下会出现死锁？

4.13 假设有三个并发/并行运行的进程（P, Q, R），其中 P 负责从输入设备读入信息并传送给 Q，Q 负责将信息加工后传送给 R，R 则负责将信息打印输出。写出满足下列条件的并行程序。

① 进程 P，Q 共享一个缓冲区，进程 Q，R 共享另一个缓冲区。

② 进程P，Q共享一个由 m 个缓冲区组成的缓冲池，进程Q，R共享另一个由 n 个缓冲区组成的缓冲池（假设缓冲区足够大，进程间每次传输信息的单位均小于等于缓冲区长度）。

4.14　8个协作的任务：A，B，C，D，E，F，G，H分别完成各自的工作。它们满足下列条件：任务A必须领先于任务B，C和E；任务E和D必须领先于任务F；任务B和C必须领先于任务D；而任务F必须领先于任务G和H。试写出并行程序，使得在任何可能的情况下，它们均能正确工作。

4.15　“理发师睡觉”问题：假设理发店由等待间（n 个座位）和理发间（只有一个座位）构成。无顾客时，理发师睡觉。顾客先进等待间再进理发间，当顾客进入理发间发现理发师在睡觉时，则叫醒理发师。试写出模拟理发师和顾客的程序。

4.16　“吸烟者”问题：假设一个系统有三个吸烟者（Smoker）进程和一个供货商（Agent）进程。每个吸烟者连续不断地制造香烟并吸掉它。但是，制造一支香烟需要三种材料：烟、纸、火柴。一个吸烟者进程有纸，另一个有烟，第三个有火柴。供货商进程可以无限地提供这三种材料。供货商将两种材料一起放在桌上，持有另一种材料的吸烟者即可制造一支香烟并吸掉它。当此吸烟者吸烟时，它发出一个信号通知供货商进程，供货商马上给出另两种材料，如此循环往复。试编写一个程序使供货商与吸烟者同步执行。

4.17　假设某个系统未直接提供信号量机制，但提供了进程通信工具。如果某个程序希望使用关于信号量的P，V操作，那么该程序将如何利用通信工具模拟信号量机制。要求说明如何用Send/Receive操作及消息表示P，V操作和信号量。

4.18　假设系统未提供任何类似P，V操作的同步工具和任何通信工具，仅提供了Sleep（进程睡眠）和Wakeup（唤醒进程）原语，你能否解决同步、互斥问题？如果不能，说明理由。如果能，举例说明。

4.19　死锁的4个必要条件是彼此独立的吗？试给出最少的必要条件。

4.20　若系统中只有一个进程，可能发生死锁吗？

4.21　设系统只有一种资源，进程一次只能申请一个资源。进程申请的资源总数不会超过系统的资源总数。下列情况中哪些会发生死锁？

	进程数	资源总数
①	1	1
②	1	2
③	2	1
④	2	2
⑤	2	3

现在假设进程最多需要两个资源，下列情况中哪些会发生死锁？

	进程数	资源总数
⑥	1	2
⑦	2	2
⑧	2	3
⑨	3	3
⑩	3	4

4.22　考虑由4个相同类型资源组成的系统，系统中有三个进程，每个进程最多需要2个资源。该系统是否会发生死锁？为什么？

4.23　假设系统由相同类型的 m 个资源组成，有 n 个进程，每个进程至少请求一个资源。

证明：当 n 个进程最多需要的资源数之和小于 $m+n$ 时，该系统无死锁。

4.24 对于哲学家就餐问题，采用书中的解决办法时，这 5 个哲学家在什么情况下进入死锁状态？重新设计一种无死锁的方法，并考虑新设计的方法中是否存在饿死情况？

4.25 试举若干死锁防止设计的实用例子，请说明是破坏了哪一个必要条件或是其他原理。

4.26 设系统有三种类型的资源，数量为（4, 2, 2），系统中有进程 A，B，C，按如下顺序请求资源：

进程 A 申请（2, 2, 1）

进程 B 申请（1, 0, 1）

进程 A 申请（0, 0, 1）

进程 C 申请（2, 0, 0）

该系统按照死锁防止破坏非剥夺条件方法二分配资源。试对上述请求序列，列出资源分配过程，指出哪些进程需要等待资源，哪些资源被剥夺。进程可能进入无限等待状态吗？

4.27 在实际的计算机系统中，资源数和进程数是动态变化的。当系统处于安全状态时，如下变化是否可能使系统进入非安全状态？

① 增加 Available ② 减少 Available ③ 增加 Max

④ 减少 Max ⑤ 增加进程数 ⑥ 减少进程数

4.28 设系统状态如下：

Allocation	Max	Available
0012	0012	1520
1000	1750	
1354	2356	
0632	0652	
0014	0656	

使用银行家算法回答下列问题：

① Need 的内容是什么？

② 系统是否处于安全状态？

③ 如果进程 2 请求（0, 4, 2, 0），能否立即得到满足？

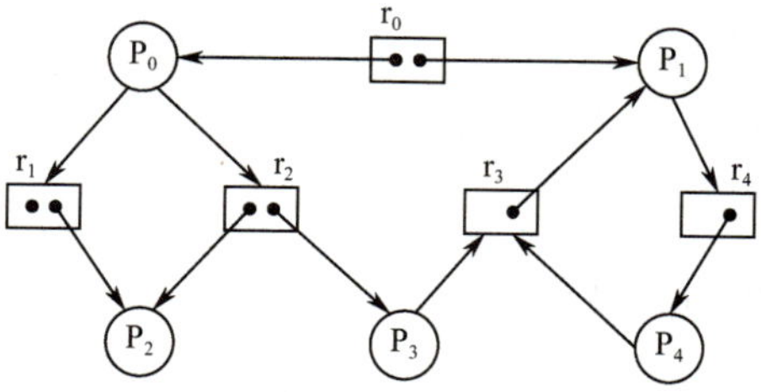

图 4.26 资源分配图

4.29 银行家算法存在不足之处，使该算法难以在计算机系统中应用，试说明之。

4.30 讨论死锁检测算法与死锁避免算法的联系与区别。

4.31 化简如图 4.26 所示的资源分配图，并说明有无进程处于死锁状态。

4.32 没有死锁防止、避免、检测和恢复措施的某计算机系统是否一定会发生死锁？若发生了死锁，会出现什么现象？系统管理员对此应采取什么措施？

4.33 对于早期的 SPOOLing 系统来说，SPOOLing 空间总是固定的。如果设计 SPOOLing 系统空间的大小可以根据需要发生变化，那么 SPOOLing 系统减少还是增加了出现死锁的可能性？为什么？

第 5 章　存 储 管 理

存储管理主要研究进程/作业如何占用主存资源。当前计算机都是基于冯·诺依曼存储程序式的计算机，程序和数据在运行和使用时都需要存放在主存中。设计操作系统的重要目标之一是提高计算机资源的利用率，其根本途径是采用多道程序设计技术。因此，必须合理地管理主存空间，使尽量多的进程/作业能够同时存放在主存中以竞争处理机，保证处理机和 I/O 设备足够繁忙。

存储管理所研究的内容包括三个方面：取（Fetch）、放（Placement）、替换（Replacement）。

“取”研究的是该将哪个进程（或进程的某些部分）从辅存调入主存。调入进程占用主存或有资格占用主存是中级调度的工作。在主存资源有限的情况下，也可以调入进程的某些部分占用主存，它一般有请调（Demand Fetch）和预调（Anticipatory Fetch）之分。前者按照进程运行需要来确定调入进程的某个部分；后者采用某种策略，预测出即将使用的进程的某部分并调入主存。

“放”研究的是将“取”来的某个进程（或进程的某部分）按何种方式放在主存的什么地方。

“替换”研究的是将哪个进程（或进程的某部分）暂时从主存移入辅存，以腾出主存空间供其他进程（或进程的某部分）占用。

在这三个方面中，“放”是存储管理的基础。目前“放”的技术可归结成两类：一类是连续的，即运行的程序和数据必须放在主存的一片连续空间中（本章介绍的单道连续分配、多道连续固定分区和多道连续可变分区方法均属此类）；另一类是不连续的，即运行的程序和数据可以放在主存的多个不相邻的块中（本章介绍的页式管理、段式管理和段页式管理均属此类）。

除介绍上述各种存储管理方法外，本章还将介绍虚拟存储管理技术，在虚拟存储管理技术中涉及替换问题。

本章内容以将进程放在主存中的方式为线索，按照存储管理的发展历程详细描述连续存储分配、不连续存储分配、虚存管理策略，并且介绍在各种策略下的主存空间保护和地址变换问题。

5.1　连续空间分配

在早期的操作系统设计中，都采用连续空间分配策略。那时还没有引入进程概念，主存分配还是以作业（相当于进程）为单位。本节介绍将作业分配到一段连续存储空间中的方法。虽然针对的是将主存空间分配给作业，但这些方法对任何形式的空间分配都具有参考意义。连续空间分配具有易理解、访问效率高、空间利用率低等特点。

5.1.1　单道连续分配法

操作系统中只有单道用户程序，单道用户程序连续存放在主存中。

1．存储分配与空间保护方法

在没有操作系统的时期，整个主存空间由单个用户使用。随着系统“监督程序”的出现，存储管理也随之出现了。当时的存储管理十分简单，仅将主存空间分成两部分，如图 5.1 所示。操作系统可以在低地址部分（0～a 单元），也可以在高地址部分（a+1～n 单元），但操作系统必须和中断向量放在同一区域。下面讨论时假设操作系统在低地址部分。

有了操作系统后，用户不再独占主存资源。为了避免用户程序运行时访问操作系统占用的主存空间，应将用户程序的运行严格控制在用户区域中。这种存储保护的控制措施主要是通过硬件提供的界地址寄存器和地址越界检查机制来实现的。将操作系统所在空间的下界 a 存放在界地址寄存器中，用户程序运行时（即处理机在用户态下运行时），每次访问主存，地址越界检查机制都会将访问主存的地址和界地址寄存器中的值进行比较。若越界，则终止程序的执行，如图 5.2 所示。

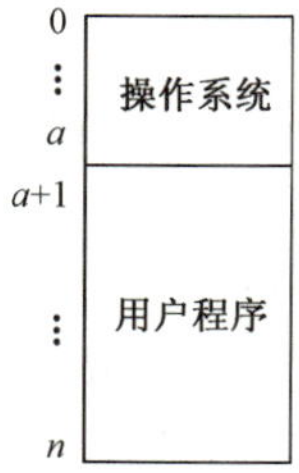

图 5.1 单道连续分配法的空间安排

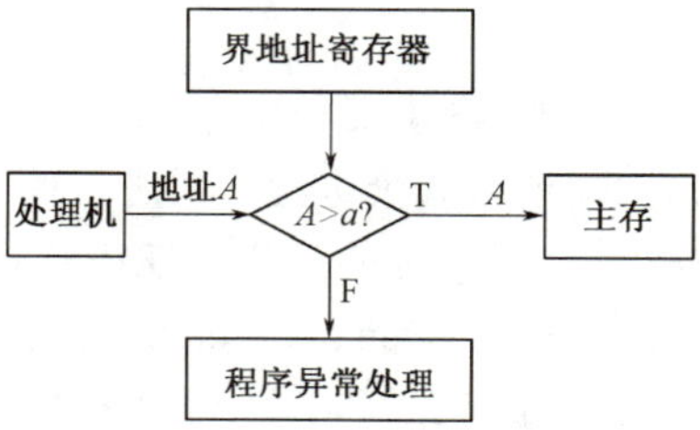

图 5.2 地址越界检查机制

2．覆盖（Overlay）

早期，主存十分昂贵，因此主存的容量较小。虽然主存中仅存放一个用户程序，但是主存空间容不下用户程序的现象也常会发生，这一矛盾可用覆盖的方法来解决。覆盖的基本思想是，由于程序运行时并非任何时候都要访问程序及数据的各个部分（尤其是大程序），因此可以把用户区域分成一个固定区和一个或多个覆盖区。将经常活跃的部分放在固定区，其余部分按调用关系分段。首先将那些即将用到的段放在覆盖区，其他段放入辅存。在需要调用前，用户安排特定系统调用将其调入覆盖区，替换覆盖区中原有的段。

例如，某道作业各过程间有如图 5.3 所示的关系。过程 A 调用过程 B 和 C，过程 B 调用过程 F，过程 C 调用 D 和 E。由于 B 不会调用 C，C 也不会调用 B，因此过程 B，C 不必同时存入主存，同样的关系也发生在过程 D，E 之间，以及过程 D，E 和过程 F 之间。因此，用户可以建立如下的覆盖结构：将主存分成一个容量为 4KB 的固定区（由过程 A 占用）和两个覆盖区（容量分别为 6KB 和 10KB），如图 5.4 所示。将作业分成两个覆盖段：覆盖段 0 由过程 B，C 组成，覆盖段 1 由过程 F，D，E 组成。组成覆盖段的那些过程称为覆盖。

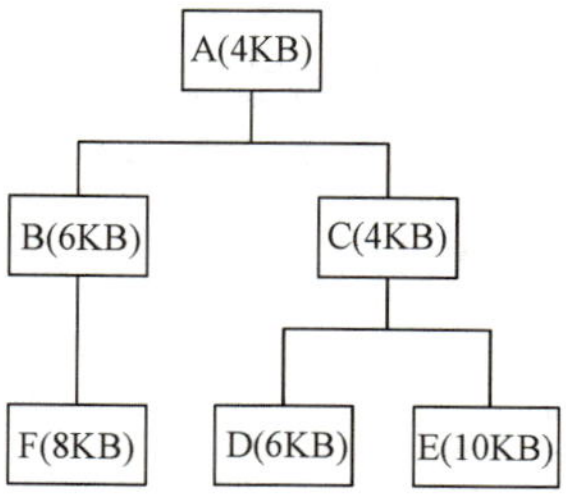

图 5.3 过程间的调用关系

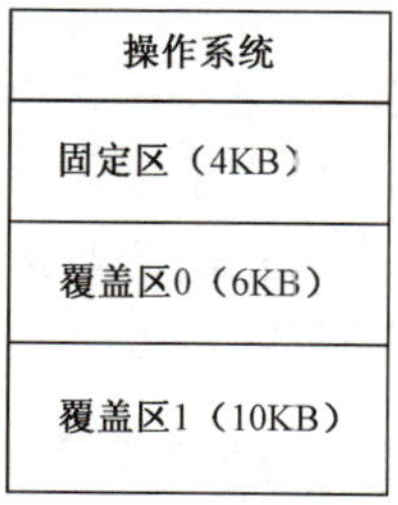

图 5.4 主存的区域划分

在覆盖结构中，每个覆盖用（i，j）来表征，i 指覆盖所在的覆盖段号，j 指覆盖段中的覆盖号。本例的覆盖结构如图 5.5 所示。当作业运行时，过程 A 占用固定区，覆盖区 0 由覆盖段 0

中的覆盖根据需要占用，覆盖区 1 由覆盖段 1 中的覆盖根据需要占用。例如，覆盖区 0 由覆盖（0，1）占用，覆盖区 1 由覆盖（1，1）占用。这时，过程 C 要调用过程 E，于是将覆盖（1，1）移入辅存，将覆盖（1，2）从辅存调入主存，占用覆盖区 1。这一变化过程如图 5.6 所示。

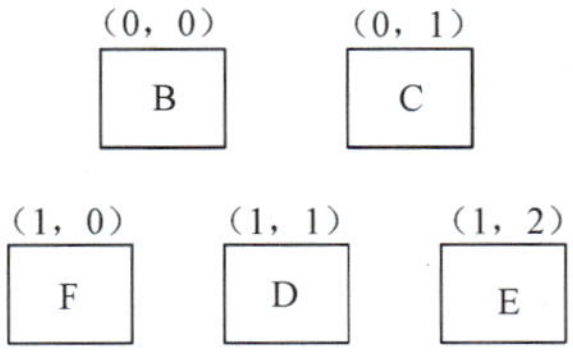

图 5.5　覆盖结构

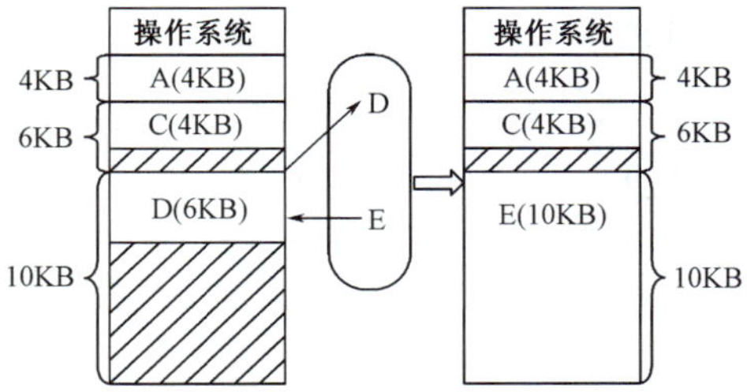

图 5.6　E 覆盖 D 的过程

采用覆盖技术是把解决空间不足的问题交给了用户。操作系统提供帮助用户将覆盖段调入主存的系统调用，但用户必须自己安排程序调入覆盖段，由此可见，采用覆盖技术，用户参与过多，非常麻烦。

3．交换（Swapping）

作业调度与存储管理方案密切相关。在单道连续分配情况下，最适合作业（进程）调度的方法是 FCFS（或非剥夺优先级）调度算法。若采用时间片轮转或可剥夺优先级调度算法，则需借助交换技术。

交换的基本思想是，把处于等待状态（或在处理机调度原则下被剥夺运行权利）的作业从主存移入辅存，这一过程称为换出；把准备好竞争处理机运行的作业从辅存移入主存，这一过程称为换入。

交换要花较多时间进行信息传输。例如，早期使用磁鼓作为辅存，平均延迟时间为 8ms，数据传输速率为 250 000wps（字每秒），用户区域为 20KB，则一次交换活动需要的时间为：

$$2\times(8+10^3\times20K/250000)\approx179ms$$

因此，采用时间片轮转调度算法时，时间片应大于 179ms。

交换所需的时间与交换的信息长度成正比，用户程序一般不会占用整个用户区间。作业控制说明书中注明了作业的长度，系统进行交换时仅交换那些占用了的部分。在这种情况下，若用户程序在运行过程中动态扩大了占用空间，则应通知系统，由系统给予登记，否则在交换时会造成信息丢失（由此引进了申请空间的系统调用）。

应特别注意，当作业处于等待状态而准备换出时，该作业是否满足换出条件。如果一个作业正在进行 I/O 操作则不能换出，否则该作业的 I/O 数据区将被新换入的作业占用，导致错误。因此，应该等作业的 I/O 操作结束后才能换出。当然可以在系统区中开辟 I/O 缓冲区，将数据从外部设备输入或将数据输出到外部设备中的操作放在系统缓冲区中进行，这样，在系统缓冲区与外部设备进行 I/O 操作时，作业交换不受限制。交换技术可以作为通用技术，与后面所述的各种存储方法相结合，借助辅存的空间在逻辑上实现主存空间的扩展，从而有效地改善空间利用率。

5.1.2　多道连续固定分区法

单道管理过于简单，主存中只能存放一道作业，硬件仅提供一个界地址寄存器和地址越界检查机制做存储保护。随着多道程序设计技术的出现，要求主存中可以存放多道作业。若仍利用这种简单的存储保护方法，操作系统虽得以保护，但在某道作业运行时可能会误访问其他作业空间，使其他作业的空间得不到应有的保护。因此，在多道程序设计中，硬件应提供更多的支持。最简单的多道分配是多道连续固定分区法。

1. 地址重定位与空间保护方法

将用户区域分成如图 5.7 所示的大小固定的几块，各块大小的选取很重要。系统初启时，可根据系统中常运行的作业的大小来划分各块；以后在系统运转过程中不断收集统计信息，再重新修改各块的大小。

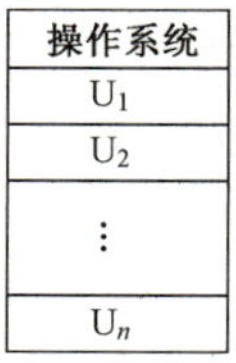

图 5.7 多道连续固定分区法的空间安排

地址重定位是指将用户程序目标代码中相对于 0 地址开始的所有指令、数据地址变换成指令、数据所在的主存物理地址。主要的重定位方法有两种：**静态重定位**，即在操作系统将目标代码加载到主存中时，将目标代码所有地址域改为“原地址+目标代码所在主存起始地址”；**动态重定位**，由硬件地址转换机制实现，在执行访存指令时将“原地址+目标代码所在主存起始地址”后进行访问。

多道连续固定分区法所依赖的**保护机制**有两种：一种是上、下界地址寄存器和地址越界检查机制；另一种是基地址寄存器、长度寄存器和动态地址转换机制。前者要求用户代码是绝对的（即用户代码中使用主存的绝对地址）或静态重定位的（用户代码中使用相对于 0 的地址，加载程序在确定其主存存放位置时将其修改成绝对地址），后者要求用户的代码是动态重定位的（用户代码中的相对地址在指令执行时才被动态地转换成绝对地址）。

上、下界地址寄存器是硬件提供的一对寄存器，分别存放正在运行程序的上、下界地址。当处理机资源分给某道作业时，即将该作业的上、下界地址分别装入上、下界地址寄存器。

地址检查机制是指，当用户程序运行时，每次访问主存，该机制都会将处理机提供的访存地址与上、下界地址寄存器的值进行比较。若其值介于上、下界地址之间，则可用该地址访问存储器，否则，终止程序的运行，如图 5.8 所示。

基地址寄存器、长度寄存器分别存放运行程序在主存中的起始地址及总长度。当处理机资源分给某道作业时，即将其主存的起始地址和长度分别装入基地址寄存器和长度寄存器。

动态地址转换机制是指，当用户程序运行时，每次访问主存，该机制都会将处理机提供的访存地址（相对地址）与长度寄存器中的值进行比较。若越界，则终止该程序；否则，与基地址寄存器中的值相加成为访问主存的绝对物理地址，如图 5.9 所示。

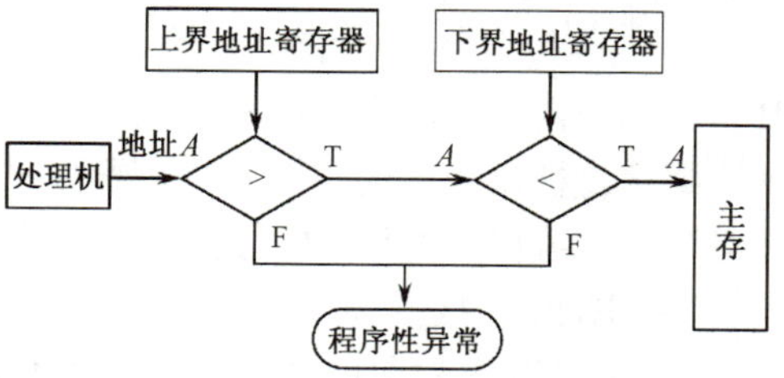

图 5.8 地址越界检查机制

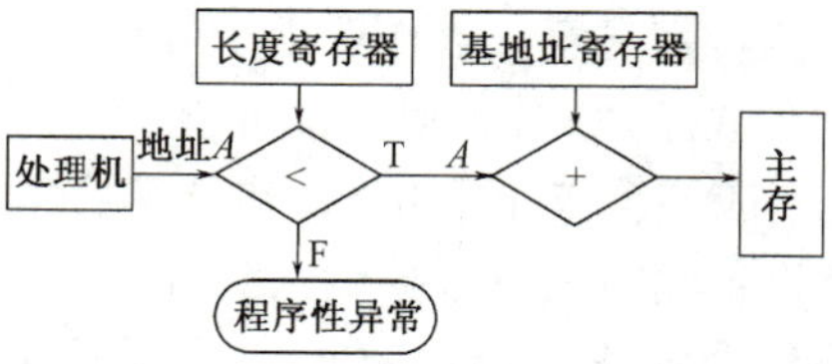

图 5.9 动态地址转换机制

如第 3 章所述，进程控制块（PCB）包含进程映像的位置信息。在多道连续固定分区存储管理系统中，位置信息包括进程的上、下界地址或基地址与程序长度。当进程调度程序选中某个进程后，应将其 PCB 中的这些位置信息内容装入上、下界地址寄存器或基地址寄存器和长度寄存器。

2．作业存储调度

使用多道连续固定分区法时，存储调度（即中级调度）一般分为多队列法和单队列法。

多队列法是指每个存储区对应一个作业队列，在作业到达后，按该作业的大小在对应的队列中排队。例如，总存储量为 32KB，操作系统占 10KB，用户区域被划分成大小为 4KB，6KB 和 12KB 的存储块 1，2 和 3。作业要求的存储量若未超过这三个存储量，则分别进入相应的队列 1、队列 2 或队列 3，如图 5.10 所示。各队列可以独自采用一种调度算法而互不竞争，这显然不利于充分利用空间。为了提高存储资源的利用率，各队列之间也应可竞争，但这要求用户代码至少应该是静态重定位的。若要在这种分配模式下采用交换技术，则用户代码应该是动态重定位的。

单队列法是指系统中仅保持一个作业队列。例如，作业按先后到达次序进入队列，如图 5.11 所示。经调度后，长度为 5KB 和 4KB 的作业分别占用了大小为 6KB 和 4KB 的存储块 1 和 2。适合下一道作业（3KB）的存储块 1 已被占用。此时，一种方案是，让该作业等待，直到存储块 1 可用；另一种方案是，让该作业占用大小为 12KB 的存储块 3，或选取长度为 7KB 的作业占用大小为 12KB 的存储块 3。不管采用何种方案，都可以配合使用交换技术。

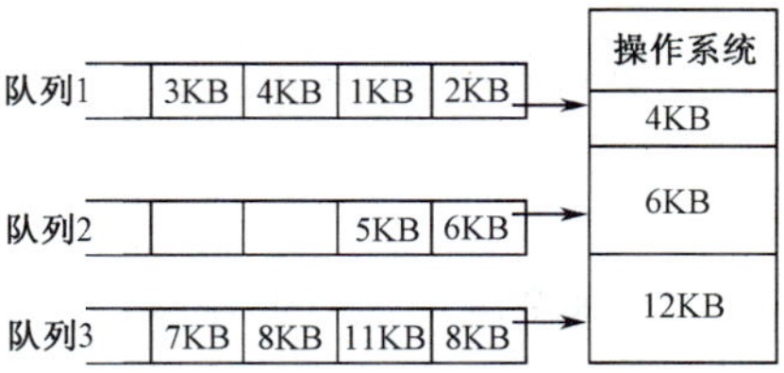

图 5.10　多队列法中级调度

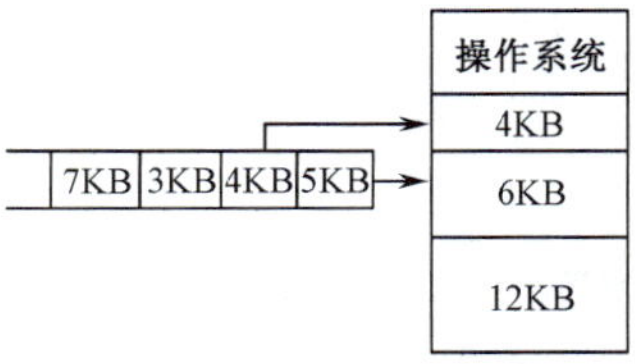

图 5.11　单队列法中级调度

3．存储碎片（Memory Fragmentation）

多道连续固定分区法与单道连续分配法相比，虽然提高了空间利用率，但对空间的利用仍不充分。由于进入各存储块的作业长度往往短于该块的长度，因而存在一些未加利用的空间。另外，若大作业较多，则小存储块常处于空闲状态，从而造成浪费。这些未得到利用的空间称为存储碎片。

存储碎片分为内部碎片和外部碎片。若存储块的长度为 n，其存储的作业长度为 m，则剩下的（长度为 $n-m$）空间称为该块的内部碎片；若存储块的长度为 n，在该系统所采用的调度算法下，较长时间无法选出一个长度不超过该块的作业，即该块长时间得不到使用，则称该块为外部碎片。在多道连续固定分区法中，这两种碎片都存在。

5.1.3　多道连续可变分区法

多道连续固定分区法对主存空间的利用仍有较大的局限性，故人们又引入了多道连续可变分区法。这种方法对主存空间的用户区域实施动态分割，从而改善了存储空间的利用效果。

1．管理方法

系统设置一张表，登记主存空间的用户区域中未占用的块（空闲块）。当作业到达后，即可在空闲块中分配空间。例如，主存的总存储量为 257KB，操作系统占用 40KB。假设在任何一段时间里，驻留在主存中的每道作业都获得相等的处理机时间。作业队列见表 5.1（假设作业运行时间是指处理机时间，不含 I/O 操作），则用户区域的变化如图 5.12 所示。

表 5.1 作业队列

作业队列次序	所需存储量/KB	运行时间/s
1	060	10
2	100	05
3	030	20
4	070	08
5	050	15

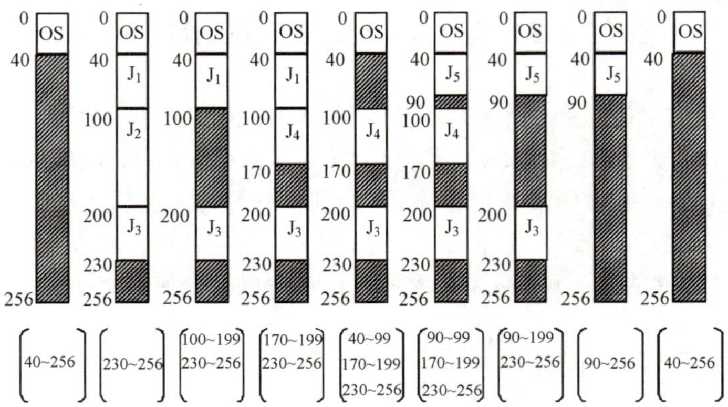

图 5.12 用户区域的变化

多道连续可变分区法的存储管理较复杂，需要用到为作业分配和回收主存空间的算法。

（1）分配主存空间

调度程序为选中的作业分配主存空间，在可用块集合中按某种策略选择一个大小满足该用户作业要求的可用块分配给用户。若选中的块比该用户作业需要的量大，则应将剩余部分回收到可用块集合中。假设 F 为可用块集合，size(k)为块 k 的大小，size(v)为用户所需的存储量。算法可表示如下：

① 如果对所有的 $k \in F$，均有 size(k)<size(v)，则分配失败。

② 否则，按下述一种“分配策略”选出 $k \in F$，使得 size(k)≥size(v)。

③ $F = F - \{k\}$。

④ 如果 size(k)−size(v) <ε（ε 为基本存储分配单位的大小），则将块 k 分给该用户。

⑤ 否则分割 k 为 k' 和 k''，其中，size(k') = size(v)。将 k'分给用户，同时回收 k''，$F = F \cup \{k''\}$。

分配策略：满足作业要求的可用块可能有很多块，那么应该选哪一块分给该作业呢？有下述三种选择方法。

① 首次满足法（First Fit）。搜索 F 时，选择所碰到的第一个满足作业要求的可用块分配给用户。

② 最佳满足法（Best Fit）。在 F 中选出所有满足作业要求的可用块中最小的一块分给用户。

③ 最大满足法（Largest Fit）。在 F 中选出所有满足作业要求的可用块中最大的一块分给用户。

基本存储分配单位：ε 为系统规定的基本存储分配单位。若分配后的剩余量比ε 还小，则把该块全部分给用户。

对于上述三种分配策略，若采用后两种，则需将可用块排序。采用最大满足法仅需搜索 F 中的第一个元素（F 中元素按从大到小的次序排列），而最佳满足法搜索的平均次数为 $n/2$

（$n=\#(F)$）。首次满足法则无须对可用块排序。Knuth 和 Shore 分别就这三种方法对主存空间的利用情况做了模拟实验。结果表明，首次满足法可能比最佳满足法好，而首次满足法和最佳满足法一定比最大满足法好。

（2）回收主存空间

当作业撤出时，需要回收作业所占主存空间。回收的主存空间加到可用块集合 F 中。若回收的块与 F 中某些块相邻，则应合并这些块。例如，图 5.12 中，在作业 J_4 撤出时，所释放的块（100～169）与块（90～99）和块（170～199）合并。

2. 可用空间的管理

就存储保护而言，多道连续可变分区法所需的硬件支持与多道连续固定分区法一样。多道连续可变分区法一般用数组或链表管理可用空间。

（1）数组管理。用一个数组登记可用空间的分配情况。数组的最大项数为主存空间的用户区域的总存储量除以基本存储分配单位。当数组项数为 0 时，表示该项对应的存储分配单位为空闲；为 1 时，表示占用。

（2）链表管理。在每个可用块的低地址部分设两个域，分别是指针域和表示块长的长度域。将所有可用块使用指针串起来，系统掌握表头。

采用可变分区，没有内部碎片（一般不把小于基本存储分配单位的未利用的空间看成碎片），但是有外部碎片，并且外部碎片现象经常很严重。这可以用**紧致**（Compact）**空间**的方法予以消除。紧致空间的基本思想是，通过移动主存中的作业位置，使可用空间连成一片。要实现紧致空间，必须要求作业代码可动态重定位。可以设计一个系统进程负责紧致空间的工作。该进程平时处于睡眠状态，当外部碎片较多时将其唤醒，或者系统定期唤醒它。紧致空间需要花费很多时间，并且在紧致空间时不允许被移动的作业运行，否则难以保证正确性。

本节介绍的主存管理的三种方法有一个共同特点，即用户作业在主存中是连续存放的。表 5.2 对这三种方法进行了比较和总结。这类方法的优点是硬件支持简单，但无论采用何种方法都会有大量的存储碎片。多道连续可变分区法虽可利用紧致空间的方法消除外部碎片，但时间和空间耗费都太大。

表 5.2　连续空间分配小结

<table>
<tr><th>项目
方法</th><th>作业个数</th><th>内部碎片</th><th>外部碎片</th><th>硬件支持</th><th>可用空间管理</th><th>解决碎片方法</th><th>解决空间不足</th><th>提高作业个数</th></tr>
<tr><td>单道连续分配法</td><td>1</td><td>有</td><td>无</td><td>界地址寄存器
地址越界检查机制</td><td>—</td><td>—</td><td rowspan="3">覆盖</td><td rowspan="3">交换</td></tr>
<tr><td>多道连续固定分区法</td><td>≤N（用户区域划成 N 块）</td><td>有</td><td>有</td><td rowspan="2">1.上、下界地址寄存器，地址越界检查机制
2.基地址寄存器、长度寄存器、动态地址转换机制</td><td>—</td><td>—</td></tr>
<tr><td>多道连续可变分区法</td><td>不定</td><td>无</td><td>有</td><td>1.数组
2.链表</td><td>紧致</td></tr>
</table>

5.2　不连续空间分配

连续空间分配容易出现大段的连续空间因不能容纳作业或进程而不可用。为了充分利用存储资源而引入了不连续空间分配策略。

5.2.1 页式管理

连续分配空间存在的许多存储碎片和空间管理较复杂（指多道连续可变分区法）的问题。其原因在于，连续分配要求把作业（进程）放在主存的一片连续区域中。页式管理避开了这种连续性要求。例如，有一个长度为 3 的作业，而主存中当前仅有两个长度为 2 和一个长度为 1（都小于该作业长度）的可用块，但总长度又可以满足。连续空间分配法对此的唯一解决办法就是紧致空间，然而紧致空间的操作是困难的。在页式系统中，将作业和主存都分成较小的块，可将作业的各块非连续地分配到可用块中。这样做既不用移动作业又解决了碎片问题。

1. 逻辑空间与物理空间

在连续空间分配中，用户作业的地址与主存地址有简单的对应关系。在页式系统中，因为连续性被破坏，所以用户程序目标代码所用的地址与程序和数据在主存中所对应的地址已失去这种简单对应关系。为此需要对这两种空间加以区分。用户程序目标代码所设想的空间和所用地址称为逻辑空间和逻辑地址；其所占用的主存空间称为物理空间，对应的地址称为物理地址。在页式系统中，逻辑空间、物理空间均以相同长度为单位进行等分。逻辑空间所划分出的每个区域称为页（Page）或页面；物理空间所划分出的每个区域称为页帧（Page Frame）。系统在最初启动时，把所有页帧作为可用页帧放在一个队列中。当用户作业申请空间时，便从可用队列中按申请的量分配页帧。整个逻辑空间中的页集合可以离散地以页为单位存储在主存中。当某用户释放空间时，系统将释放的页帧回收到可用队列中。

2. 动态地址转换机制

页式方法中逻辑地址与物理地址之间失去了自然联系。程序在运行时，需要使用由硬件提供的动态地址转换机制把逻辑地址映射成对应的物理地址，程序才能正确运行。

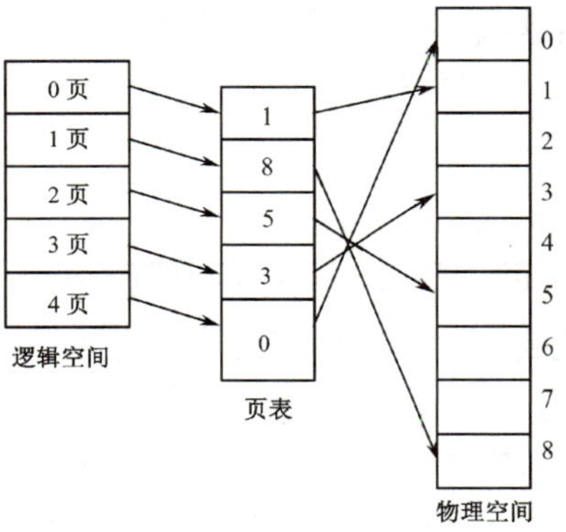

图 5.13 页表项的内容

（1）页表

由于逻辑地址和物理地址不一致，因此必须把每页第一个单元逻辑地址所对应的物理地址登记在一张称为页表的表中。逻辑空间若有 n 页，页表就应该有 n 项。为了节省空间，页表中登记的物理地址可以由页帧号替代。

页表的第 i 项描述第 i 页。例如，用户作业由 5 页组成，分别放在第 1，8，5，3，0 号页帧中。页表项的内容如图 5.13 所示。在页式系统中，主存空间设置一片区域作为页表区，系统为每道作业（进程）提供一个页表。如果是进程，则页表的起始地址存放在进程 PCB 的位置信息中。

（2）地址结构

在页式系统中，为了通过页表把逻辑地址（LA）转换成物理地址（PA），必须把线性的逻辑地址分解成页号、页内位移，分别记为 P，d。利用页号通过查页表得到页帧号，再由页帧号和页内位移计算出线性的物理地址。页帧号、页帧内位移分别记为 f，d（因为页与页帧的大小相同，所以页内位移与页帧内位移等值。例如，页大小为 512B，地址 539 属于第 1 页，位移为 27）。在求解逻辑地址对应的物理地址时，首先应分解出逻辑地址的页号和页内位移，然后按页号查找对应的页表项得到 f。按空间的划分规则可知：

$$P = \text{LA}/\text{页大小}, \qquad d = \text{LA} - P \times \text{页大小}$$

地址转换过程为：通过逻辑地址分别求出 P，d；将页表起始地址加上 P 得到页表项地址；从页表项中获得该页所驻留的页帧号 f；再将 f 乘以页大小加上 d 就得到所要的物理地址，如图 5.14 所示。即：PA= f×页大小+d。

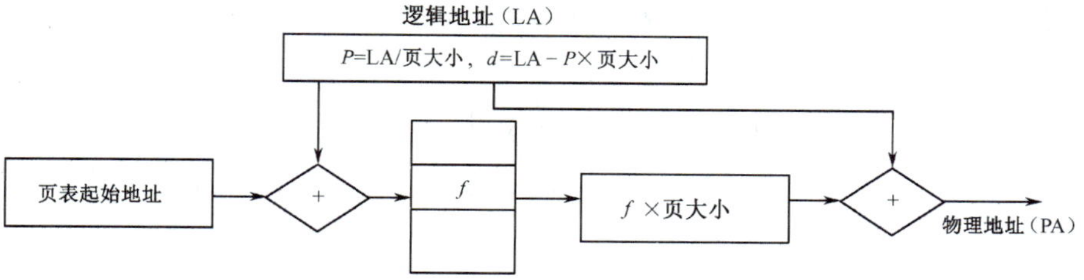

图 5.14　地址转换原理

（3）把页大小设为 2 的幂可以节省地址转换开销

上述过程要做加、减、乘、除运算，耗时太多。因为计算机采用二进制编码，所以如果取页大小为 2 的正整数次幂，乘、除运算就变成了位移运算。例如，取页大小为 2^9（512）B，则逻辑地址的低 9 位为页内位移，高位为页号。这样，进行地址转换时可以不做乘、除运算。在页式系统中有此原则：页大小=2^k（k 为正整数）。

另外，页不可过小，也不可过大，因为太大便失去了分页的意义，太小一方面造成页表过大，另一方面使得可用空间的管理开销太大。一般，页大小取 512B，1024B，2048B，4096B。在上述原则下，动态地址转换机制可以大为简化，取逻辑地址的高 $n-k$ 位作为页号，查页表得到页帧号 f，把逻辑地址的低 k 位拼接在 f 的右侧便得到物理地址，如图 5.15 所示。

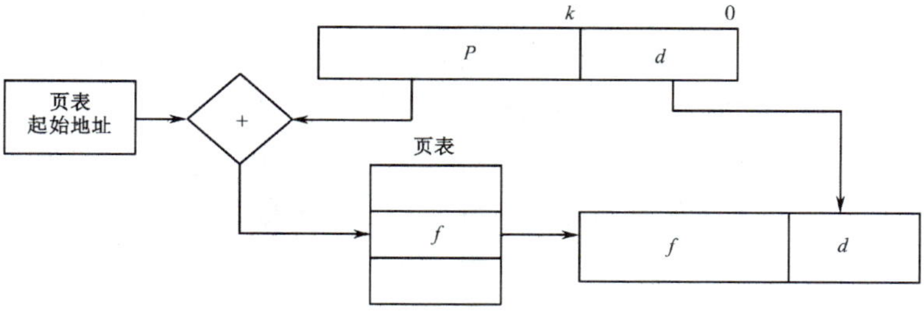

图 5.15　页大小为 2^k 的地址转换原理

（4）快表（TLB）

页大小为 2^k 虽能加快地址转换速度，但由于地址转换时要查页表（页表存放在主存中），因此用户每访问一次存储单元，实际需要访问主存两次。由于访问主存在程序运行过程中占较大比例，因此两次访问主存几乎使程序运行的速度下降了一半。显然，不解决这个矛盾，页式系统就无法在实际系统中使用。若把页表中经常使用的页表项置于快速存储器（如快表，又称为联想存储器）中，此矛盾就能得到较好的解决，页式管理法也就得以付诸实用。

快表的每项主要由两部分组成：关键字和值。每项还有一个比较装置。当输入信息到达后，便同时与快表中各项的关键字进行比较。若某项关键字与输入信息相同，则输出该项的值。若所有项的关键字均与输入信息不同，则输出一个特殊信号，表示匹配不成功。把页式系统中的页表项放在快表中，则其页号为关键字，对应的页帧号是值。将待转换的逻辑地址的页号作为输入，与快表中的每项进行匹配。若匹配成功，则输出对应的页帧号，从而合成物理地址，如图 5.16 所示。

由于访问快表的时间短得可以忽略不计，因此若把整个页表都放在快表中，则访存指令执行的时间基本接近一次访问主存的时间。但是，快表十分昂贵，不可能将整个页表都放在快表中。一般只设置由很少几项组成的快表，将一部分页表项放在其中。这时地址转换过程如下：首先把页号送到快表中去匹配。若匹配成功，则形成物理地址，否则到主存页表中查找页表项来形成物理地址。如果快表不满，则将新页表项加入快表，否则从快表中淘汰一项后再加入新项，如图 5.17 所示。

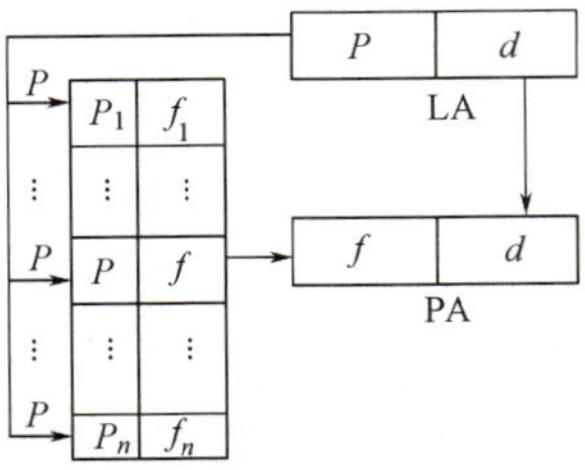

图 5.16　将页表项存入快表的地址转换

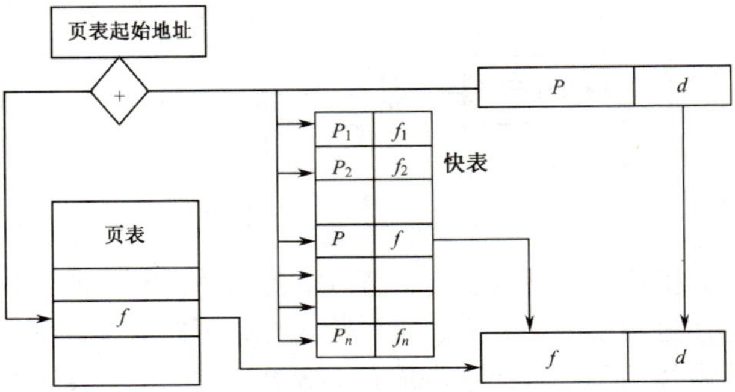

图 5.17　地址转换的一般过程

有些处理机设计为匹配快表和查找页表同时进行，如果快表匹配成功，则查找页表逻辑终止。现在为了简化处理机设计，某些处理机硬件只查快表。如果快表中没有对应的页表项，则报异常，让操作系统处理该异常时把对应的页表项加入快表，重新执行访存指令。

假设访问主存的时间为 750ns，搜索快表的时间为 50ns，命中率为 80%，则可求出平均访存指令执行时间为

$$80\%\times(50+750)+20\%\times(50+750+750) = 950\text{ns}$$

与非页式系统相比，访问速度只降低了 26.6%。这种耗费不算大，降低的速度也可控制在允许范围内。故页式系统一般都采用这种机制进行动态地址转换。

综上所述，可以把快表视为一组特殊的寄存器。进程调度程序选中某个进程后，一方面将该进程的页表起始地址装入页表起始地址寄存器，另一方面应对快表内容进行更新，由新选中的进程使用快表。

3．可用空间管理

页式系统把所有可用页帧或组成一个链表，或将它们登记在数组中。当按调度原则选中某道作业（进程）进入主存时，首先检查现有的可用页帧总数是否大于或等于作业（进程）的总页数，否则不能分配。此时，需从可用队列中取出满足作业（进程）要求的若干页帧分给该作业（进程）。分配时须将页的内容抄到对应的页帧中，并填写对应的页表项，使二者互为对应。可用空间管理工作如下：

① 若可用页帧总数小于作业（进程）的总页数，则拒绝分配，结束。

② 取作业（进程）的下一页 P，分配一个可用页帧 f，并将 P 的内容抄到 f 中。

③ 将 f 抄到页 P 的页表项中。

④ 若所有页已处理完，则结束，否则转②。

当作业（进程）结束或交换出内存时，根据页表项中记录的页帧号，回收页帧到可用队列中。

4．共享与保护

在系统中，很多代码应是可共享的，如命令解释程序、编译程序、编辑程序等。在连续分配空间模式下，共享是不可能的，因为一道作业运行时只能访问一片连续的空间，多道作业放

在不同连续空间，显然不能与被共享程序保持连续。

在页式系统中便可实现共享。例如，有三道作业（进程）共享编辑程序 EDIT，EDIT 的长度为三页，这三页分别驻留在主存的 3，4，6 号页帧中。三道作业（进程）的逻辑空间安排及所占用的页帧如图 5.18 所示。三道作业（进程）共享部分在物理上虽不连续，但在逻辑上是连续的。每道作业（进程）运行时，由自己的页表来进行地址映射，从而实现多道作业（进程）对一个 EDIT 程序的共享。

当引进页式不连续空间分配模式后，共享的出现对存储保护也提出了新的要求。在页式系统中，除仍需进行越界保护外，对共享页还要进行各自进程相关的特殊保护。例如，教务办公室进程编制课表，各个教研室根据课表安排教学。课表就成了办公室进程和各教研室进程的一个共享数据结构。办公室进程不仅有权读课表的内容，还有权修改课表；而各教研室进程只有读课表的权限。对页的这种保护称为操作访问保护。

在页式系统中，越界保护的方法是设置页表长度寄存器。在查页表之前，首先检查页号是否已越界。

操作访问保护的一般方法是，在页表项中增设一个存储保护域。保护的项目一般有读、写、执行，分别用 R，W，E 来表示。每个保护项目用一位表示，该位为 1 表示可以进行这种操作，为 0 表示不可以进行这种操作。R，W，E 组成保护码，其各位的不同取值形成表 5.3 中的 8 保护模式。

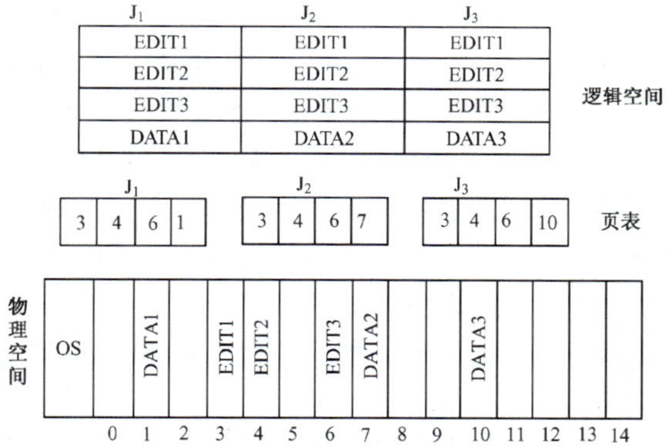

图 5.18　三道作业（进程）的逻辑空间安排及所占用的页帧

表 5.3　对页实施的 8 种保护模式

RWE	描　　述
0 0 0	不可以执行任何操作
0 0 1	可以执行，但不能读、写
0 1 0	可以写，但不能读、执行
0 1 1	可以写、执行，但不能读
1 0 0	可以读，但不能写、执行
1 0 1	可以读、执行，但不能写
1 1 0	可以读、写，但不能执行
1 1 1	可以读、写、执行

硬件在进行地址转换的同时，将该次访问要进行的操作与进程页表的页表项中的保护码进行匹配。若访问不合法，则报访问权限错，系统产生异常，异常处理将终止作业的运行。例如，若页表项中的保护码为 101，而访问该页是为了取指令执行，则为合法；但是，若欲修改该页（即进行写操作），则访问不合法。故页表项中除含有页帧号外，还包含保护码。

就页式管理而言，内部碎片虽然存在（即作业最后一页可能不满），但是很少，可忽略不计，故被认为没有内部碎片。可用空间的管理很简单，但硬件地址转换开销比较大。

5.2.2　段式管理

如果将程序、数据、栈作为一个区连续地放入主存，是没有办法实现运行相同程序的多作业（多进程）共享程序段的。页式管理虽具有空间利用好、管理方法简单的特点，也能够实现共享，但是将空间按页划分对用户而言显得极不自然。

段式系统的引入使得不同作业如果运行相同的程序，能够在主存中放一份程序副本，实现共享程序段。用户看待程序是以自然段为单位的，如程序段、数据段等。若用户要求保护，那么受到保护的基本单位也是自然段。例如，存放不变常数的段只能读，程序段可执行等。而分页完全可能把不属于同一段的两块分到一页中。例如，用户程序由程序段和数据段组成，分页的结果可能使得第 4 页中程序段（可执行）和数据段（可读/写）各占一部分（见图 5.19），从而无法对其进行保护。此外，分页也不利于共享（共享应以段为单位）。例如，共享一段子程序 SIN 的两道作业（进程）的逻辑空间安排如图 5.20 所示。

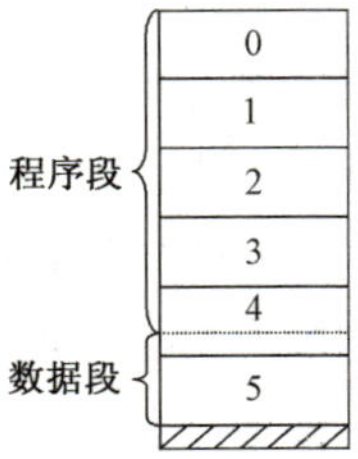

图 5.19　不同性质的段被划分到同一页中

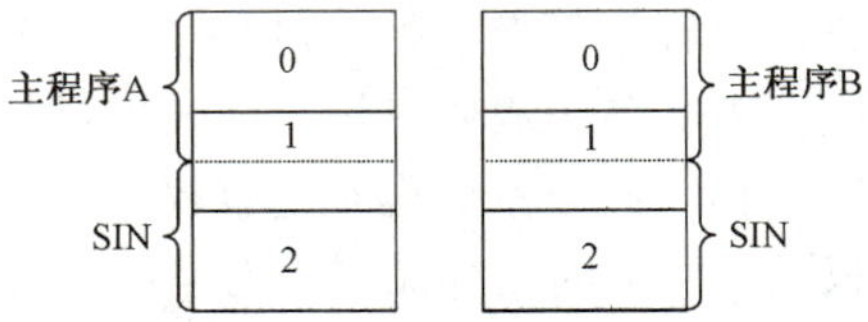

图 5.20　共享段与非共享段被划分到一页中

两道作业（进程）的第 1 页都由两部分组成：一部分是自己的主程序段；另一部分属于共享段。那么应怎样对待第 1 页呢？针对上述问题，人们提出了也属于多道不连续空间分配管理法的段式系统。在段式系统中，空间不按等长而是根据自然段来划分。

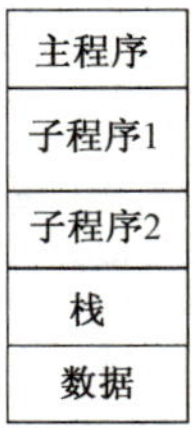

图 5.21　段的划分

1．空间安排

段式系统是按照用户作业（进程）中的自然段来划分逻辑空间的。例如，用户作业（进程）由一个主程序、两个子程序、一个栈和一段数据组成，可将这个用户作业（进程）划分成 5 段，每段从 0 开始编址（见图 5.21）。其逻辑地址则由两部分组成：段号与段内位移，分别记为 S，d。若作业（进程）正在运行主程序，则地址为（0，d）；一旦调用子程序 1，则地址变为（1，d）；若访问数据，则地址变为（4，d）。在页式系统中，逻辑地址的页号和页内位移对用户是透明的；但段式系统中的段号、段内位移必须显式提供。显然，对高级程序设计语言的用户而言，应该在编译程序对源程序进行编译时，把地址翻译成（S，d）的形式。

段式系统对物理空间的管理与多道连续可变分区法一样，但段式系统不要求作业（进程）在主存中以整个作业（进程）为连续单位，而是以段为连续单位。例如，将图 5.21 中的各段安排在主存的各个区域中的一个特例如图 5.22 所示。

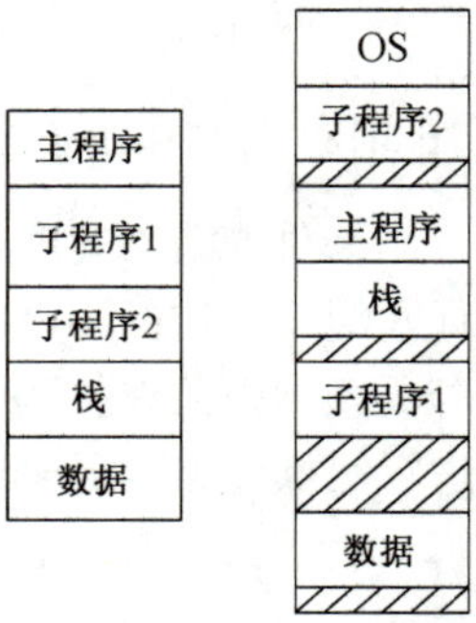

图 5.22　一个特例

2．动态地址转换

由于作业（进程）逻辑空间连续但主存（物理）空间不连续，故运行时必须进行地址转换。段式系统的地址转换与页式系统基本相同。首先需要一张逻辑空间与主存空间对照的段表，若作业被划分成 n 段，段表就应该有 n 项。段表项中的内容（如图 5.23 所示）包括本段在主存中的起始地址、段表长度及保护码等。系统为每道作业（进程）设置一张段表放在主存中。作业控制块（或 PCB）保存段表起始地址和段表长度。系统还设置段表起始地址寄存器及段表长度寄存器。低级调度选中某个进程后就将该进程的段表起始地址与段表长度装入这对寄存器。

保护码	段表长度	本段在主存中的起始地址

图 5.23　段表项中的内容

段式系统的保护码与页式系统的相同。在进行地址转换时需要用到段表长度，即用于检查段内位移 d 是否在本段内。在页式系统中不必设置这一项，因为页是等长的，而页内位移一定是在一页以内。同样，要设置快表，将部分段表项放在快表中以提高转换速度。地址转换的过程是，将段号与快表中的各关键字进行比较，若匹配成功，则检查段内位移 d 是否在该说明的长度内，同时检查保护码与本次操作的一致性。若这些比较结果都正常，则输出该段的起始地址，并与 d 相加得到物理地址。若在快表中匹配不成功，则将 S 与段表长度寄存器的内容进行比较。若没有越界，则将 S 与段表起始地址相加，得到段表项的物理地址，查段表项，检查 d 是否越界，操作码是否与保护码一致。最后用该段起始地址与 d 相加得到物理地址，同时更换快表的内容。这一过程如图 5.24 所示。

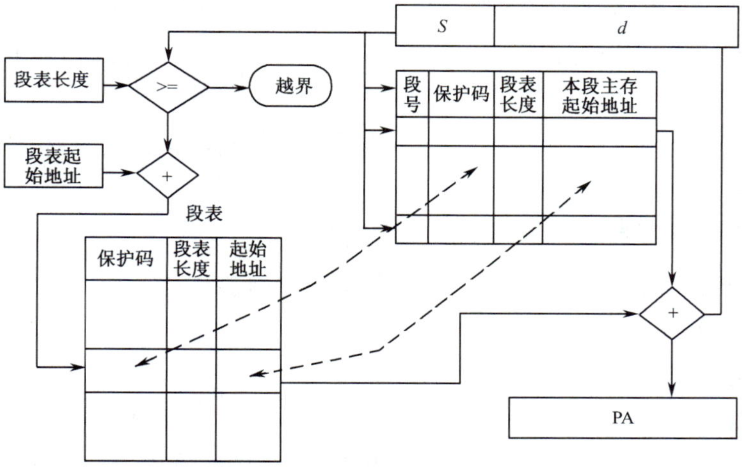

图 5.24　段式管理的地址转换过程

3. 共享

引入段式管理的目的就是实现按段共享。段式系统与页式系统实现共享的方法基本相同。若多个作业（进程）段表中的某项指向主存的同一地址，主存中以该地址为起始地址的那一段便被共享了。例如，两道作业共享子程序 SIN，如图 5.25 所示。在段式系统中，保护与共享很自然。共享时必须注意以下问题。

若被共享的段引用自身的某个地址，则各作业必须用同一段号来共享这一段。例如，一个如下形式的开平方程序 SQRT（其中，语句②引用了该程序自身）被两道作业共享：

① SQRT(X, Y)

② if(X<0) then goto L

③ Y="X 开方的结果"

④ RETURN

⑤ L: "报告出错"

⑥ RETURN

作业 J_1 和 J_2 若分别将共享段 SQRT 安排在逻辑空间的第 1 段和第 0 段，如图 5.26 所示，则会出现如下问题：SQRT 段调入主存时应该将语句②的符号地址转换成逻辑地址，即把 L 换成（段号，L），那么应该把"段号"置成 1 还是 0？

若段号与作业 J_1 一致，则应换成（1，L）。此时作业 J_2 运行，当执行到语句②时，相同的程序段被安排到作业不同的逻辑段中。若 X<0，则执行 GOTO（1，L）。按照段式系统的工作原理应该先查段表项 1，然后合成物理地址。这显然会造成错误，即转移到作业 J_2 的主程序中相对地址为 L 的单元中。若将（SQRT，L）换成（0，L），作业 J_1 执行时也会遇到类似问题。故要

求共享段若引用自身，则各作业必须用同一段号来共享该段。

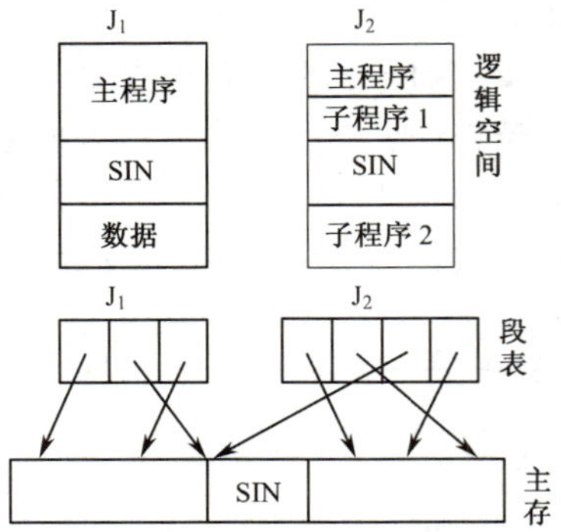

图 5.25　两道作业共享 SIN 段示例

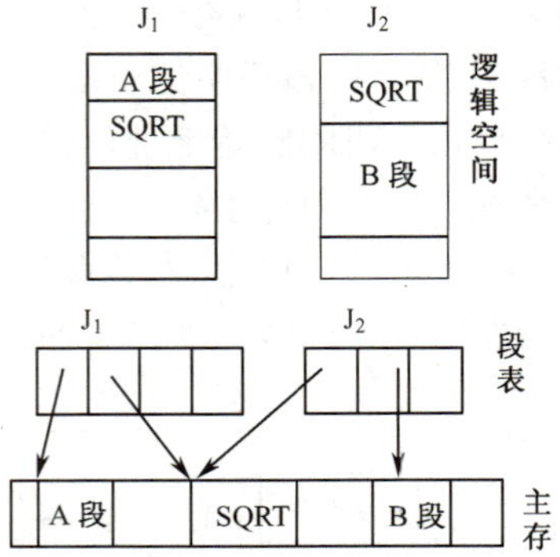

图 5.26　相同的程序段被安排到作业不同的逻辑段中

5.2.3　段页式管理

若能将段式系统和页式系统这两种方法结合起来，则正好能弥补各自的不足，这就是本节将要介绍的段页式管理的思想基础。

1．空间安排

段页式系统对物理空间的管理、安排与页式系统相同，而对逻辑空间则先进行段的划分，然后在每段内再进行页的划分。例如，若用户作业由主程序、子程序和数据组成，则进行段、页划分后，结果如图 5.27 所示。其逻辑地址由三部分组成：段号、页号、页内位移，分别记为 S，P，d。对用户来讲，段页式系统和段式系统是一样的。用户逻辑地址只提供段号和段内位移，系统则按页式管理的原则将段内位移分割成页号和页内位移。

2．动态地址转换

在段页式系统中，作业运行时同样需要动态地将逻辑地址转换成物理地址。地址转换所依赖的数据结构是段表和页表。每道作业均有一个段表，而每段都有一个页表（都放在主存空间里）。段表项中原先的“本段在主存中的起始地址”一栏改成“本段页表在主存中的起始地址”。如图 5.28 所示是与如图 5.27 所示对应的段页表。当进行动态地址转换时，首先通过段表查到页表起始地址，然后通过页表找到帧号，最后形成物理地址。因此，进行一次访问实际需要访问主存三次。解决方法仍旧是采用快表。快表的关键字由段号、页号组成，值是对应的页帧号和保护码。

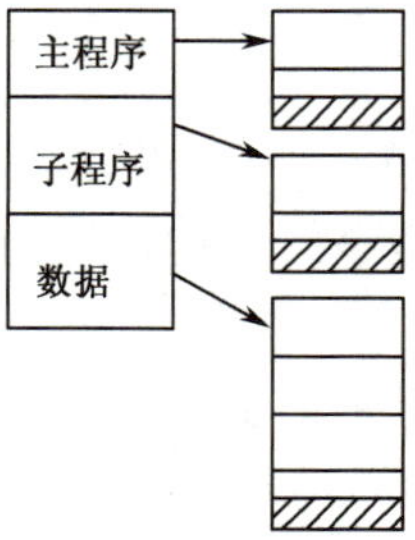

图 5.27　对作业进行段、页划分

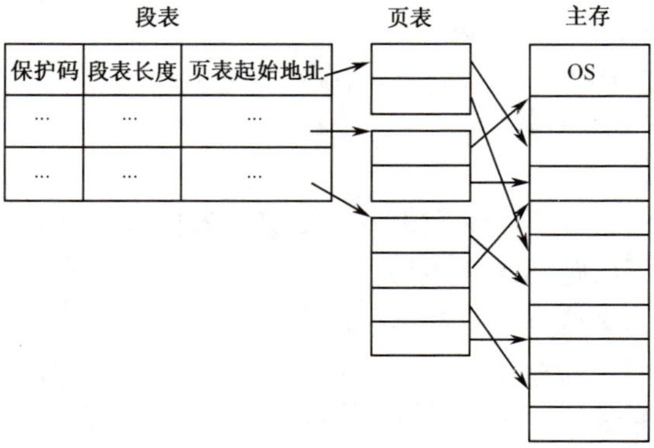

图 5.28　作业示例的段页表

当地址转换时，首先向快表输入 S，P，而 S，P 同时与各关键字进行比较。若匹配成功，则进行操作保护检查。若操作合法，则输出对应的页帧号，合成物理地址。若匹配不成功，则将 S 与段表长度进行比较，查看是否越界。若正常，则将段表起始地址与 S 相加，到主存中查找对应的段表项。将段表长度与 P 进行比较，若没有越界，则将段表起始地址与 P 相加得到页表项地址，同时进行操作保护检查。最后查页表项，得到 f，将 f 与 d 合成物理地址，并用 S，P，f 替换快表中的一项，如图 5.29 所示。

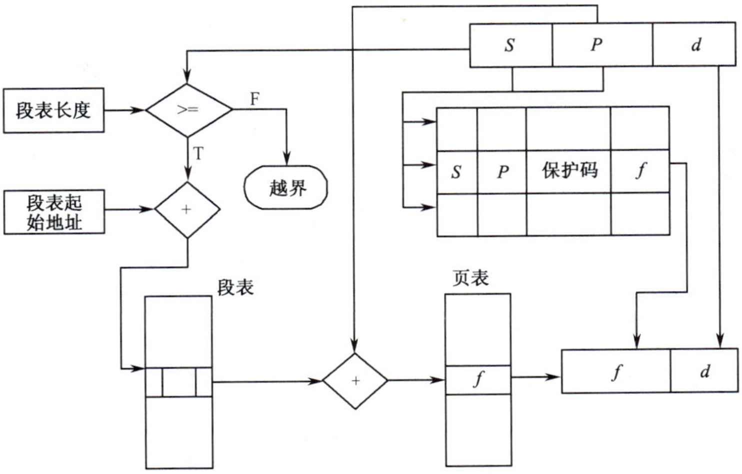

图 5.29　段页式系统的地址转换

经验表明，若采用适当的替换策略，使用 8～16 项组成的快表，命中率可达 80%～95%。例如，主存访问时间为 750ns，搜索快表的时间为 50ns，命中率为 95%，则可求出等效访问时间为 95%× (50+750)+5%×(50+750+750+750) = 875，只比原速度降低了 16.7%。

3．保护与共享

段页式系统的保护方法与段式系统相同。当然也可与页式系统一样将保护码置于页表项中，从页表开始共享。例如，两道作业若共享 SIN 子程序，则 SIN 段的页表便被这两道作业共享，如图 5.30 所示。

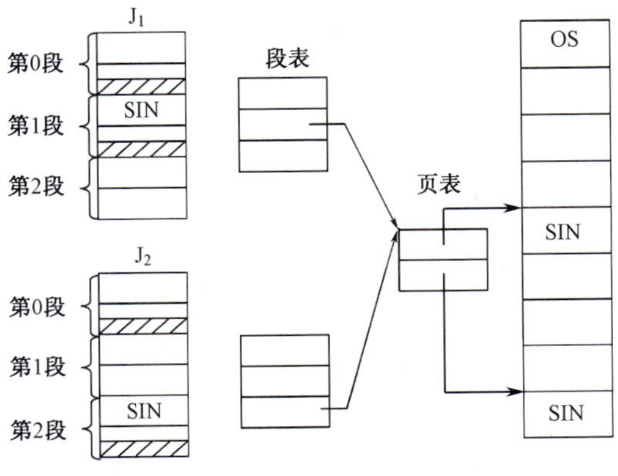

图 5.30　两个作业共享 SIN 段的页表

5.2.4　改进的页式管理

传统段式与段页式系统改进了页式管理不能按段保护的问题，但采用二维地址，给地址表示及转换带来额外开销。在采用页式地址表示的情形下，能不能避免将不同性质的相邻段数据分到同一个物理页帧中？答案是肯定的。我们可以将程序和数据的自然段按照页边界存放，即每个自然段的首字节必须存放于页的开始位置，这样就可以防止不同段跨页存放的问题，也可以按照段进行访问方式保护，即将相同段的所有页保护方式设成一致。

在编译器及装配器生成目标代码时，程序和数据各段都存放在线性地址表示的分页逻辑空间中，段占用整数页。如果段中有效数据不能占用整页，则后面加 0 补齐，保证后续段从整数页开始。这种逻辑空间安排方式可以完全采用页式管理来表示地址并进行地址转换。

总结各种存储管理方法，“放”可归纳为连续存放与不连续存放这两类。前者包括单道连续分配、多道连续固定分区和多道连续可变分区，后者包括页式、段式和段页式系统。对连续存放的管理方法，硬件只提供越界保护措施，但是这类方法不能较好地利用空间（多道连续可变分区法虽可用紧致方法消除碎片，但耗费巨大）且无法实现共享。非连续存放的管理方法均要求硬件提供动态地址转换机制，能实现共享。页式系统管理方法简单，能很好地利用空间，但不利于共享与保护。段式系统有利于共享和保护，但空间利用率差，管理复杂。改进的段页式管理结合了两者的优点。

5.3 虚拟存储管理

随着用户程序功能的增加，进程所需空间越来越大，进程空间很容易突破主存的大小，导致进程无法运行。本节介绍另一种存储管理方法——虚拟存储（虚存）管理。这种管理方法通过统一管理主存和辅存，给用户造成一种仿佛系统内具有巨大主存供用户使用的假象。在介绍连续空间分配法时曾指出：当用户程序比主存实际容量大时，可通过覆盖使程序正常运行。但覆盖只是把解决空间不足的问题交由用户处理。由用户自行设计覆盖结构是不容易的，用户需要了解整个程序代码的行态、数据结构等问题。程序越大，覆盖的设计也就越复杂。而需要覆盖的往往又是大程序，如果让用户在覆盖问题上花费精力，则不利于集中精力解决真正的问题。因此最好由系统自动解决空间不足的问题。虚存技术正是为满足这种需要而产生的。

现在，软硬件都有了较大的发展，特别是硬件价格大幅度降低，主存已可以做得很大。但是虚存技术并未因此而遭淘汰，因为采用虚存技术仍有重要意义，除能给用户进程一个足够大的虚拟空间外，还能提高系统的吞吐率。因为它只把运行程序在最近一段时间里活跃的那一部分放进主存中，而这一部分往往只占整个程序空间的少数，于是主存中能同时存在的进程的个数明显增多，为提高系统的吞吐量奠定了基础。

5.3.1 页式虚存的基本思想

在虚存系统中，每个进程都有自己的逻辑空间，而主存的物理空间是由系统各进程分时共享的。进程逻辑空间的容量由系统提供的有效地址长度决定。例如，地址长度为 32bit（位），寻址单位是 B（字节），逻辑空间的大小就是 2^{32}B。而主存物理空间的大小可以小于地址长度所能表示的最大空间，例如，物理空间可能只有 2^{12}B。然而用户看到的空间大小是 2^{32}B，用户就可在这个虚拟空间上编制程序，故逻辑空间称为虚存空间。实现页式虚存空间的基本方法是，在页式存储管理的基础上，仅把进程的一部分页放在主存中。页表项中注明对应的页是在主存中还是在辅存中。程序在执行时，当访问的页不在主存中时，根据页表项的指引，从辅存将其调入主存。如果这时已无可用的物理空间，则从主存中淘汰若干页。

由此可知，要实现虚存，首先要有辅存的支持。没有辅存，虚存空间的程序和数据就没有地方保存，主存可以看成虚存空间的缓冲区。主存的空间管理必须以非连续的存储管理法为基础。页式管理、段式管理、段页式管理和虚存技术的结合分别称为页式虚存系统、段式虚存系统、段页式虚存系统。下面只介绍页式虚存系统的实现原理。

如果虚存空间的页中含有有效数据，那么这些页数据可以是来自辅存的文件，也可以是在进程执行时新生成的数据页。如果需要保存页，通常这些页在释放主存时会被保存到辅存的交换区中，如图 5.31 所示。

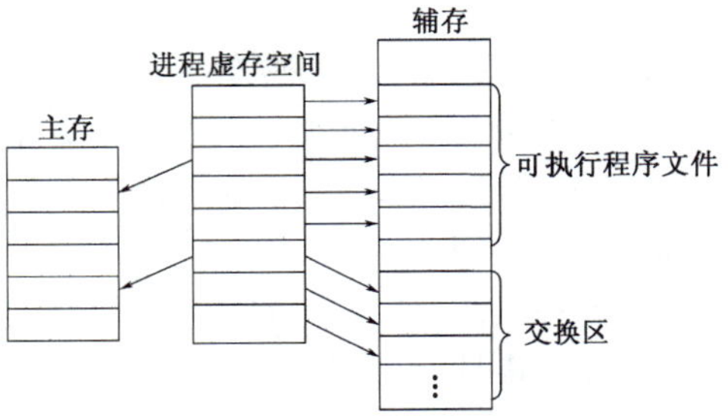

图 5.31　进程页式虚空间与辅存、主存间的关系

5.3.2　页式虚存管理实现

页式虚存系统对页表项的内容进行了扩充，首先因为虚存空间以辅存为基础，故必须增加一个栏目以存放对应页驻留在辅存中的块号。增加一个合法位（Valid Bit）用于标志对应页是否在主存中。若在主存中，则合法位为 1，并称该页合法，同时，页表项中指出该页所在的主存页帧号；否则合法位为 0，称该页不合法，页表项中此时应指出该页所在的辅存块号。下面介绍具体的页表项结构、页表的建立时机及过程、硬件动态地址转换过程、当页不在主存中时的缺页处理方法。通过这些介绍可使读者了解硬件及操作系统处理一条访存指令的过程。

1．页表项结构

如图 5.32 所示为页式虚存系统中页表项的结构。

合法位	修改位	页类型	保护码	辅存块号	页帧号

图 5.32　页式虚存系统中页表项的结构

修改位是为了在将页所占用的主存页帧释放回系统时，指明该页是否要回写到辅存块中。如果修改位已被置位，则表示该页自上次从辅存调入主存以来，页中的数据已经被修改过；若没有被置位，则说明该页自上次从辅存调入主存以来，未对其进行写操作。因此，操作系统在回收该页帧时，也不必将页回写到辅存中。修改位被置位的页一旦回写到辅存中，即可以释放页帧，并将修改位、页帧号和合法位都清 0。

辅存块号表示页在辅存中存放的位置。当一个进程刚被创建并用来运行一个程序时，该进程的页所在的辅存位置即是可执行程序文件所在的辅存位置。一般来说，可执行程序文件中包含了程序的二进制目标代码，以及程序所要处理数据的初始值和初始值为 0 的工作区说明。程序在进程的运行过程中，数据的初始值页被调入主存使用，而且存放初始值的主存单元可能被修改。这时，系统不能将修改过的页回写到可执行程序文件中，因为可执行程序文件中的初始值不能被改变。为此引入了专用的交换区（或 Swap 文件/页文件）用于存放那些可读写的进程页。只读的进程页的辅存块号，在进程生存周期内是不改变的，都指向可执行程序文件所在的辅存位置。但上述的可读/写的进程页，其初始值从可执行程序文件中获得，一旦被修改，回写时则被写到辅存的交换区中。当需要再度使用时，将其从辅存的交换区中取出。这种页称为**“回写 Swap 文件页”**。

还有一种页，存放没有初始值的变量或存放初始值为 0 的变量，在可执行程序文件中被说明是初始值为 0 的工作区，我们称其为**“零页”**，表示该页的初始值是 0。为这种页分配主存页帧时，不必从辅存获得初始数据，只要在分配页帧时，将页帧清 0 即可。当回写时，也需要分配交换空间，然后回写到交换空间中。以下是图 5.32 中各域的具体说明。

① 合法位：置位，表示该页在主存中。

② 修改位：置位，表示该页在上次调入主存后被修改过，在淘汰时应回写到辅存中。

③ 页类型：若为零页，则表示该页在分配物理页帧时，应将页帧空间清 0；若为回写 Swap 文件页，则表示在回写时必须分配交换空间，并回写到交换空间中；若没有设置页类型，则表示按正常方式处理。

④ 保护码：说明许可对该页的读/写或执行操作。

⑤ 辅存块号：该页所在辅存的块号，用于页的调入和回写。

⑥ 页帧号：当合法位被置位时，代表该页所在主存的页帧号。

2．页表建立

页表是在进程创建时建立的，初始化页表的主要方法是利用父进程页表生成子进程页表，如 UNIX/Linux 中的 fork()系统调用处理。另一种方法是用一个可执行程序文件来初始化页表，如 Windows 的创建进程系统调用包含了一个可执行程序文件参数，用它来对页表进行初始化。

（1）利用父进程页表生成进程页表

下面介绍进程创建时，系统调用处理的大致过程。可以看出，建立并初始化页表是进程创建的一项主要工作。

① 给子进程分配进程号 pid，分配 PCB 空间。

② 填写 PCB 中的进程标识信息、进程控制信息中的调度等信息。

③ 分配子进程页表空间。

④ 将父进程的所有程序页的页表项复制到子进程页表中，使程序共享。

⑤ 复制父进程的数据区和栈区页，重新填写子进程数据区和栈区页的页表项内容，这些页的初始数据还继承父进程的相应页的内容，但从此以后，页所占主存页帧及交换空间都将与父进程不同。

⑥ 继承父进程对其他资源的访问现场，如打开文件的现场。

⑦ 用父进程 PCB 中核心栈中的处理机现场保护区初始化子进程 PCB 中核心栈中的处理机现场保护区，且保证子进程从 fork( )调用后的语句开始执行，并保证子进程 fork( )的返回值为 0。

⑧ 将子进程挂到就绪队列中。

⑨ 给父进程返回子进程 pid。

（2）用一个可执行程序文件来初始化页表

产生一个进程就是为了执行一个程序，故可以利用一个新的可执行程序文件的辅存信息来初始化进程的页表。页表初始化的大致过程如下：

① 为执行程序页创建页表项，将保护码设置为可执行，辅存块号设置为该页对应可执行程序文件的辅存块号。这些页是不用回写的。

② 为全部有初始值的数据页创建页表项，将保护码设置为可读/写，页类型设置为回写 Swap 文件页，辅存块号设置为该页对应可执行程序文件的辅存块号。待该页回写时，再分配交换空间，修改辅存块号并清除页类型设置（说明以后作为一般页处理）。

③ 为所有存放无初始值或初始值为 0 全局变量的数据页创建页表项，保护码设置为可读/写，页类型设置为零页，辅存块号设置为空。当第一次访问该页时，分配主存页帧并清 0。当需要回写时，再分配交换空间，将辅存块号设置为交换空间的块号，并清除页类型设置。

3. 硬件动态地址转换

硬件执行访存指令的大致过程如下。当处理机执行访存操作时，首先从快表中查找要访问地址的逻辑页号对应的物理页帧号。注意，快表中的项都是合法页的页表项，在进程被调度运行时由操作系统置入。若能够在快表中获得要访问页的页帧号，则合成物理地址并进行访问。若要查页表，须先检查该页页表项的合法性。若合法位已被置 1，则从页表项中获得页帧号，合成物理地址并进行访问。若合法位未被置 1，则马上产生一个页故障（Page Fault）或称为缺页异常。进入操作系统内核，马上进行页调入处理。操作系统处理完成后，返回刚产生页故障的指令运行现场，重新执行访存指令。这时，访存指令可以合成物理地址并进行访存。由此可见，页故障的开销会非常大，如何减少页故障，是操作系统虚存管理面临的挑战。

4. 缺页处理

当硬件执行访存指令时，若要访问的页不在主存中，则会发生缺页异常。发生缺页异常后，硬件会马上转到操作系统中断/异常入口处，进行现场保护，判定这是缺页异常，并进行如下处理：

① 根据发生页故障的虚地址得到对应页的页表项。

② 申请一个可用的页帧（根据所采用的页替换策略，可能需要淘汰某页，即将某页的主存空间释放）。

③ 检查发生页故障页的页类型。若为零页，则将刚申请到的页帧清 0，将页帧号填入页表项，置合法位为 1。否则，调用 I/O 子系统将页表项中辅存块号所指的页读到页帧中，将页帧号填入页表项，将合法位置 1，结束缺页异常的处理，转中断/异常公共出口，恢复现场，重新执行访存指令。

5. 页淘汰

页淘汰可以发生在申请页帧时，因为已无可用空闲页帧，所以需要淘汰部分页，将其所占的页帧回收。现代操作系统一般定时进行页淘汰，以保证在缺页处理时，可以马上申请到页帧。如何选取被淘汰的页是由页替换策略决定的，进程的合法页集合称为驻留集（或称工作集）。是否允许进程驻留集大小可变也是页替换策略的关键。若已决定淘汰页 P，则主要做以下工作：

① 查 P 页表项的修改位，若未修改，则对合法位清 0，将页帧回收。

② 若已修改，则检查 P 的类型栏。

③ 若为零页或回写 Swap 文件页，则申请交换空间的一个空闲块，将 P 页表项的辅存块号置 1 且清除页类型（以后作为一般页处理）。

④ 调用 I/O 子系统将页帧中的数据写入辅存块号所指的辅存空间，对合法位清 0，将页帧回收。

5.3.3 多级页表

现代大多数计算机系统，均支持非常大的逻辑地址空间，从而使页表变得十分庞大且需要占用相对可观的主存空间。例如，一个具有 32 位逻辑地址空间的页式系统，如果规定页大小为 4KB，则每个进程页表的页表项可达 1M 个，如果设定页表项大小为 4B，则每个进程页表需要占用 4MB 的主存空间，且要求是一片连续的主存空间。这显然不妥当。为此，可从以下两方面出发来寻求这一问题的解决方法：

① 取消页表所占主存空间的连续性要求，即将一个进程页表离散地存放在若干不相邻的主存区域，这样便可避开“难以找到连续的大的主存空间”的问题。

② 仅将当前需要的部分页表项调入主存，其余部分存放到辅存中，在需要时再调入主存，从而减少页表所占用的主存空间。

所谓多级页表解决方案便是在综合运用上述策略的基础上形成的。

1．两级页表（Two-Level Page Table）

两级页表是最常用的多级页表类型。其基本方法是，首先对页表按物理主存页帧大小进行分页，我们称之为页表页，对它们进行编号并离散地存放于不同的物理页帧中；同时为离散存储的页表再建立一张页表，称为外层页表（Outer Page Table）或页目录表，以记录各页表对应的物理页帧号。

以前述 32 位逻辑地址空间、页大小为 4KB 的系统为例，若采用一级页表结构，则每个进程页表的页表项可达 1M 个；而若采用两级页表结构，由于各页表页包含 4KB/4B =1K 个页表项，因此需要 1K 个页表页即可。或者说，外层页表中的外层页内地址 P_2 为 10 位，外层页号 P_1 也为 10 位。此时的逻辑地址结构如图 5.33 所示。

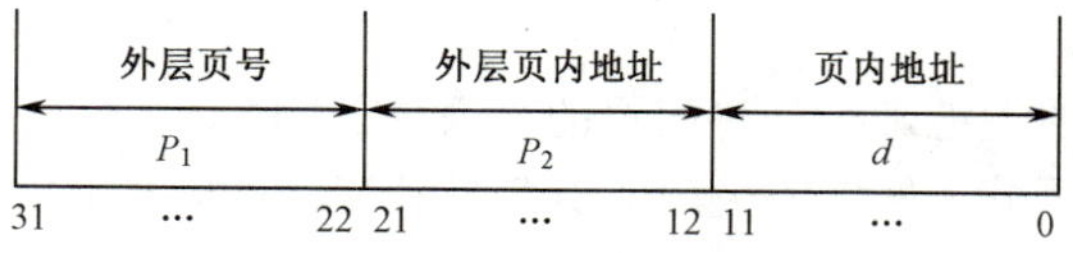

图 5.33　两级页表逻辑地址结构

从图 5.34 可以看出，在页表的每个页表项中存放的是进程的某页在主存中的物理页帧号，例如，第 0 页存放在 1 号物理页帧中；第 1 页存放在 4 号物理页帧中……而在外层页表的每个页表项中，所存放的是某页表页的首址，如第 0 页表存放在第 1011 号物理页帧中。我们可以利用外层页表和页表这两级页表，来实现从进程逻辑地址到主存物理地址的变换。

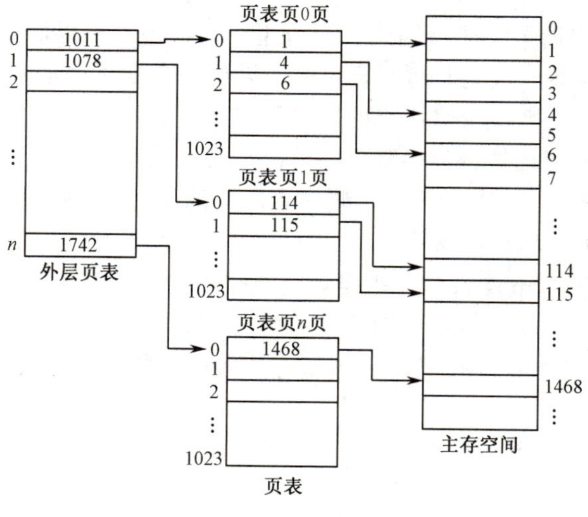

图 5.34　两级页表示例

为了方便地实现地址变换，在地址变换机制中同样需要增设一个外层页表寄存器，用于存放外层页表的起始地址，并利用逻辑地址的外层页号，作为外层页表的索引，从中找到指定页表页的起始地址，再利用 P_2 作为指定页表页的索引，找到指定的页表项，其中含有该页在主存中的物理页帧号，用该页帧号和页内地址 d 即可构成访问的主存物理地址。如图 5.35 所示为两级页表的地址变换机制。

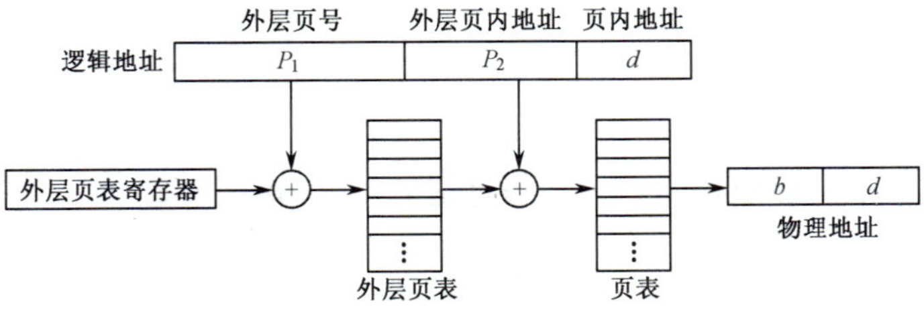

图 5.35　两级页表的地址变换

2．多级页表

对于 32 位计算机，采用两级页表结构是合适的；但对于 64 位计算机，若规定页大小仍为 4KB，则每个进程的页表项可达 $2^{64}/4K = 2^{52}$ 个。若采用两级页表结构，由于各页表页包含 1K 个页表项，因此需要 $2^{52}/2^{10} = 2^{42}$ 个页表页，即外层页表可能有 2^{42} 个页表项；即使按每个页表页 1M 个页表项来划分，页表页所占空间也将达到 4MB，而外层页表仍有 $2^{52}/2^{20} = 4G$ 个页表项，需要占用 16GB 的连续主存空间。可见，无论怎样划分，其结果都是不能接受的。因此，必须采用三级以上的多级页表，将 16GB 的外层页表再进行分页，并将各分页离散地分配到不相邻的物理块中，然后再利用第二级的外层页表来映射它们之间的关系。

注意，多级页表技术，不但突破了页表必须连续存放的限制，而且，当有大片虚地址空间未使用时，对应的页表项为空。如果这些空页表项有一页之多，则可以不分配对应页表空间，因此可节省主存。另外，多级页表增加了访存次数，因此外层页表的页表项应该尽可能保持在快表中，以减少访存开销。在实际应用中，以二级页表为最常见。

5.3.4　页替换策略

采用虚存技术能较好地解决空间不足的矛盾并提高系统的效率。其解决空间不足的效果一般较明显，而提高系统效率的实现是有条件的。因为采用虚存技术后，常会出现页故障。解决页故障需要与辅存打交道，耗时较多。如果系统不能有效地将页故障控制在一定范围内，则会使系统陷于页故障的频繁处理，很少做有用工作。影响页故障数的首要因素是页替换策略。

下面，首先介绍用于解释各种替换策略的访问串（Reference String）的概念。访问串是指进程访问虚存空间的地址踪迹。例如，某个进程依次访问了如下地址：0100，0432，0101，0612，0102，0103，0104，0101，0610，0102，0103，0104，0101，0609，0102，0105。但是，将这样一串地址作为访问串会很庞大，不便于使用。由于页式虚存管理以页为基本单位进行存储管理，因此可以只记下虚地址所属页的页号。若页大小为 100，则上述访问串简化为 1，4，1，6，1，1，1，1，6，1，1，1，1，6，1，1。另外，若访问了第 i 页，则紧随该页第一次访问后再对第 i 页的访问一般不会造成页故障，可进一步简化，将访问串中连续的同一页号合而为一，访问串又可简化为 1，4，1，6，1，6，1，6，1。

替换策略可分成两类：一类是基于进程驻留集大小固定不变的策略；另一类基于进程驻留集大小可变的策略。下面分别介绍这两类主要策略。

1．驻留集大小固定不变的替换策略

这类策略的共同点是进程驻留集大小固定不变，也即进程所用页帧固定，由进程页分时占用。设 m 为驻留集大小（页帧数），$s(t+1)$为时刻 t 的驻留集，$r(t)$为时刻 t 访问的页号（t 是以访问串的每项为单位的时间）。例如，访问串为 1，4，5，即：时刻 1 访问第 1 页，时刻 2 访问第 4 页，时刻 3 访问第 5 页，则记为 $r(1)=1$，$r(2)=4$，$r(3)=5$。驻留集大小固定不变的替换策略有

如下控制过程：

$s(0) =$ 空集

$$s(t+1)=\begin{cases} s(t) & r(t+1)\in s(t+1) \\ s(t)+\{r(t+1)\} & r(t+1)\notin s(t+1),\quad |\,s(t)\,|<m \\ s(t)+\{r(t+1)\}-\{y\} & r(t+1)\notin s(t+1),\quad |\,s(t)\,|=m,\ y\in s(t+1) \end{cases}$$

式中，y 为被替换页。根据选择 y 的不同方法可形成不同策略。

（1）FIFO（First In First Out）策略

这是一种最简单的替换策略。例如，驻留集大小为三个页帧，在 FIFO 策略控制下，对于访问串 7，0，1，2，0，3，0，4，2，3，0，3，2，1，2，0，1，驻留集的变化过程如图 5.36 所示，出现 12 次页故障（X 表示产生一次页故障）。

访问串	7	0	1	2	0	3	0	4	2	3	0	3	2	1	2	0	1
驻留集	7	7	7	2	2	2	2	4	4	4	0	0	0	0	0	0	0
		0	0	0	0	3	3	3	2	2	2	2	2	1	1	1	1
			1	1	1	1	0	0	0	3	3	3	3	3	2	2	2
页故障	X	X	X	X		X	X	X	X	X	X			X	X		

图 5.36　在 FIFO 策略控制下，驻留集的变化过程

实现 FIFO 策略无须硬件提供新的帮助。但是 FIFO 策略的实际效果不好，并且伴有一种称为 Belady 奇异的现象。Belady 奇异是指替换策略不符合“随着驻留集大小的增大，页故障数一定减少”的规律。例如，取访问串为 1，2，3，4，1，2，5，1，2，3，4，5。当驻留集大小为三个页帧时，驻留集的变化过程如图 5.37 所示，共出现 9 次页故障；当驻留集大小为 4 个页帧时，驻留集的变化过程如图 5.38 所示，共出现 10 次故障。因此 FIFO 策略是具有 Belady 奇异的策略。

访问串	1	2	3	4	1	2	5	1	2	3	4	5
驻留集	1	1	1	4	4	4	5	5	5	5	5	5
		2	2	2	1	1	1	1	1	3	3	3
			3	3	3	2	2	2	2	2	4	4
页故障	X	X	X	X	X	X	X			X	X	

图 5.37　在 FIFO 策略控制下，驻留集大小为三个页帧时驻留集的变化过程

访问串	1	2	3	4	1	2	5	1	2	3	4	5
驻留集	1	1	1	1	1	1	5	5	5	5	4	4
		2	2	2	2	2	2	1	1	1	1	5
			3	3	3	3	3	3	2	2	2	2
				4	4	4	4	4	4	3	3	3
页故障	X	X	X	X			X	X	X	X	X	X

图 5.38　在 FIFO 策略控制下，驻留集大小为 4 个页帧时驻留集的变化过程

没有 Belady 奇异的策略，随着驻留集大小的增大，其页故障数一定减少，如图 5.39 所示。而对具有 Belady 奇异的策略而言，有时随着驻留集大小的增大，其页故障数也会增大，如图 5.40 所示。

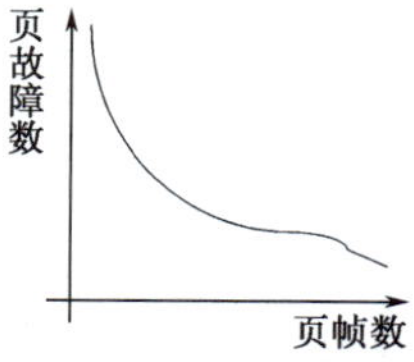

图 5.39　无 Belady 奇异的策略

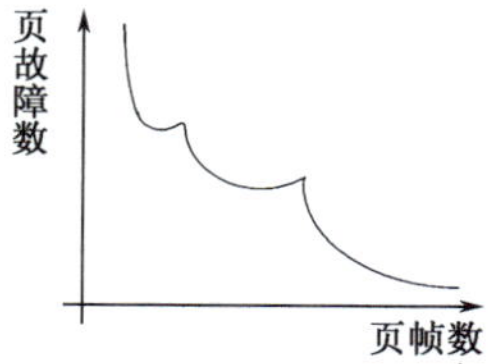

图 5.40　有 Belady 奇异的策略

（2）OPT（Optimal replacement）策略

OPT 策略是驻留集大小固定不变策略中的最优策略。它淘汰下次访问距当前最远的那些页中序号最小的一页。例如，驻留集大小为三个页帧，访问串为 7，0，1，2，0，3，0，4，2，3，0，3，2，1，2，0，1。在 OPT 策略控制下，驻留集的变化过程如图 5.41 所示，共出现 8 次页故障。称 OPT 为驻留集大小固定不变策略中的最优策略的理由是，OPT 策略对任意一个访问串的控制均有最小的时空积（进程所占空间与时间的乘积）。例如，进程共占主存时间为 10 秒，前 3 秒占用 40 个页帧，中间 5 秒占用 15 个页帧，最后 2 秒占用 7 个页帧，则时空积为 3×40+5×15+2×7=209（页帧×秒）。就驻留集大小固定不变策略而言，由于所占空间为一个常数，因此评判策略的性能时只需要比较处理同一个访问串各自所花费的时间量，即页故障的次数。可以证明，OPT 策略是驻留集大小固定不变策略中的最优策略。

访问串	7	0	1	2	0	3	0	4	2	3	0	3	2	1	2	0	1
驻留集	7	7	7	2	2	2	2	2	2	2	2	2	2	2	2	2	2
		0	0	0	0	0	0	4	4	4	0	0	0	0	0	0	0
			1	1	1	3	3	3	3	3	3	3	3	1	1	1	1
页故障	X	X	X	X		X		X			X			X			

图 5.41　在 OPT 策略控制下驻留集的变化过程

OPT 虽被誉为驻留集大小固定不变策略中的最优策略，但由于其控制页替换时需预先得知整个访问串，故难以付诸实用，仅能将其作为一种标准，用于测量其他可行策略的性能。

（3）LRU（Least Recently Used）策略

LRU 策略淘汰上次使用距当前最远的页。例如，驻留集大小为三个页帧，访问串为 7，0，1，2，0，3，0，4，2，3，0，3，2，1，2，0，1。在 LRU 策略控制下，驻留集的变化过程如图 5.42 所示，共出现 11 次页故障。

访问串	7	0	1	2	0	3	0	4	2	3	0	3	2	1	2	0	1
驻留集	7	7	7	2	2	2	2	4	4	4	0	0	0	1	1	1	1
		0	0	0	0	0	0	0	0	3	3	3	3	3	3	0	0
			1	1	1	3	3	3	2	2	2	2	2	2	2	2	2
页故障	X	X	X	X		X		X	X	X	X			X		X	

图 5.42　在 LRU 策略控制下，驻留集的变化过程

对于相同的访问串，满足任意时刻 $S(m, t)$都属于或等于 $S(m+1, t)$的替换策略称为栈算法（其中，m 为驻留集大小；$S(m, t)$为时刻 t 驻留集大小为 m 的驻留集）。LRU 策略属于栈算法，因为 LRU 策略淘汰的是上次使用距时刻 t 最远的页，因此，若驻留集大小为 m 个页帧，则驻留集中总保持最近使用过的 m 页；若驻留集大小为 m+1 个页帧，则总保持最近使用过的 m+1 页。$S(m, t)$属于 $S(m+1, t)$，即 LRU 策略为栈算法。

栈算法是没有 Belady 奇异的。设 $n>m$，对栈算法，有 $S(n, t)$包含或等于 $S(m, t)$。任取 $r(t)$，

若 $r(t) \notin S(n, t)$，则 $r(t) \notin S(m, t)$，因此在驻留集大小为 n 个页帧时出现的页故障，在驻留集大小为 m 个页帧时也一定会出现，而必有 $P(m) \geqslant P(n)$。（其中，$P(i)$表示驻留集大小为 i 个页帧时所出现的故障数。）由此可知，栈算法没有 Belady 奇异。由于 LRU 策略是栈算法，故 LRU 策略没有 Belady 奇异。

LRU 策略的实现耗费较高。由于 LRU 策略淘汰的是上次使用距时刻 t 最远的页，故须记录这个距离。记录方法可使用计数器，给每个页帧增设一个计数器。每访问一页，就把对应页帧的计数器清 0，其余页帧的计数器加 1，因此计数器值最大的页，即为上次访问距当前最远的页。例如，驻留集大小为三个页帧，访问串为 7，0，1，2，0，3，0，4，2，3，0，3，2，1，2，0，1，LRU 策略用计数器方法记录，则驻留集及计数器的变化过程如图 5.43 所示。

访问串	7	0	1	2	0	3	0	4	2	3	0	3	2	1	2	0	1
驻留集	0/7	1/7	2/7	0/2	1/2	2/2	3/2	0/4	1/4	2/4	0/0	1/0	2/0	0/1	1/1	2/1	0/1
		0/0	1/0	2/0	0/0	1/0	0/0	1/0	2/0	0/3	1/3	0/3	1/3	2/3	3/3	0/0	1/0
			0/1	1/1	2/1	0/3	1/3	2/3	0/2	1/2	2/2	3/2	0/2	1/2	0/2	1/2	2/2

（每格斜线左侧为计数器，右侧为页号）

图 5.43　用计数器方法实现 LRU 策略的驻留集及计数器变化过程

另一种可能的方法是，将保存驻留页的页帧“链”起来作为一个队列来实现 LRU 策略。若驻留集大小为 m 个页帧，则队列链长亦为 m。每次访问一页中的某个单元时，若该页在队列中，则移出并将其再链入队列尾部，如果该页在队列中，则说明该页在主存中，意味着从地址变换到访问都可以由硬件自动完成。那么，怎么做到“移出并将其再链入队列尾部”呢？如果由硬件实现，逻辑会很复杂，故可以让硬件做到访问某页单元时发生“异常”进入操作系统内核，让内核“异常”处理来做“移出并将其再链入队列尾部”这个工作。若该页不在队列中，则操作系统将队列首的页淘汰，从辅存取来要访问的页放入因淘汰而释放的页帧中，然后链入队列尾部。这样，刚访问过的页排在尾部，在首部的页就是最近未被访问的页。当然，这样设计的开销将导致每次访存都要发送异常，由操作系统来重排页队列。因此，其开销之大，在实际系统中是不可接受的。

（4）CLOCK 策略

CLOCK 策略是一种基于 LRU 策略思想的简化算法。页表项需要增加一个访问位，在硬件访问页时设置访问位，进程所有驻留页形成一个类似钟面的环形链表，如图 5.44 所示，有一个指针指向当前欲淘汰的页。当需要淘汰页时，对于指针指向的页，如果其访问位是 0，则将其淘汰，指针顺时针方向转一格；如果其访问位是 1，则将访问位清 0，指针顺时针方向转一格；……；直到找到访问位是 0 的页，将其淘汰。该策略既考虑了最近被访问的因素，清除访问位代价也较小，是一种比 LRU 策略更实用的策略。这种策略实际上是一种轮流淘汰页的思想，但是如果有页被访问过，则推迟一轮淘汰（体现了 LRU 策略）。该策略与 LRU 策略相比，在每次访存时只需要对访存页设置访问位，无须对其他页操作，因此而节省开销。

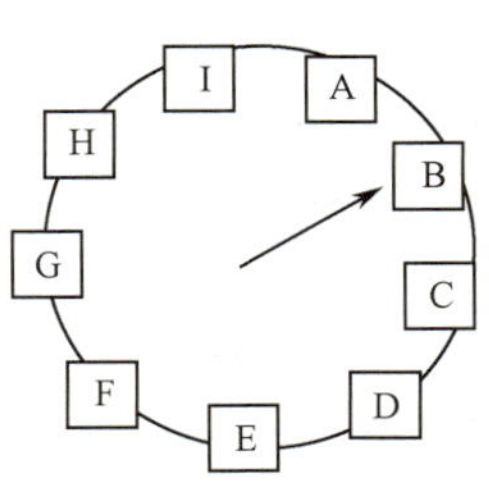

图 5.44　CLOCK 策略

（5）NRU（Not Recently Used）策略

该策略为每页设置一个表示其被使用的访问位，每次访问一页就设置对应的访问位为 1。页管理软件会定期把所有的访问位重新清 0。当必须淘汰页时，任选一个访问位为 0（可能不唯一，但表明该页最近没有被访问）的页，将其淘汰。若所有页的访问位都为 1，则按 FIFO 规则淘汰。

为减少淘汰页的回写时间，可增设修改位，该位在对调入的页第一次执行写操作时被置 1。

因此在选择淘汰页时，总尽量避免首先淘汰被修改过的页，因为这种页被淘汰时需要写回辅存，对页进行保护。若将访问位与修改位结合起来，则可确定如下的淘汰顺序：先选择访问位和修改位为 0 的页作为淘汰对象。若没有这种页，则选择未使用但被修改过的页，然后选择使用过但未被修改过的页，最后再按 FIFO 规则选择二者均为 1 的页淘汰。

2．驻留集大小可变的替换策略

若采用进程驻留集大小固定不变的策略，则管理起来比较容易，但驻留集大小的确定绝非易事。同时，页帧被固定分配给进程，不利于页帧的共享，可能造成浪费。例如，某个进程长时间没有机会占用处理机运行，但是却一直占用页帧，并且这些页帧不能给正需要页帧的进程使用。

人们称访问串所具有的性质为程序行态（Program Behavior）。对访问串做过许多统计研究后发现，程序具有局部性（Locality）行态。所谓局部性行态，是指可将程序执行的时间分成很多段，在每段时间里，程序只引用整个页集合的一个小子集。也就是说，程序在执行过程中形成了一个个局部集。以后人们又发现，在大多数程序（主要指非数值计算程序）的执行过程中，从一个局部集到另一个局部集的过渡是突然的，这就是阶段转换行态。并且，局部集一般不超过程序总页数的 20%。根据这些行态，驻留集应比最大的局部集稍大些。驻留集大小如果太小会使页故障频繁出现而引起系统抖动（Thrashing），即系统陷于不断进行页故障处理状态；太大又会造成空间浪费，达不到充分合理地利用空间的目的。由于局部集有大有小，时大时小，因此让驻留集大小恒定就不能合理使用空间。更合理的策略应该是随着局部集大小的变化来动态调整进程驻留集的大小。下面介绍几种驻留集大小可变的替换策略。

（1）WS（Working Set）策略

这是一种为顺应程序的局部性行态而制定的策略，在驻留集中只放置当前活跃的局部集（我们把活跃的局部集称为工作集，Working Set）中的页。WS 策略需要一个控制参数，记为Δ。若某页在驻留集中有Δ个时间单位（访存间隔）未被引用，则将其淘汰。例如，取$\Delta=5$，访问串为 7，0，1，2，0，3，0，4，2，3，0，3，2，1，2，0，1。驻留集的变化过程如图 5.45 所示，其中共产生了 7 次页故障。驻留集的平均大小为 3.5 个页帧。

访问串	7	0	1	2	0	3	0	4	2	3	0	3	2	1	2	0	1
驻留集	7	7	7	7	7	3	3	3	3	3	3	3	3	3	3	3	0
		0	0	0	0	0	0	0	0	0	0	0	0	0	0	0	2
			1	1	1	1	1	4	4	4	4	4	2	2	2	2	1
				2	2	2	2	2	2	2	2	2		1	1	1	
驻留集大小	1	2	3	4	4	4	4	4	4	4	4	4	3	4	4	4	3
页故障	X	X	X	X		X		X						X			

图 5.45　在 WS 策略控制下，驻留集的变化过程

WS 策略的效果与参数Δ的选取密切相关。人们通过大量实验发现，随着Δ的变化，驻留集的平均大小（m）与两次页故障间的平均距离（g）总是出现如图 5.46 所示的关系。从点 a 开始，m 的增大并未使 g 明显增大。故将 m 与 g 之间的关系控制在 a 点最为理想。点 a 说明：Δ足够大，使得在各局部集活动期间，局部页不至于被淘汰；Δ又足够小，使得在访问串进入一个新的局部集后，上一个局部集留下的页很快会被淘汰。

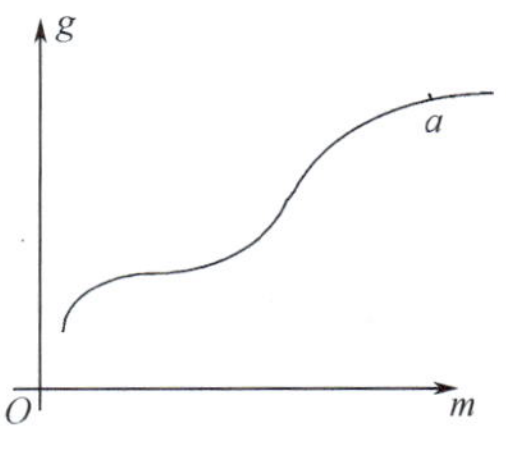

图 5.46　g 与 m 的关系

实现 WS 策略时，可用计数器记录对各页的访问，经自动检查后

淘汰计数器值为$\varDelta$的页。由于实现 WS 策略耗费太大，故在实际系统中很少采用。

（2）SWS（Sampled Working Set）策略

在实际系统中，常用的是 SWS 策略，它近似 WS。在 WS 策略控制下，每过τ个时间单位（如取τ =10 000）检查一次计数器，将计数器值大于等于$\varDelta$的页淘汰。这样做耗费仍很大，可用硬件时钟计数来进一步降低耗费。每访问一页，同时将当前时钟值记录在页表项中，经τ个时间单位后便检查驻留集，将当前时钟值与记录在页表项中的值相减，淘汰差值大于等于$\varDelta$的页。

（3）VMIN（Variable MINimal replacement）策略

VMIN 策略需要一个控制参数$\varDelta$，若某页下次访问的距离大于$\varDelta$，则将其淘汰。例如，取$\varDelta$ =5，访问串为 7，0，1，2，0，3，0，4，2，3，0，3，2，1，2，0，1，驻留集的变化过程如图 5.47 所示。共产生 7 次页故障，驻留集的平均大小为 2.4 个页帧。

访问串	7	0	1	2	0	3	0	4	2	3	0	3	2	1	2	0	1
驻留集	7	0	0	0	0	0	0	0	0	0	0	0	0	0	0	0	1
			1	2	2	2	2	2	2	2	2	2	2	2	2	1	
						3	3	3	3	3	3	3		1	1		
								4									
驻留集大小	1	1	2	2	2	3	3	4	3	3	3	3	2	3	3	2	1
页故障	X	X	X	X		X		X						X			

图 5.47　在 VMIN 策略控制下的驻留集的变化过程

对同一个访问串，若$\varDelta$的取值相同，则用 WS 策略控制和用 VMIN 策略控制得到的页故障数相同。因为对于 VMIN 策略淘汰的页，WS 策略在经过$\varDelta$个时间单位后也要淘汰它们。但在 VMIN 策略控制下，驻留集大小的均值小于在 WS 策略控制下的均值。若设处理一次页故障的耗费为常数 P，淘汰一页的耗费为常数 R，则当$\varDelta=R+P$ 时，VMIN 策略效果可达最优。

设 $C_k(i, i+1)$为第 k 页第 i 次被引用到第 i+1 次被引用的耗费。对第 k 页可有：

① 让第 k 页在驻留集中直到第 i+1 次被引用，设这段时间距离为 $L(i, i+1)$，则耗费为 $L(i, i+1)\times1$（时间单位×页帧），而 $L(i, i+1)\times1=L(i, i+1)$。

② 第 i 次访问后淘汰第 k 页，等第 i+1 次访问时再将其调入驻留集，则耗费为 $R+P$。

③ 第 i 次引用后置第 k 页于驻留集中 L 个时间单位后淘汰，待第 i+1 次访问时再调入驻留集，则耗费为 $R+P+L\times1=R+P+L$，即

$$C_k(i,i+1)=\begin{cases}L(i,i+1)\\R+P+L\\R+P\end{cases}$$

$$\begin{aligned}\min[C_k(i,i+1)]&=\min[L(i,i+1),\,L+R+P,\,R+P]\\&=\min[L(i,i+1),\,R+P]\\&=\begin{cases}L(i,i+1) & L(i,i+1)\leqslant R+P\\R+P & L(i,i+1)>R+P\end{cases}\end{aligned}$$

取$\varDelta=R+P$，则有

$$\min[C_k(i,i+1)]=\begin{cases}L(i,i+1) & L(i,i+1)\leqslant \varDelta\\R+P & L(i,i+1)>\varDelta\end{cases}$$

以上正是 VMIN 策略的控制方式。但若去掉 P 和 R 为常数的假设，VMIN 就不是最优策略了。由于 VMIN 策略亦需预先知道整个访问串而不能实用，因此仅是评价一般策略的标准。

3. 替换策略的选择

从上述对几种主要替换策略的讨论可以看出，效果好的策略往往需要在访存指令执行硬件逻辑中加入设置访问位的逻辑，耗费高；而耗费低的策略效果不佳。那么在具体实现一个虚存系统时应该选择什么策略呢？一般原则是，大、中型机上的虚存系统可选择耗费高些的策略（大、中型机的主频速度快，硬件支持手段能提供高耗费策略所要求的环境），小、微型机上的虚存系统一般只能选用低耗费策略（这类机器提供的硬件支持不具有实现高耗费策略所需的条件）。

低耗费策略的效果不能令人满意，若施用于小、微型机上，是否会严重影响系统的性能呢？如果采用某些技巧性的措施，则可弥补低耗费策略的大部分缺陷。操作系统 Windows NT 选用了改进的全局 FIFO 策略。Window NT 通过一些实现技巧，使其性能得到改进。其主要改进措施是，设置了被淘汰但其中数据还可用的页链表（自由链表和修改链表），并在自由链表中维持一定数量的备用页帧。页淘汰不要等到需要页帧且没有自由页帧时进行，而是定时地进行页淘汰，或者当自由链表太短时进行页淘汰。当淘汰一页时，并不立即将被淘汰的页内容从页帧中抹去，而是根据该页是否被修改过而链入自由链表（若没被修改过）或修改链表（若被修改过）的尾部，表示作为预备空闲页。在分配可用页帧时，从自由链表的表头取页帧。若修改链表超过了限定的长度（或自由链太短），则将修改链表中的页回写辅存，并将回写后的页链入自由链表尾部。当某页被选中淘汰时，该页并未被立即从主存中抹掉，而是链入自由或修改链表的尾部。因此若该页在最近又被访问，则不必到辅存中，而是直接从自由链表或修改链表中取回即可。这种页故障的处理所花费的时间很少。若被选中淘汰的页最近一段时间不会被使用，那么过一段时间该页就从自由链表尾部进到链表头部，最后被分配给某个进程的调入页，这时该页帧原来的数据才真正被更改了。

在选中淘汰一页时，页表项中应该注明这一页已是无效页。但在自由或修改链表中，当这一页所在的页帧最后被分给别的进程时，这一页不在主存中只在辅存中了。如果不计算处理自由、修改链表的页故障所花费的时间（这种耗费与从辅存调入页进行 I/O 操作的时间耗费相比，可忽略不计），这种方法的开销接近 FIFO 策略，效果接近 LRU 策略。

5.4 小结

存储管理主要研究三方面的内容：取、放、替换。其中“放”是基础，根据程序在主存中的不同存放方法，可以把存储管理分为连续存放与非连续存放两类。

连续存放的存储管理方法有单道连续分配法、多道连续固定分区法和多道连续可变分区法。硬件仅需提供一个界地址寄存器和地址越界检查机制即可实现单道连续存储分配管理。若用户程序所需空间大于用户空间，则用户可采用覆盖技术解决。

单道连续分配法适于采用 FCFS 和优先级作业（进程）调度算法。若采用时间片轮转或可剥夺优先级调度算法，则可通过交换技术来完成。若进程正在通过用户区域进行 I/O 操作，则不能交换。

多道连续固定分区法需要硬件提供上、下界地址寄存器和地址越界检查机制，或基地址寄存器、长度寄存器和动态地址转换机制。固定分区法虽然管理简单，但是空间得不到充分利用，内部碎片无法避免。若各种大小的作业分布不均则会造成严重的外部碎片。

多道连续可变分区法所需的硬件支持与多道连续固定分区法相同。分配可用块的方法有首次满足法、最佳满足法和最大满足法。可用块不能小于基本存储分配单位。可用块可以用数组或链表来管理。若外部碎片太多，则可采用紧致空间的方法予以消除。

非连续存放的存储管理方法有页式管理、段式管理和段页式管理。

页式管理将逻辑、物理空间按同样的长度划分，用户作业在逻辑空间连续但在物理空间不一定连续。程序运行时需要进行动态地址转换，地址转换依赖的数据结构是页表。页表是唯一把页与页帧相互对应的映射机构。为了加快地址转换速度，要求页大小为 2^k（k 为正整数）。另外必须增设快速存储器（如快表），存放部分页表项以减少地址转换过程中对主存的访问次数。在页式系统中可实现共享，用越界保护和操作访问保护实现存储保护。

段式管理将逻辑空间按用户作业（进程）中的自然段划分为若干段，主要目的是实现段共享。每段在主存中连续存放，段与段间可不连续。作业运行时，通过动态地址转换（数据结构是段表）将逻辑地址变为物理地址。

段页式管理是段式与页式的结合。对用户而言，其空间特征与段式系统一致。其在空间的利用与管理上具有页式系统的优点；而在存储保护与共享方面则汲取了段式系统的优点。

在页式管理的基础上，将程序的部分页放于主存中。进程运行时，若所访问的页不在主存中，会产生页故障，通过操作系统处理页故障来实现虚存技术。为了保证虚存系统性能优越，还须注意尽量减少缺页的数量、回写的次数和回写的数量等问题，由此而引进修改位、零页等概念。为保证数据页回写时执行文件内容不被修改，还必须设置页文件或交互区。

虚存系统的性能优劣主要取决于替换策略。替换策略可分为驻留集大小固定不变和驻留集大小可变两类。OPT 是驻留集大小固定不变策略中的最优策略，但难以付诸实用，只能作为评价其他策略的标准；LRU 策略效果虽好但耗费高；FIFO 策略的耗费最低但效果不佳。CLOCK 策略是一种优质低耗费的实用策略。驻留集大小固定不变在于驻留集大小不变，故管理时一些系统表格的安排比较简单，但难于确定其大小。为防止系统抖动，一般倾向于选大一些，但资源利用率低。对于驻留集大小可变策略，VMIN 为最优策略，但也不能用于实际系统中。WS 策略效果虽好但耗费高。WS 策略能很好地顺应程序行态。在实际系统中，通常采用 SWS 策略或驻留集大小可变的改进 FIFO 定时淘汰方法。

习题 5

5.1 存储管理研究的主要问题有哪些？

5.2 假设在一个计算机系统中，硬件仅提供界地址寄存器和地址越界检查机制。试设计一种存储管理方法，使主存中能同时存储三道作业运行。要求保证作业之间、作业与系统程序之间运行时互不破坏。

5.3 可以进行交换的条件是什么？为什么要这样限制？

5.4 如果在支持多道的页式系统中欲实施交换调度，应考虑哪些因素？如何实现？

5.5 实现多道连续存放的存储管理时，请设计一种硬件支持，并说明它如何进行地址变换？如何实现存储保护？

5.6 为什么要引进页式管理方法？在这种管理方法中，硬件应提供哪些支持？

5.7 在页式系统中：

① 如果进行一次存储访问需 1.2μs，那么访问一次页单元需要多少时间？

② 如果增加 8 个单元快表，且查询快表的命中率为 75%，那么等效访问时间为多少（假定在快表中查找一个页表项所需的时间可以忽略）？

5.8 如果要让作业可以在主存中移动，则对编址有什么要求？

5.9 考虑一个页式系统，其页大小为 100 个字，对下列程序给出访问串。

```
0 Load from 263;
1 store into 264;
2 store into 265;
3 Read from I/O 设备;
4 Branch into location 4, if I/O Device busy;
5 store into 901;
6 Load from 902;
Halt;
```

5.10 如果允许页表中的两个页表项同时指向同一个页帧，那么将产生什么后果？这种方法能用来缩短从存储器的一个地方复制大量内容到存储器的另一个地方所需的时间吗？

5.11 在页式系统中，怎样使多道作业共享一个程序段或数据段？

5.12 试述段式系统的动态地址转换过程。

5.13 在段式系统中，采用快表以保存最活跃的段表项，且整个段表保存在主存中。如果存储器的存取时间为 1μs，快表的命中率为 85%（假设不计访问快表时间），问等效访问时间是多少？如果快表的命中率仅是 50%，等效访问时间又是多少？

5.14 在段式系统中如何实现共享？对共享段有什么限制？为什么？

5.15 为什么要引入段页式管理？说明在段页式系统中的动态地址转换过程。

5.16 在段页式系统中，设访问主存的时间为 50μs，访问快表的时间为 0.5μs，如果要求等效访问时间不能超出访问主存时间的 25%，问快表的命中率至少应该达到多少？

5.17 在页式虚存系统中，系统为用户提供了 2^{24}B 的虚存空间。系统有 2^{20}B 的主存空间，每页的大小为 512B。设用户给出了 11123456（八进制数）的虚存地址。试说明系统怎样得到相应的物理地址。列出各种可能，并指出哪些工作由硬件完成，哪些工作由软件完成。

5.18 某程序大小为 460 字。考虑如下访问序列：10，11，104，170，73，309，189，245，246，434，458，364，页帧大小为 100 字，驻留集大小为 2 个页帧。

① 给出访问串。② 分别求出采用 FIFO，LRU 和 OPT 策略控制上述访问串的页故障数和页故障率。

5.19 在页式虚存系统中，根据程序的局部性行态，试指出：① 栈结构。② 杂凑技术。③ 顺序搜索。④ 少用或不用 GOTO 语句。哪种的技术和数据结构比较好？哪种比较低劣（假设上述数据结构或程序使用了多个页）？

5.20 “FIFO 策略有时比 LRU 策略的效果好”这句话对吗？为什么？“LRU 策略有时比 OPT 策略的效果好”这句话对吗？为什么？

5.21 试证明最优算法没有 Belady 奇异。

5.22 对访问串 1，2，3，4，2，1，5，6，2，1，2，3，7，6，3，2，1，2，3，6，驻留集大小分别为 1，2，3，4，5，6，7 时，试指出在 FIFO，LRU，OPT，CLOCK 策略控制下的页故障数。

5.23 在页式虚存系统中，测得各资源的利用率分别为：CPU 利用率为 20%；后援存储器利用率为 99.7%；其他 I/O 设备利用率为 5%。① 用一个更快的 CPU。② 用一个更大的后援存储器。③ 增加多道程序数量。④ 减少多道程序数量。⑤ 采用更快的 I/O 设备。哪种方法可提高 CPU 的利用率？为什么？

5.24 设某道作业的程序部分占一页，A 是该作业的一个 100×100 字的数组，在虚存空间中以行为主顺序存放（即按如下顺序存放：A(1, 1)，A(1, 2)，…，A(1, 100)，A(2, 1)，…，A(2, 100)，…，A(100, 1)，…，A(100, 100)）。页大小为 100 字，驻留集大小为 2 个页帧。若采用 LRU 策略，则下列两段对 A 进行初始化的程序引起的页故障数各是多少？

① for j=1 to 100 do
for i=1 to 100 do
A(i,j)= 0

② for I =1 to 100 do
for j=1 to 100 do
A(i,j)= 0

5.25 在虚存系统中淘汰页时为什么要回写？通常采用什么方法来减少回写次数和回写数量？

5.26 在虚存系统中，为何要引进页文件（或交换分区）？

5.27 在什么情况下，替换策略 FIFO 变得与 LRU 一样？

5.28 在页式虚存系统中，有些系统在系统缓冲区中进行 I/O 操作，有些系统直接在用户缓冲区中进行 I/O 操作，问这两种方法的优缺点是什么？

5.29 试述 WS 策略的主要思想，如何实现。

5.30 为什么去掉 P 和 R 是常数的假设后，VMIN 策略就不是最优算法了？

5.31 设有如下访问串：6，9，2，1，0，3，5，4，3，2，1，0，2，1。取Δ =4，给出用 WS 与 VMIN 两种策略控制该访问串驻留集的变化情况。

5.32 WS 策略和 VMIN 策略之间有什么关系？

5.33 如果主存中的某页正在与外部设备交换信息，那么在进行页故障处理时可以将这一页淘汰吗？如何确保对该页数据的 I/O 操作正确？

5.34 在页式虚存系统中，设页大小为 2^6，页表内容见表 5.4，现访问虚拟地址：$(233)_8$ 和 $(345)_8$。问是否会发生缺页（页故障）异常？若会则简述缺页异常处理过程，否则将虚拟地址变换成物理地址。

表 5.4 页表内容（表中均为八进制数）

页 号	有 效 位	页 类 型	页 帧 号	辅存块号
0	0			40
1	1		5	177
2	1		20	6
3	0	零页		

5.35 在页式虚存系统中，通常规定页表全部存放在主存中。但是若虚存空间很大，页又较小，页表的体积会非常大。若页表全部放入主存，则空间消耗太大。在这种情况下，通常把虚存空间分成系统虚存空间和用户虚存空间。映射系统虚存空间的页表全部放入主存，而映射用户虚存空间的页表页放入系统虚存空间。因此用户页表页可能不在主存中。

试给出在这种情况下地址转换的过程，指出哪些地方可能产生页故障？产生页故障后应该如何处理？哪些工作由硬件完成？哪些工作由软件完成？

第 6 章　设 备 管 理

管理和控制所有的外部设备（又称 I/O 设备），是操作系统的主要功能之一。操作系统中完成这部分功能的代码称为设备管理子系统。在一个计算机系统中涉及的外部设备种类繁多，为了支持大量外部设备的连接，连接的可扩充性特别重要，外部设备的连接方式也特别复杂和多样化。而且，外部设备及外部设备与主机的连接还在不断的发展中。所以在操作系统的设计及实现中，设备管理子系统是相当庞大复杂的功能模块。

本章首先介绍外部设备的分类及 I/O 控制原理等基本知识，然后介绍设备使用方法、I/O 子系统的层次结构及设备管理子系统的常用技术，最后介绍辅存及磁盘请求调度技术。

6.1　I/O 硬件概念

本节主要介绍常见外部设备的分类、特点，设备控制器及其与主机的接口，I/O 控制方式的概念及发展。

6.1.1　常见外部设备分类

在计算机系统中，用于 I/O 的设备有许多，而且工作方式各不相同，通常可以分成下述三类。

（1）人机交互类设备

人机交互类设备又称慢速 I/O 设备。这类设备主要与用户打交道，数据交换速度相对较慢，通常是以 B（字节）为单位进行数据交换。这类设备主要有显示器及键盘一体的字符终端、打印机、扫描仪、传感器、控制杆、键盘、鼠标等。图形显示器（包含显卡）是一个很特殊的设备，只用于输出。只要往显卡存储器中写入要输出的数据，就能够从显示器上显示出来。图形显示器虽然也是与人打交道的设备，但逼真的图形图像处理要求图形显示器的输出速度越来越高，因此其数据交换方式有别于一般的慢速 I/O 设备。

（2）存储类设备

这类设备主要用于存储程序和数据，数据交换速度较快，通常以多字节组成的块为单位进行数据交换。这类设备主要有磁盘设备、磁带设备、光盘、Flash 存储设备等。

（3）网络通信设备

这类设备主要有各种网络接口、调制解调器等。网络通信设备在使用和管理上与上述两类设备有很大的不同。

之所以将设备区分成上述三类，主要是因为对它们的管理方法不同。为什么会有不同的管理方法呢？这是因为这些设备之间存在着较大的差异，主要体现在下述三个方面。

（1）设备的使用目的不同

设备的使用目的直接影响操作系统的实现策略。例如，若将磁盘用于存储文件，除需要设备管理的功能外，还需要文件管理子系统的支持。若将一个磁盘或磁盘的一部分用来存储页式虚存中被替换出的主存页面，还需要虚存管理子系统的支持。

（2）控制的复杂性不同

打印机的控制相对简单，磁盘的控制比较复杂。设备管理子系统屏蔽了对各类设备的控制细节，提供一个设备与操作系统其他部分之间的简单易用的接口，并且该接口应对所有设备尽可能一致，这就是设备无关性。

（3）数据传输单位不同

在某些外部设备上，数据以字节流或字符流方式传输，如字符终端的 I/O 操作。在某些外部设备上，数据以块为单位传输，如磁盘数据的 I/O 操作。

本章将主要涉及前两类设备的管理。总而言之，慢速外部设备以字节为单位进行数据交换，数据传输速度慢，但控制方式简单，设备驱动程序的编写相对方便。存储类设备一次交换数据多，数据传输速度快，但控制复杂，设备驱动程序的编写也较复杂。而且用户一般不直接使用存储类设备，而是通过访问文件，由文件系统管理程序调用存储类设备的驱动程序。

6.1.2 设备控制器（I/O 部件）

外部设备通常包含一个机械部件和一个电子部件。为了达到设计的模块性和通用性，一般将其分开。电子部分称为 I/O 部件或设备控制器。在个人计算机中，它常常是一块可以插入主板扩展槽的印制电路板，机械部分则是设备本身。

随着计算机外部设备的发展，现在的设备控制器可以做得很复杂，可以控制多台设备与主存交换数据，如 SCSI 设备控制器可以控制 SCSI 总线上的不同设备并行地与主存交换数据。这时，也要求设备本身拥有更高的智能，以配合 SCSI 设备控制器完成并行 I/O 的功能，所以设备本身又发展成了拥有机械部分和部分控制电路的智能设备。

之所以区分控制器和设备本身，是因为操作系统大多与控制器打交道，而非设备本身。大多数小型、微型计算机的 CPU（处理机）/主存和外部设备之间的通路采用如图 6.1 所示的多总线模型。大型主机则采用非总线的方式连接外部设备，以加大 I/O 带宽。大型主机通常采用专用 I/O 通道，即专门用于 I/O 的计算机。I/O 通道可以用交叉开关或其他连接形式连接多台外部设备，并控制多台外部设备并行地与 CPU 或主存交换数据，它能够减轻 CPU 的工作负担。

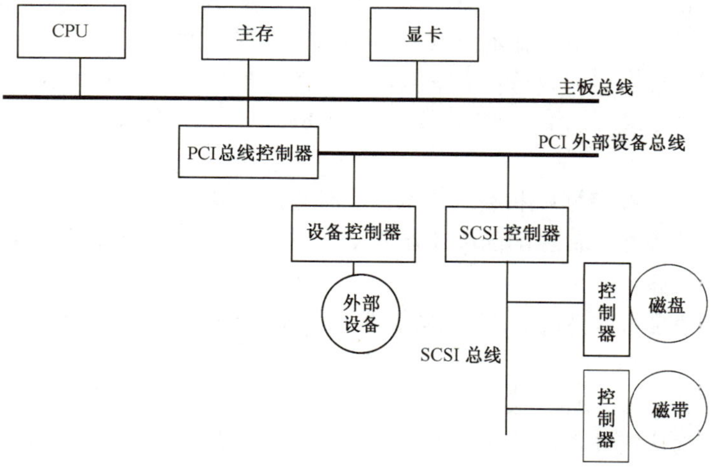

图 6.1　连接 CPU/主存和外部设备的多总线模型

【例 6.1】CRT 字符终端控制器是一个字节类型的串行设备，它从主存中读取欲显示字符的字节流，然后产生用来调制 CRT 射线的信号，最后将结果显示在屏幕上。控制器还产生水平方向扫描结束后的折返信号，以及整个屏幕被扫描后的垂直方向的折返信号。如果没有控制器，操作系统程序员只能自己编写程序来解决此问题。有了控制器后，操作系统只需通过几个参数对控制器进行初始化，输入参数，如每行的字符数和每屏的行数，之后控制器将自行控制扫描波束。

【例 6.2】一个磁盘，可能被格式化为每道 16 个 512B 的扇区。实际从硬盘中读出来的是一个字节流，以一个前缀开始，随后是一个扇区的 512B，最后是一个检查和纠错码（ECC）。其中的前缀是磁盘格式化时写入磁盘的，里面包含柱面数、扇区数、扇区大小及同步信息。低层磁盘控制器的任务是，将这个串行的字节流转换成字节块，并在需要时进行纠错。通常，该字节块是在控制器中的一个缓冲区中由逐个字节汇集而成的。在对数据进行检查和校验之后，该块数据随后被复制到主存中。

每个可编程设备控制器都有一些用来与 CPU 通信的**寄存器**。在某些计算机中，这些寄存器编址占用主存物理地址空间的一部分，这种方案称为主存映射 I/O。例如，多数 RISC 计算机就采用该方案。有些计算机则使用 I/O 专用地址，每个设备控制器中的寄存器编址对应 I/O 地址空间的一部分。除设备控制器中的寄存器外，许多控制器还使用中断来通知 CPU，它们已做好准备，其寄存器可以被读/写了。如图 6.2 所示描述了各设备控制器寄存器利用物理主存 k～n 空间映射的情形，0～k-1 表示实际的物理主存，但如果程序访问 k～n 段物理地址，实际就是访问对应的设备控制器寄存器。

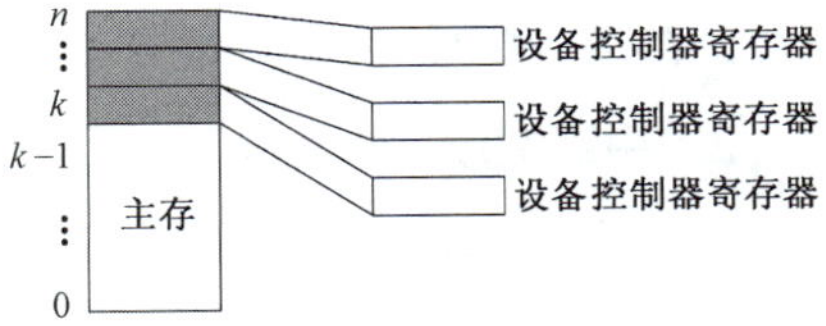

图 6.2　各设备控制器寄存器利用物理主存 k～n 空间映射的情形

操作系统通过向设备控制器的寄存器写命令字来执行 I/O 功能。某设备控制器接收到一条命令后，完成具体的 I/O 操作。在此期间，CPU 可以不停地反复读取设备控制器状态，测试设备控制器是否完成操作。CPU 也可以转向其他工作，当设备控制器完成相应操作后向 CPU 发中断信号。例如，在慢速人机交互类设备情况下，若设备控制器所完成的 I/O 操作是从设备读取数据，则在 CPU 收到从设备控制器来的中断后，CPU 运行中断处理程序可以从设备控制器数据寄存器中读取数据到 CPU 的寄存器中。

支持多设备并行的设备控制器的控制逻辑会很复杂，它与 CPU 的接口也是设备控制器中的各种寄存器。例如，SCSI 控制器可以控制 SCSI 总线上的多台不同设备与主存交换数据，它提供了一系列命令及状态寄存器，CPU 可以向 SCSI 控制器寄存器中置入 SCSI 命令，由控制器执行 SCSI 命令，在执行过程中会依照 SCSI 协议控制具体设备的下层控制器工作。

图 6.1 中的 PCI 总线控制器不能算是设备控制器，它在初始化后，只是作为 CPU/主存与外部设备之间数据交换的通路，控制总线的使用，没有直接控制设备 I/O 的逻辑。

6.1.3 I/O 控制方式

I/O 控制方式也经历了一个发展的过程。I/O 控制方式大致有如下三种。它们之间的主要不同在于 I/O 过程中 CPU 的干预程度。

1．程序直接控制 I/O 方式

CPU 在执行指令的过程中，遇到了一条与 I/O 相关的指令，CPU 执行此指令的过程是向相应的设备控制器发命令。在程序直接控制 I/O 时，设备控制器执行相应的操作，将 I/O 状态寄存器的相应位（bit）置 1。设备控制器并不进一步地通知 CPU，也就是说，它并不中断 CPU 的当前处理过程。

因此，CPU 必须负责周期性地检查设备控制器的状态寄存器，直到发现 I/O 操作完成为止。

在该方式中，CPU 还负责从主存取出要输出的数据，送到设备控制器寄存器中；或从设备控制器寄存器取出输入的数据，存入主存。

总之，在程序直接控制 I/O 时，CPU 直接控制 I/O 过程，包括测试设备状态，发送读/写命令与数据。因此，CPU 指令集中应包含下述类别的 I/O 指令：

① 控制类。激活外部设备，并告之做何种操作。例如，对磁带机的控制类命令可以有反绕至开始处（Rewind），或向前移一个记录等。

② 测试类。测试设备控制器的各种状态。

③ 读/写。在 CPU 寄存器及外部设备的控制器寄存器之间传输数据。

【例 6.3】 如图 6.3 所示是一个示例，它采用程序直接控制 I/O 方式，从外部设备（如磁带）读一个数据块到主存中。数据被一次一个字（假设 Word =16 位）地从外部设备读入。对于要读入的每个字，CPU 循环地执行状态检查，直至发现这个字的数据在设备控制器的寄存器中已准备好。然后，CPU 从设备控制器的寄存器读入该字到 CPU 的寄存器中，并最终存入主存。

2. 中断驱动 I/O 方式

程序直接控制 I/O 方式的问题是，CPU 必须花费大量时间等待相应的设备控制器准备好接收或发送数据。CPU 在此等待期间，必须反复地测试设备控制器的状态。结果是，整个系统的性能下降了。

解决办法是，把设备控制器逻辑做强大，CPU 向设备控制器发出命令后，转做其他有用的工作。当设备控制器准备好与 CPU 交换数据时，设备控制器中断 CPU，要求服务。CPU 被中断后，执行 CPU 的寄存器与设备控制器的寄存器之间的数据传输，然后恢复被中断的工作。

下面分别从设备控制器和 CPU 两个方面细化上述过程。

① 从设备控制器的角度来看，在输入时，设备控制器将收到 CPU 的读命令；然后，设备控制器从外部设备读数据，一旦数据进入设备控制器的寄存器，设备控制器就通过中断信号线向 CPU 发一个中断信号，表示设备控制器已准备好数据；然后，设备控制器等待，直至 CPU 来向它请求数据；设备控制器在收到从 CPU 发来的取数据请求后，将数据放到数据总线上，传到 CPU 的寄存器中。至此，本次 I/O 完成，设备控制器又可以开始下一次 I/O。

② 从 CPU 的角度来看，输入过程是，CPU 发出读命令；然后，CPU 保存当前运行程序的现场（包括程序计数器及 CPU 寄存器），转去执行其他程序；在每个指令周期的末尾，CPU 检查中断；当有来自设备控制器的中断时，CPU 保存当前运行程序的现场，转去执行中断处理程序处理该中断，这时，CPU 从设备控制器的寄存器中读一个字的数据传送给 CPU 寄存器，并存入主存；接着，CPU 恢复发出 I/O 命令的程序（或其他程序）的现场，继续运行。

【例 6.4】 如图 6.4 所示是一个示例，它采用中断驱动 I/O 方式读入一个数据块。与图 6.3 相比可看出，中断驱动 I/O 方式比程序直接控制 I/O 方式效率更高，因为 CPU 不必进行耗时的同步等待。

然而中断驱动 I/O 方式仍然消耗了大量的 CPU 时间，因为每次将一个字的数据从设备控制器传送到主存中或从主存传送到设备控制器中，都必须经过 CPU。

通常，一个计算机系统中有多个设备控制器。这时，系统中要有相应的机制，以便让 CPU 发现哪个部件引发了中断，从而决定（当多个中断同时发生时）先处理哪个中断。在某些系统中，有多根中断信号线，每个设备控制器从不同的中断信号线向 CPU 发中断信号，并且每根中断信号线都有不同的中断优先级。当然，也可以只有一根中断线，但需用附加的信号线来传送产生中断的设备号，或者 CPU 可以通过扫描访问各个设备控制器的状态寄存器来判断出哪个设备控制器产生了中断。

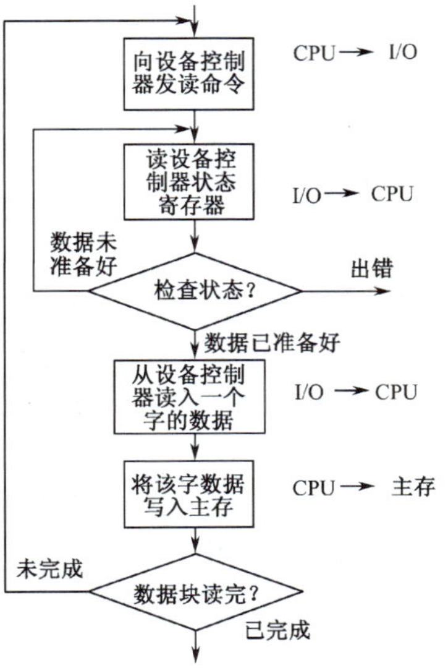

图 6.3　程序直接控制 I/O 方式示例

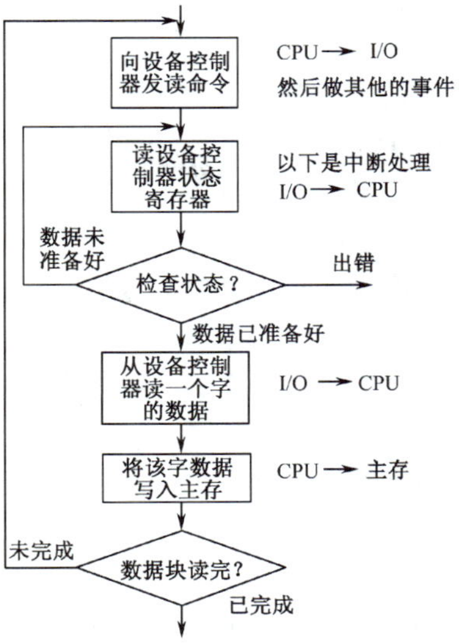

图 6.4　中断驱动 I/O 方式示例

3．DMA 方式

虽然中断驱动 I/O 方式比程序直接控制 I/O 方式更有效，但它在主存与设备控制器之间传送数据时，仍然需要 CPU 的干涉，任何数据的传输必经过 CPU 中的寄存器。对于以字节为单位传送的外部设备，这种处理方式可以满足需求；但对于存储类设备，一次可能有大量的数据传送，这种处理方式就会让人感到 CPU 干涉太多。

当大量的数据在外部设备与主存之间移动时，一种有效的技术就是 DMA（Direct Memory Access）。DMA 功能可由一个独立的 DMA 部件在系统总线上完成，也可整合到设备控制器中，由此设备控制器完成。无论是哪种情况，DMA 传送方式都是相同的：当 CPU 需要读/写一个数据块时，它给 DMA 部件发命令，命令中一般包含下述信息：

① 操作类别为读或写。

② 所涉及的外部设备的存储地址。

③ 读取或写入数据在主存中的首地址。

④ 读取或写入数据的字数。

发出命令后，CPU 继续进行其他的工作。它把这次 I/O 任务委托给了 DMA 部件，由它负责完成这次 I/O。DMA 部件按每次一个字的方式将整个数据块直接读出或写入主存，而不需经过 CPU 的寄存器。当传送过程完成后，DMA 部件向 CPU 发中断信号。因此，仅在数据块传送的开始及结束处涉及 CPU，如图 6.5 所示。

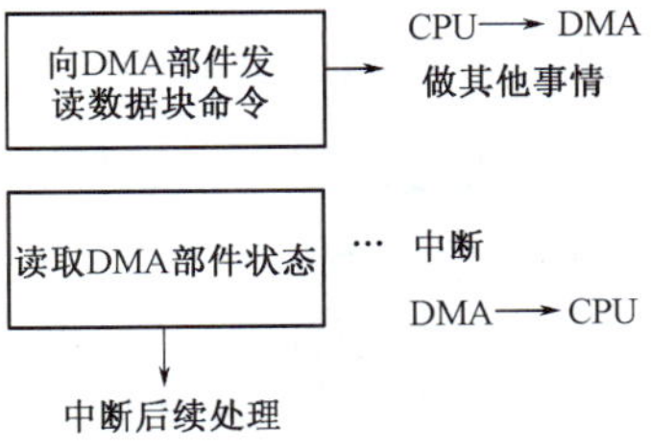

图 6.5　DMA 方式示例

在将数据读出、写入主存的过程中，DMA 部件需要控制总线。由于 DMA 部件对总线的竞争使用，有时会出现这种情况：CPU 需要使用总线，总线正被 DMA 部件控制，CPU 不得不等待总线空闲。注意，这不是一次中断，CPU 不需要保存程序的执行现场，转去执行其他内容。CPU 只需要暂停一个总线周期。最终的结果是，在 DMA 传送期间，CPU 的执行速度会慢下来。无论如何，对于一次成块的多字节的 I/O 传送来说，DMA 方式比中断驱动 I/O 方式要减少许多中断，减少许多 CPU 的 I/O 启动操作。

6.1.4 I/O 控制方式的发展过程

I/O 控制方式的发展过程可归纳为如下 6 步：

① CPU 直接控制外部设备。

② 加入设备控制器或 I/O 部件。CPU 采用程序直接控制 I/O 方式而非中断驱动 I/O 方式。这样，使 CPU 在某种程度上，从与外部设备接口的细节中脱离出来。

③ 同第②步有相同的结构，但引入了中断。CPU 不需要将时间花费在等待 I/O 完成的同步上，提高了效率。

④ 设备控制器增加了 DMA 功能，能直接访问主存。这样，在外部设备与主存之间移动一个数据块时，除在传送的开始及结束处，不需要再用 CPU。

⑤ 设备控制器的功能进一步增强，成为一个独立的不包含程序存储空间的处理机，且其指令集只包含 I/O 指令。CPU 命令 I/O 处理机执行在主存中存放的 I/O 程序。I/O 处理机从主存取指令并执行，不需要 CPU 的干预。CPU 可以要求 I/O 处理机完成一系列的 I/O 操作，并且仅在所有的 I/O 操作完成后被中断。

⑥ 设备控制器有其自己的本地存储器，I/O 程序放在本地由设备控制器执行。这样，设备控制器就能控制许多 I/O 设备，而 CPU 只需做极少的工作。

在第⑤，⑥两步中，一个重要的变化是，设备控制器能够执行程序。⑤和⑥的差别在于，设备控制器执行的程序是在主存中还是在设备控制器的本地存储器中。在某些教材中，将第⑤步中的设备控制器称为 I/O 通道，将第⑥步中的设备控制器称为 I/O 处理机。有时，也可能将第⑤，⑥步中的设备控制器不加区别地称为 I/O 通道或 I/O 处理机。

6.2 设备 I/O 子系统

下面首先从编程的角度讨论设备的使用接口，然后了解设备 I/O 子系统的层次结构，并仔细讨论关键层次的一些实现技术。

6.2.1 设备的使用方法

一个用户态程序如果直接使用设备，对设备的使用过程一般都会经历"申请设备→读/写设备→释放设备"的过程。操作系统提供有关的系统调用供用户程序调用，以实现上述设备使用过程。

1. 设备相关的系统调用

操作系统为用户提供了一个通用的设备使用界面，所以用户无须知道设备管理和驱动的实现细节。为实现程序对设备的使用，操作系统提供的主要系统调用如下所述：

① 申请设备。该系统调用中有参数说明了要申请的设备名称。操作系统在处理该系统调用时，会按照设备的特性（是独占式还是分时式共享使用）及设备的占用情况来分配设备，返回申请是否成功标识。有些操作系统提供设备类型名参数来申请设备，这时由内核分配一个同类型的可用设备返回给申请者。在 UNIX/Linux 操作系统中，提供指定设备申请系统调用 open( )。其中有参数说明了所要申请的具体设备名。如果该设备申请成功，系统调用返回一个代表该设备的 FD（File Descriptor），以后对该设备进行读/写时就用 FD 来定位设备，而不再需要设备名。

② 将数据写入设备。该系统调用的目的是，将用户提供的输出数据写入指定的设备。

③ 从设备读取数据。该系统调用从设备中读取输入数据，放入用户指定的存储区中。

④ 释放设备。这是申请设备的逆操作。在设备不再使用时，用户通过该系统调用将设备还给操作系统。

上述的系统调用主要用于慢速人机交互类设备。对于存储类设备，用户程序一般不直接使用它们，而是通过对文件的访问间接访问设备，即由文件系统通过块设备驱动接口函数使用它们。但是有些操作系统也提供对存储类设备的类似系统调用。例如，在 UNIX/Linux 中，用户可以用如下的系统调用将数据写入 U 盘中：

```
fd=open("/dev/sda", O_RDRW)          //申请 U 盘设备，/dev/sda 代表 U 盘
lseek(fd, 1024, 0)                   //将 U 盘当前 I/O 位置定位到 1024B 位置
write(fd, buffer, 36)                //将用户缓冲区 buffer 中的 36B 写入 U 盘的 1024～1059B
…
close(fd)                            //释放 U 盘
```

显然，这样的使用方式绕过了文件管理，而直接读/写 U 盘空间。当然用户必须清楚 U 盘的什么位置存放了什么信息，才能做到正确读/写。如果盘中文件系统遭到破坏，通过正常文件访问不能读取文件数据，则可以用这种方式直接读取盘中的数据，恢复盘中的信息。当然，读取程序必须知道文件的格式。

在 UNIX/Linux 操作系统中，设备是用一个特殊设备文件表示的，如上面/dev/sda 代表 U 盘设备。因此使用设备的系统调用与使用普通文件的系统调用在形式上是一样的。

2．独占式使用设备

独占式使用设备是指在申请设备时，如果设备空闲，就将其独占，不再允许其他进程申请使用，一直等到该设备被释放，才允许被其他进程申请使用。

为什么一个设备要被独占使用呢？这是因为设备一次 I/O 中数据是不完整的。如果一个逻辑上完整的数据不能够通过一次带 I/O 操作的系统调用实现其输入/输出，就必须分成多次 I/O 操作才能完成这个逻辑上完整的数据的输入/输出，而这里的多次 I/O 操作必须是针对外部设备资源的互斥操作。为了保证这些操作不被其他进程的针对同一外部设备资源的操作打扰，必须在申请该外部设备资源时以独占方式申请使用，这就相当于为外部设备资源加锁一样。等到多次的 I/O 操作将一个逻辑上完整的数据全部输入/输出完成，则释放外部设备资源。

例如，对打印机外部设备的使用，假设一个针对打印机的写操作只能向打印机输出一行字符。如果要将一个 n 行文本文件打印出来，则必须调用 n 次写操作，在进行写打印机操作之前，必须以独占方式申请占用打印机，否则如果有其他并发进程使用同一打印机，打印纸上会交替出现不同打印文件的字符行，从而影响输出效果。

3．分时式共享使用设备

在独占式使用设备时，设备利用率很低。因为进程独占设备后可能并没有一直使用它，而其他想用该设备的进程却申请不到该设备。

假设一次 I/O 操作是原子操作，如果一个在逻辑上完整的数据可以通过对设备的一次 I/O 操作完成，那么就没必要独占该设备。反过来说，如果一次 I/O 操作的数据在逻辑上完整，则不必要对该设备进行独占方式的申请使用。在申请该设备时，不必检查是否已被占用，只要简单累加设备使用者计数即可，并返回申请设备成功。

在 UNIX/Linux 操作系统中，对终端设备分时式共享使用。在申请终端设备时，并不查看它是否已被其他进程申请过，而是将终端的申请次数累加。这样当一个进程在多次写终端的操作过程中，就有可能插入其他进程对终端的写操作。也就是说，终端上可能将交替地显示不同进

程的输出数据。不独占使用不但可以充分利用资源，还可以防止死锁。至于交替显示引起的不便，用户可以接受。

对磁盘设备进行 I/O 操作时，也是分时式共享使用，也就是说，把每次对磁盘设备的 I/O 操作的数据都看成在逻辑上是完整的，从而无须对设备进行独占式申请，保证设备的高效使用。

分时式共享就是一种细粒度的分时使用设备，不同进程的 I/O 请求以排队方式分时地占用设备进行 I/O。应特别注意它和独占式的不同点，分时式共享使用设备总能申请成功，只是通过 I/O 请求队列将多进程对同一设备的并发 I/O 请求顺序化了。从用户程序的系统调用界面看，I/O 是并发的，但是操作系统处理时将 I/O 请求排入了队列，设备驱动程序会依次按队列中的请求启动设备进行 I/O，如图 6.6 所示。所以设备是被分时使用的。

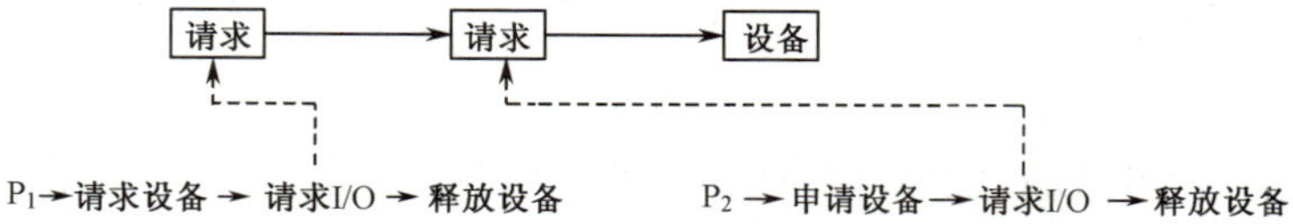

图 6.6　排队使用设备

4．以 SPOOLing 方式使用外部设备

SPOOLing 技术是在批处理操作系统时代引入的，即假脱机 I/O 技术。把这种技术用于对设备的使用，实质就是对 I/O 操作进行成批处理。

对有些设备必须进行独占式使用，如打印机。因为通常向打印机输出的数据不是独立的字符行，而是一批关联的字符行。当输出这批关联字符行时，必须独占打印机，才能使关联的字符行连续打印出来。如果在进程执行中一边生成输出结果一边调用写打印机系统调用输出，则打印机在独占期间会因为等输出结果而未被充分利用。因此必须避免边生成输出数据边打印的情况，可以将输出数据边生成边写入文件（或写到所谓的磁盘输出井中），**文件相当于虚拟打印设备**，待到数据全部输出完成，再独占打印机把文件（或输出井）内容从打印机上打印出来。

通常，为每个打印机建立一个打印服务（Daemon）进程和一个打印队列（该队列的每个表项对应一个输出文件副本）。打印服务进程循环地获取打印队列中的表项，顺序地从每个文件副本中读出数据，再成批地调用写打印机的系统调用将该文件的数据打印在纸上。这样保证了同一个文件的数据在打印纸上连续显示，因为读取文件副本是批处理方式，这要比临时生成输出数据快得多，所以打印机也不会因等待数据生成而闲置。

图 6.7　以 SPOOLing 方式使用外部设备示例

用户可以用一条人机交互命令（如 UNIX 中的 shell 命令“lp”）将要打印的文件复制到约定的 SPOOLing 目录中，并生成一个打印表项排入某打印服务进程的打印队列。打印服务进程会依次获取要打印的表项，将对应文件副本以成批输出的方式从打印机上打印出来，如图 6.7 所示。

6.2.2　I/O 层次结构

I/O 实现普遍采用层次结构。层次结构的基本思想是，将系统的 I/O 功能组织成一系列的层次。每层完成整个 I/O 系统功能的一个子集，每层都依赖其下一层完成更原始的功能，并屏蔽这些功能的实现细节，从而为其上层提供各种服务。在理想情况下，层的定义应能达到这样的目标，对某层的修改不会引起其下层或上层代码的修改。

整个 I/O 系统可以看成具有三个层次的结构，如图 6.8 所示。其中，用户层 I/O 是提供给用户进程使用 I/O 设备进行 I/O 的接口，它运行在用户态。系统调用接口，设备无关的操作系统软件，以及设备驱动程序与中断处理则在核心态运行，属于内核程序。当然，特定的操作系统在实现时并非严格遵守这种结构，但这种层次的划分是合理的。

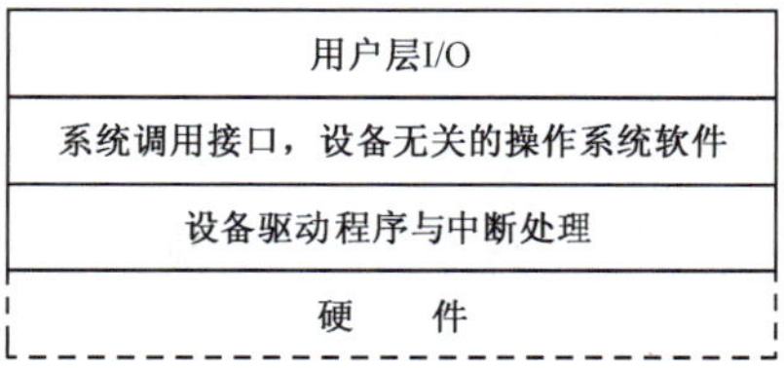

图 6.8　I/O 层次结构

1．用户层 I/O

虽然 I/O 操作实现的大部分软件功能在操作系统内核中，但是用户程序一般直接使用 I/O 库函数进行 I/O，如 C 库函数 fopen()，fread()，fwrite()，fclose()等。这些库函数在用户态运行，它们往往没有做太多的事情，而只转调操作系统的 I/O 相关的系统调用。操作系统的系统调用以函数界面形式供用户程序调用，如 UNIX/Linux 的 open()，read()，write()，close()等。

这一层与设备的控制细节无关。它将所有设备都看成逻辑资源，它为用户进程提供各类 I/O 函数，允许用户进程以设备标识符，以及一些简单的函数接口使用设备，如打开、关闭、读、写等函数。所以，这一层的函数的主要任务是为相应的系统调用处理函数提供参数。

2．设备无关的 I/O

这一层往下一般在内核中实现。它对上层提供系统调用的接口，对下层通过设备驱动程序接口调用设备驱动程序。

设备无关的 I/O 和设备驱动程序之间的精确界限在各个系统都不尽相同。对于一些以设备无关方式完成的功能，在实际中由于要考虑其他因素，也可以由设备驱动程序完成。

这一层的基本功能是执行适用于所有设备的通用 I/O 功能，并向其上层提供一个统一的接口，即 I/O 相关的系统调用接口。该层除提供与设备相关的系统调用处理外，还承担如下任务：

① 设备名与设备驱动程序的映射。该工作在“申请设备”系统调用处理中进行。用户通过设备名指定申请使用的设备，使用设备要通过设备驱动程序进行。设备无关的 I/O 任务之一就是将设备名映射到相应的设备驱动程序。在 UNIX/Linux 操作系统中，一个设备名对应一个特殊的设备文件，如/dev/tty00 唯一地确定了一个 i-node 节点数据结构，其中包含了主设备号（Major Device Number），通过主设备号就可以找到相应的设备驱动程序。i-node 节点也包含了次设备号（Minor Device Number），它作为传给设备驱动程序的参数指定具体的物理设备。

② 设备保护。对用户是否许可使用设备的权限进行验证，在“申请设备”系统调用处理时进行。操作系统如何保护设备的未授权访问呢？多数个人计算机系统根本就不提供任何保护，所有进程都可以为所欲为。在多数大型主机系统中，普通用户进程绝对不允许访问 I/O 设备。在 UNIX/Linux 操作系统中使用一种更为灵活的方法。由于对应于 I/O 设备的设备文件的保护采用与普通文件一样的保护方式，所以系统管理员可以为每台设备设置合理的访问权限。

③ 缓冲 I/O。块设备和字符设备都需要缓冲技术。对于块设备，硬件每次读/写均以块为单位，而用户程序则可以读/写任意大小的单元。如果用户进程写半个块，操作系统将在内部缓冲区中保留这些数据，直到其余数据到齐后才一次性地将这些数据写到磁盘中。对字符设备，用户进程向系统写数据的速度可能比向设备输出的速度快，所以需要进行缓冲。键盘输入同样也需要缓冲。可在这一层次中提供独立于设备的缓冲块大小。对于不同磁盘，其扇区大小可能不同。设备无关的 I/O 屏蔽了这一事实并向高层软件提供统一的数据块大小，如将若干扇区作为一个逻辑块。这样高层软件就只与逻辑块大小都相同的抽象设备交互，而不管物理扇区的大小。类似地，有些字符设备对字节进行操作（如Modem），另一些则使用比字节大一些的单元（网卡），

这类差别也可以得到屏蔽。当然在具体系统中也有可能把这些缓冲 I/O 的工作放在设备驱动程序层做。

④ 错误报告。错误处理多数由设备驱动程序完成，多数错误是与设备紧密相关的，因此只有设备驱动程序知道应如何处理（如重试、忽略、严重错误）。一种典型错误是，磁盘块受损导致不能读/写。设备驱动程序在尝试若干次读操作不成功后将放弃，并向设备无关软件报错。从此处往后，错误处理就与设备无关了。如果在读一个用户文件时出错，则向调用者报错即可。但如果是在读一些关键系统数据结构时出错，如读磁盘占用位图时出错，则操作系统打印出错误信息，并标示该设备不可用。

⑤ 文件系统管理模块也是设备无关的 I/O 层程序，它的主要工作是，定位逻辑文件在物理辅存上的位置。当文件系统管理模块要与存储类设备进行 I/O 时，不需要通过系统调用的外部接口而直接调用相应的与设备相关的驱动程序接口函数。我们将会用一章的内容来介绍文件系统的实现。

3．设备驱动程序与中断处理

操作系统会规定一个统一的设备驱动程序接口由设备无关层的程序调用。这个接口就是一些函数。这些函数的地址被放入一个系统表格，设备无关层的程序通过设备名找到这些驱动程序函数，并调用它们。在设备 I/O 结束时，通过中断机制，CPU 会运行设备的中断处理程序。

（1）设备驱动程序完成设备驱动

设备驱动程序包括所有与设备相关的代码。每个设备驱动程序只处理一种设备或者一类紧密相关的设备。例如，若系统所支持的不同品牌的所有终端只有很细微的差别，则较好的办法是为所有这些终端提供一个终端驱动程序。另外，因为一个机械式的硬拷贝终端和一个带鼠标的智能化图形终端差别太大，所以只能使用不同的驱动程序。

在本章的前半部分介绍了设备控制器的功能，知道每个设备控制器都有一个或多个寄存器来接收命令。设备驱动程序发出这些命令并对设备状态进行检查，因此操作系统中只有设备驱动程序才知道设备控制器有多少个寄存器，以及它们的用途。例如，磁盘驱动程序知道使磁盘正确操作所需要的全部参数，包括扇区、磁道、柱面、磁头、磁头臂的移动、交叉系数、步进电机、磁头定位时间等。

笼统地说，设备驱动程序的功能是，从设备无关的软件中接收抽象的 I/O 请求并执行。一条典型的请求是“读第 n 块磁盘数据”。如果请求到来时设备空闲，则它立即执行该请求；但如果设备正在处理另一条请求，则将该请求挂在一个等待队列中或原运行设备驱动程序的进程变为等待状态。

执行一条 I/O 请求的第一步是，将它转换为更具体的形式。例如，对磁盘驱动程序，它计算出所请求块的物理地址，检查驱动器电机是否在运转，检测磁头臂是否定位在正确的柱面等。简言之，它必须确定需要哪些控制器命令及命令的执行次序。

一旦决定应向设备控制器发送什么命令，设备驱动程序将向设备控制器的寄存器中写入这些命令。某些设备控制器一次只能处理一条命令，另一些则可以接收一串命令并自动处理。

这些控制命令发出后，有两种可能。在多数情况下，由于设备驱动程序需等待设备控制器完成一些操作，所以设备驱动程序阻塞，直到中断信号到达才解除阻塞。在少数下情况下，由于操作没有任何延迟，所以设备驱动程序无须阻塞。后一种情况的例子如：要在有些终端上滚动屏幕，只需往设备控制器寄存器中写入几字节内容，无须任何机械操作，所以整个操作可在几微秒内完成。

在前一种情况下，被阻塞的设备驱动程序须由中断唤醒，而在后一种情况下，它根本无须睡眠。无论哪种情况下，都要进行错误检查。如果一切正常，则设备驱动程序将数据传送给其上层。最后，它将向它的调用者返回一些关于错误报告的状态信息。

（2）中断处理

当进程进行 I/O 时，进程在发出 I/O 请求后将阻塞在内核中，直到 I/O 结束并发生中断时要进行中断处理。当中断发生时，由中断处理程序执行相应的响应操作并解除相应进程的阻塞状态，使其能够继续执行。同时，中断处理程序（具体系统实现时，也可以是“中断后”程序）应该从设备请求队列中获得下一个设备驱动请求并驱动设备。

例如，当用户程序试图从设备中读一个数据块时，需通过操作系统的系统调用来执行操作。设备无关的 I/O 首先在数据块缓冲区中查找此块，若未找到，则调用设备驱动程序向硬件发出相应的请求。用户进程随即阻塞直到数据块被读出。当磁盘操作结束时，硬件发出一个中断，它将激活中断处理程序。中断处理程序则从设备获取返回状态值，并唤醒睡眠的进程来结束此次 I/O 请求，使用户进程继续执行。

6.2.3 设备驱动程序

一个设备驱动程序一般管理相同类的所有设备。它由许多子程序组成，这些子程序与设备特性相关，通常由上层设备无关的 I/O 层设备类系统调用处理函数调用。存储类设备驱动程序会由文件系统层调用。

1．设备驱动程序接口函数

设备驱动程序一般包含如下子程序：

① 驱动程序初始化函数。该函数为了使驱动程序的其他函数能被上层正常调用，而做一些针对驱动程序本身的初始化工作。例如，向操作系统登记该驱动程序的接口函数，以便上层程序在处理设备类系统调用时能查到登记的驱动程序的接口函数，并转调驱动程序的对应函数。该初始化函数在系统启动时或驱动程序动态装入内核时执行。

② 驱动程序卸载函数。这是驱动程序初始化函数的逆过程，在支持驱动程序可动态加载卸载的系统中使用，在卸载时执行。驱动程序可动态加载是指在系统启动时或者系统正常运行时将驱动程序加入内核中，而不可动态加载的操作系统必须在操作系统编译、链接时就将驱动程序加入内核。在内核中已静态包含的驱动程序无须这个函数。

③ 申请设备函数。该函数申请一个驱动程序所管理的设备，按照设备特性进行独占式或分时式共享占用。如果独占式申请成功则还应该对设备做初始化工作。

④ 释放设备函数。这是申请设备函数的逆过程，对于分时式共享设备，将设备表中的占用用户数减 1。对于独占式设备，即将占用标志位清 0。

⑤ I/O 操作函数。这个函数实现对设备的 I/O 操作。对独占式设备，包含启动 I/O 的指令。对分时式共享设备，该函数通常将 I/O 请求形成一个请求包，将其排到设备请求队列中。如果请求队列空，则直接启动设备。

⑥ 中断处理函数。这个函数在设备 I/O 完成时向 CPU 发中断后被调用。该函数进行 I/O 操作完成后的善后处理，一般是找到等待完成 I/O 请求的阻塞进程，将其就绪，使其能进一步完成后续工作。如果 I/O 请求队列中还有后续请求，则可启动下一个 I/O 请求。

虽然设备驱动程序通常是在核心态下运行的，但设备驱动程序常由设备制造厂家作为购买设备的附件提供给用户。设备驱动程序在功能上属于内核程序。每个设备驱动程序都是单独的一个或多个文件（但在不支持动态加载操作系统中，设备驱动程序需要经过重新编译链接后才能进入内核）。编写设备驱动程序的厂家通常都不太了解操作系统内核程序源代码，但是必须知道如何调用操作系统提供的一些如内核存储分配等功能。例如，有类似于 UNIX 设备开关表这样的设备驱动程序函数入口表机制和接口标准，可使操作系统内核其他部分灵活而正确地调用设备驱动程序。

现代操作系统通常都规定了设备驱动程序与内核程序间的接口标准，为某个操作系统编写某个设备驱动程序的厂家必须遵从该操作系统的驱动程序接口标准。而且，只要遵从了这个标准，厂家就不需要了解内核程序的其他源代码了。设备制造厂家若希望某型号设备在若干不同的操作系统环境中都能工作，就必须为该型号设备编写针对不同操作系统的多个设备驱动程序版本。

UNIX 自 SVR4 起规定了对所有 UNIX 变种都统一实行的设备驱动程序接口标准——DDI/DKI（Device-Driver Interface/Driver-Kernel Interface，设备驱动接口/驱动内核接口）规范（Specification）。该接口标准共分 5 节和三个部分。

第 1 节：描述一个驱动程序需要包括的数据定义。

第 2 节：描述驱动程序入口例程，包括设备开关表中定义的函数、中断处理子例程、初始化子例程。

第 3 节：描述驱动程序可以调用的内核例程。

第 4 节：描述驱动程序可以使用的内核数据结构。

第 5 节：包括驱动程序可能需要的内核#define 语句。

DDI/DKI 规范的三个部分如下所述。

① 驱动程序（内核）。这是该接口标准中最大的一部分，包括驱动程序入口和内核支持例程。

② 驱动程序（硬件）。该部分描述用于支持在驱动程序与设备间交互的那些例程。

③ 驱动程序（Boot）。该部分描述一个驱动程序如何加入内核，这不包括在 DDI/DKI 规范中，但在各种厂商有关的设备驱动程序编程指南中有描述。

2．显示器驱动程序的功能

显示器包括 CRT 显示器及硬拷贝终端（即带键盘的打印机）。CRT 显示器又分为字符显示器和图形显示器，图形显示器分为矢量显示器和位映像显示器。现在最常见的是位映像显示器。位映像显示器驱动程序的功能除设备驱动程序层的常规工作外，还要负责以下工作：

① 将用户程序送来的输出数据转换、写入视频缓存，这种数据转换主要是从存储编码（如 ASCII 码或汉字国标内码 GB 码）到输出编码（字库中的字形数组）的转换。国际化和本地化（如汉化）都属于驱动程序的工作。

② 对用户程序送来的输出数据进行 ESC 码的识别和执行等。

3．键盘驱动程序的功能

键盘驱动程序的功能除完成设备驱动程序层的常规工作外，还要负责以下工作：

① 对输入数据进行加工处理。在加工方式下，驱动程序将向上层提交有效字符串。例如，如果从键盘依次输入“a”，“b”，“c”然后按 Backspace 键，此时的有效字符串是“ab”。当然要看用户程序是否要求这样做。如果是，则称键盘工作在加工方式下；如果否，则称为原始方式。在原始方式下，提交给上层的就是“a”，“b”，“c”及 Backspace 的键值。

② 将输入数据送至显示器进行回显。

4．打印机驱动程序的功能

打印机的类型很多，从简单的用于正文输出的点阵打印机或行打机，到复杂的能够在纸、透明胶片或其他介质上产生任意图像的喷墨打印机、激光打印机等。汉字打印机通常自带汉字库（硬字库）。英文打印机没有字库，但也可以打印汉字，不过需要使用软字库，即操作系统或应用软件（如排版软件）带的字库。打印机驱动程序的功能除设备驱动程序层的常规工作外，需要负责的工作还有：如果打印机没有安装字库，或者虽然打印机安装有字库，但用户不希望使用硬字库而希望使用软字库，则打印机驱动程序需要进行从存储编码到输出编码（字库）的转换。

5．与设备管理有关的数据结构

操作系统为了实施对物理设备的管理，应建立一组 I/O 数据结构，用于描述 I/O 请求格式，描述各设备的特性和使用状态，描述硬件级 I/O 子系统的连接关系及其他与 I/O 相关的信息。从形式上看，I/O 数据结构通常由一系列的表格、队列组成。I/O 数据结构是操作系统中较为繁杂的一部分内容，它们直接与物理设备相关，各设备之间也无统一的格式。操作系统中需建立的 I/O 数据结构一般由以下几部分组成：

① 描述设备、控制器等部件的表格。系统中常常为每个部件、每台设备分别设置一张表格，这种表格称为设备表或部件控制块。这类表格具体描述设备的类型、标识符、状态及当前使用者的进程标识符等。

② 同类资源的队列。系统为了方便对 I/O 设备的分配管理，通常在设备表的基础上通过指针将相同物理属性的设备链成队列（称为设备队列）。

③ 面向进程 I/O 请求的动态数据结构。每当进程发出 I/O 请求时，系统将建立一张表格（称为 I/O 请求包）。将此次 I/O 请求的参数填入表中，同时也将与该 I/O 有关的系统缓冲区地址等信息填入表中。I/O 请求包随着 I/O 操作的完成而删除。

④ I/O 队列。在一般 I/O 的过程中，对于独占式设备应先提出申请，待系统分配相应设备后再使用。如果在进程申请时系统暂无可分配的设备，则进程应等待，直到设备被其他进程释放。为了实现这种动态等待，通常为独占式设备建立一条“分配等待队列”。队列中保持着当前等待占有该设备的所有进程，队列头放在设备表中。当进程使用分时式共享设备时，如果多个 I/O 请求在相近的时间段同时发出，则也必须建立一条队列，称为“使用等待队列”。系统将多个同时发出的 I/O 请求保存在队列中并按顺序完成请求。

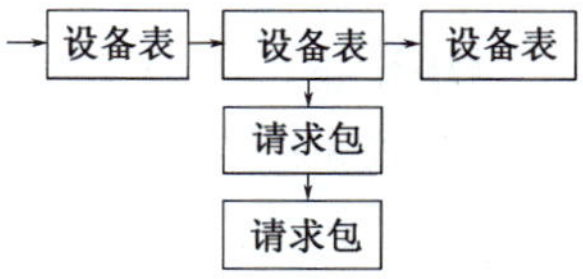

图 6.9　与设备管理有关的数据结构关系图

上述数据结构的关系如图 6.9 所示。

6.2.4　缓冲技术

缓冲技术实际上是在计算机各个层次使用的一种通用技术。缓冲区比目标存储访问速度要快，当然缓冲区只能存放目标存储的部分数据。设立缓冲区的目的是减少访问目标存储部件的次数，提高 I/O 速度。

在操作系统设计中，要想提高外部设备 I/O 的速度，应在系统主存空间开辟一片区域，将要从外部设备读取的数据预先读到这片主存区中，将要输出到外部设备中的数据先写到这片主存区中，以后再择机写到外部设备中。这样，本来要直接与外部设备进行的 I/O 操作变成了与系统主存的读/写操作，主存速度远高于外部设备，因此提高了 I/O 的速度。

设想下述情况，一个用户进程希望从磁带上读入一个数据块，数据块长度为 100B。读入的数据放在用户进程的虚地址空间 1000～1099 处。完成这个任务的最简单的方式是，向磁带机发送一条 I/O 命令（如 Read Block[1000, tape]），然后等待数据。这种等待可以是一种忙等待（循环地测试设备状态）方式，或是一种节省 CPU 资源的方式，进程阻塞等待中断的发生。

这个过程中存在一个问题，进程在等待较慢的 I/O 完成时，操作系统可能会将此进程换出主存，而进程虚地址空间 1000～1099 却必须保留在主存中，否则可能会丢失数据。若采用页式管理，至少虚地址 1000～1099 所在的页必须留在主存中，虽然这时操作系统可能已选中该页将其淘汰出主存。同样的问题在输出时也可能发生，假设一个数据块正在从用户进程空间写到设备控制器中。在此传送过程中，进程被阻塞，但相应的进程空间却不能换出主存。

为解决这些问题，可采用**预先读**及**延迟写**技术。这两种技术都是缓冲技术，也就是说，在系统空间设立 I/O 数据缓存，这样，与设备打交道的主存空间不是用户空间而是系统空间。在讨论缓冲技术之前，有必要重提对外部设备的分类方法：将外部设备分为块设备及字符设备。块设备以定长的数据块存储数据，在读入及写出时，一次以一个数据块为单位进行，因此可用块号来引用数据。磁盘、磁带都属于块设备。字符设备以字节流读入及写出数据，没有块结构。终端、打印机、通信端口、鼠标等非二级存储设备都是字符设备。

1．单缓冲

操作系统所能提供的最简单的缓冲支持就是单缓冲。当用户进程发出一个 I/O 请求时，操作系统在主存的系统区域为该操作分配一个缓冲区，如图 6.10（a）所示。

对块设备，采用单缓冲输入的过程是，将从设备控制器来的数据先送入系统缓冲区，该数据块送完后，用户进程将此数据块移到用户进程空间。并且，操作系统立即请求下一个数据块，这就是预先读。这个读请求是基于“下一个数据块最终将被使用”这一假设的。对许多计算问题来说，这种假设在大多数情况下是合理的。

这种方式与无系统缓冲区的情况相比，速度要快得多。在用户进程处理某个数据块的同时，下一个数据块正在读入。操作系统也能将该用户进程换出主存，因为读入操作针对的是系统缓冲区，而不是用户进程空间。单缓冲的引入，会增加操作系统的复杂度，因为操作系统增加了缓冲区管理的功能。

对块设备，采用单缓冲输出的过程是，当需要将数据块写出时，首先将数据块从用户进程空间复制到系统缓冲区中，这时可继续执行用户进程，并可在需要时换出主存。操作系统会安排最终将系统缓冲区的内容输出到设备上，这称为延迟写。

对于字符设备，单缓冲的使用有两种方式：一次一行方式和一次一字节方式。一次一行方式适用于滚屏终端，对它来说，用户的输入是一次一行，以回车标志一行的结束，对终端的输出也是一次一行。行式打印机是这种设备的一个例子。一次一字节方式常用于传感器、控制杆之类的外部设备。

在采用一次一行方式时，系统缓冲区用来保存一行。在输入时，用户进程阻塞至整行内容全部进入才被唤醒；在输出时，用户进程将要输出的一行信息送入系统缓冲区后便可继续运行，不必阻塞。但是，若系统缓冲区非空，同时用户进程又需要将新的一行送入系统缓冲区，此时，用户进程需要阻塞等待系统缓冲区为空。

2．双缓冲

对 I/O 操作使用双系统缓冲区，如图 6.10（b）所示，可进一步改进系统性能。这样，在用户进程从一个系统缓冲区移走（填入）数据的同时，操作系统可往另一个系统缓冲区填入（移走）数据。

3．循环缓冲

双系统缓冲区可以平滑 I/O 设备与进程之间的数据流。但是进程用户空间与系统缓冲区交换数据的速度还是远远快于 I/O 设备与系统缓冲区交换数据的速度。进程通常会产生一系列 I/O 操作（远远多于两个 I/O 操作），例如，要将多块数据写入磁盘，而在进行这一系统 I/O 操作时，两个系统缓冲区不能存放下用户欲写入磁盘的数据。在这种情况下，可以通过增加系统缓冲区的数目来达到目的，如图 6.10（c）所示。

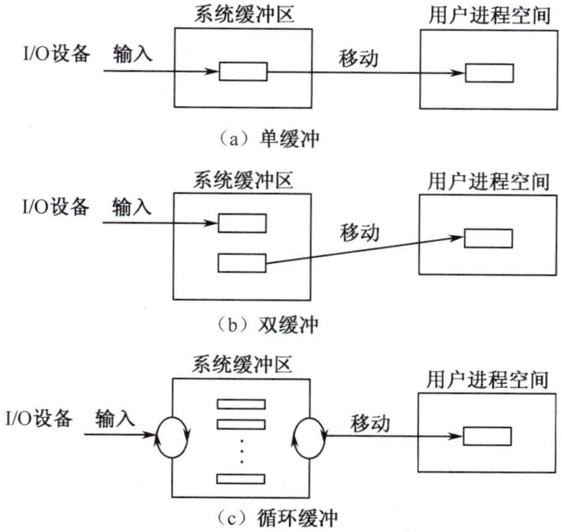

图 6.10　I/O 缓冲区

可以开辟超过两个的系统缓冲区来构成一个系统缓冲池。可采用第 4 章描述的有限缓冲区的生产者/消费者模型对缓冲池中的缓冲区实现循环使用。当读/写外部设备的系统调用处理时，首先针对系统缓冲区进行操作。当写操作时，只要写到系统缓冲区中，写外部设备系统调用就可以返回。当读操作时，先到系统缓冲区里找要读的数据。如果找到，则读外部设备系统调用可马上返回，如果没找到，则再到外部设备中读出并存入系统缓冲区。

在设备管理子系统中，引入缓冲可有效地改善 CPU 与 I/O 设备之间速度不匹配的矛盾。这主要体现在：可以通过预读和滞后写加快 I/O 的速度；可以在重复对同一个数据进行 I/O 操作时减少设备 I/O 的次数。然而，当系统中用户进程的平均 I/O 需求超过了 I/O 设备的处理能力，并且用户不重复访问相同数据时，无论开辟多少系统缓冲区，都无法使 I/O 的速度跟上进程的运行。当所有的系统缓冲区渐渐地被填满后，系统缓冲区的作用随即减弱，进程将不得不在处理完一批数据后等待 I/O 完成。无论如何，在多道程序的环境中，当系统中有多个 I/O 设备和多个进程同时活跃时，系统缓冲区是提高系统性能、改善进程运行时间的有效工具之一。

4．缓冲技术举例

【例 6.5】在一个 UNIX 的版本中，对磁盘的 I/O 操作使用了如下缓冲技术。操作系统在主存中预留了一片缓冲区，称为高速缓冲区。高速缓冲区与 I/O 设备之间以物理块大小的整数倍进行 DMA 方式的传输。

为了循环使用有限的高速缓冲区，系统要维护下述两个队列：

① 空闲队列。高速缓冲区中可被重新分配的缓冲区连接在这个队列中。

② 设备队列。高速缓冲区中已存放了磁盘设备数据块数据的缓冲区连接在这个队列中。

高速缓冲区中的所有缓冲区或者只位于空闲队列中（当缓冲区还从未被使用时），或者只位于设备队列中（当正在进行 I/O 操作时，即正在与外部设备或与用户空间交换数据时），或者既位于空闲队列中同时也位于设备队列中。当缓冲区内容被用过时：一个存放了设备数据块数据的缓冲区在被用过后放入空闲队列的队尾，但同时还保持在设备队列中。如果该缓冲区数据在被别的数据块占用之前又被访问，则马上可以从设备队列中找到。

当要访问某个设备上的某个物理块号的数据块时，操作系统首先到高速缓冲区的设备队列中去查找，为减少检索时间，设备队列按 Hash 表方式组织。Hash 表的长度固定，每个表项包含指向高速缓冲区的指针。访问的设备号、块号的数据块将会映射到 Hash 表的某个表项上。属于同一个 Hash 表项的所有数据缓冲区组成一个 Hash 链表，Hash 表项中的指针指向该链表中的第一个缓冲区。每个缓冲区包含一个指针，用来指向链表中的下一个缓冲区。因此，设备号、块号所对应的数据块若在高速缓冲区中，就一定在设备号、块号所映射的 Hash 表项后的 Hash 链表中。

对高速缓冲区，采用最近最少使用替换算法。高速缓冲区一旦分配给某个磁盘块数据，就将一直维持这种关联，直到这个缓冲区被另一个磁盘块数据占用。最近最少使用的次序是在空闲队列中被维护的，即一旦某缓冲区被用过一次就插入空闲队列的队尾。若再被使用则从空闲队列中抽出。这样空闲队列中的第一个缓冲区一定是最近最少使用的。

图 6.11 中，F，G，H 就是 Hash 值相同的缓冲区，其中缓冲区 F 还在空闲队列中，表示缓冲区 F 中存放了有效数据，但是它也可以作为备用缓冲区。

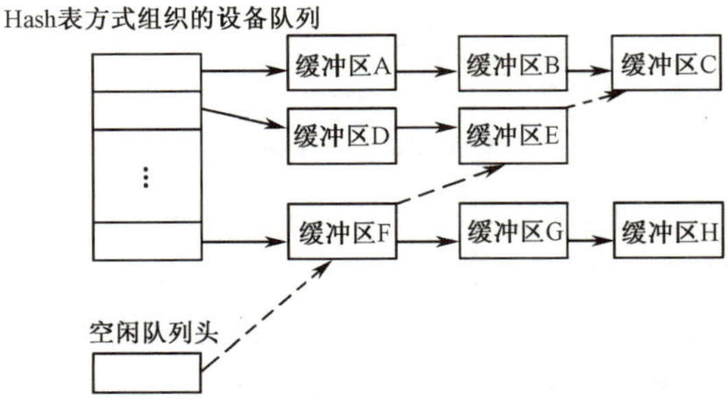

图 6.11　缓冲区管理示例

6.3　存储设备

存储设备与其他外部设备硬件相比，实现相对复杂，对它的使用管理也相对特殊。本节介绍一些常见的存储外部设备，特别介绍针对磁盘存储设备的调度算法。

6.3.1　常见存储外部设备

计算机中使用的数据存储在计算机存储设备中。存储量不大而经常使用的数据，通常存储在主存储器中；存储量大的数据则以文件的方式存储在辅存储设备中。辅存储设备主要有磁带、磁盘和光盘，以及半导体固态存储。辅存储设备与主存储器相比，其容量大、易扩充、成本低，但存取速度慢（存取时间比主存储设备长几个数量级）。

1. 磁带

磁带的结构与磁带录影机类似。磁带是涂有薄薄一层磁性材料的一条窄带。一条宽 1/2 英寸[①]，长约 700 米的磁带，表面平行地涂有 7～9 条磁道，绕在一个卷盘上。磁道上每个点都可以做正、反方向磁化，表示二进制数 0 和 1，如图 6.12 所示。

将磁带装入磁带机，当需要从磁带上读/写数据时，启动磁带机，接收盘转动，带动磁带前进，通过读出/写入头就可以读出磁带上的信息或把信息写到磁带上，如图 6.13 所示。

① 1 英寸=2.54 厘米。

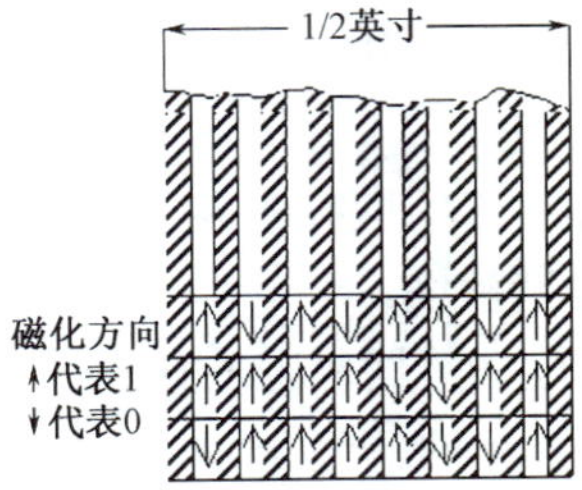

图 6.12　8 磁道带的 8 条磁道

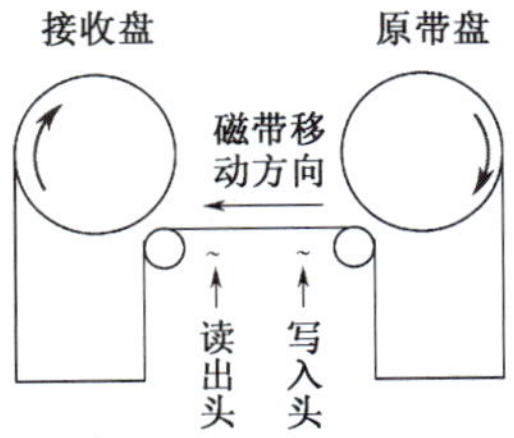

图 6.13　磁带读/写示意图

磁带不是连续运转的设备，而是一种启停设备。信息（即数据）在磁带上是分块存储的，并以块为单位进行读/写的。块与块之间留有适当长度的空白间隔区，称为间隙（Inter Record Gap，IRG）。根据启停时间的需要，这个间隙通常为 1/4～3/4 英寸。如果每个字符组的长度是 80 个字符，IRG 为 3/4 英寸，则对密度为每英寸 1600 个字符的磁带，其利用率仅为 1/16，另外 15/16 的磁带空间用于 IRG，如图 6.14 所示。磁带机从静止开始启动、加速到正常读/写速度（150～200 英寸每秒）需 5～10 毫秒的时间，这个时间恰能保证磁头越过块与块的间隙。磁头越过间隙的时间称为延迟时间。每次至少读/写一块，连续读/写时，延迟时间为 5 毫秒。

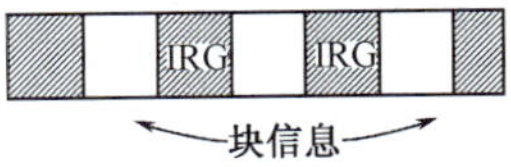

图 6.14　磁带上信息存放示意图

为了有效地利用磁带，加快读/写速度，通常在主存中开辟 I/O 缓冲区。在正常情况下，一次读/写总是读满缓冲区，或把缓冲区内容全部写到磁带上。磁带的块存储长度取决于缓冲区的长度。由于 IRG 的存在，块越长，存储效率越高，读/写速度越快。但要求主存缓冲区也越大，从而耗费主存空间也更多，而且，如果一次读/写的时间太长，则出错的概率很大。

由于磁带是顺序存储设备，读/写信息之前先要进行顺序查找，并且当读出/写入头位于磁带尾端，而要读取的信息在磁带始端时，这时需要用反绕（Rewind）命令把磁带全部倒回。这种情况反映了顺序存取设备的主要缺点，它使检索与修改信息很不方便。因此，顺序存取设备主要用于处理变化少，只进行顺序存取的大量数据，如用于备份存储设备。磁带在磁盘问世之前的确是一种大容量存储数据的有力工具。

2. 磁盘

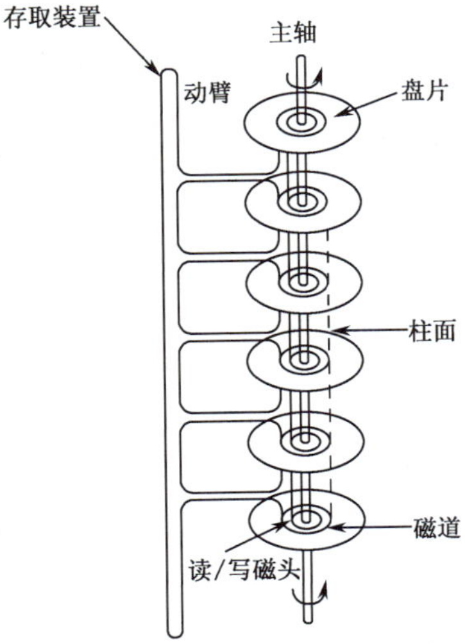

图 6.15　活动头磁盘示意图

磁盘是一个扁平的圆盘，是一种方便直接存取的存储设备。与磁带比，它是以存取时间变化不大为特征的。磁盘既可以直接存取，又可以顺序存取。它的特点是容量较大，存取速度快。

一片或一组磁盘装在磁盘设备上，磁盘设备执行读/写信息的功能。活动头磁盘如图 6.15 所示，盘片装在一个主轴上，并绕主轴高速旋转，当磁道在读/写磁头下通过时，便可以进行信息的读/写。一个盘片的两面（盘组的最上、最下的两面除外）都可以存储数据。

读/写磁头安装在存取装置的动臂上，靠近各个盘面。盘片在驱动器带动下高速旋转。磁盘转动一周，读/写磁头在一个固定位置上扫视磁盘的一个同心圆。一个同心圆称为一条磁道，一个盘面上可有成百上千条磁道。盘组中直径相同的磁道形成一个柱面。每条磁道又划分成几个扇区。扇区是可寻址的最小存储单位。柱面、盘面、扇区编号（或块号）构成磁盘的存储地址。

相邻磁道之间有空隙。这个空隙可防止或减轻磁头与磁道不对齐带来的错误，还可防止磁道间磁场的相互影响。为简化电子部件，每个磁道上可存储的数据量相同。这就意味着，盘面边缘的磁道上的数据密度（位/英寸）低于内圈磁道的数据密度。

数据从盘面上读出/写入的单位是块（Block）。相应地，数据块存放在扇区（Sector）中。一般一条磁道可容纳的扇区数为 10～100 个。为避免可能引起的精度问题，相邻扇区之间有空隙。

为了定位磁道中的某个扇区，需要采用特定的方法来识别扇区的起始和结束位置。因此，在格式化磁盘时，将这些额外的控制数据记录到盘面上。这些数据仅被磁盘驱动器访问，用户是不可访问的。

根据磁头机制的不同可将磁盘分成三种类型。传统的类型是，读/写磁头位于盘片的上方，与盘面之间有一个固定不变的间隙。另一种类型是，在读/写操作期间，读/写磁头与盘面的磁介质有物理上的接触，这种机制就是软盘所使用的机制。为了理解第三种类型的磁盘，需要考察盘面上的数据密度和磁头与盘面间隙之间的关系。为了能够正确地写入或读出数据，磁头中需产生或感应到足够强的电磁场。磁头越窄小，它就需要更加靠近盘面。磁头窄小意味着磁道窄小，也就意味着更大的数据密度，这是我们所希望的。然而，磁头距离盘面越近，杂质等因素造成读/写错误的可能性就越大。为推动技术的进步，温彻斯特（Winchester）磁盘应运而生。温彻斯特盘的磁头放在密封的磁盘驱动部件中，因而不会被杂质污染。磁头是一个气动的金属薄片。当盘片静止时，磁头轻轻地搭在盘面上；当盘片急速地旋转时，所产生的空气压力使磁头上升，离开盘面。磁头的这种设计使在进行读/写操作时，距离盘面的间隙比传统的刚性磁头要小，因而盘面可有更大的数据密度。

3．光盘

光盘是一种高密度的塑料圆盘，其规格有 2.5 英寸、3.5 英寸或 4.75 英寸等几种。光盘的访问定位特性和磁盘非常类似，所以既支持顺序存取，又支持直接存取。光盘的特点是成本低，容量大，保存数据更可靠、更持久。磁带和硬盘都是基于磁介质的存储设备，而光盘应用了全然不同的原理。它利用坑和槽存放信息，使用一束激光扫描光盘表面而取出信息。存放在光盘表面的信息不会因为磁和粉尘污染而造成数据丢失。光盘自 1985 年首次问世以来，已成为计算机强有力的存储设备。目前使用的光盘驱动设备有 CD-ROM 光盘驱动器（只读光盘驱动器）、CD Recorder（CD 刻录机）、CD-RW 光盘驱动器（可擦写光盘驱动器）、DVD 光盘驱动器等。

（1）CD-ROM 光盘驱动器

CD-ROM 光盘驱动器是计算机使用的一种内置或外置播放设备，通过 SCSI 或 IDE 接口同主机连接，数据载体是 3.5 英寸或 4.75 英寸光盘（CD-ROM）。它只能读取光盘上的数据，不可写入，是一种“只读”设备。最早的光盘驱动器的数据传输速率很低，只有 150KB/s。随着技术的革新，速率也越来越快，而且以原始速率的倍数增长。目前有 52 倍速光驱，相应的数据传输速率是非常可观的。

（2）CD-R 光盘驱动器和 CD-RW 光盘驱动器

CD-R 光盘驱动器是一种特殊的光盘驱动器，除能读取光盘数据外，还能在母盘上一次或多次写入数据。它们大多采用 WORM 格式（一次写、多次读）。也就是说，将数据永久性地烧入盘面，以后不能删除、修改或者覆盖。但 CD-RW 光盘驱动器更进一步实现了数据的真正“擦写”，可多次写入数据，就像硬盘一样，只是速度比较慢。

4．固态硬盘

固态硬盘（Solid State Disk，SSD）是摒弃传统磁介质，采用电子存储介质（如 Flash存储或非永久性存储器）进行数据存储和读取的一种技术。由于它突破了传统机械硬盘的性能瓶颈，因此拥有极高的存储性能，在一些军用系统、高性能计算研究领域有突出的应用表现，并有可能取代传统磁盘。虽然在固态硬盘中已经没有可以旋转的盘状机构，但是依照人们的命名习惯，这类存储器仍然被称为“硬盘”。作为常规硬盘的替代品，固态硬盘被制作成与常规硬盘相同的外形，如常见的 1.8 英寸、2.5 英寸或 3.5 英寸规格，并采用了相互兼容的接口。固态硬盘按实现技术一般可以分为两种。

（1）易失性存储器

由易失性存储器（RAM）制成的固态硬盘主要用于临时性存储。因为这类存储器需要靠外界电力维持其记忆，所以由此制成的固态硬盘还需要配合电池才能使用。易失性存储器，如 DRAM，具有访问速度快的特点。利用这一特点，可以将需要运行的程序首先从常规硬盘复制到固态硬盘中，然后再交由计算机运行，这样可以避免由于硬盘的启停延迟、寻道延迟对程序性能造成的影响。

（2）非易失性存储器

非易失性存储器（NVRAM）的数据访问速率介于易失性存储器和常规硬盘之间。和易失性存储器相比，非易失性存储器一经写入数据，就不需要外界电力来维持其记忆。因此更适于作为常规硬盘的替代品。

Flash 存储器是最常见的非易失性存储器。小容量的 Flash 存储器可被制作成带有 USB 接口的移动存储设备，即人们常说的“闪存盘”“优盘”或“U 盘”。随着生产成本的下降，将多个大容量闪存模块集成在一起，制成以 Flash 为存储介质的固态硬盘已经普及。

固态存储的特点的如下。

和常规硬盘相比，固态硬盘具有低功耗、无噪声、抗震动、低热量的特点。这些特点不仅使数据能更加安全地得到保存，而且也延长了靠电池供电的设备的连续运转时间。

固态硬盘普及的最大问题仍然是成本和写入次数。无论是永久性存储器还是非永久性存储器，其每百万字节成本都远远高于常规硬盘。因此只有小容量的固态硬盘的价格能够被大多数人所承受。首先，Flash 存储器的写入次数是有上限的，当到达上限后，数据会读不出来，这也成为大众接受固态硬盘的另一个障碍。解决方案是，固态硬盘采用 SLC 颗粒，其使用寿命较长，但价格也较高；未来必须等待其成本进一步降低或 SSD 架构改良（增加高速缓存及控制 Flash 存储器的集成电路更成熟），有效增加固态硬盘的写入次数。其次，固态硬盘中的数据损坏后是难以修复的。如果负责存储数据的闪存颗粒有损毁，现时的数据修复技术不可能从损坏的芯片中救回数据。相反地，传统机械硬盘或许还能挽回一些数据。

6.3.2 磁盘调度

前面介绍了磁盘的物理特性，下面介绍磁盘驱动程序中使用的磁盘 I/O 请求重排技术，用于提高总体 I/O 性能。

就一个磁盘片组而言，各盘面上的同心圆磁道数是相同的。常将这些同心圆从外向内依次编号为 0, 1, 2, …, $m-1$ 作为标识，其中，m 表示盘面上的磁道数。同样，也将磁盘片组的全部盘面从上至下依次编成盘面号 0, 1, 2,…, $k-1$，其中 k 为磁盘片组的所有盘面数（每个盘片有正、反两个盘面）。一个磁盘片组所有盘面的第 i（i=0, 1, 2,…, $m-1$）条磁道均在同一个圆柱面上，故每个片组有 m 个圆柱面（磁盘系统通常以柱面为单位供用户记录文件信息），可同样依次编号为柱面 0，柱面 1，柱面 2，…，柱面 $m-1$。因此，磁盘地址一般按“台号・柱面号・盘面号・扇区号”的形式表示。如果系统仅配置一台磁盘机，则台号可以省略。在进程请求对磁盘进行读/写操作时，应提供 I/O 操作码、磁盘地址、主存地址、传输长度等参数。

读/写一次磁盘信息所需的时间可以分解为寻找（寻道）时间、延迟时间与传输时间。

① 寻找时间（Seek Time）。活动头磁盘的读/写磁头在读/写信息之前，必须先将磁头移到相应的柱面（磁道）上。磁头这种定位柱面所花费的时间称为寻找时间。

② 延迟时间（Latency Time）。读/写磁头定位于某个磁道的块号（扇区）所需时间称为延迟（或等待）时间。

③ 传输时间（Transfer Time）。数据写入磁盘或从磁盘读出的时间称为传输时间。

一次磁盘 I/O 请求服务的总时间是上述三者之和。为提高磁盘传输效率，磁盘驱动程序应着重考虑减少寻找时间和延迟时间，使磁盘平均服务时间最短。

1．减少寻找时间的方法

寻找时间是机械运动时间，通常在毫秒时间量级。因此设法减小寻找时间是提高磁盘传输效率的关键。磁盘空间是以“柱面”划分和使用的，若将信息连续地存储在一个“柱面”上，则针对一次 I/O 请求只需移动一次磁头定位相应的柱面，然后根据不同盘面上的读/写磁头进行连续读/写。在多道程序设计系统中，大部分进程对磁盘的使用彼此独立。操作系统磁盘驱动程序可通过合理调度它们对磁盘的使用顺序，达到减少磁盘平均服务时间的目的。例如，假设在某个时刻，系统中的若干进程同时请求下列磁盘地址上的读/写操作。

t_0：柱面 1，盘面 2，扇区 1；　　t_1：柱面 40，盘面 3，扇区 3；

t_2：柱面 4，盘面 4，扇区 5；　　t_3：柱面 38，盘面 5，扇区 7。

若按照上述自然的时间顺序访问磁盘，则磁头将在盘面的水平方向上在各柱面之间来回运动，寻找时间会较长。若操作系统对各服务请求顺序进行重新调整，按下列地址顺序访问磁盘：（柱面 1，盘面 2，扇区 1）→（柱面 4，盘面 4，扇区 5）→（柱面 38，盘面 5，扇区 7）→（柱面 40，盘面 3，扇区 3）。磁头只需朝一个方向移动，节省了反向运动的时间，因而平均服务时间较短。下面介绍几种磁盘调度算法。

（1）FCFS（First Come First Served）调度算法

这是一种最简单的磁盘调度算法。根据进程请求访问磁盘的时间顺序，先来先服务。这种方法简单，但调度效果不好。

假设磁盘请求队列中所涉及的柱面号（或磁道号）为 Queue=98，183，37，122，14，124，65，67，磁头的初始位置为 53，若采用 FCFS 调度算法，则磁头的运动过程如图 6.16 所示。磁头共移动了 640 个磁道。显然，对访问顺序稍做变更，将柱面号 122 与 14 对调，便能减少磁头运动。

（2）SSTF（Shortest Seek Time First）调度算法

这是根据磁头的当前位置，首先选择磁盘请求队列中距磁头最短的请求，为之服务。仍用 Queue=98，183，37，122，14，124，65，67，磁头的初始位置为 53，若采用 SSTF 调度算法，则磁头共移动了 236 个磁道，运动过程如图 6.17 所示。由于寻找时间总与两次服务之间的磁道数目成正比，所以 SSTF 调度算法能有效地减少寻找时间。但是，该算法可能导致队列中某些请求长时间得不到服务而被饿死。在实际系统中，队列中随时可能增加新的请求。假设队列中存在访问柱面 14 和柱面 183 的请求，如果磁头正在柱面 14，而且在柱面 14 附近频繁地增加新的请求，那么 SSTF 调度算法使磁头长时间在柱面 14 附近工作，而柱面 183 的访问将被迫长时间等待。从理论上讲，如果柱面 14 附近新的请求连续到达，将使柱面 183 的访问无限期地延迟，即被饿死。

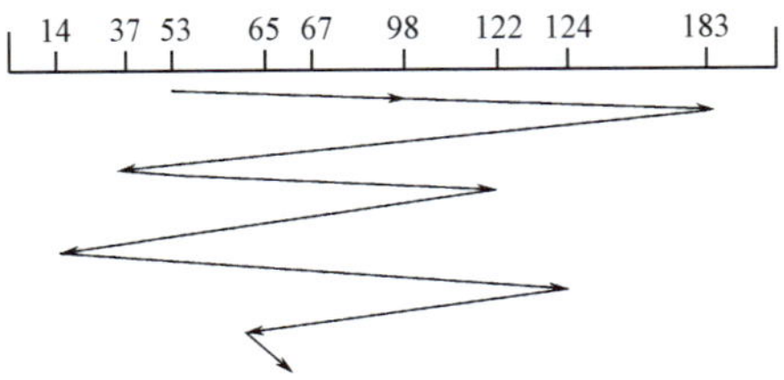

图 6.16　FCFS 调度算法示例

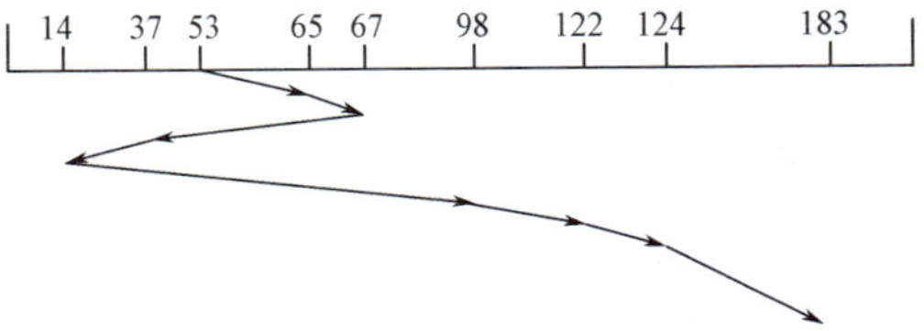

图 6.17　SSTF 调度算法示例

SSTF 调度算法的平均寻找时间虽小于 FCFS 调度算法，但仍不是最优算法。上例中，如果磁头从 53 先移至 37（尽管它不是最近的），然后再移至 14，最后才返回去为 65，67，98，122，124 和 183 提供服务，则磁头只移动了 208 个磁道，效果要好于 SSTF 调度算法。

（3）SCAN（扫描）调度算法

虑及磁盘请求队列的动态特性，为避免队列中的某些请求被饿死，人们提出了 SCAN 调度算法。即让磁头固定地从外向内然后从内向外逐柱面运动，如此往复。磁头固定在水平的两个端点来回扫描。

仍用 Queue=98，183，37，122，14，124，65，67，磁头的初始位置为 53，若采用 SCAN 调度算法，则磁头的运动过程如图 6.18 所示。

SCAN 调度算法也称为“电梯”调度算法（类似一幢高楼里上下运动、逐层服务的电梯）。

（4）C-SCAN（Circular SCAN）调度算法

这种调度算法使磁头从盘面的一端（逐柱面地）向另一端移动来服务请求，返回时直接快速移至起始端而不服务任何请求。如此往复，单向扫描，并平均地为各种请求服务。

仍用 Queue=98，183，37，122，14，124，65，67，磁头的初始位置为 53，若采用 C-SCAN 调度算法，则磁头的运动过程如图 6.19 所示。

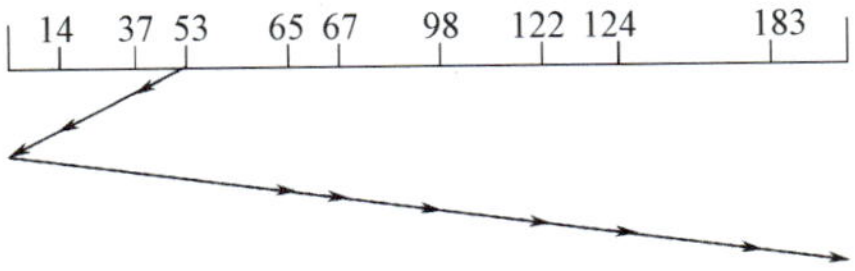

图 6.18　SCAN 调度算法示例

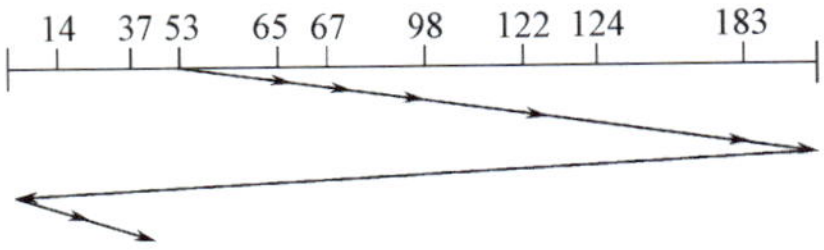

图 6.19　C-SCAN 调度算法示例

采用 SCAN 和 C-SCAN 调度算法时，磁头移动总是严格地遵循从盘面的一端到另一端。不言而喻，这类调度算法还可改进，即磁头移动只需达到并服务完最后一个请求后便可返回，无须到达磁盘端点。如此改进后称为 Look 和 C-Look 调度算法。

对于上述几种磁盘调度算法，SSTF 调度算法较为自然，SCAN 和 C-SCAN 调度算法虽不是最优的，但于 1972 年经 Teorey 和 Pinkerton 用模拟方法比较各种算法后推荐：可根据负载大小选择 SCAN 调度算法或 C-SCAN 调度算法，认为这两种算法适用于磁盘负载较大的系统。另外，任何算法的性能都与队列中请求服务的数目有关。若队列中通常只有一个服务请求，则所有算法的效率几乎等价，故实际系统会想方设法发出大量的 I/O 服务请求进入队列，以利于算法起到优化效果。另外，磁盘服务请求在很大程度上受制于文件存储结构。文件在磁盘空间连续地存储有利于提高传输效率。

注意：随着磁盘设备及其控制器的发展，现在的磁盘设备的物理磁道、扇区等不需要直接由操作系统磁盘驱动来管理了。磁盘控制器给操作系统看到的是一个线性编号的磁盘块地址集合。线性地址编号按照先同一个柱面再相邻柱面的方式，这样线性块号相近意味着磁道号也相近。磁盘驱动程序也不需要去管理磁头位置及移动方向了，故那些与当前磁头位置或移动方向有关的调度算法已经过时。在现代实际系统中，磁盘驱动程序为每个磁盘维持一个 I/O 请求队列，在请求入队列时进行请求插入优化，确保队列中相邻请求的磁道间距离也是最近的。

2．减少延迟时间的方法

有效减少延迟时间也是提高磁盘传输效率的重要因素。一般常对盘面扇区进行交替编号，对磁盘片组中的不同盘面进行错开命名。假设每个盘面有 8 个扇区，磁盘片组共 8 个盘面，则扇区编号如图 6.20 所示。

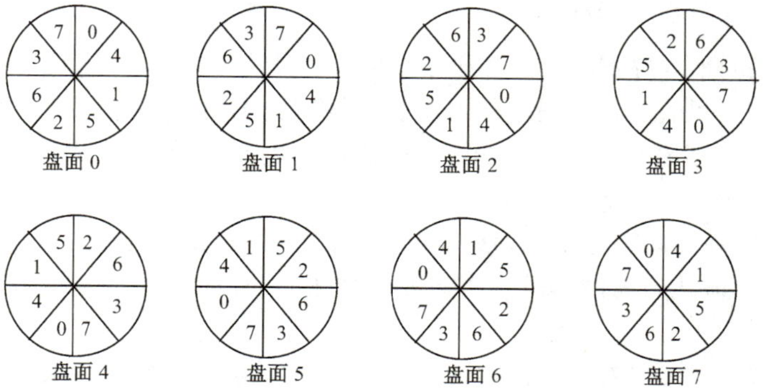

图 6.20　磁盘片组扇区编号

磁盘是连续自转的设备，磁盘设备读/写一个物理块后，须经短暂的处理时间才能开始读/写下一块。假设逻辑记录数据连续存放在磁盘空间中，若在盘面上按扇区交替编号连续存放，则连续读/写多个记录时能减少磁头的延迟时间。同柱面不同盘面的扇区若能错开命名，则在连续读/写相邻两个盘面的逻辑记录时，也能减少磁头延迟时间。这种优化方法是通过磁盘块硬件编址实现的，与操作系统驱动程序无关。

6.3.3　磁盘阵列

磁盘设备变得越来越小，越来越便宜。因此在计算机系统内连接大量的磁盘在经济上是可行的。当系统内有大量的磁盘时，如果这些磁盘并行操作，则可提高数据的读/写速度。而且，这种装置可以提高数据存储可靠性，因为冗余的信息可以存储在多个磁盘上。这样，一个磁盘的失效不会导致数据丢失。这种磁盘组织技术，统称为冗余廉价磁盘阵列（Redundant Arrays of Inexpensive Disks，RAID），通常用于解决性能和可靠性问题。

过去，相对于大型昂贵的磁盘，由廉价磁盘组成的 RAID 是一个划算的选择。现今，RAID 主要因为它们较高的可靠性和数据传输速率而被使用，而不是因为经济原因。因此，现在 RAID 中的 I 代表 Independent，而不是 Inexpensive。

1．通过冗余提高可靠性

可靠性问题的解决是引入冗余。除原始信息以外还存储额外数据，虽然它们不被经常使用，但可以用来在磁盘失效时重建丢失的信息。这样，即使磁盘失效，数据也可以恢复。

最简单（但最贵）的冗余方法是复制所有的磁盘，这种技术称为镜像。一个逻辑磁盘由两个物理磁盘组成，每次写操作在两个磁盘上都进行。如果一个磁盘失效，则可以从另一个磁盘中读出数据。只有在第一个失效磁盘被替换之前，第二个磁盘也失效，数据才会丢失。

镜像磁盘的平均失效时间由两个因素决定（这里的失效是指数据丢失）：单个磁盘的平均失效时间及它们的平均修复时间。平均修复时间是指替换失效磁盘并且把数据存储在上面（平均）所花的时间。假设两个磁盘的失效是独立的，即一个磁盘的失效与另一个磁盘的失效没有关系。如果单个磁盘的平均失效时间是 10 000 小时，平均修复时间是 10 小时，那么镜像磁盘系统的平均数据丢失（失效）时间是 $100\ 000^2/(2\times10)=500\times10^6$ 小时，即 57 000 年。

实际上，磁盘失效独立性的假设是不正确的。电源失效及自然灾害（如地震、火灾和洪水）都可能导致所有磁盘同时被损害。随着磁盘使用时间的增长，失效的可能性逐渐增大，也增加了第二个磁盘在第一个磁盘修复之前失效的概率。尽管有这些顾虑，但是镜像磁盘系统提供了大大高于单磁盘系统的可靠性。

要特别考虑电源失效，因为它们比自然灾害出现得更加频繁。不管如何，即使是镜像系统，如果正在对两个磁盘的相同块进行写操作，而在所有块被完全写之前，电源突然失效，这两个块将会处于不一致的状态。解决这个问题的方法是先写一份副本，再写另一份，这样两份副本中的某个通常是一致的。在电源失效后，重启需要一些额外的操作，以便从不完全写中恢复。

2．通过并行性提高性能

下面讨论对多磁盘并行访问的好处。通过磁盘镜像，处理读请求的速度加倍，因为读请求能够被送到任何一个磁盘（只要一对磁盘中的每个都是可独立操作的）中。每次读的传输速率与单磁盘系统相同，但是每个单元处理读请求的数量加倍了。

还可以通过在多磁盘上条带化（Striping）数据来提高数据传输速率。在最简单的形式中，数据条带化是指把字节分成很多位分布到多个磁盘上，这样的条带化称为位级条带化。例如，在一个具有 8 个磁盘的阵列中，把每 1 字节的位 i 写到磁盘 i 中。可把 8 个普通磁盘的阵列当作单个磁盘对待，此单个磁盘空间是普通磁盘空间的 8 倍。更重要的是，拥有 8 倍的访问速率。在这样的结构中，磁盘阵中每个磁盘都参与每次的访问（读或写），因此每秒可以执行的访问次数与单个磁盘相同，但是每次访问在同样的时间内所能读的数据是单个磁盘所能读的数据的 8 倍。

位级条带化要求一定数目的磁盘，这个数目是 8 的倍数或是可以被 8 整除的数。例如，如果采用 4 个磁盘的阵列，每 1 字节的第 i 位和第 $4+i$ 位写到磁盘 i 中。而且，条带化不必一定在字节位这样的级别。例如，在块级条带化中，可以用多个物理磁盘组成一个逻辑磁盘；对于 n 个物理磁盘，逻辑磁盘的第 i 块，写到第$(i \bmod n)+1$ 个物理磁盘中。

3．RAID 级别

镜像提供了高可靠性，但是它很昂贵。条带化提供了高数据传输速率，但它不能提高可靠性。通过运用结合了“奇偶校验”位（下面将进行介绍）的磁盘条带化的思想，人们提出了大量低开销的冗余方案。这些方案有不同的性能价格比，并且划分为 RAID 的各个不同级别。图 6.21 形象地表示了它们（图中，P 表示校验位，C 表示数据的第二份副本）。在图中描述的所有情况中，存储了 4 个磁盘容量的数据，额外的磁盘用来为失效恢复存储冗余信息。

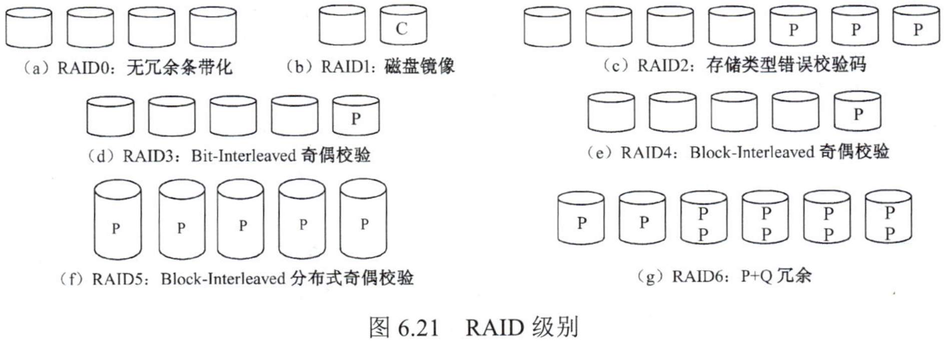

图 6.21　RAID 级别

① RAID0：指用了块级条带化的磁盘阵列，但是没有用到任何的冗余（如镜像和奇偶校验位）。一个大小为 4 的阵列如图 6.21（a）所示。

② RAID1：指磁盘镜像。如图 6.21（b）所示是存储一个磁盘容量数据的镜像结构。

③ RAID2：也称存储类型错误校验码（ECC）。存储系统具有运用已久的奇偶校验的错误检测功能。在存储系统中，每 1 字节都有一个奇偶校验位与之相连，用来记录字节中被置 1 的位的数目是偶数（奇偶校验位=0）还是奇数（奇偶校验位=1）。如果字节中的各位中某位被破坏了（或者 1 变成 0，或者 0 变成 1），则这一字节的奇偶校验位也会发生变化，不再与存储的奇偶校验位相匹配。同时，如果存储的奇偶校验位被破坏了，它就不再匹配计算出的奇偶性。这样，单个位的错误被存储器系统检测出来。错误校验方案存储两个或更多额外的位，并且可以在单个位被破坏时重建数据。ECC 可直接在已将字节条带化分布于各磁盘的磁盘阵列中使用。例如，第 1 字节存储在第 1 个磁盘上，第 2 字节存储在第 2 个磁盘上，……，直到第 8 字节存储到磁盘上，校验位存储在额外的磁盘上。这个模式如图 6.21（c）所示，标为 P 的磁盘用于存储校验位。如果某个磁盘失效，则可以从其他磁盘中读出这一字节余下的位及相关联的校验位，用来重建损坏的数据。如图 6.21（c）所示为一个大小为 4 的阵列。对于 4 个磁盘量的数据，RAID2 只需要三个磁盘的开销。

④ RAID3：也称 Bit-Interleaved 奇偶校验，是在 RAID2 的基础上进行了改善。磁盘控制器可以检测扇区是否被正确读，因此一个单独的奇偶校验位可用来进行错误校验，也可以用于检测。实现原理如下：如果某个扇区损坏，可确切知道是哪一个扇区，对于出错扇区中的每位，通过计算从其他磁盘扇区中读出的相关位的奇偶校验值来判断该位是 1 还是 0。如果其余位的奇偶校验值与存储的奇偶校验值相等，则丢失的位是 0，否则，是 1。RAID3 具有与 RAID2 一样的优点，但在额外磁盘数量上没有那么大的开销（它只有一个磁盘的开销），因此 RAID2 并没有在实际中使用。图 6.21（d）形象地表示了这个模式。

与 RAID1 相比较，对于几个磁盘只需要一个奇偶校验磁盘，不像在 RAID1 中，每个磁盘都需要一个镜像磁盘，这样减少了存储开销。另一方面，RAID3（所有基于奇偶校验的 RAID 级别）带来的一个性能问题是计算及写奇偶校验值的开销。与非奇偶校验的 RAID 阵列相比，这项开销导致了明显的写速度降低。为缓和这项性能损失，许多 RAID 存储阵列都具有带有专用奇偶校验硬件的硬件控制器。这使奇偶校验的任务从 CPU 转到了阵列。这样的阵列也具有非易失随机存储器（NVRAM）高速缓存，用来在计算出奇偶校验值后存储各个数据块。这种结合可以使奇偶校验 RAID 差不多与非奇偶校验 RAID 一样快。事实上，进行奇偶校验的高速缓存 RAID 的性能优于非高速缓存非奇偶校验 RAID 的性能。

⑤ RAID4：也称 Block-Interleaved 奇偶校验，运用块级条带化，像在 RAID0 中一样。此外，对于 n 个磁盘上的对应块，在另外单独的磁盘上保存奇偶校验块。图 6.21（e）形象化地表示了这种模式。如果 n 个磁盘中的某个失效了，奇偶校验块可与其他磁盘上保存的对应块一起恢复存储失效磁盘的块。

读一个块的操作只访问一个磁盘，但允许同时通过其他磁盘处理其他请求。这样，每次访问的数据传输速率虽略有降低，但是可以并行执行多个读访问，使总的 I/O 速度提高。因为可以并行地读所有的磁盘，所以处理大量读请求的数据传输速率很高。因为可以并行地写数据和奇偶校验值，处理大量写请求也拥有很高的数据传输速率。

另一方面，它不能并行执行小型独立的写操作。对一个块的写操作，不得不去访问存储这个块的磁盘及奇偶校验磁盘，因为要修改奇偶校验磁盘。而且，为了计算新的奇偶校验值，要读出奇偶校验块的旧值和所写块的旧值，可以描述为“读—修改—写”。这样，一个单独的写操作需要 4 次磁盘访问，2 次用来读 2 个旧块，另外 2 次用来写 2 个新块。

⑥ RAID5：也称 Block-Interleaved 分布式奇偶校验。与 RAID4 不同的是，它把数据和奇偶

校验分布到所有的 n+1 个磁盘上，而不是把数据存储在 n 个磁盘上，把奇偶校验值存储在另一个磁盘上。各盘阵生产厂商有自己的奇偶块分布规则。例如，对于 5 个磁盘的阵列，第 1 个 4 块有效数据组的奇偶校验值存储在第 5 个磁盘上，其余 4 个磁盘的第 1 块存储实际数据。第 2 个 4 块有效数据组的奇偶校验值存储在第 4 个磁盘上，其余 4 个磁盘的第 2 块存储实际数据，依次类推。图 6.21（f）形象地表示了这种模式，图中的 P 被分布在所有的磁盘上。通过把奇偶校验位分布在装置中所有的磁盘中，RAID5 避免了在 RAID4 中可能出现的过度使用单独一个奇偶校验磁盘的情况。

⑦ RAID6：也叫 P+Q 冗余，很像 RAID5，但存储了额外的冗余信息来防止多个磁盘失效。这里不用奇偶校验位，而用错误校验码，如 Reed-Solomon 码。这种模式如图 6.21（g）所示，对于每 4 位数据，存储 2 位的冗余数据。它不像 RAID5 中的一个奇偶校验位，因此系统可以忍受 2 个磁盘失效。

⑧ RAID0+1：是指 RAID0 和 RAID1 的结合。RAID0 提供性能，RAID1 提供可靠性。一般来说，它提供比 RAID5 更好的性能。它通常用于性能和可靠性都很重要的环境。不幸的是，存储中需要的磁盘数目变成了 2 倍，所以它变得更加昂贵。在 RAID0+1 中，一组磁盘被条带化，然后条带被镜像到另一个相等的条带上。另一种商业上可行的 RAID 选择是 RAID1+0，其中磁盘被镜像成对，最后所得到的镜像对被条带化。它与 RAID0+1 相比有理论上的优势。例如，如果 RAID0+1 中单独一个磁盘失效，则其他磁盘上的对应条带都不可访问。对于 RAID1+0，其中一个磁盘失效，只是这个单独的磁盘不可用，但它的镜像磁盘仍然可用，如图 6.22 所示。

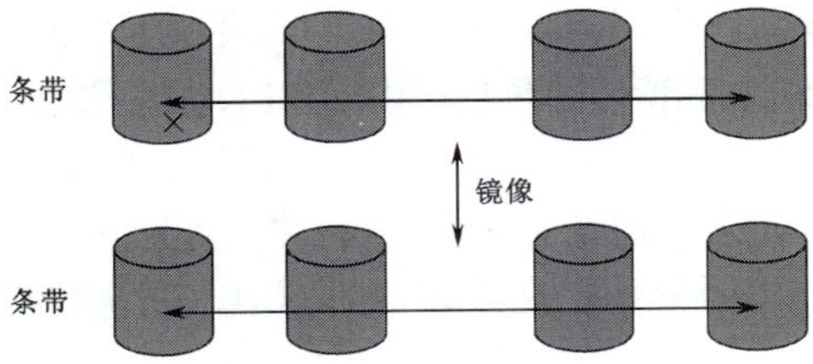

（a）发生单个磁盘失效的 RAID0+1

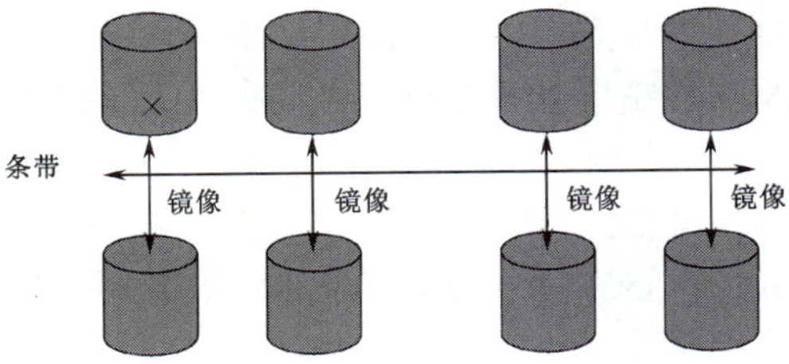

（b）发生单个磁盘失效的 RAID1+0

图 6.22 RAID0+1 和 RAID1+0

这里描述的是一些基本的 RAID，实际上还有许多不同的变种，这有可能导致在确切划分不同 RAID 级别时存在混乱。

4．选择 RAID 级别

如果磁盘失效，则重建数据所用的时间是一个很重要的因素，它随着使用的 RAID 级别的不同而不同。对于 RAID1，重建最容易，因为数据可以从另一个磁盘中复制。对于其他的级别，需要访问阵列中所有其他的磁盘来重建失效磁盘中的数据。如果需要连续提供数据，如在高性能或交互式数据库系统中，RAID 系统的重建时间应非常短。

RAID0 用于高性能应用。RAID1 适用于要求具有迅速恢复能力的高可靠性应用。RAID0+1 和 RAID1+0 用于性能和可靠性都很重要的地方，如小型数据库。RAID5 通常适用于存储大量的数据。虽然许多 RAID 实现不支持 RAID6，但它可提供比 RAID5 更好的可靠性。

RAID 系统设计者还必须做出其他几个决定。例如，阵列中应该有多少磁盘？每位奇偶校验位应该保护多少位？阵列中的磁盘越多，数据传输速率越高，系统价格越贵。如果一位奇偶校验位保护的位越多，则奇偶校验位带来的空间开销就越低，但是，第二个磁盘在第一个磁盘修复前失效的概率就越大，从而导致数据丢失。

大多数 RAID 级别提供一个或多个热备份磁盘。热备份不是用于数据，而是在任何其他磁盘失效时用于替代。例如，热备份可以用于重建镜像对，当其中一个磁盘失效时，RAID1 可以自动重建，不需要等到失效磁盘被替代。设置多次热备份允许在不需要人工干涉的情况下修复多次失效。

6.4 小结

从设备功能上，通常将设备分成人机交互类设备、存储类设备、网络通信设备。不同类设备的使用方法、驱动程序结构都不同。

设备控制器（又称 I/O 部件）是一台 I/O 设备的电子部分。复杂的设备控制器可以控制多台设备并行 I/O。每个可编程设备控制器都有一些用来与 CPU 通信的寄存器，设备控制器中常常包含三类寄存器，它们分别用于：① 存放控制命令；② 存放状态信息；③ 存放数据。软件通过读/写这三类寄存器完成相应的 I/O 操作。

设备驱动程序可对设备控制器采用如下三种基本控制方式：① 程序直接控制 I/O 方式；② 中断驱动 I/O 方式；③ DMA 方式。

当计算机系统管理控制的外部设备数量很多时，可采用复杂的设备控制器（又称 I/O 总线控制器或 I/O 通道、I/O 处理机）。

操作系统与设备相关的系统调用有申请设备、将数据写入设备、从设备获得数据、释放设备。设备使用方法有独占式使用、分时式共享使用、以 SPOOLing 方式使用。

现代操作系统大多采用层次结构，通过将 I/O 系统组织成：用户层 I/O、设备无关的 I/O、设备驱动程序与中断处理三个层次，从而高效地实现设备管理的目的。用户层 I/O 的主要任务是，提供各类 I/O 函数的接口，将其转化为相应的系统调用。设备无关的 I/O 所承担的主要任务是系统调用处理，此外还有如下工作：① 设备名与设备驱动程序的映射；② 设备保护；③ 缓冲；④ 错误报告；⑤ 文件系统管理模块等。设备驱动程序与中断处理层完成设备的驱动，以及数据传输完成后的善后工作。

设备驱动程序接口函数有：驱动程序初始化函数、驱动程序卸载函数、申请设备函数、释放设备函数、I/O 操作函数、中断处理函数。

与设备管理有关的数据结构有描述设备、控制器等部件的表格，同类资源的队列，面向进程 I/O 请求的动态数据结构，以及 I/O 队列。

设备管理中使用缓冲技术可有效地实现阵发性 I/O 情况下主机与外部设备速度的匹配，利用“预先读”和“延迟写”提高系统的 I/O 性能。

常见存储外部设备有磁带、磁盘、光盘、固态硬盘。为节省磁盘寻找时间，提高磁盘设备的 I/O 效率，设备驱动程序中可以采用磁盘调度算法对服务请求进行重排序。磁盘调度算法有：FCFS，SSTF，SCAN 和 C-SCAN 等。磁盘阵列可提高磁盘的可靠性和 I/O 并行度。常见的磁盘阵列使用方法有 RAID0，RAID1，RAID0+1，RAID5。

习题 6

6.1 操作系统提供的设备相关的系统调用有哪些？它们会调用驱动程序函数吗？举例哪些应用程序会使用这些系统调用？

6.2 设备控制器与 CPU 如何通信？

6.3 简述各种不同的 I/O 控制方式的优缺点。

6.4 什么是独占式设备和分时式共享设备？如何保证独占式设备的独占使用？

6.5 以 SPOOLing 方式使用设备是如何实现的？

6.6 以下工作各在三个 I/O 软件层的哪一层完成？

① 为一个磁盘读操作计算磁道、扇区、磁头。

② 维护一个最近使用的磁盘块的缓冲区。

③ 向设备寄存器写入命令。

④ 检查用户是否有权使用设备。

⑤ 将二进制整数转换成 ASCII 码以便输出。

6.7 设备管理中引入缓冲技术有何目的？

6.8 如何使用缓冲区实现“预先读”及“延迟写”？这两种读/写方式的优缺点是什么？

6.9 设备驱动程序有可能调用操作系统其他模块程序吗？为什么？

6.10 在支持汉字输入的系统中，要将 ASCII 码串转换成 GB 汉字内码，在什么程序里做这个工作比较合适？

6.11 假设对磁盘的请求串为 95，180，35，120，10，122，64，68，磁头初始位置为 30，试分别画出 FCFS，SSTF，SCAN，C-SCAN 调度算法的磁头移动轨迹，并计算磁头移动的磁道数（磁道号：0～199）。

6.12 假设磁道编号为 0～199 的可移动头磁盘已完成了对编号 125 磁道的访问，正在服务于 143 磁道的请求。假设请求队列为 86，147，91，177，94，150，102，175，130，若分别采用 FCFS，SSTF，SCAN，C-SCAN，Look 调度算法，试分别计算满足所有请求的总磁道移动数。

6.13 在磁盘请求队列平均长度较小的情况下，所有的磁盘调度算法都将退化成 FCFS 算法，解释其原因，请给出可能的避免方法。

6.14 除 FCFS 磁盘调度算法外，其他调度算法对所有进程并不完全公平（可能出现“饿死”情况），这是为什么？试提出一种公平的调度算法。

6.15 对磁盘的请求并不总是服从均匀分布的，例如，存放文件目录的柱面总是比存放文件本身的柱面更经常被访问。假设已知 50%的磁盘请求均是访问某固定柱面（编号较小的柱面）的：① 将使用何种磁盘调度算法？② 能否设计一个满足这种情况的新调度算法？

6.16 在磁盘相关程序中，何时由什么程序进行磁盘调度？

6.17 什么是冗余廉价磁盘阵列（RAID）？它分为哪几级？每级的主要特征是什么？

6.18 RAID0+1 有什么特点？可用于什么环境？

第7章　文件系统

计算机系统是一个可以存储并处理大量信息的信息加工系统。系统需要提供大量、可公用的实用程序及服务程序给用户使用，也需要支持用户自编程序和数据的运行与处理。由于存储处理的信息量太大，不可能全部保存在主存中，故早期人们就引入了辅助存储器（简称辅存，也称文件存储器）用于保存大量的永久性信息（如系统库程序、编译程序等实用程序及操作系统自身的部分程序与数据等）和临时性信息（用户的程序及数据、系统临时数据等）。

早期的文件存储器仅保存一些系统程序。随着计算机系统的不断发展和大容量磁盘存储器的问世，文件存储器也向用户开放，允许用户将其信息保存在文件存储器中。在文件管理软件出现之前，不论是系统自身还是用户，均需熟悉文件存储器的物理特性。不但要按其物理地址存取信息，而且还要准确地记住其信息在文件存储器中的物理位置和整个辅存的信息分布情况。稍有疏忽，就可能破坏已存入的内容。例如，一条磁带上可能有几百甚至上千个信息组，其中某些信息组已记录了有效信息，某些为空白组，另一些可能是不能记录信息的故障组。要求记住如此大量而复杂的信息分布情况，对用户显然是一种沉重负担，同时也给系统带来了不安全因素。特别在多道程序设计系统出现之后，不仅要为用户准备私用的文件存储器（如磁带、软盘等），而且要设立共享的文件存储器（如大容量磁盘）。这就使得辅存更不安全，更不利于保密。用户所关心的是存取方法的灵活方便和安全可靠，并不是信息的具体存放位置。基于上述原因，必须在操作系统内部增加一组专门的管理软件，以管理文件存储器中的文件资源。

7.1　文件结构

辅存用来存放各种程序和数据，这些存放在辅存中的程序和数据称为文件，下面介绍文件中信息的逻辑格式，以及如何将文件存放于物理辅存中。

7.1.1　文件的概念

计算机通过物理介质（磁带、磁盘、光盘、Flash 存储器等）存储信息，不同的物理设备具有不同的物理特性和结构。为使用户方便使用计算机辅存中的信息，操作系统为信息存储访问提供了标准的使用界面。操作系统抛开存储设备的物理特性，定义了逻辑存储实体，即文件，并负责将文件映射到物理设备上。这是操作系统文件管理所要完成的基本功能之一。

文件是由创建者定义的一组相关信息。通常将程序（源程序、目标代码）和数据组织成文件。数据文件可以是数字、字母、字母和数字的组合或其他二进制码。文件内的基本访问单位可以是字节、行或记录，这取决于操作系统中文件系统的支持和文件创建者的选择。文件不仅具有符号名（创建者命名的文件名），还包含文件类型、文件创建的时间、创建者的名字、文件长度等其他属性。

7.1.2　文件的逻辑结构

文件内的信息由创建者定义。例如，源程序、目标程序、数据、文本等许多不同类型的信息均存储在文件内。

文件根据其用途必须有确定的结构。一个文本文件是一组被组织成行或页的字符序列；一个源文件是一组分别由说明语句、执行语句组成的子程序和函数的序列；一个目标文件是一组字节或字的序列，这些字节或字被组织成可装入的记录块；数据文件是一组被组织成逻辑记录的字母、数字的序列。

操作系统知道了文件结构，就可以按文件使用者的要求支持文件操作。人们首先考虑的是，操作系统到底应该知道并支持多少种文件结构。

问题在于，让操作系统知道文件的具体逻辑结构会有很多不便，操作系统自身的代码量会大大增加。因为，如果操作系统定义多种不同的文件结构，则必须具有相应量的代码分别支持这些文件结构。但是，支持多种不同文件结构也使系统自身变得不灵活。例如，假设操作系统仅支持两种文件结构“文本文件”（用“回车”“换行”分隔的 ASCII 字符串）和可执行的二进制文件，若用户欲定义的一个密码文件，由于密码文件的信息经随机变换后不再是 ASCII 码的文本行，其结构不属于文本文件，也不属于可执行的二进制文件，故无法提供操作。由此可见，把文件结构强加于操作系统并要求它能对文件结构信息加以解释，不是理想的方法。

若将解释文件结构信息的工作赋予操作系统外层的软件（如文本编辑程序等），那么在操作系统这一级则将文件视为无结构（或只涉及简单的逻辑结构）、无解释的信息集合，如 UNIX 操作系统只简单地把所有文件看成一组 8 位/字节的信息流，不对文件的信息项做任何解释。当然，这样处理使操作系统简单而灵活，但每个访问文件的应用程序都必须包括相应的代码以解释文件的结构及信息项含义。

1．操作系统感知的文件逻辑结构

本章着重讨论基本文件系统，只涉及文件的简单逻辑结构。文件逻辑结构可分为如下两种形式：

① **字节流式文件（简称流式文件）**。它是字节流集合，其基本读/写单位是字节，如图 7.1 所示。这种结构把文件定义成一个以字节为单位的逻辑空间，空间如何使用完全由应用程序负责。

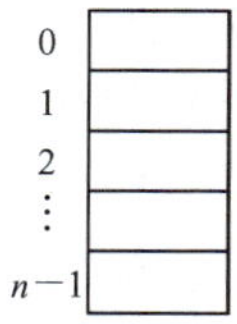

图 7.1　具有 n 字节的流式文件

② **记录式文件**。它是数据记录的集合，其基本读/写单位是逻辑记录（记录按序编号：记录 1，记录 2，……，记录 n），记录本身又有等长和变长之分。

2．文件的访问方式

用户根据其对文件内数据的处理方法不同，有不同的访问数据的方法。用户对文件的访问有下列两种基本方式。

（1）顺序访问

顺序访问指用户从文件初始数据开始依次访问文件中的信息。这在科学计算等应用背景下经常使用，使用户可以依次处理一批原始数据。经常被顺序访问的文件的逻辑记录应该连续地存储在文件存储器上。为了顺序读/写，需设置一个能自动前进的读/写指针，以动态指示当前读/写的位置，每次读文件数据时读出下一个逻辑记录并移动指针。类似地，每次写操作将在文件末尾增加一个记录，同时指针前进至新的文件末尾。顺序文件指针可以反绕，可控制其前进或后退 n 个记录（某些系统规定 n=1）。这种起源于文件磁带模型的访问方式称为顺序访问。

对于流式文件，同样设置能自动前进的字节读/写指针，读/写以字节的整数倍为长度。读/写完成后，自动将指针移到下一个要读/写的字节位置。

（2）直接访问

直接访问指用户随机地访问文件中的某段信息。如果要支持用户以直接访问方式访问文件，则文件必须存放于可以支持快速定位的随机访问存储设备中。文件中的记录（或逻辑字节）被顺序编号，文件被允许随机读/写任意的记录（或逻辑字节），无任何限制。例如，可以先读记录 14，再读记录 53，最后再写记录 7。当文件操作时，将记录（或逻辑字节）号作为读/写参数。文件逻辑结构中的记录（或逻辑字节）号是一个文件内的相对编号，就像程序中的逻辑地址一样。记录（或逻辑字节）的相对编号再由操作系统根据文件的物理结构具体映射为文件存储器中的物理块号。

对于流式文件，允许读/写以任意字节开始的任意长度的数据。

7.1.3 文件的物理结构

逻辑文件在辅存中的组织结构称为文件的物理结构。如何组织它们主要取决于文件存储器（磁带、磁盘、光盘等）的物理特性，以及用户对其文件的访问方式。

1. 文件存储器的物理特性

早期的文件系统以磁带为存储介质，且每个文件单独存储在一条磁带上。这种方法管理简单，但辅存的利用率极低。磁带非常长，且一般文件均比较小，只占磁带的一小部分，显然将多个文件存储在一条磁带上，才能提高文件存储器的利用率。问题还在于，对非常大的文件（如需要若干条磁带存储的大气物理原始数据），操作系统又必须有支持“多卷宗”的磁带文件功能。由于磁带设备是一种顺序性存取的设备，对磁带上的用户文件信息只能顺序访问，故磁带文件的物理结构也只能是将文件连续地存放在磁带上。

磁盘设备的特点是容量大、访问速度快，而且可以快速定位物理扇区从而直接访问，常作为计算机系统的主要文件存储介质。根据磁盘设备的物理特性，文件的物理结构可采用顺序结构、链接结构及索引结构等形式。现在用得很多的 U 盘也可以快速随机访问，故文件在此类盘中的物理结构也没有特别的限制。

光盘设备的特点是定位速度快、可直接访问，但其上的文件往往是一次性写入的，不可以删除和重写文件。该类设备能很好地支持用户对文件的随机访问，但因为光盘一次性写入的特性，通常用于文件备份和恢复。在这种应用背景下，用户往往只对文件进行顺序访问，故光盘文件的物理结构是将文件连续地存放在光盘上。

2. 物理记录与逻辑记录的关系

在使用文件存储器前，要选择好物理块的划分长度，并对其进行物理块划分。文件存储器的信息存储、读/写均以块为单位，这种物理块也称为物理记录。

文件的逻辑记录应保存在物理记录中。由于逻辑记录的长度随不同文件而异，而物理记录的长度又与辅存介质有关，故二者并非是一一对应的关系。有时一个物理记录内可有多个逻辑记录，有时一个逻辑记录的信息需多个物理记录才能放下。因此必须由软件（操作系统或者应用程序）来解决逻辑记录长度与物理记录长度不匹配的问题，即解决逻辑记录到物理记录的映射。为讨论简单，可暂且规定一个物理记录仅能存放一个逻辑记录。对于流式文件，可以按物理块长度等分文件，把等分后等长的信息块称为逻辑块，这样流式文件的逻辑块可以一一对应地存放于物理块中。

3. 文件在辅存中的存放方法

根据文件存储设备的特性及用户对其文件的访问方式，可以在文件存储器中将文件组织成以下三种基本的物理结构。

（1）顺序结构

若逻辑文件的信息在辅存中连续存储，则其物理结构称为顺序结构。如图 7.2、图 7.3 所示分别为等长记录文件和变长记录文件的连续存放结构，记录长度值存于记录信息前面的记录控制字中。

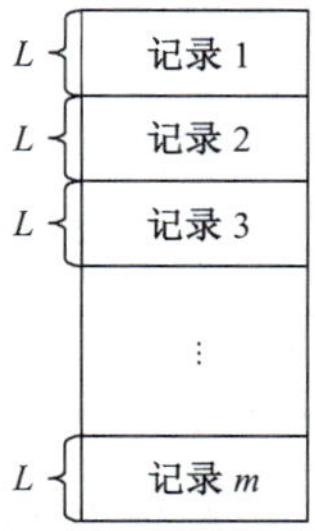

图 7.2　等长记录文件的连续存放结构

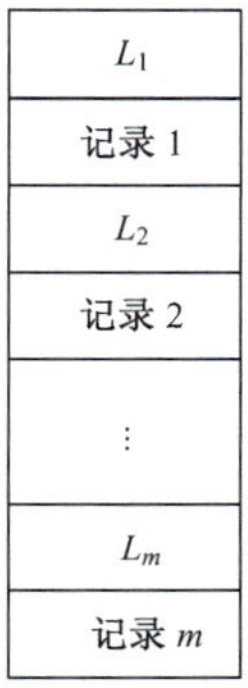

图 7.3　变长记录文件的连续存放结构

文件的顺序结构适合对文件的顺序访问，当然也适合直接访问。对于顺序访问的设备（如磁带或纸带机等），只能组织成这种顺序结构的文件。当然，在磁盘设备上也能组织顺序结构。对于顺序结构，用户在创建文件时应提供文件的最大长度，以便系统在开始建立文件时就为它分配足够的辅存空间。对顺序结构文件，如欲执行增补或删除操作，一般只能在文件的末端进行，故顺序结构适用于只读（输入）文件和只写（输出）文件。

（2）链接结构

顺序结构不利于文件空间扩展且空间利用率低。若一个文件在辅存中是散布在辅存非连续的若干物理块中的，且用向前指针把每个记录依次链接起来（如用每个记录的最后一个字作为指针，指向下一个记录的物理位置），则这种组织形式称为链接结构，如图 7.4 所示。文件的链接结构比顺序结构空间利用率高，且文件操作（如增加、删除记录）灵活。

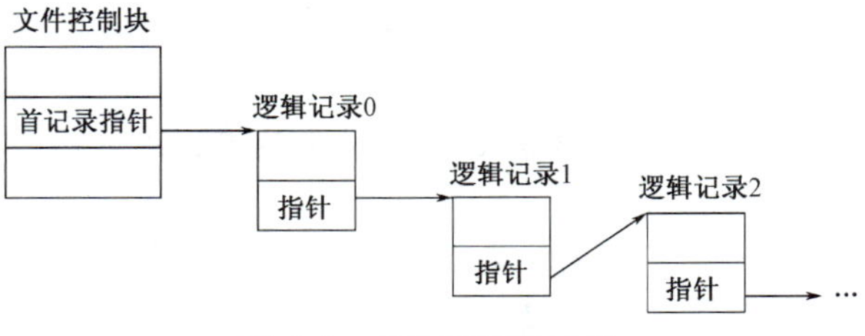

图 7.4　文件的链接结构

可直接访问的设备（如磁盘、磁鼓）适合组织成链接结构。对于需要直接访问的文件，可以采用链接结构组织文件的物理结构，但访问文件中间的某个记录时，非常难于得到该记录的存储块指针。对于顺序访问的文件，若建立在磁盘上，则可以组织链接结构，以解决顺序结构下存储空间利用率低的问题。

（3）索引结构

链接结构不利于直接访问。为了克服这个缺点，可将文件的全部逻辑记录都散存在辅存的各物理块中，为文件建立一张索引表，登记相应逻辑记录的长度及其辅存的物理位置，表项按逻辑记录编号顺序排列，如图 7.5 所示。一个文件的记录个数有时可达数万个（如把大企业全部职工登记表作为一个文件，则每张登记表视为一个记录，该文件的记录个数可达数万之多）。这样索引表也会很大，一个物理存储块可能无法容纳一张索引表，这时可以考虑建立多级索引。如图 7.6 所示为文件的二级索引结构。

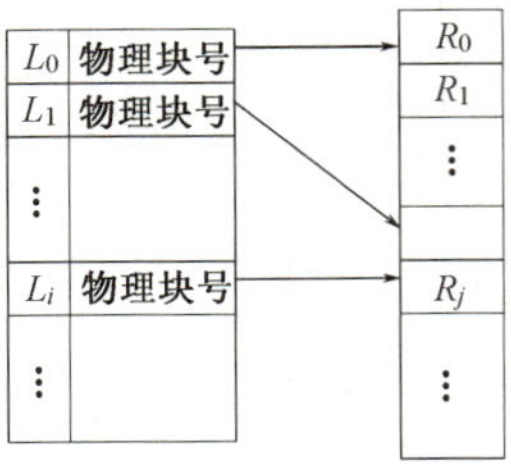

图 7.5　文件的索引结构

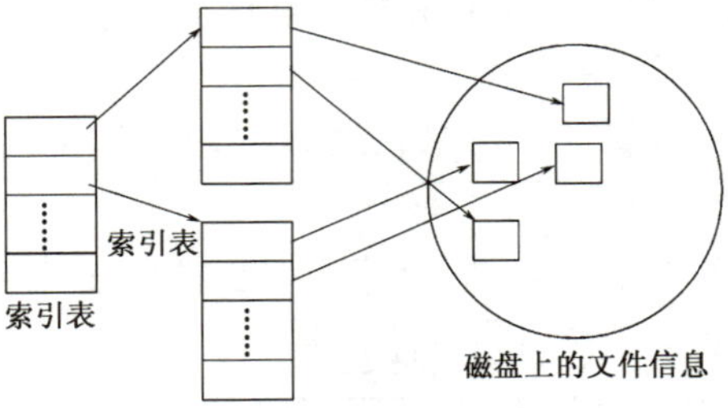

图 7.6　文件的二级索引结构

同理，只有可直接访问的设备才适合组织文件的索引结构。对于流式文件，可以建立由逻辑块到物理块的索引表。要访问第 x 个逻辑块，即可以从索引表的第 x 项中获得该逻辑块对应的物理块号。无论用户以顺序访问方式或直接访问方式访问文件，都可以将要读/写的字节在文件中的位置转化为逻辑块号与逻辑块内的字节偏移，再按逻辑块号从索引表中获得逻辑块所在的物理块号，得到文件数据。

（4）索引链接

将包含数据块块号信息的数据结构按照文件逻辑块顺序链接起来。参考 FAT 文件系统有关资料。

7.1.4　文件控制块

从操作系统管理的角度看，文件应包括文件控制块（File Control Block，FCB）和文件体。后者是文件的有效信息部分；前者则是一张用于存放文件标识、定位、说明、控制等信息的表格。显然，操作系统为了管理和控制系统中的全部文件，必须对每个文件均设立一个 FCB（也称文件目录项或文件描述块）。最简单的 FCB 只有文件的标识和定位信息，这也是它的最基本内容。为了满足用户的各种需要，增加文件管理系统的功能，FCB 中还应具有说明和控制方面的内容。当然，由于设计目标和管理方法的差异，各系统的 FCB 内容和格式也不尽相同。FCB 中的常用内容如图 7.7 所示。

文件名
用户名
存放方式
物理位置
创建时间、保存期限
口令
操作限制
共享说明
其他

图 7.7　FCB 中的常用内容

① 文件名：供用户使用，以标识文件的符号，唯一地定义文件（在一级目录情况下）。

② 用户名：标识文件的创建者——用户。

③ 存放方式：说明该文件在辅存中的结构（组织形式），如顺序结构、索引结构。因为它关系到一个文件在辅存中的物理位置，所以是一项重要的定位信息。

④ 物理位置：具体说明文件在辅存中的物理位置和范围。对不同的文件物理结构，应做不同的说明。

对顺序结构，应指出用户文件第一个逻辑记录的物理地址及整个文件长度。

对链接结构，应指出用户文件首、末逻辑记录的物理地址，末记录的物理地址也可用记录个数代之。

对索引结构，则应包含索引表，指出每个逻辑记录的物理地址及记录长度。在多级索引情况下，FCB 中应包含最高级的索引表，其他索引表可以放在辅存其他空间中。

对索引链接结构，应该有指向索引链首的指针，这样通过索引链可以访问到任意文件块。

⑤ 创建时间、保存期限：说明该文件记录的创建与保存时间。

⑥ 口令：将用户规定的口令保存在控制块中便于系统核对，以增加文件的安全性。

⑦ 操作限制：为了保护文件，应对其规定允许访问的操作类型，如规定只读文件、读/写文件、不加限制文件等。如果对该文件执行违反规定的操作，则禁止执行。

⑧ 共享说明：指出文件拥有者（即文件主）及其授权者的用户名，说明哪些用户可以共同使用该文件，有时还规定被授权用户共享该文件的使用权限（如只允许读或只允许读/写，而不允许其他操作）。这仅仅是文件共享的方法之一，现行系统尚有许多其他的方法。

⑨ 其他：如增/删说明，指出文件能否截断或删除和增补新内容等。

上述内容多由用户在建立文件时提供，或以后经相应操作补充某些说明部分。

7.2 文件目录结构

7.1 节介绍了文件及文件控制块（FCB）、文件的访问和存放方法。计算机系统存在大量的文件，操作系统要将它们存放于辅存中，并实现对文件信息的“按名存取”，也就是说，要做到以用户命名的方式来定位文件并对其进行读/写，力求查找文件简便，减少查找文件时间，方便灵活地存取信息，利于保密和共享。为了实现上述目标，一般都用文件目录来管理所有文件。

文件目录可形象理解为文件的名址录——记录所有文件的名字及其存放的辅存空间地址信息。文件目录由目录项组成，每个目录项表示一个文件，目录项包含名字和 FCB，或者把目录项设计成由<名字、指向 FCB 的 FCB 号>组成。

如果把文件类比为图书馆的藏书，那么文件目录相当于藏书书目表。当图书馆藏书很少时，一个书目表足以罗列出所有藏书。当馆中藏书逐渐增多时，一定要改变书目表结构，比如在书目表中对藏书进行分类，甚至为每类书籍单独设立一个书目表。同样地，计算机系统中的文件目录也存在多种表示方法，下面介绍几种不同的目录表示方法。

7.2.1 一级目录结构

一级目录结构就是为辅存的全部文件设立一张如图 7.8 所示的逻辑上线性排列的目录表。表中包括全部文件的控制块 FCBi（i =1, 2, ⋯, n）。一级目录结构又叫平面（Flat）文件结构。

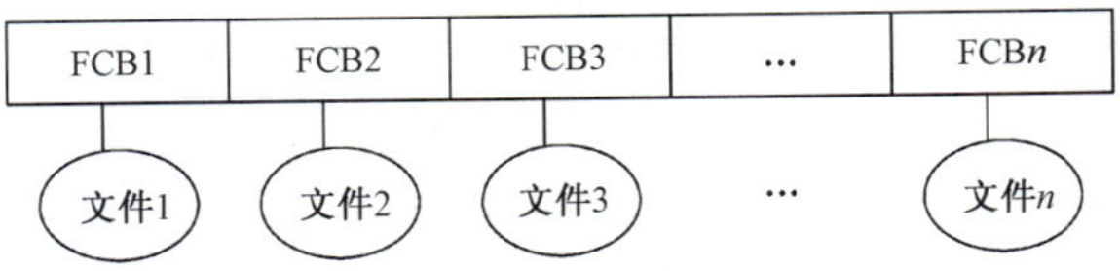

图 7.8 一级目录结构

每当建立一个新文件时，就在该目录中增设一项，把名字及 FCB 信息保存在该项中；每当删除一个文件时，就从该目录中抹去相应名字及 FCB；每当访问一个文件时，先按文件名在该目录中查找到相应的 FCB，经合法性检查后执行相应操作。

一级目录通常按卷（可理解为一个逻辑磁盘或一个光盘等）构造，即把一卷中的全部文件形成一级目录表，保存在该卷的固定区域，使用时先将目录表读到主存中。

当某卷的空间较大，文件数目很多时，目录结构中的目录项也随之增加。这不仅给文件的检索带来困难，更严重的是，还会因多个用户的文件同时保留在该卷中而带来“重名”问题。

目录表是以文件名定位文件的，而所有用户文件均组织在一张目录表中，不同用户对不同文件容易取相同的文件名。如果让具有相同文件名的不同文件在目录表中同时出现，则给文件检索带来很大困难。许多系统均对文件名的字符长度做了限制，客观上使得“重名”问题极易发生。为解决一级目录结构中的“重名”问题，可引入二级目录结构。

7.2.2 二级目录结构

将记录文件的目录分成主文件目录（主目录）和由其主管的若干子目录，且各子目录的物理位置由主目录中的目录项指出，这种结构即为二级目录结构。在多用户系统中常采用二级目录结构来解决一级目录表中的“重名”问题。二级目录结构设立一张主文件目录（Master File Directory，MFD），且为每个用户建立一个用户文件目录（User File Directory，UFD）。每个 UFD 在 MFD 中均设置一项，用于描述 UFD 的用户名及其物理位置。UFD 包含用户文件的所有<文件名、FCB>项，如图 7.9 所示。

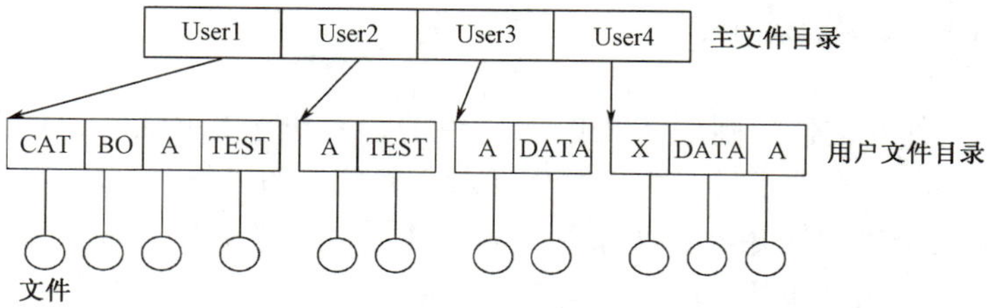

图 7.9 二级目录结构

当某用户欲对其文件进行访问时，系统可控制在该用户对应的子目录 UFD 上进行，这既能解决不同用户文件的“重名”问题，也在一定程度上保证了文件的安全。二级目录也可按卷构造，将主目录和子目录均保存在该卷的固定区域，使用时再调入主存。对 MFD 和 UFD 在辅存上的存放方式，也可参照如前已述的文件物理结构的几种形式来组织它们的物理结构。

二级目录结构可视为根节点是 MFD 的二级树结构，MFD 的子节点是 UFD，UFD 的孩子节点则是文件树的叶节点。在这棵树上定位某个文件时必须给出“用户名+文件名”。把两个名字拼在一起，称为路径名。系统中的每个文件均有唯一的路径名。

在上述二级目录结构中如何放置系统文件呢？系统通常将加载程序、汇编程序、编译程序、其他实用程序、库程序等软件分别组成文件。许多命令解释程序当接到某条命令时，通常会直接查找与命令功能相对应的系统文件，并将其装入、执行。但是在这种二级目录结构中，文件的查找均为在当前用户的 UFD 中查找。显然，只有将所有的系统文件分别复制到各用户文件目录下，才可能找到用户所需的系统文件。这种组织系统文件的方法显然是对空间的极大浪费。在实际系统中，通常为系统文件单独建立一级子目录，把它看成一个特殊的用户目录（如 User0），并且扩充文件查找算法。当需要查找一个文件时，先在其用户文件目录中查找，若没有找到，则继续在系统文件目录中查找。

二级目录解决了将不同用户文件分开存放并建目录进行索引的问题，但是如果用户文件太多，在一个子目录下存放用户所有文件同样也会存在“重名”问题，因此引入了树状目录结构。

7.2.3 树状目录结构

在二级目录的基础上，可将目录结构扩充成更一般的树状结构。树状目录结构也称为多级目录结构。在如图 7.10 所示的树状目录结构中，任何一级目录中的目录项既可描述次一级的子目录，又可描述一个具体的文件。

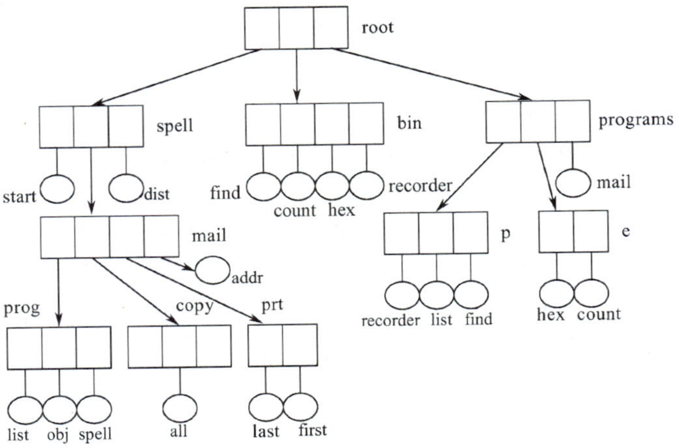

图 7.10　树状目录结构

为了给用户带来更多方便，一个灵活的文件系统应该允许用户在其所处的目录级上建立所需的子目录。例如，某用户同时处理三个公司的事务，想把有关公司的文件均置于一个子目录中。为了满足用户的这种需要，可把二级目录推广成树状目录。许多实际系统均使用树状目录结构，如 UNIX 和 Linux。在树状目录结构中有根目录，树中的每个文件具有唯一的路径名。路径名为根节点与经子目录的各级节点直至文件的节点名的顺序组合。

这种树状目录结构便于文件分类管理，但是会耗费查找文件时间，一次访问可能要经过若干次间接查询才能找到最终的文件。例如，要查找图 7.10 中的文件 all，根据其路径名：root/spell/mail/copy/all，要从根目录逐级往下查找。如果目录树很大而不能都放入主存，则不仅耗费查找时间，而且对 I/O 通道也增加了压力。

为了加快对要访问文件的 FCB 的定位，可引进“当前目录”来克服这一缺陷，即用户可指定某级目录作为用户的“当前目录”，“当前目录”的 FCB 事先已被读入并保存在主存中。该用户欲访问某个文件时就不用给出全部路径，只需给出从“当前目录”到欲查找文件之间的相对路径名。例如，指定图 7.10 中的 mail 为“当前目录”，则用户访问文件 all 时只需给出./copy/all 相对路径名，经过两步即可找到该文件。

一般，每个用户都各自有一个“当前目录”。当用户注册时，操作系统在计账文件（Accounting File）中查找与该用户所对应的信息项。计账文件除保存用户计账所需信息外，同时保存一个指向用户初始“当前目录”的路径名。“当前目录”最初在用户登录时自动设置为该用户的初始“当前目录”。操作系统提供一条专门的系统调用，供用户随时改变“当前目录”。例如，在 UNIX/Linux 操作系统中，/etc/passwd 文件中就包含有用户登录时默认的“当前目录”，可用 cd 命令改变“当前目录”。

目录和文件都存放在辅存中，在文件系统对文件进行访问时必须获得文件的 FCB。文件的 FCB 是通过从根目录或“当前目录”逐级下查而获得的。对于根目录和“当前目录”，当然需要很快地查找到。通常把这些目录的 FCB 复制到主存中以便引用。

树状目录结构可以很方便地对文件进行分类，同时利用相对路径可以减少对 FCB 的磁盘目录的访问次数。

7.2.4　无环图目录结构

树状目录结构便于实现文件分类，但不便于实现文件由多目录共享。事实上，可能会出现对同样一个文件，用户希望在不同的目录中都能访问它。例如，对于一个身兼维修工程师和行政主管两职的某职员的信息文件，逻辑上它既要存放于工程师职员目录中，也应存放于行政职员目录中。如果在树状目录结构中要达到这个要求，就必须生成两份文件副本。这样显然浪费了存储空间，而且也不利于保证副本的一致性。

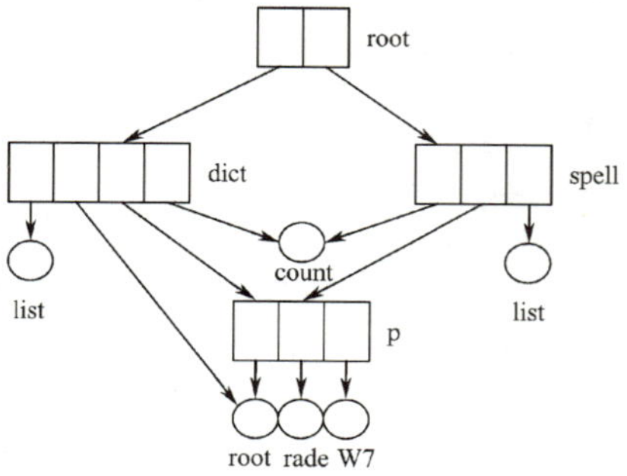

图 7.11　无环图目录结构

组织合理的目录结构对实现文件共享非常重要，人们因此而引入一种无环图目录结构，如图 7.11 所示。这种结构允许若干目录共同描述或共同指向被共享的子目录或文件。图 7.11 中的路径无环，这实际上可视为在树状目录结构中增加一些未形成环路的链，当需要共享文件或共享子目录时，即可建立一个称为“链”的新目录项，由此链指向共享文件或子目录。

就文件共享而言，无环图目录结构比树状目录结构更灵活，但管理上更复杂。而且在无环图目录结构中，同一个文件可能有多个完整路径名。当需要遍历整个文件系统（搜索其文件，统计所有文件，或转储所有文件）时，可能会重复遍历图中某些节点（共享节点）。

此外，当需要时，怎样删除无环图目录结构中的共享节点呢？例如，对于被两个用户共享的文件，若一个用户简单地将其删除，那么另一个用户的某级目录中原来的共享链便指向了一个当前不存在的文件，即因为仍指向已删除文件的物理地址而发生错误。另外，如果在不同目录中存放同一个文件的 FCB，则几乎不可能维护其一致性。因此需要改进其实现。

如果如图 7.11 所示将 FCB 仍然存放在目录中，则会出现共享文件或目录拥有多个 FCB 副本的问题，实现起来几乎不可行，因此人们提出了一种改进方案。目录中并不直接存放该目录所含文件/子目录的 FCB，而是由占用空间更小的目录项组成，每个目录项包含所描述的文件/子目录名字以及对应的 FCB 所在磁盘空间的地址（FCB 号）。通过目录项可以获得对应的 FCB，如图 7.12 所示。这样一来，同一个文件或目录可以有多个路径名，而且文件或目录只有唯一一个 FCB。

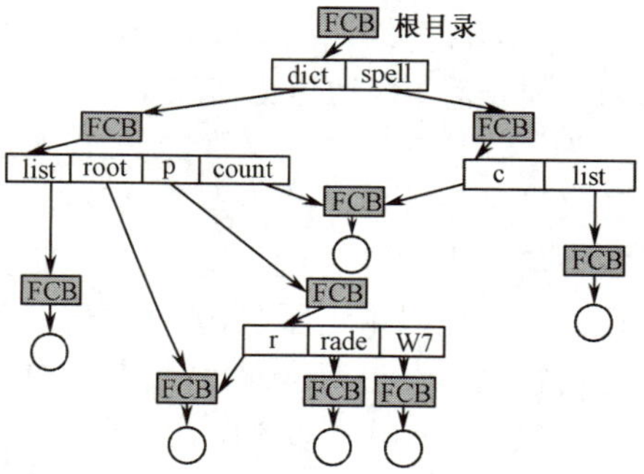

图 7.12　将 FCB 独立存放的无环图目录结构

对于共享文件的删除问题，一种可行的解决方法是，在 FCB 中设置一个访问计数器（或称共享计数器）。每当图中增加一条对某个 FCB 的共享链时，访问计数器的值加 1；每当需要删除某个路径名时，其 FCB 的访问计数器的值减 1。若访问计数器的值为 0，则删除该 FCB，否则只减小访问计数器的值，保留 FCB。

7.2.5　目录操作

目录可以看成文件或子目录的一个容器，文件系统管理模块需要实现如下的主要目录操作：

（1）创建目录项。在给定目录中新建一个代表文件或子目录的目录项，通常还会建立对应的 FCB。例如，创建文件及子目录时会创建对应的目录项。

（2）删除目录项。在给定目录中删除指定文件或子目录的目录项，通常还会释放 FCB。如果 FCB 还被其他目录项共享，则不用释放。例如，删除文件及子目录时会删除对应的目录项。

（3）文件名及属性修改。修改 FCB 中的属性。

（4）查找目录项。给定一个文件名或目录名，找出表示该文件或目录的相应目录项。例如，在打开文件系统调用处理时需要查找文件的目录项，从而获得 FCB；在创建文件系统调用处理时需要查找文件所在目录的 FCB。另外，对目录项的创建、删除、修改操作都需要用到查找操作。

下面给出 UNIX/Linux 操作系统中有关目录的一些系统调用，这些系统调用可以由用户程序调用。系统调用处理程序会调用前面所述的目录操作函数：

（1）mkdir 创建目录。

（2）rmdir 删除目录。只有空目录可删除。

（3）opendir 打开目录。例如，为列出目录中全部文件属性，程序必须先打开该目录，然后读取其中的目录项。

（4）closedir 关闭目录。读目录结束后，应关闭目录以释放内部表空间。

（5）readdir 返回打开目录的下一个目录项。以前也采用 read 系统调用来读目录，但这一方法有一个缺点：程序员必须了解和处理目录的内部结构。相反，readdir 总是以标准格式返回一个目录项。

（6）rename 目录改名。在很多方面目录和文件都相似，文件可换名，目录也可以。

（7）link 为已有文件建立一个新的路径名。利用该链接技术可以在多个目录中共享同一个文件。这种类型的链接，增加了该文件的 FCB 访问计数器的计数，又称为硬连接。

（8）unlink 删除文件目录项。如果该目录项表示的文件只出现在一个目录中，则将该文件从文件系统中删除；如果它出现在多个目录中，则只删除指定路径名的链接，依然保留其他路径名的链接。在 UNIX/Linux 操作系统中，用于删除文件的系统调用实际上就是 unlink。

例如，ls 命令实现程序就会调用 opendir()、readdir()等系统调用来实现对当前工作目录中文件和子目录信息的读出及输出。

7.3 文件存储器空间布局与管理

系统可以连接多种辅存设备，如磁盘、光盘等。现在，主要的辅存设备是磁盘设备、Flash 存储器。下面先介绍如何划分文件存储器空间，再看看如何管理这些空间。

1. 文件存储器空间的划分与初始化

一般来说，一个文件存储于一个文件卷中。文件卷可以是一个物理磁盘，或者是一个物理磁盘的一部分。一个支持超大型文件的文件卷可以由多个物理磁盘组成，如图 7.13 所示。

图 7.13 只是给出了一个示意图。图中存放文件数据信息的空间（文件区）和存放文件控制信息 FCB 的空间（目录区）是分离的。但要注意，现在涌现了许多种文件表示和存放格式，不同的格式会与操作系统不同的文件管理模块相关联。有些操作系统有许多不同的文件管理模块，通过它们可以访问不同格式的逻辑卷中的文件。例如，Linux 操作系统就支持 EXT3，NTFS，UFS 等不同格式的逻辑卷。对于不同格式的逻辑卷，目录区和文件区的布局会有所不同。

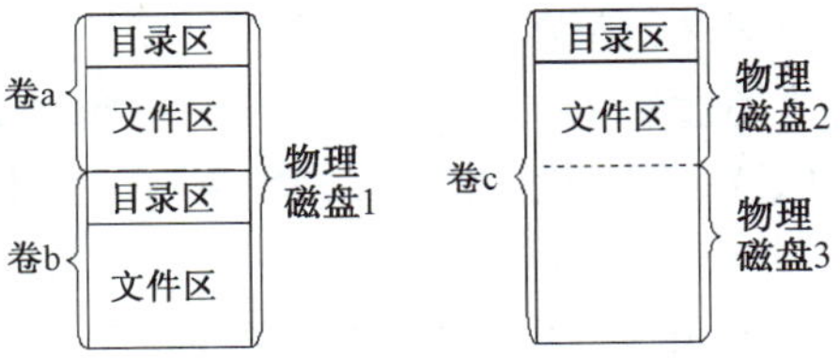

图 7.13　逻辑卷与物理磁盘的关系

逻辑卷在能够提供文件存放服务之前，必须由专门的和文件系统格式相关的实用程序对其进行初始化，划分好目录区及文件区，建立空闲空间管理表格及存放逻辑卷信息的超级块。

不同文件系统格式逻辑卷不但有不同的目录区和文件区布局，而且目录结构、FCB 结构、目录区和文件区的空间管理算法也不同。下面介绍如何进行辅存空间的管理。

2．文件存储器空间的管理

磁带设备是一种顺序访问设备，其上的文件物理结构须采用顺序结构，对它的管理和分配类似于主存空间连续分配的管理方法。

图 7.14　位向量

目前系统均采用磁盘作为主要的文件存储器，磁盘的直接访问特性可以更灵活地组织文件物理结构。因此，下面主要以磁盘为对象，讨论如何管理空间。根据前面所介绍的文件物理结构，目前对磁盘空间的分配广泛使用连续分配、链接分配和索引式分配三种方法。

在系统运行过程中，文件频繁地被创建和删除，文件系统对磁盘空间的分配保持一个称为“自由空间表”的数据结构。该表记录着当前磁盘上空闲的扇区（物理块）。

“自由空间表”是文件系统的重要数据结构，通常组织成“位向量”结构。磁盘是以柱面为单位的。如果把磁盘某个柱面中的扇区（物理块），按约定方法顺序编号（如图 7.14 所示），则每个柱面对应一个“位向量”，而所有柱面“位向量”组成的“位图”数组就记录了整个磁盘空间的使用情况。

描述磁盘空闲空间的另一种方法是空闲扇区链表，将所有空闲扇区组织成一条链，每个空闲扇区内均设一个指针，指向下一个空闲扇区。系统保存指向第一个空闲扇区的指针。将空闲扇区组织成链表的方法对于查询空闲块很不方便，且效率很低。为了在链表中搜索空闲块，每次都必须进行 I/O 操作，读出一个扇区的内容后，才能按其指针找到下一个空闲块的地址。

为了减少磁盘 I/O 次数，人们对空闲扇区加以改进，将空闲扇区成组地链接，如图 7.15 所示。把顺序的 n 个空闲扇区地址保存在第一个空闲扇区内，其后一个空闲扇区内则保存另一个顺序空闲扇区的地址，如此继续，直至所有空闲扇区均予以链接。系统只需保存一个指向第一个空闲扇区的指针。假设磁盘最初全为空闲扇区，则其成组链接如图 7.15 所示（图中编号为扇区号），从而可迅速找到大批空闲块地址。早期 UNIX 操作系统中的 S5 文件系统就是这样组织磁盘可用空间的。

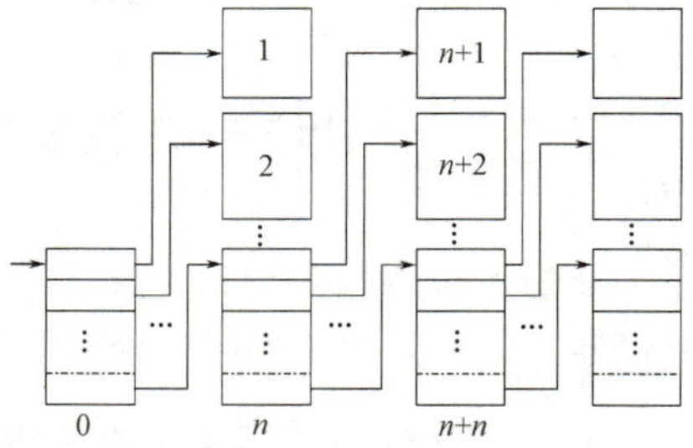

图 7.15　空闲扇区的成组链接

表示文件存储器空闲空间的“位向量”表或第一个成组链块，以及卷中的目录区、文件区划分信息也都需要存放于辅存中，一般存放在卷头，在 UNIX 操作系统的有关卷格式中把它称为“超级块”。在对卷中文件进行操作前，“超级块”一定要预先读入系统空间的主存，并且经常保持主存“超级块”与辅存卷中“超级块”的一致性。

7.4　文件访问接口

操作系统必须为用户提供若干系统调用，以便有效地使用和控制文件。最基本的系统调用包括建立文件（CREATE）、删除文件（DELETE）、打开文件（OPEN）、关闭文件（CLOSE）、读文件（READ）、写文件（WRITE）及其他一些系统调用，如设定文件读/写当前位置（SEEK）、获取文件属性、设置文件属性等。

目录可以看成一种特殊的文件。目录由目录项组成，目录项可以是文件控制块（FCB），或文件名字和 FCB 索引信息。不管目录项是如何构成的，操作系统文件管理模块对目录的处理一定不同于对文件的处理。如果把目录看成特殊文件，则可把目录项看成特殊文件中的记录。某些操作系统（如 UNIX/Linux）对目录有一套不同于普通文件的系统调用接口。前面已经做了有关目录系统调用的功能说明。

7.4.1 传统文件系统调用的实现

本节主要讨论 6 条基本系统调用的实现。对设定文件读/写当前位置（SEEK）、获取文件属性、设置文件属性的系统调用等，不予展开。

1. 文件的建立与删除

当用户欲将一批信息作为文件保存在文件存储器中时，应向系统提出建立一个新文件的请求，这一请求通过执行建立文件（CREATE）系统调用来实现。

CREATE 系统调用参数包括下述内容：

① 文件名。用户欲建立文件的文件名。对于多级目录结构，应给出路径名。

② 卷名。指出文件欲建立在哪台设备上或哪个文件卷上。

③ 文件说明和控制信息。此项内容与具体系统有关，一般包括操作限制、共享说明、口令、密码、最大长度等。

文件系统接到此系统调用命令后，先检查其参数的合法性，在文件目录结构的适当位置（在相应目录中）按提供的参数建立一个 FCB。该系统调用仅仅完成建立文件控制块的工作，文件写入辅存则由写文件（WRITE）系统调用完成。为了节省辅存空间，通常为文件分配辅存空间的操作在写文件系统调用处理时进行。

当一个文件已完成其历史使命，不再为用户所需要时，应及时向系统声明删除该文件。DELETE 系统调用参数一般只给出文件名。文件系统按文件名从目录中查出 FCB 后，先释放文件信息所占用的辅存空间，然后释放 FCB 所占用的辅存空间。

2. 文件的打开与关闭

系统将文件目录存于辅存文件卷中，在需要访问文件时，对应文件的目录项需保存在主存中。在主存系统空间中设一张“活跃（工作）文件目录表”，用于存放在当前一段时间内需要读/写文件的 FCB，这样既不占用过多的主存空间，又可显著减少文件在使用过程中针对辅存目录的查询时间。活跃文件目录表可看成文件目录项在主存中的缓冲区，将经常要用到的 FCB 存放于缓冲区中。

系统为此专门提供了两条系统调用：打开文件、关闭文件。打开文件（OPEN）系统调用参数一般只需指出文件名（路径名）和卷名，通知文件系统，用户要使用相应的文件。操作系统此时将该 FCB 存入主存的活跃文件目录表。当进程在运行过程中打开一个文件后，为方便检索活跃文件目录表中的 FCB，通常也将被打开文件的相关数据结构索引保留在进程内部。为此人们在进程 PCB 内建立了一张“打开文件表”，专门记录该进程当前已打开的所有文件的若干有关的信息。

在此引入两个数据结构：为每个用户进程单独设置一张“打开文件表”，保存该用户进程当前所有已打开文件信息；为整个操作系统设置一张“活跃文件目录表”，保存系统内各用户进程当前所有已打开文件的 FCB。为节省活跃文件目录表所占用的主存空间，系统希望用户在不用

（或暂时不用）某文件时，应及时通知系统收回其 FCB 所占的活跃文件目录表的空间，以便其他 FCB 使用。关闭文件（CLOSE）系统调用便是为此而提供的。系统接到用户的 CLOSE 系统调用时，将其原来在活跃文件目录表中的 FCB 写回辅存目录，并释放活跃文件目录表中的相应项。当某文件被关闭后，如果用户需要重新使用该文件，则要再次打开该文件。系统重新将其 FCB 放入活跃文件目录表后，方能进行读/写。

在许多操作系统中，允许正被一个进程访问的文件同时也可以被其他进程访问。例如，一个人事信息文件在被人事主管查询的同时，也应该可以被总经理查询，而不能让总经理等待人事主管查询完毕后再访问该文件。这样可以实现文件共享，提高系统性能。为此，在打开文件表和活跃文件目录表之间引入一张记录本次打开的“读/写状态信息表”。该表存放本次打开的读/写许可、文件读/写位置指针信息等，这些表格之间的关系如图 7.16 所示。

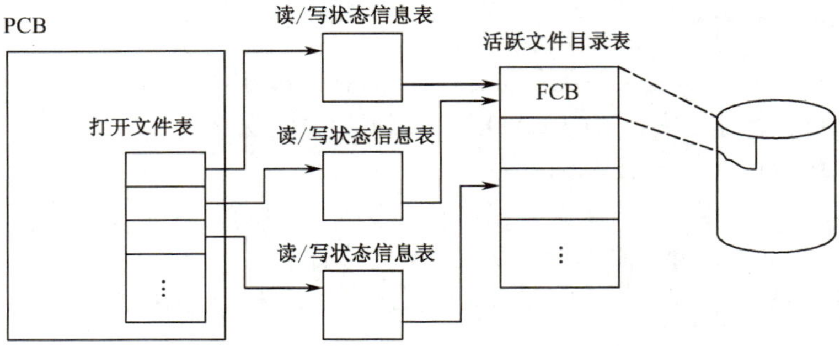

图 7.16　打开文件时所建的表格之间的关系

进程打开文件表，保存读/写状态信息表指针，读/写状态信息表中有指针指向活跃文件目录表的某个表项。打开文件的系统调用会返回用户程序的一个打开文件表中的表项索引号作为文件内部索引号。如图 7.16 所示，对同一个文件的两次不同的打开，会建立两张不同的读/写状态信息表，但它们共享同一个活跃文件目录表项。读/写状态信息表中分别记录下一次读/写操作所访问的数据偏移信息。例如，对某文件以读方式两次打开，各自从第 0 字节开始读数据，在各自的读/写状态信息表中记录本次读完成以后下次读的字节位置信息。

当打开一个先前已被打开的文件时，无须从辅存复制 FCB，因为 FCB 已在主存中，只需建立一张新的读/写状态信息表，并填入在活跃文件目录表中的 FCB 地址即可。同理，在关闭一个文件时，如果文件被打开过多次，关闭文件的系统调用处理只需要释放读/写状态信息表和所占的打开文件表中的相应项，最后一个关闭操作才真正释放活跃文件目录表中的 FCB。

3．文件的读与写

文件数据写入辅存或从辅存读出，是通过写文件（WRITE）或读文件（READ）系统调用来实现的。因此 READ 和 WRITE 系统调用参数包括下列内容：

① 文件内部号、卷名（有时可省略）。

② 起始逻辑记录号/字节号（若省略，则表示将文件读/写状态信息表中的当前记录/字节作为起始逻辑记录/字节）：表示要读/写的文件逻辑记录号/字节号，供文件系统模块根据 FCB 中的文件定位信息用于确定欲读/写信息的辅存地址。

③ 记录数量/字节长度：此次欲读/写信息的长度。

④ 欲读/写信息的主存地址。

系统接到读/写系统调用时，在逻辑上大致完成下列工作：

① 核实所给参数的合法性。

② 按文件内部号找到打开文件表中的相应项，通过连接指针可获得读/写状态信息表、活跃文件目录表，从活跃目录表中得到该文件的 FCB。

③ 按 FCB 的内容核对操作限制和共享说明。

④ 将逻辑记录号/字节号和字节长度转换成文件所对应的物理地址。在写系统调用时，如果找不到对应的物理地址，则表示文件辅存空间不够，应该先为文件申请辅存空间。

⑤ 如果是写系统调用，则将数据从用户区复制到系统区，将物理地址、主存地址、字节长度等参数填好，调用辅存驱动程序进行输出操作；如果是读系统调用，则先分配系统缓冲区，将物理地址、主存地址、字节长度等参数填好，调用辅存驱动程序进行输入操作，在输入完成后将系统缓冲区数据复制到用户区。

7.4.2 存储映射文件访问

前面所述的文件访问方式，需要编程者在进程用户空间准备好文件数据缓冲区，并且需要处理文件的哪部分数据就将该数据读入缓冲区，或从缓冲区写入文件。该缓冲区重用时需要进行多次读/写文件系统调用。即要访问文件中的数据时，必须先将一部分数据读入进程空间或在进程空间准备好部分数据写入文件，然后再处理下一部分数据。也就是说，文件中的数据是一部分一部分地从文件读入进程空间或从进程空间写入文件的。

现在的操作系统都实现了进程虚拟存储。进程空间非常大，在进行文件访问时，有时不必为了节省进程空间，而把要访问的文件分成小段读入进程空间并进行处理。可以利用操作系统提供的存储映射（Memory-Mapped）系统调用，在要读/写文件前，将文件映射到一段进程虚地址空间。然后就可以直接读/写该段虚地址进行文件访问，如图 7.17 所示。当不再需要读/写该文件时，则将文件与虚地址空间脱钩。

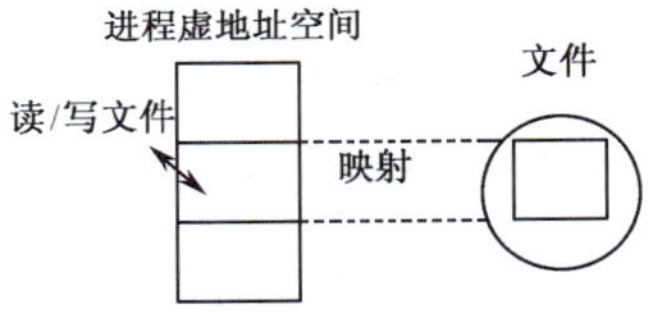

图 7.17　存储映射文件访问示意图

操作系统提供两条系统调用用于实现存储映射文件访问：

① 映射文件（Map）：通过该系统调用将一个文件映射到一段进程虚地址空间。

② Unmap：将文件与指定虚地址空间脱钩。

在操作系统实现 Map 系统调用时，实际上建立了内部页表，将进程的某段空间页的页表项中磁盘地址域指向了文件所在的辅存块。当用户初次访问该段的页时，操作系统缺页处理程序将对应的文件块信息从辅存读入主存。当某页被存储管理页淘汰程序淘汰时，会被写到文件的对应辅存块中。将文件与指定虚地址空间脱钩时，会将页帧内容写回文件并且释放映射文件的这段虚地址空间。

使用存储映射文件访问也有不利的一面，首先，操作系统内部不易实现将它与传统文件访问方式处理的一致。如果操作系统对这两种文件访问方式进行不同的处理，则需要花费很大开销以保证应用两种文件访问方式的数据是一致的。另外，文件的大小可能大于进程空间。再就是，存储映射文件访问无法让文件长度动态增加，而用写文件系统调用写到文件尾时可以动态申请辅存空间来增加文件长度。

7.5 文件保护

用户非常关心的是其保存在计算机系统中的信息能否得到严格的保护。用户文件被破坏一般有两种可能：一是文件信息可能被其他用户或外来者窃取、破坏，或被他人对文件进行未授权的访问；二是由于硬件方面的某些物理原因导致文件内容被破坏。前者是文件保护问题，后者是系统可靠性问题。

7.5.1 文件访问保护

要防止系统中的文件被他人窃取、破坏，以及在共享过程中对文件进行未授权的操作，就必须对文件采取有效的保护。文件有许多保护方法。例如，对于单用户文件系统可简单地将其文件存储介质（如 U 盘）锁在保险柜里。但对于多用户文件系统，这样做无实际意义，必须寻求其他可行的方法。

1. 口令保护

实施文件保护的一种方法是采用“口令”。用户在建立一个文件时即提供一个口令，系统为其建立文件控制块（FCB）时附上相应口令，同时将口令告诉允许共享该文件的其他用户。用户请求访问文件时必须提供相应的口令，仅当口令正确时才能打开文件进行访问。这种方法简单易行，且“时空”开销不多。缺点是口令直接存在系统内，不诚实的系统程序员有可能得到全部口令。另外，对文件的存取权限不能控制，得知文件口令的用户均具有与文件主相同的存取权限。因此要和其他方法配合使用，即系统用口令识别访问文件的用户，而用其他方法实现对文件存取权限的控制。当前多数操作系统不提供此功能，而改由访问文件的应用程序提供口令保护。

2. 加密保护

对文件进行加密，使文件窃取者即使得到文件信息也不能使用这些信息，即在文件写入时进行保密编码，读出时进行译码。这一编/译码工作可由系统替用户完成，但用户请求读/写文件时需提供密钥，以供系统进行加密和解密。由于密钥不直接存入系统，只在用户请求读/写文件时动态提供，故可防止不诚实的系统程序员窃取或破坏他人的文件。

密码技术发展迅速，保密性很强，实现时也很节省存储空间，但需花费较长的译码时间。目前，也有直接由应用程序提供加密保护的实现方式。

3. 访问控制

“口令”和“密码”技术都是防止用户文件被他人存取或窃取，并没有控制用户对文件的访问方式。要对不同用户实现不同的文件访问控制，就需要通过检查用户拥有的访问权限与本次存取操作是否一致，来防止未授权用户访问文件和被授权用户越权访问。

（1）访问控制矩阵（访问表）

为了对用户的文件访问操作（如读、写、执行等）进行控制，操作系统可以在内部建立一个二维的“访问控制矩阵”：其中一维列出操作系统的全部用户名；另一维列出系统内的全部文件。矩阵中的每项指明用户对相应文件的访问权限。当用户的进程请求访问文件时，操作系统就通过访问控制矩阵，验证用户所需的访问与规定的访问权限是否一致。若越权，则拒绝此次用户对文件的访问。由于这种“访问控制矩阵”的空间开销大，故只有在较小规模的系统上才有实用价值。

用户名	对Text文件的访问权限		
User1	R	W	E
User2	R	E	
User3	E		
⋮	⋮		

R—读；W—写；E—执行

图 7.18　Text 文件的访问表

具体实现时，可为每个文件建立一张访问表，列出所有用户名和对应的访问权限。如图 7.18 所示为 Text 文件的访问表。当用户欲访问 Text 文件时，操作系统为其验证“访问表”中规定的访问权限，如果越权则拒绝访问。

（2）简化访问表

当然，随着用户数的增加，“访问表”的空间也会变得相当大。考虑文件共享的实际情况，通常文件只属于文件主个人私用，一般只允许少数与文件主具有协作任务的同组用户进行有限共享，故许多实际系统将用户分为三类：文件主（Owner）、同组的若干用户（Group）和其他用户。只需用三个域列出访问表中这三类用户的访问权限即可，然后直接保存在 FCB 中。当用户需要访问文件时，系统根据进程用户所属的类型，在访问表中验证此次访问的权限。

文件主在创建文件时，需要在参数中说明创建者用户名及创建者所在组的组名，所以系统在建立文件的同时，也将文件主的名字、所属组名列在该文件的 FCB 中。用户进程按照 FCB 中说明的访问表权限进行访问。如果用户是文件主，就按照文件主所拥有的权限访问文件；如果用户和文件主在同一个用户组，则可以按照同组用户权限访问文件；否则只能按照其他用户权限访问文件。UNIX 操作系统就是用该方法实现文件访问控制的。

7.5.2 文件备份

为了增强系统存储文件的可靠性，保证文件数据可用，一般简单的方法是为重要文件创建多个副本。有两种形成文件副本的方式：一种是批量备份，即定时地进行文件备份；另一种是同步备份，就是说，在生成或写文件的同时备份该文件。

1. 批量备份

批量备份又叫批量转储，是指将一批文件复制到后援存储器中。后援存储器可以是磁带、磁盘或光盘。目前常采用如下两种转储方法：

① 全量转储。把文件存储器中的全部文件定期（如每天一次）复制到后援存储器中。当系统出现故障或文件遭到破坏时，便可把最后一次转储内容从后援存储器复制回系统以恢复正常运行。这种方法浪费机时，在转储过程中要求停止使用任何文件。

② 增量转储。每隔一段时间便把上次转储以来改变过的文件和新文件用后援存储器转储。关键性的文件也可再次转储。这能克服全量转储开销大的缺点。如果文件都是独立的，这种方法很适用；但如果文件之间有关联，用增量转储的方法对确保文件系统中各相关文件的一致性有一定难度，使用转储文件恢复到系统某个点的文件系统状态有一定困难。如何较快地确定上次转储以来改变过的文件和新文件，如何记录文件系统在各个转储点的状态，如何保证快速转储并且实现转储的原子性都是值得研究的课题。

文件转储方法不但可以保存文件，而且当系统出现病毒或人为数据破坏时，可用该方法修复系统。全量和增量转储都可以由专门的实用程序来实现，不一定由操作系统内核程序支持。

2. 同步备份

采用上述两种文件转储方法，在上一个备份时刻后生成或写过的文件不可能被恢复，而且操作上很麻烦。为了防止因磁盘介质损坏而引起文件破坏，可以采用同步备份的方法，主要的解决办法如下。

① 镜像盘支持。系统拥有一份完全相同的镜像盘，在对磁盘进行写操作的同时，对称地写其镜像盘，确保当一个存储介质被损坏时，另一个存储介质中的数据能用。

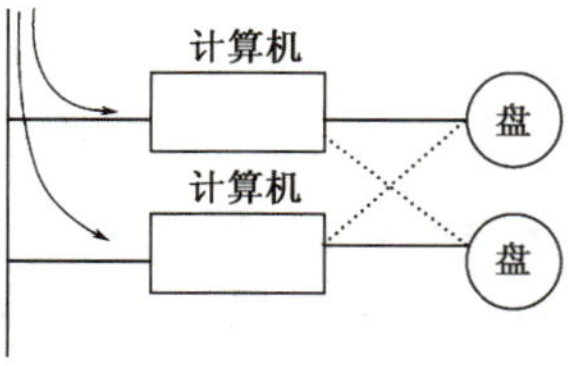

图 7.19　双机动态文件备份示意图

② 双机动态文件备份。上述镜像盘只能解决存储介质损坏问题。对计算机死机引起的文件系统破坏，它无能为力。双机动态文件备份是指有两台机器在进行文件写操作时完全对称地工作，保证当一台机器出错时，另一台机器还可以接着往下工作，如图 7.19 所示。有了双机动态文件备份，再加上双盘，就可防止来自 CPU 和存储介质两方面损坏对文件系统引起的破坏。

7.6　文件系统的基本模型

按照设备管理有关 I/O 层次结构的划分，文件管理模块可以划入设备无关的 I/O 层。如果把文件看成一种虚拟的设备，文件管理模块则可以看成一种虚拟设备驱动程序。

文件管理模块是指负责存取和管理文件信息的机制，即负责文件的建立、撤销、读/写、属性修改，以及对文件管理所需要的资源（如目录表、存储介质等）实施管理的软件部分，又称为文件系统。

在引入文件和文件系统后，用户可用统一的文件观点对待和处理各种存储介质中的信息，并据此使用各种存储器，而不再以存储设备为单位进行 I/O 操作。因此，文件系统可视为用户与辅存的接口。文件系统对它所管理的对象（信息）呈中性反应，它不清楚信息项（记录/字节块）的内容或信息项之间的关系，无法对它们进行任何解释，仅了解其顺序关系，故有别于数据库。

文件系统有如下优点。

① 方便灵活。用户无须考虑辅存的信息组织，也无须记住信息在辅存中的存放和分布情况，借助文件名和文件记录（字节）相对位置便可方便、灵活地对信息进行存取。访问事宜均由文件系统自动完成。

② 安全可靠。文件系统还能提供保护措施，以防止授权或未授权的用户有意或无意的破坏性操作，避免由于各种故障或偶然性事故而产生的破坏行为。

③ 共享功能。为节省辅存空间，方便用户存取，协调相关用户共同完成某项任务，文件系统可为用户提供文件共享功能，使多个用户能共享访问同一个文件。

本节引入一个文件系统的基本模型，其中子模块的层次结构如图 7.20 所示。

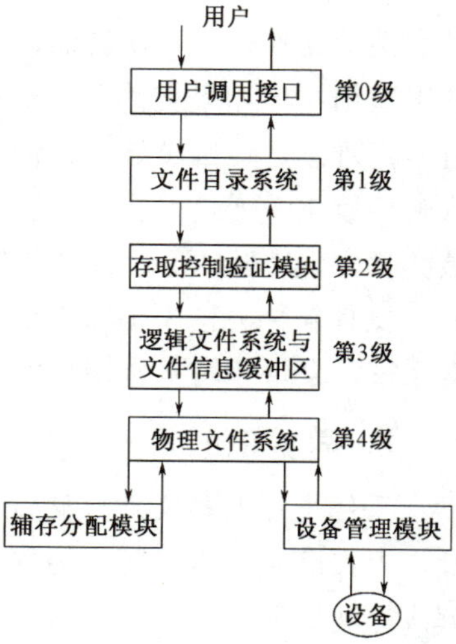

图 7.20　文件系统的层次结构

自从 Dijkstra 于 1967 年提出用层次结构方法设计操作系统后，Madnick 于 1968 年首先把这一思想引入文件系统，将实现文件系统各种功能的一组软件分成 6 个软件级。层次中每级软件都依赖于它下面的级（下属级），且基于下属级软件而提供更强、更灵活的功能。这种层次结构方法使人们对一个复杂的文件系统的设计、构造和理解变得更容易，而且更利于文件系统的正确性调试。

当然在具体进行文件系统设计时，并不一定与图 7.20 中的分级完全相同。这里主要是通过对该模型的解释，使大家对文件系统的功能有进一步的理解。

1．用户调用接口

文件系统为用户提供若干条与文件及目录有关的系统调用，如建立/删除文件、打开/关闭文件、读/写文件、建立/删除目录等。此层由若干程序模块组成，每个模块均对应一条系统调用。当用户发出系统调用时，控制即转入相应的模块。该级软件的主要功能如下：

① 对用户级发出的系统调用参数进行语法检查及合法性检查。

② 把系统调用码及参数转换成内部调用格式。

③ 补充用户默认提供的参数，并完成相应的初始化。

④ 调用下一级程序，并负责与用户的文件数据转接。

2．文件目录系统

该级软件的主要功能是管理文件目录，主要任务如下：

① 管理"活跃文件目录表"。当用户打开或关闭文件时，增加或删除活跃文件目录表中的相应项；当用户读/写文件时，需在该表中检索 FCB。

② 管理"读/写状态信息表"。当用户打开或关闭文件时，增加或删除读/写状态信息表；当用户读/写文件时，需移动在该表中的文件当前读/写指针。

③ 管理用户进程的"打开文件表"。

④ 管理与组织在存储设备上的文件目录结构，支持有关操作，如建立、删除目录，查询子目录及文件等。其实现依赖下属级，如读/写目录信息，申请物理空间用于存放目录信息等。

⑤ 调用下一级存取控制模块，或调用下属其他级软件。

3．存取控制验证模块

实现文件保护主要由该级软件完成，它把用户的访问要求与 FCB（或读/写状态信息表）中指示的访问控制权限进行比较，以确定访问的合法性。若不合法，则向上级软件返回出错信息，表示请求失败。如果合法，则将控制传递给逻辑文件系统。

4．逻辑文件系统与文件信息缓冲区

其主要功能是，根据文件的逻辑结构将用户欲读/写的逻辑记录/字节转换成文件逻辑结构内的相应块号。若文件允许有不同的逻辑结构及不同的存取方法，则在该级分别设置若干相应的程序模块。在定长记录情况下，这种逻辑上的转换如下：文件的逻辑结构根据记录号顺序排列，记录长度为 L，文件逻辑地址空间根据物理块的长度 N 以块划分。假设两个逻辑记录存放在一个块中，即 $2L=N$，如图 7.21 所示。

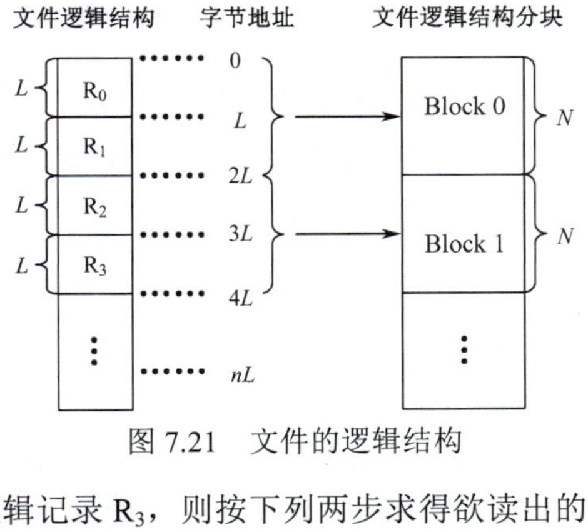

图 7.21　文件的逻辑结构

如果用户此次欲读出逻辑记录 R_3，则按下列两步求得欲读出的相对块号：

$$R_3\text{的字节地址} = \text{记录号}\times\text{记录长度} = 3L$$

$$R_3\text{的相对块号} = R_3\text{的字节地址/物理块长度} = 3L/N = 1$$

再根据文件的物理结构请求下一级软件读出该文件相对块号为 1 的物理块。然后根据下式：

$$R_3\text{所在物理块内的相对地址} = R_3\text{的字节地址 mod 物理块长度}$$

计算出逻辑记录 R_3 所在物理块内的位置，将 R_3 记录内容返回给用户。

因此，该级软件的主要任务是将逻辑记录号转换为“相对块号”和“块内的相对地址”，控制转给下一级软件，进行实际的文件读/写。

操作系统通常在主存中设立文件信息缓冲区，以利提高文件访问的速度，减少与辅存的数据交换次数。系统将文件的某些“相对块号”数据存放于缓冲区中，并将这些存有文件信息的缓冲区按照 Hash 队列形式链接起来。当要读/写某个文件的某个“相对块号”时，按照文件内部号和“相对块号”首先到 Hash 队列中查找数据是否已经在主存的缓冲区中。如果已经在缓冲区中，则立即访问。在这一层中，也许要调用文件信息缓冲区操作。

文件信息缓冲区与辅存缓冲区有什么区别呢？在设备管理中讨论过为辅存设立主存缓冲区，利用辅存的主存缓冲区可以加快辅存数据块的访问速度，减少与辅存的数据交换次数。对辅存缓冲区的查找是通过设备号和物理块号实现的，这与文件信息缓冲区采用的文件内部号与“相对块号”不同。辅存是存放文件的外部设备，既然系统已经提供了辅存的缓冲区，为什么还要提供文件信息缓冲区？如何保证文件信息缓冲区和辅存缓冲区数据的一致性？引入文件信息缓冲区是为了节省系统程序执行的开销，在进行文件访问时，可以在逻辑文件系统层就确定数据是否在主存中。如果只在设备驱动层设立缓冲区，则必须等到调用物理文件系统模块算出文件信息所在的物理存储块号后，才能确定数据是否在主存缓冲区中。另外，当然不希望在文件信息缓冲区和辅存缓冲区中存放同样的信息，这样既浪费主存空间，也会带来数据副本不一致的情形。如 Linux 中的做法是，用文件信息缓冲区存放文件体中的数据，用辅存缓冲区存放如文件控制块（inode）、文件卷管理信息超级块等元数据。

5．物理文件系统

物理文件系统的主要功能是，把逻辑记录所在的相对块号转换成实际的物理地址。当然，根据文件的物理结构不同，确定物理块号的方法也不同。

对于顺序文件结构，由于文件控制块中含有文件第一个物理块地址，因此容易将相对块号转换成物理块号。

对于链接文件结构，由于文件控制块中含有文件第一个物理块地址，因此则可以通过链查找相应物理块。

对于索引文件结构，由于文件控制块中包含了索引表，因此可以直接根据索引表查找相应的物理块地址。

物理文件系统也负责与下层通信。若本次是写操作，且尚未给写入的记录分配辅存空间，则调用辅存分配模块分配物理块，然后再调用下级的设备管理程序模块，进行实际的写操作。对于读操作，则直接调用设备管理程序模块，进行实际的读操作。

6．辅存分配模块

其主要功能是管理辅存空间，即负责分配辅存“空闲”空间和回收辅存空间。

7．设备管理模块

其主要功能如第 6 章中所述，具有分配设备、分配设备读/写用缓冲区、磁盘调度、启动设备、处理设备中断、释放设备读/写缓冲区、释放设备等功能。当高级软件欲实际读/写文件时，设备管理程序模块为其完成相应的 I/O 操作。

需要指出的是，上述文件系统基本模型的分级方法不是唯一的，各级功能也可以调整。例如，有的系统将文件目录系统、存取控制验证模块、逻辑文件系统称为逻辑文件系统层次。对各子系统也有不同的称谓，如物理文件系统称为文件组织模块。但它们与基本模型的结构思想如出一辙，只要掌握了上述模型的层次结构思想，便可容易地解析其他文件系统了。

7.7 FAT 文件系统磁盘布局

FAT（File Allocation Table，文件分配表）是由微软公司最初为 DOS 操作系统开发的，迄今仍是 Windows NT 及其他操作系统（如 Linux，FreeBSD）支持的最简单的文件系统。FAT 共有三个版本，初期的 FAT 就是现在俗称的 FAT12，它适用于小容量设备，如软盘的文件系统。FAT16 对 FAT12 做了简单的扩充，用在 Windows 早期版本中；而 FAT32 随着 Windows 95 OSR2 的发布，开始支持大容量硬盘。下面以 FAT16 为例详细描述 FAT16 文件系统的磁盘布局。

当把一部分磁盘空间格式化为 FAT 文件系统时，磁盘分区如图 7.22 所示。

引导扇区	FAT1	FAT2（重复的）	根文件夹	其他文件夹及文件存放区	剩余扇区
1 个扇区	大小与簇数相关	同 FAT1	32 个扇区	簇（从 2 开始编号）	不足一簇

图 7.22　FAT16 的磁盘分区

（1）引导扇区。主要包含描述分区的各种信息，包括簇的大小、文件分配表 FAT 的位置等。此外，用于加载操作系统内核的引导程序也存储在引导扇区中。

（2）FAT1。每个簇都有一个 FAT 表记录项与其对应，记录了簇的分配情况。如果簇已被分配给文件，则记录文件的后续数据所存簇号。FAT 表有一份副本，就是我们看到的 FAT2。FAT2 与 FAT1 的内容通常是即时同步的，也就是说，如果通过正常的系统读/写对 FAT1 做了更改，那么 FAT2 也同样被更新。FAT 文件系统将文件数据存放区分成同等大小的簇，典型的簇的大小介于 2KB～32KB 之间。每个文件根据它的大小可能占有一个或多个簇，这样一个文件由簇链表示。文件并不一定在一个连续的磁盘空间上存储，它们经常是在整个数据区域零散分布。

FAT 是簇的记录项列表。每个记录项记录了簇的 5 种信息中的一种，见表 7.1。

表 7.1　FAT16 记录项的取值含义
（十六进制数）

记录项的取值	对应簇的分配情况
0000	未分配的簇
0002～FFEF	已分配，文件下一个簇号
FFF0～FFF6	系统保留
FFF7	坏簇
FFF8～FFFF	已分配，文件结束簇

（3）FAT 文件系统根据根目录来寻址其他文件（包括文件夹），故根目录的位置必须在之前得以确定。FAT 文件系统就是根据引导区中存放的分区的相关参数与已经计算好的 FAT 表（2 份）的大小来确定的。格式化以后，根目录的大小和位置其实都已经确定下来了，位置紧随 FAT2 之后，大小通常为 32 个扇区。根目录之后便是数据区第 2 簇。

（4）FAT 文件系统的一个重要思想是把目录（文件夹）当作一个特殊的文件来处理。在 FAT16 中，虽然根目录的地位并不等同于普通的文件或目录，但其组织形式和普通的目录并没有不同。FAT 分区中所有的目录/文件的 FCB 占用 32 字节，其格式见表 7.2。

（5）在 FAT 文件系统的 FCB 中，记录了**文件名**和属于该文件的**起始簇编号**。该编号用于索引文件分配表记录项，FAT 表与 FCB 的关系如图 7.23 所示。这种结构也是一种链式结构，但是与前述的链式结构不同的是，文件数据块的链接是通过 FAT 记录项链间接链接的，如果 FAT 表可以缓存于主存中，那么文件数据块搜索可以很快；由于每个簇都要有一个 FAT 记录项，当分区很大时，FAT 表会很大，因此，FAT 表不可能全部放在主存中，这样就会影响文件数据块的搜索速度。

表 7.2 FAT16 中的 FCB

字节偏移	字 节 数	定 义	
0x0～0x7	8	文件名	
0x8～0xA	3	扩展名	
0xB	1	属性字节	00000000（读写）
			00000001（只读）
			00000010（隐藏）
			00000100（系统）
			00001000（卷标）
			00010000（子目录）
			00100000（归档）
0xC～0x15	10	系统保留	
0x16～0x17	2	文件的最近修改时间	
0x18～0x19	2	文件的最近修改日期	
0x1A～0x1B	2	表示文件的起始簇编号	
0x1C～0x1F	4	表示文件的长度	

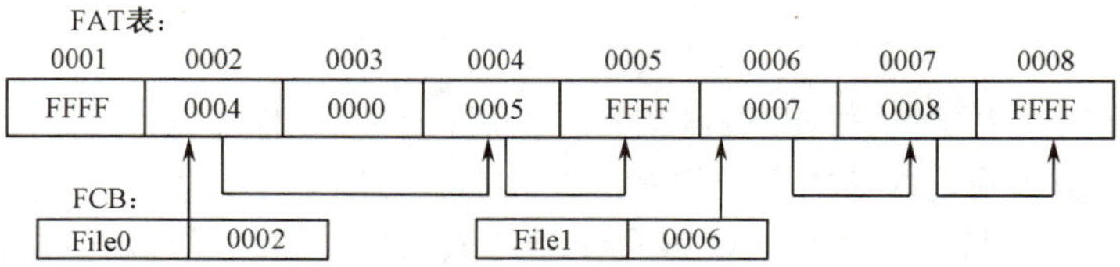

图 7.23 FAT 表与 FCB 的关系

（6）FAT 文件系统的目录文件中的目录项，实际上就是图 7.23 中的 FCB。FCB 中只包含了其所描述的文件所占的第一个簇，这种存储结构属于链式结构，但是链指针域存在于 FAT 表项中，FAT 表项可以看作对应簇的索引，故这种链是索引链。

7.8 小结

文件是用户所定义的一组相关信息，具有文件名等属性。也可以把文件看成一个逻辑空间，空间中存有相关信息。

组织文件的基本单位是逻辑块或逻辑记录。文件逻辑结构分为流式文件和记录式文件两种形式。访问文件一般采用顺序访问和直接访问。文件物理结构分为顺序结构、链接结构和索引结构。文件标识、定位等属性都存于文件控制块（FCB）中。

文件目录是文件的名址录，通常组织成一级目录、二级目录、树状目录结构。为利于共享，也可将目录组织成无环图目录结构。对于目录，文件系统提供了一套目录系统调用，它有别于文件系统调用。

辅存与逻辑卷并不一定一一对应，逻辑卷一般分成目录区和文件区。在磁盘存储器中，通常用位向量、空闲扇区链表和空闲扇区成组链表来组织空闲空间。

文件系统通常提供的基本系统调用有建立文件、打开文件、读文件、写文件、关闭文件和删除文件。另外，也可以通过存储映射方式进行文件访问。

为了保护文件，可以采用口令、密码、访问控制矩阵（访问表）及简化访问表等技术。系统备份文件有批量备份和同步备份两种方式，批量备份可分全量转储和增量转储，同步备份有镜像盘支持和双机动态文件备份等方法。

文件系统是指负责存取和管理文件信息的功能模块。一个采用层次结构的文件系统通常可分为用户调用接口、文件目录系统、存取控制验证模块、逻辑文件系统与文件信息缓冲区、物理文件系统、辅存分配模块和设备管理模块。

FAT 文件系统是一种树状目录结构的文件系统。FAT 表是一个由表项组成的数组，每个表项代表了一个簇空间。若表项为 0，则说明对应的簇空间空闲。目录文件由目录项组成，目录项包含所代表文件的第一个逻辑簇所在的物理簇号。文件的每个逻辑簇存放在不同的物理簇中，通过目录项中存放的链头把文件所占物理簇的 FAT 表项链接起来。这个 FAT 表项组成的链就是一个索引链。

习题 7

7.1　何谓文件？ UNIX/Linux 操作系统把文件看成线性字节空间，当一个文本串存放于这个空间时，用户所见的文本串一定是按序依次存放于线性字节空间中吗？为什么？

7.2　一个可以支持随机访问的文件应该用什么方式存放在辅存中？

7.3　若允许文件① 能分别在开始、中间、末尾增长；② 能分别在开始、中间、末尾减少。试讨论在顺序、链接及索引物理结构下的开销。

7.4　试述文件控制块的作用，请设计在树状文件目录中快速查找文件控制块的方法。

7.5　试用一个允许使用任意长名字的单级目录来模拟一个多级目录，说明怎样实现，并比较这两种方法的优缺点。

7.6　树状目录结构与二级目录结构相比，其特点是什么？

7.7　无环图目录结构与树状目录结构相比，优势在哪里？如何删除一个节点？

7.8　某些系统用保持一个副本的方法提供文件的共享，而另一些系统则保持多个副本，即对每个共享用户均设置一个副本，试讨论两种方法的优缺点。

7.9　请比较辅存空间分配和主存空间分配的特点。

7.10　试述“打开文件”所做的工作。

7.11　写文件系统调用处理时超过文件已有空间，系统应如何处理？可以让文件大小动态增长吗？

7.12　存储映射文件访问方式与普通文件访问方式相比有什么优势？有什么缺点？

7.13　请说明 UNIX 操作系统文件访问控制的方法。

7.14　试述文件系统的层次结构及每级的功能。

7.15　文件控制块中的文件定位信息用于文件系统层次结构的哪一层？

7.16　文件信息缓冲区的作用是什么？

7.17　假设文件系统支持字节流式文件，现在要在此文件系统基础上实现文本文件。文本文件逻辑上由一行一行文本组成，每行都有逻辑编号。应用程序要支持文本文件行插入、行删除功能。请问如果要在第一行前插入一行文本，不允许移动整个文件，应用程序设计者应该如何设计文件格式？

7.18　试分析 FAT 文件系统的索引链结构的优缺点。

7.19　请设计一种多级目录结构文件系统，要求可支持相同文件由不同目录共享。我们可以将目录看作一个存放目录项的特殊文件来分配空间，目录和普通文件都可以动态增长。① 设计目录项；② 设计 FCB 存放空间；③ 设计 FCB 中不超过 10 项的索引表，既可以高效访问 9KB 及以内的小文件，也可以表示超过 9KB 的文件。④ 请问你的设计可表示的最大文件大小是多少 KB？（设辅存块大小为 1KB、辅存总块数可达 4G 块。）

第 8 章　并行与分布式操作系统

随着计算机网络的发展，人们提出了分布式操作系统的概念。而紧耦合共享主存对称多处理机的发展，使得并行操作系统得以实际运用。操作系统已经不再局限于单处理机环境，当前流行的各种操作系统都能够支持共享主存对称多处理机的并行结构和 Internet 网络结构。

本章首先介绍最常用的支持对称多处理机结构的并行操作系统实现技术，然后介绍网络结构下分布式操作系统的有关技术。

8.1　并行操作系统

本节将讨论有关对称多处理机结构的操作系统进程管理的一些新概念，这些概念都已在现代操作系统中得到实现。前面章节已经介绍了进程的实现技术，并且说明了线程引入的原因。传统的进程实质上是包含单个执行流程的进程，并没有将进程与线程区别对待，而这一节要讨论进程内多线程的实现。

首先将讨论对称多处理机，这是目前并行处理机中最常见的一种结构。在此结构上的操作系统应该同时调度多进程（或线程）在多处理机上运行，甚至让多个处理机同时响应不同的中断。

然后解剖现代进程概念，将进程控制块中与资源相关的部分和与执行相关的部分分离，这种分离引出了线程结构。

在传统操作系统中，并没考虑很好地支持进程内部的多道程序设计，因此进程是除处理机以外的资源分配单位，同时也是执行对象（也是处理机分配单位）。现代并行操作系统为了支持进程内多道程序设计，在同一进程中引入了多个执行对象，从而派生出多线程。进程内多线程的实现经历了从用户多线程实现到内核多线程支持的发展过程。

8.1.1　对称多处理机

在计算机刚刚发明时，计算机只是一台顺序执行指令的机器。随着技术的进步，各个级别的并行性被开发出来。在处理机内部设立指令流水线，可以使取指令和执行指令时间重叠。设计多运行部件，可以使操作数不相关的前、后指令同时执行。这些都是处理机内部的并行化设计，无须操作系统支持，也不需要用户显式地说明并行执行。

随着处理机变得越来越便宜，由多个处理机构成的计算机被开发出来。这种计算机由多个中央处理机组成，它们共享主存并且每个处理机都可以响应中断，具有完全的对称结构，称为对称多处理机（SMP）。目前，这种类型的多处理机已成为并行机的主流。目前广泛使用的多核 CPU，其实绝大多数就是在一个芯片中集成了多个对称的处理机。

然而随着技术的进步，各种其他结构的并行计算机系统也被开发出来。下面先看看各种计算机结构，然后再重点分析对称多处理机。

1．计算机结构的分类

多年以来，大家都在使用 FLYNN 方法对计算机进行分类。这种分类方法把指令和数据流作为基本要素构成 4 种主要结构类型。这 4 种类型的解释如下。

（1）单指令流单数据流机器（SISD）。那些包含单个处理机的传统系统，它们支持处理机顺序执行指令。这种机器现在也存在，如各种单处理机的机器。

（2）单指令流多数据流机器（SIMD）。这种系统具有大量的处理单元，它们执行相同的指令，但每个处理单元使用不同的数据。这样，执行一条指令可以收到多个数据计算结果。阵列机就是这种类型的机器。向量计算机是这类系统的一个子类，向量机与阵列机在实现上有很大差别。阵列机有大量的处理部件公用一个取指系统，而向量机对计算过程划定流水站，以便对向量数据在运算时实现流水方式的并行。

（3）多指令流单数据流机器（MISD）。目前没有这种机器。

（4）多指令流多数据流机器（MIMD）。是指有多个指令流程作用于不同的数据集合之上的机器。这类计算机发展很快，主要支持大任务的并行。任务能够在该系统的不同处理机上并行执行。该类系统又可分成如下两类系统：

① 共享主存系统。顾名思义，是指所有处理机共享同一个物理主存，所有处理机可以平等地访问同一个物理主存。对称多处理机就属于这一类多处理机系统。

② 分布存储系统。每个处理机都有自己的存储器，每个处理机通过互联网络连接起来。当需要时，可以通过网络交换各自存储器中的数据。与共享存储器的系统相比，用户必须知道数据所在存储器的位置。当需要时，必须显式地移动和分布数据。

上述定义把共享主存系统与分布存储系统明确地区别开来。但事实上，分布存储系统还在进一步向前发展，一方面让用户把它们看成虚拟的共享主存系统，这取决于硬件、操作系统、编译系统或库程序对虚共享的支持；另一方面，分布存储系统机器上的分布并行程序设计环境也取得了很大的发展，如 PVM 和 MPI 被广泛应用。

从图 8.1 可以看出并行处理机结构的大体分类。在共享主存结构中，主从式结构曾在多处理机结构出现初期被广泛采用。在主从式结构中，内核程序只运行在一个处理机上，其他处理机只执行用户程序或系统实用程序。当用户进程请求操作系统服务时，将请求转发到操作系统运行的处理机上。这种处理方式在单机向多机转变时，简化操作系统实现的过渡形式。它存在负载不平衡等问题。在 SMP 系统中，内核程序可在任一处理机上运行，每个处理机都可以从就绪进程或线程队列中进行进程/线程调度，内核程序可以在多处理机上并行运行，但操作系统必须解决对独占资源的互斥访问。

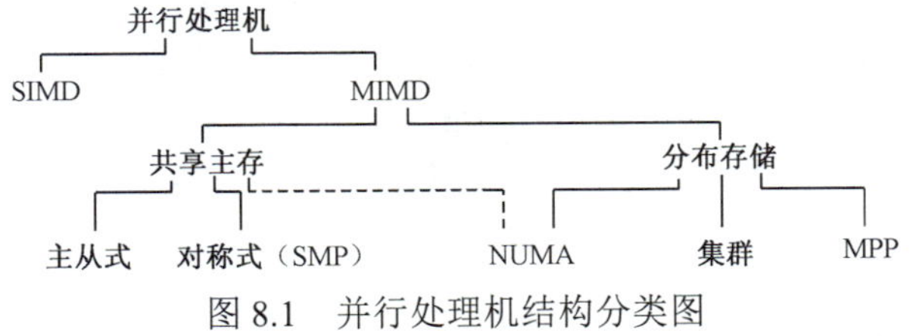

图 8.1　并行处理机结构分类图

目前，分布存储系统的结构五花八门，除用高速互联网络将多处理机连接起来的处理机集群结构外，还有由成千上万的处理机互相连接形成的大规模并行处理机（MPP）结构，以及非一致存储访问（NUMA）分布共享结构。NUMA 结构系统在分布存储的情况下提供一个统一编址的物理存储空间。我们把 NUMA 同时划归共享主存系统，是因为它能提供一个统一编址。

如图 8.2 所示为一般 SMP 系统的结构。在总线上接有多个处理机，每个处理机都有自己的控制部件、运算部件、寄存器及主存 Cache。每个处理机都可访问共享主存、I/O 设备，处理机之间通过主存交换信息，也可以直接由硬件支持交换信息，如硬件实现的同步机制、Cache 一致性机制及处理机互发中断机制。处理机至少拥有一级 Cache，用于缓冲主存的数据或指令。Cache

放于处理机一方，当处理机修改 Cache 中的数据时，其他 Cache 中的该数据副本必须作废。这就引出了 Cache 中数据的一致性问题。通常由硬件设计逻辑保证各处理机 Cache 中数据的一致性。当某数据被处理机修改到 Cache 中，但没写回主存时，若对该主存进行 I/O 操作，则必然导致数据错误。这就需要操作系统在进行 I/O 时，必须将 Cache 中的数据写回主存。在一般情况下，Cache 与主存中数据的一致性由操作系统来保证。

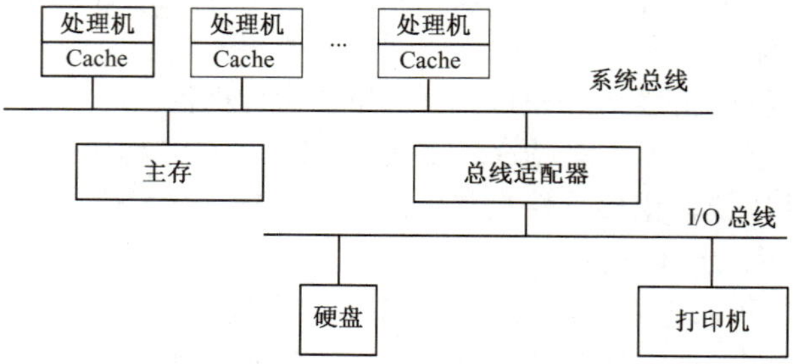

图 8.2　对称多处理机（SMP）系统结构

2. 多处理机操作系统设计问题

出现多处理机系统后，基于多道程序设计概念设计出来的操作系统已不能适应新的结构要求。为了开发多处理机上的进程内的并发性，引入了多线程的概念。因为并行程序段能够在多处理机结构下实现真正并行，而不是单机的分时并发执行，对资源互斥访问有新的要求，所以面临的主要设计问题如下：

① 多任务并行支持。为了开发应用的并行性，将原来顺序程序的可并行执行部分分离开来，让它们可以占用不同的处理机同时运行。操作系统为了支持这种需求，必须改造原进程概念，重新设计进程管理模块，增加多线程支持。

② 同步支持。因为多个处理机执行的程序可能同时访问共享的地址空间或其他系统资源，所以操作系统及用户必须利用硬件提供的同步支持手段来实现互斥访问，不能简单地利用屏蔽中断等方法实现互斥。

③ 调度支持。每个处理机都要能够运行调度程序。对内核支持的多线程系统，要能同时调度同一个进程内的线程占用不同处理机，以加速进程的执行过程。

④ 存储管理及 Cache 一致性。由于处理机拥有自己的快表（TLB），因此多个处理机可以有多个快表。当进程虚存管理中页表项的内容变化时，操作系统要考虑多个处理机中快表页表项失效的情况。对于数据和指令 Cache，操作系统要保证对主存进行 I/O 操作时 Cache 与主存中数据的一致性。

8.1.2　线程概念

在没有引入线程前，一直用进程来同时描述资源的占用和处理机的执行。在谈及表示进程的系统表格时，也没明显区分其他资源描述部分和处理机运行现场部分。为了引入线程概念，应该有意识地区分进程的这两部分描述：

① 资源分配。每个进程由系统分配一个虚存空间以存放进程映像，在程序执行过程中会占用系统主存、系统 I/O 通道、I/O 设备和文件等系统资源。

② 执行。为了执行程序，系统必须以某种形式登记程序的初始现场或在执行中断时的保护现场、执行状态、调度优先级等信息。这些信息表示了系统的一个执行对象。

在单处理机操作系统中，并没有将这两部分刻意分离，但为了支持进程内多线程并行运行，现代操作系统有意地把这两部分分离，并在进程里可以定义多个执行对象，使并行任务能在进程内并行，这种执行对象称为**线程**。有的操作系统称其为轻权进程（LWP）。我们把进程看作除处理机资源外的其他资源分配单位，但线程总是隶属于进程的，而且进程至少要包含一个线程。传统的进程就是只包含一个线程的进程。

1．进程与线程的区别

在传统的操作系统中，因为进程既是资源分配单位又是程序执行对象，并且只有唯一的执行对象，所以人们并没有认识到现在的线程概念。当时的并行性开发只是通过多进程实现，让不同进程去执行那些可以并行执行的程序。如果进程间有通信和同步，则要利用内核提供的进程间的通信同步手段。由于进程用户地址空间独立，因此进程间通信与同步必须完全依赖内核转发和支持。另外，也可通过对操作系统服务的异步请求来开发进程用户程序与诸如 I/O 请求之间的并发操作。

随着多处理机计算机的出现，并且人们发现开发多进程并行程序在通信、同步上的困难及性能因素，多线程概念被提出来。进程不再只拥有一个程序执行流程，而可以拥有多个执行流程。在并行性开发时，不但可以考虑多进程并行执行，而且还可以开发出进程内多线程并行的程序，如图 8.3 所示。

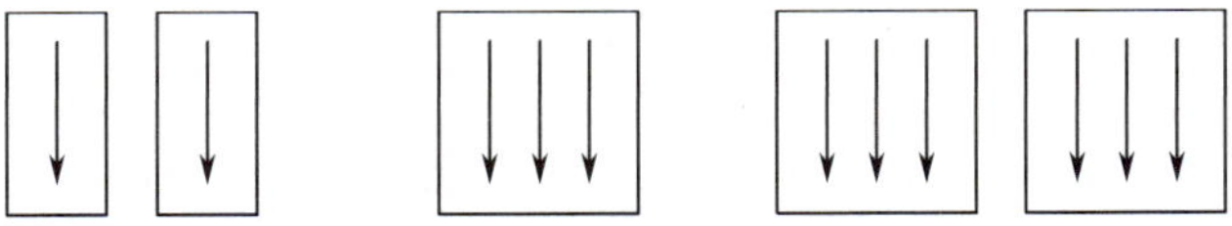

（a）多个单线程进程　　（b）多线程进程　　（c）多个多线程进程

图 8.3　并行执行实现方法

在多线程环境下，进程被定义成除处理机以外资源的分配单位及保护单位。前面已经描述了进程，下面来说明进程包含的 4 个部分：

① 一个独立的用户虚存空间可以装入进程映像，这在操作系统创建进程时定义。

② 至少一个可执行程序/数据文件与该进程关联。这里包含了进程要执行的程序和处理数据。当然，在进程生命周期内，可以有多个这样的可执行程序/数据文件在不同的时间段映射到进程的虚存空间上。也就是说，进程可以在不同的时间段运行不同的可执行文件程序。

③ 系统外部设备、文件等资源占用及访问有关信息。

④ 一个或多个执行对象，即线程。进程在创建时一般同时创建第一个线程，其他线程按需要由用户程序发出请求创建。

进程内至少包含一个线程，可以包含多个线程。第一个线程一般在进程创建时建立，其他线程由某个线程通过发起系统调用或其他方法建立。线程的基本组成如下：

① 线程标识信息。

② 线程运行状态（如运行、就绪等）和调度优先级等调度信息。

③ 一个执行程序用栈。用于存放转子调用点（或中断/自陷点）现场、子程序局部变量等。根据线程实现方法的不同，这个栈结构也不同，后面将详细讨论。

④ 与一个线程关联的私有存储区。每个线程有一个与线程相对应的局部变量区。该区与执行栈的区别是，栈区用于存放调用点现场、函数内局部变量，一般由编译系统安排使用，而该私有存储区的空间可由用户程序指定申请，存放长效局部变量，可以在同一个线程中跨函数使用。如果线程运行的用户程序是多线程共享的，则程序中请求私有存储区空间也就是申请与执行线程关联的私有存储区空间。

⑤ 与进程描述信息的连接信息。进程内的每个线程都共享进程描述信息，如地址空间、使用资源等。

如图 8.4 所示给出了从进程管理角度看传统进程模型与多线程进程模型的内部表示。在传统进程模型中，进程控制块（PCB）记录进程的所有信息。

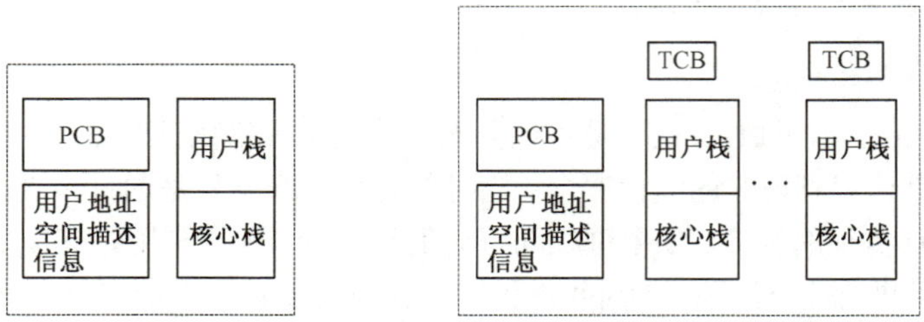

（a）传统进程模型　　（b）多线程进程模型

图 8.4　传统进程模型与多线程模型进程的内部表示

进程拥有一个虚地址空间，一个用户栈用于执行用户程序，一个核心栈用于执行内核程序。在多线程进程模型中，除进程控制块和进程虚存空间外，每个线程拥有一个线程控制块（TCB），每个线程都有一个用户栈与核心栈。这是由内核支持线程的情形，以后会详细讨论。操作系统可以通过线程控制块的信息调度线程占用处理机。注意，用户栈存放在进程用户虚存空间中，核心栈存放在系统空间中。

一个进程中的所有线程可共享进程空间及对系统其他资源的使用。如果一个线程修改了某个数据，则另一个线程可看到修改结果。如果一个线程以读方式打开一个文件，则同一个进程中的另一个线程同样也可以访问这个打开的文件。

由于进程中的线程都共享进程的用户空间，因此要多产生一个线程非常容易，不需要再分配空间及生成空间管理用数据结构（页表等），只需生成线程控制块及相应的用户栈、核心栈，并以进程程序区中的某个函数作为该线程的执行程序，赋予一定的初始参数即可。线程的结束及进程内线程切换的开销都很少，而且线程共享进程用户空间，因此利用进程内多线程实现并行执行与利用多进程实现并行执行相比，无论在编程上还是在系统性能上都占有优势。

因为对处理机的占用以线程为单位，所以调度及处理机的切换必须利用线程的数据结构。所有有关的状态、调度及处理机的现场信息必须存放于线程相关的结构中。当然，一些对进程的操作会影响进程内所有的线程，如进程的挂起。由于进程挂起释放了进程所占有的主存，而进程内的线程都共享进程空间，故必须把该挂起进程中的所有线程也同时挂起。进程的结束也意味着进程内所有线程的结束。

2．线程的生命周期与状态变化

在现代操作系统中，当产生一个进程时，该进程的第一个线程也同时产生，以便该进程可以马上运行程序。第一个产生的线程与该进程同时创建，通常也与进程同时结束。其他的线程可以在进程的生命周期内被任意线程请求产生，当它们执行完指定的程序段后，可在适当时候安排一条结束线程的调用来结束线程。线程生命期会经历产生、运行、结束三个阶段，在运行过程中会不断被阻塞和解除阻塞。在不同的阶段，线程会用不同状态表示。线程的三个主要状态是运行、就绪、阻塞。其状态变化如图 8.5 所示。

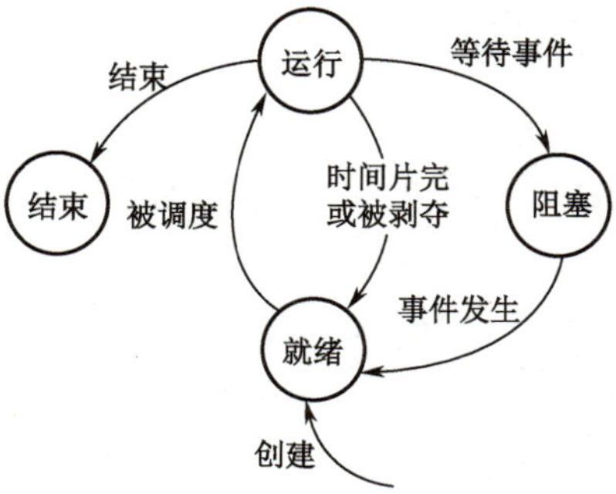

图 8.5　线程的状态变化图

以下 5 种基本线程操作会引起线程的状态变化：

① 产生线程。新进程的第一个线程是随新进程一起产生的。在初始化进程映像后，初始化第一个线程的运行现场，将其变为就绪状态。进程内的其他线程可以由该进程中执行的任一线程请求产生，把要执行的程序段始地址和其初始数据作为请求参数传给系统。系统建好线程控制块（TCB），分好栈空间及私有存储空间，初始化处理机现场或称上下文保护区，把线程挂入就绪队列。

② 线程调度。当线程调度程序从就绪队列选取高优先级线程占用处理机时，线程从就绪状态变到运行状态。当运行状态线程时间片到达并被剥夺时，它又从运行状态变到就绪态。

③ 阻塞。当一个线程需要等待某个事件发生时，它将从运行状态变成阻塞状态，处理机切换到另一个就绪线程。

④ 事件发生。当线程等待的事件发生时，如 I/O 完成，线程从阻塞状态变到就绪状态。

⑤ 结束。当线程程序段运行完成或由其他线程或系统强制结束线程时，线程处于结束状态，它的栈区、私有存储空间、线程控制块等将被释放。

在进程内多线程系统中，各线程都有自己独立的状态表示，以反映其线程各自的运行状态。在传统进程中，描述进程执行的状态实质上就是描述线程的状态，而对于进程其他资源状态的描述则还是针对进程的，并且是由各线程共享的。例如，挂起状态反映了是否给进程分配物理主存。处于挂起状态的进程意味着系统不给进程分配用户虚存空间的物理页帧，甚至也不为进程页表分配物理页帧，只把反映进程、线程标识和状态的表格留在主存中。这样的状态是针对进程的，当然还把它作为进程的状态。对于处于挂起状态的进程，其中的线程都无法运行。

那些对进程内所有线程都起作用的进程状态还有进程结束，这意味着进程内所有线程都做结束处理，最后进程做结束处理。

3．进程内的多线程应用模式

早年并行程序设计停留在相关性很弱的并行任务上，用户可以利用多进程来实现并行任务的执行。由于它们相关性弱，故利用操作系统提供的进程间共享、通信手段实现同步通信也可满足要求。

用户还可以利用操作系统的**异步请求**支持来开发用户程序和操作系统服务之间的并行性。当用户要读一个文件的数据时，它可以向操作系统发一个 I/O 请求，当操作系统启动外设 I/O 操作时，还没等 I/O 完成就将控制返回用户程序，让用户程序去执行与本次 I/O 不相关的其他事情。用户可安排适当时候去查寻 I/O 是否完成，再做后续的相应处理。这种异步方式的并行程序，用户编程很不规范，也难于理解。

在多处理机没有出现时，并行程序设计只能得到处理机与外部设备并行执行的好处。自多处理机系统出现后，对并行的开发已从大粒度且相关性很弱的并行任务发展到中、小粒度且相关性强的并行任务。人们开始将原来顺序执行的应用程序并行化，这些并行程序段不但代码量不大，而且相互通信、同步增多，如果利用原来的多进程模型实现这种应用程序的并行执行，不但进程创建等开销与执行的程序段大小不成比例，而且进程间的通信、同步使用不便，开销太大。因此，多线程进程被开发出来，以满足上述应用并行化的需要。

有了多线程进程支持，多线程能够共享程序和数据空间的特性，使得并行程序的设计性能更好，而且并行程序设计界面更规范，比多进程及异步调用等并行方式更易编程。

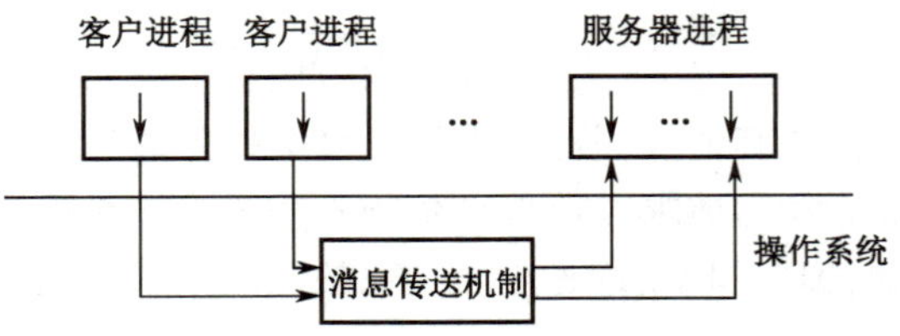

图 8.6　多线程服务器示例

如图 8.6 所示给出了一个多线程服务器的例子。当一个请求由客户进程发来时，服务器进程中的请求接收线程为收到的新请求产生一个线程，专门处理该请求服务，处理结束后该线程就结束。当有多个请求到来时，进程内会有多个线程同时处理这些不同的请求。这就是并行服务器的一种模式。

进程内多线程支持可以加速并行科学计算应用，还可以服务于处理机与外设之间并行的开发，例如，将一个科学计算应用并行化，并安排在同一个进程的多线程上运行。在多线程执行过程中，如果需要交换数据，则利用共享的数据区即可。

还可以组织线程进行流水线处理。如果有一个循环读用户输入、处理、输出的服务器，则可以安排三个线程：一个负责输入；一个负责处理；一个负责输出。这样，在读完第一次输入后，在处理第一次输入数据时，输入线程可以等待第二次输入，形成流水处理。

如果在多处理机系统上运行多线程进程，则线程之间可以达到完全并行，可以大大加速进程的运行。即使在单处理机系统上实现多线程，也比单线程同步执行要节省很多 I/O 或其他通信同步等待时间。如图 8.7（a）所示为一个可并行执行的任务 1 和任务 2 在单线程进程中的执行顺序。如果安排两个线程分别执行任务 1 和任务 2，则在多处理机情况下可以得到很大加速，如图 8.7（b）所示；如果在单处理机情况下执行，也可以获得计算与 I/O 并行执行的好处，如图 8.7（c）所示。

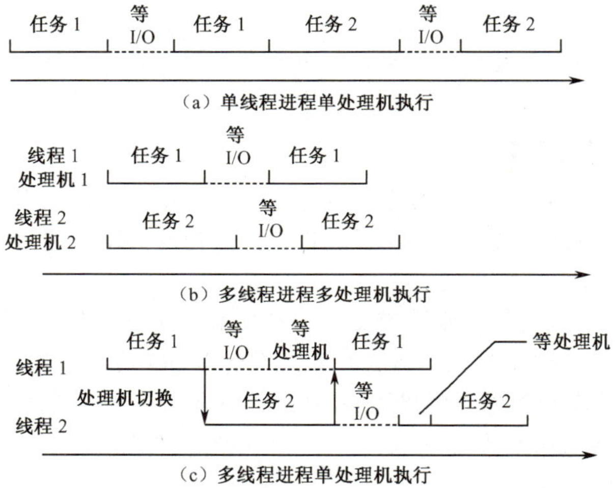

图 8.7　进程内单线程和多线程执行的比较

4．线程间的通信与同步

在支持传统进程的系统中，并行合作任务通过不同进程执行。当不同进程之间需要通信与同步时，由于进程用户空间分立，因此进程间同步、通信必须通过操作系统的系统调用来实现。在操作系统的内核空间中建立消息队列，为通信进程建立管道、共享存储区、信号量来实现进程间的通信与同步。当进程运行操作系统程序时，由于所有进程运行的操作系统程序都共享系统空间，故核心态运行的进程是通过共享的系统空间来实现通信的。当核心态运行的进程要对共享资源进行互斥访问或同步时，操作系统利用屏蔽中断、锁、信号量、同步变量来实现。因此，在设计操作系统时，不但要提供支持用户程序使用的进程间通信与同步机制，还要提供操作系统程序内部使用的同步手段。

对于线程间通信与同步，若涉及不同进程的线程，实际就是进程间通信。对于同一个进程内的线程间通信与同步，由于线程共享同一片用户进程空间，因此线程之间的通信与同步就变得很容易，通信完全可以在用户空间的共享变量间进行。

对共享变量同步与互斥可通过操作系统有关的同步与互斥系统调用或直接利用硬件支持（如读后置 1 指令）的锁、信号量、同步变量等函数进行。如果通过操作系统进行同步与通信，则在线程所等待的信号没到时，操作系统可剥夺该线程的处理机，将资源让给其他线程使用。但是在直接利用硬件支持的锁、信号量、同步变量的情况下，当线程所等待的信号没到时，用户编程如果不安排进行其他工作，则线程在原地占用处理机，执行循环以判断信号到否，从而引起空等。操作系统无法知道线程正处于空等状态，不能有目的地剥夺其处理机。为了避免处理机浪费，在用户编程时可以在没有等到同步信号时安排一条“放弃处理机”的系统调用，通知操作系统放弃其所占用的处理机。

5. 多线程编程接口举例

【例 8.1】 下面介绍 UNIX/Linux 操作系统中的 Pthreads 库所提供的有关线程函数，以便对线程有一个大致的了解。

（1）创建线程

```
int pthread_create(pthread_t*tid, const pthread_attr_t*attr, void* (*func)(void*), void*arg);
```

一个进程中的每个线程都由一个线程 ID（thread ID）标识，其数据类型是 pthread_t（常常是 unsigned int）。如果新线程创建成功，其 ID 将通过 tid 指针返回。

每个线程都有很多属性：优先级、初始栈大小等。当创建线程时，可通过初始化一个 pthread_attr_t 变量说明这些属性以覆盖默认值。通常使用默认值，在这种情况下，将 attr 参数说明为空指针。

最后，当创建一个线程时，要说明一个它将执行的函数。线程以调用该函数开始，然后或者显式地终止（调用 pthread_exit）或者隐式地终止（让该函数返回）。函数的地址由 func 参数指定，该函数的调用参数是一个指针 arg。如果需要多个调用参数，则必须将它们打包成一个结构，然后将其地址当作唯一的参数传递给起始函数。

当调用成功后，返回 0。出错时，返回正 Exxx 值。该函数不设置 errno。

（2）等待某线程结束

```
int pthread_join(pthread_t tid, void**status);
```

tid 是必须等待线程的 tid。执行该函数可能导致执行线程阻塞，在要等待的线程结束时被就绪并返回。

（3）获得正在执行线程的 ID

```
pthread_t pthread_self(void);
```

每个线程都有一个 ID，用于在给定的进程内标识自己。线程 ID 由 pthread_create()返回。可以调用 pthread_self()取得自己的线程 ID。

（4）将线程变为独立状态

```
int pthread_detach(pthread_t tid);
```

线程或者是可汇合的（Joinable），或者是独立的（Detached）。当可汇合的线程终止时，将保留其线程 ID 和退出状态，直到另一个线程调用 pthread_join()。当独立的线程终止时，所有的资源都将释放。如果一个线程需要知道另一个线程什么时候终止，最好保留第二个线程的可汇合性。

pthread_detach()将指定的线程变为独立的。

（5）线程结束

```
void pthread_exit(void*status);
```

该函数终止线程。如果线程未独立，则其线程 ID 和退出状态将一直保留到进程中的某个其他线程调用 pthread_join()。

指针 status 不能指向局部于调用线程的私有存储对象，因为当线程终止时，这些对象也将消失。

（6）加锁/解锁

```
int pthread_mutex_lock(pthread_mutex_t *mutex)
int pthread_mutex_unlock(pthread_mutex_t *mutex)
```

这两个函数用于对临界区/段加锁和解锁，以保证对共享数据的互斥操作。mutex 指向锁结构的地址。

8.1.3 线程实现

为了支持用户进程内的多线程执行，有两种典型的支持线程的实现方法：多线库实现和内核实现。多线库实现方法是一种过渡的方法，最终都要由内核实现线程。现在的商用操作系统都在内核中实现了线程。例如，Linux 操作系统通过 clone()系统调用在内核中实现了线程，而 Pthreads 库只是提供给用户方便的一个编程接口而已。

当初的多线库支持的进程内多线程在原操作系统不做更改的情形下，由库程序实现多线程管理。此时，多线程分时地在进程中运行，由多线库线程调度程序负责线程的调度与切换。在内核看来，该进程运行着用户程序而完全不知何时在用户多线程中切换。

内核支持线程实现是在多处理机系统出现之后的。多线库支持的多线程不能同时在多个处理机上运行。而要做到多线程能够同时在多个处理机上运行，需要内核能够“看到”进程内多线程的存在，并分配处理机给这些线程运行。多线库支持的线程称为用户级线程，内核支持的线程称为内核级线程。在现代操作系统中，往往结合这两种实现方法，以使用户方便地进行多任务程序设计，且使多任务高效地占用多处理机运行。

1. 用户级线程

没有内核的支持，完全在用户级提供一个库程序来实现多线程，支持用户并行程序设计是完全可能的。这样的例子有 Mach 操作系统的 C-Threads 库和 POSIX 标准定义实现的 Pthreads 库的早期实现。这些在用户态运行的库程序提供创建、同步、调度与管理线程的所有功能，无须操作系统特别支持。由于对线程的所有操作都不涉及内核，因此用户级线程的创建、结束、调度、现场保护与切换的开销非常少。图 8.8 为在传统操作系统进程基础上实现用户级线程的示意图。

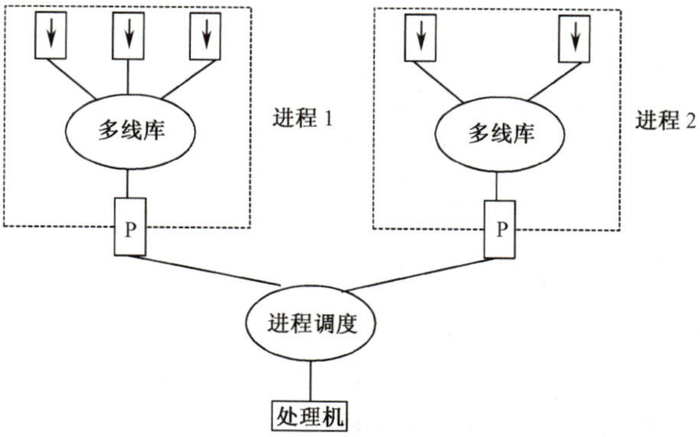

图 8.8　在传统操作系统进程基础上实现用户级线程的示意图

一个由用户利用多线库编写的多任务程序，像一般的用户程序一样作为执行文件存放于辅存中。在进程创建时，由操作系统将程序与数据段映射到用户进程虚空间，并从初始入口开始执行。这时，初始程序作为主线程在进程中运行。当需要产生新线程运行并行任务时，主线程程序安排一个“创建线程”调用产生一个线程，并说明要执行的过程段或函数及初始数据。多线库会在进程用户空间建立好新线程的所有管理表格，分配栈空间和私有存储空间。当用户线程将控制交给多线库后，多线库会在处理完线程请求之后进行线程调度。如果没有线程切换，则控制返回调用者线程。当需要进行线程切换时，多线库为原运行的线程保护好处理机运行现场，选取一个就绪线程，并恢复新线程的处理机运行现场。

多线库把传统进程创建后所运行的初始程序序列看作主线程。主线程的栈区沿用原来进程栈区的约定空间。多线库程序第一次运行时会分配好主线程切换时所需的保护现场的空间，以后线程的创建，则由多线库在用户虚存空间分配表格空间及栈、私有存储区等空间。

从图 8.8 可以看出，用户级线程的所有管理控制全部由多线库承担，所有线程的管理控制用表格都存放在进程的用户空间中，操作系统只感觉到进程存在。除在进程创建及安排初始程序执行时由内核过问外，对进程以后如何在各线程之间切换、产生及结束线程，内核全然不知道。调度程序安排进程占用处理机，而不管进程到底正在运行哪个线程的程序。

采用用户级多线库来实现多线程，存放在用户空间中的多线库对线程的调度与调度程序对进程的调度是截然分开的，内核管理进程的表格存放在系统空间中，多线库管理线程的表格存放在用户空间中。

线程调度与进程调度时机的对比如下。

① 线程调度使用多线库实现。当用户程序调用任意多线库函数时，引起控制转向多线库程序。多线库在执行完请求后，在返回调用者前进行线程调度时，如果没有更高优先级的线程，则将控制返回原线程。如果有更高优先级的就绪线程，则多线库恢复被选中线程的现场，将控制返回新调用线程，原线程现场被保存到现场保护区中。

② 进程调度在内核中进行。当用户进程（可能在任意一个用户线程上或多线库程序中）自陷或被中断进入内核时，内核在处理完中断或系统调用请求后，在返回用户程序前进行进程调度与切换。在现代操作系统中，当中断处理完返回核心态的中断点时，也可能进行进程调度与切换。

系统中进程的状态与由多线库支持的线程状态完全不一样。例如，一个线程向操作系统发 I/O 请求，无须经过多线库控制即可转入内核。内核处理该 I/O 请求，启动外部设备进行 I/O，并将该线程所在的进程置于阻塞状态，处理机切换到其他进程上运行。而由多线库管理的线程仍处于运行状态，但实际上自从线程请求操作系统服务后，已被操作系统剥夺其处理机的使用。当一个线程被时钟中断打断进入内核时，操作系统也有可能剥夺该线程所在进程的处理机，而多线库管理的线程状态仍为运行状态。当进程正在进行多线库的线程切换时，也可能由于中断等原因将处理机切换给其他进程，待到恢复该进程运行时，多线库可以继续线程的切换过程。

使用多线库实现用户级多线程，有如下几方面的优势：

① 为用户提供一个简明的同步并行编程环境。例如，多线库可为用户提供同步 I/O 请求，可以利用操作系统的异步 I/O 支持。当请求 I/O 的线程发送同步 I/O 请求时，多线库向操作系统发送异步 I/O 请求。在操作系统收到异步 I/O 请求后控制返回多线库时，多线库把请求同步 I/O 的线程阻塞，调用其他线程运行。等到操作系统 I/O 操作完成后，多线库才将阻塞的线程变为就绪状态。多线库把用户的同步请求转化成了对内核的异步请求。

② 开销小。线程的建立、结束、切换、管理都由多线库完成，多线库是在用户态执行的程序，所有管理用数据结构也都在进程用户空间中，无须内核做任何支持，因此没有运行模式切换的开销。

③ 无须改变内核，用户级线程完全由用户级库程序实现，非常方便。

④ 用户可以根据应用的并行度，申请足够多的线程而无须考虑系统资源的限制。

当然，使用用户态多线库来实现多线程也有以下两点问题：

① 不能做到进程内线程在多处理机上真正并行运行。如果系统拥有多个处理机，操作系统调度进程占用处理机运行，那么，它无法感知进程内多线程的存在，因而无法让用户进程在多个处理机上同时运行。

② 如果用户级线程发出系统调用或中断进入操作系统，由于某种原因，其所在进程被阻塞，那么，多线库无法知道刚运行的线程被阻塞，因此也不能转到其他线程运行。这种情形可以对多线库加以改进，让可能引起阻塞的系统调用全部经过多线库转发，使多线库能够根据情况调度其他线程运行。

2．内核级线程

内核级线程是由操作系统内核支持实现的线程。操作系统维护内核级线程的各种管理表格，负责线程在处理机上的调度和切换。操作系统提供一系列系统调用界面，让用户程序请求操作系统进行线程创建、结束、同步等操作。这种内核级线程在许多地方又称为轻权进程（LWP）。

如图 8.9 所示为内核级线程实现示意图。图中 L 是 LWP 的缩写，是一种操作系统表示、管理的内核级线程的数据结构。每个进程可以有多个内核级线程。内核级线程用于运行并行执行的用户任务，当它在运行用户任务被外部中断打断或自陷进入内核时，也运行内核程序。

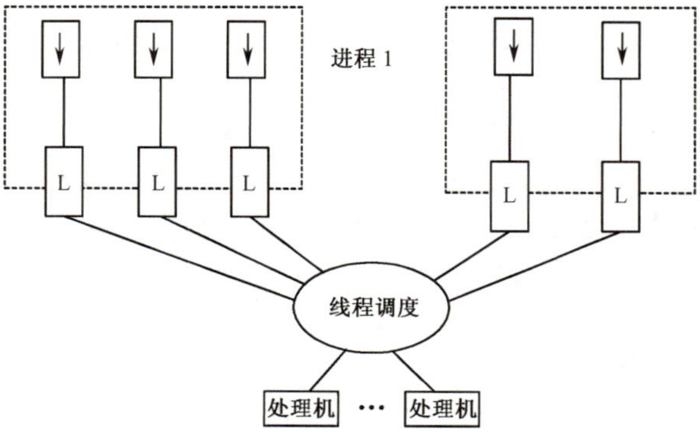

图 8.9　内核级线程实现示意图

当创建一个进程时，系统同时创建一个内核级线程，用户初始程序即在该内核级线程上运行，称为主内核线程。当需要创建新的线程运行并行任务时，主内核线程运行的程序安排一个线程系统调用产生一个新的内核级线程，并说明要执行的过程段或函数及初始数据，同时为该线程提供一个用户栈空间。线程的用户栈空间都在进程用户虚存空间区，除第一个线程栈空间按约定预留外，其他线程栈空间由用户态运行程序申请分配。内核在系统空间中建好内核级线程的线程控制块（TCB）等管理数据结构，为线程分配一个核心栈空间，如图 8.4（b）所示。线程在运行用户程序时在用户栈上工作，当被外部中断打断或自陷进入内核时，则转到核心栈上工作。

内核必须为每个线程保存一系列描述信息。线程被用于处理机的执行对象，操作系统对处理机的分配改为以线程为对象。因此内核级线程可以完全并行地在系统的不同处理机上运行。操作系统还支持内核级线程与物理处理机之间的捆绑，让用户选定内核级线程所运行的处理机。当内核级线程从用户程序转为内核程序运行后，如果有 I/O 请求或等待事件同步引起线程阻塞，或者有更高优先级的线程可以运行，操作系统线程调度程序会进行线程切换处理，现场保护和恢复都在线程相关的数据结构中进行。

实现内核支持的内核级线程有如下 4 个特点：

① 支持进程内多线程在多处理机上真正并行执行。因为内核处理机调度程序以线程为单位，调度程序可以选定同一个进程中的线程同时占用处理机。具体实现时，调度程序选取同一个进程中的就绪线程，把它们放在各处理机中等待运行的位置，通过机间中断通知各处理机运行线程切换程序，各处理机即可切换到同一个进程中的线程上运行。

② 不会出现在用户级线程实现方式下，线程在内核被阻塞但多线库调度程序一无所知的情形。由于线程调度在内核进行，如果线程因事件阻塞，内核则可将处理机切换到其他线程上运行。

③ 内核级线程与用户级线程相比开销要大一些，这是因为内核级线程的管理都由内核程序进行，需要用户态到核心态的切换。表 8.1 列出了 SPARC 工作站上的不同线程、进程操作开销比较。

表 8.1　SPARC 工作站上的不同线程、进程操作开销比较

操　　作	用户级线程	内核级线程	进　　程
创建（ms）	52	350	1700
使用信号量同步（ms）	66	390	200

④ 内核级线程占用系统空间及资源，并不适合用户根据其任务的并行度来创建相应数量的线程。如果用户任务并行度很高，则为每个并行任务申请一个内核级线程。若系统中存在许多这种用户，系统资源会消耗太多。

3. 混合实现

用户级线程和内核级线程实现方式各有其优缺点。现代操作系统通常都提供上述两种实现方式，这样既可利于用户编写的并行程序，又能够最大限度发挥多处理机的并行性。如图 8.10 所示为混合实现方式示意图，L 表示内核级线程，是 LWP 的缩写。

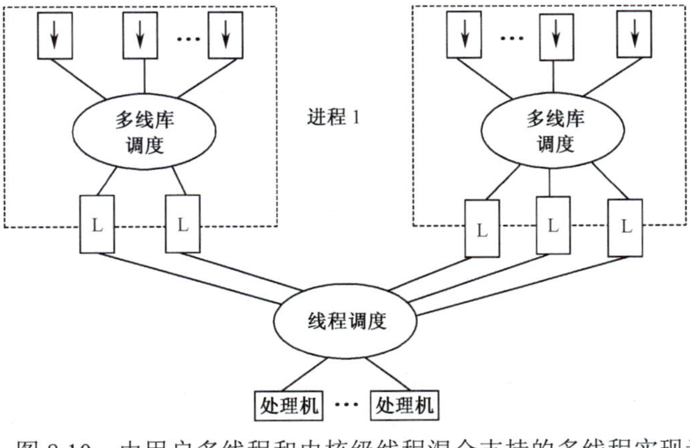

图 8.10　由用户多线程和内核级线程混合支持的多线程实现示意图

在这种实现系统中，用户利用多线库提供的并行程序设计界面编写用户并行程序。可以根据用户应用并行度的需要，产生足够多的用户级线程。内核级线程的操作系统调用界面只供多线库使用，用户可以完全不知多线库使用了几个内核级线程，也可以通过多线库的接口申请更多的内核级线程。所有内核级线程都由多线库管理使用，由多线库选择用户级线程在哪个内核级线程上运行。

用户利用多线库函数编写的并行程序作为用户执行文件，在进程创建时，被映射到进程用户虚存空间中。第一个内核级线程随进程同时被创建，用户程序的主函数在该线程上运行。随后，用户程序可以调用多线库创建新的用户级线程。

可以请求多线库到内核中申请更多的内核级线程。每当多线库申请创建一个内核级线程时，多线库先让该内核级线程进行相关的初始化工作，然后转到用户线程调度程序运行。在该内核级线程上运行的多线库调度程序可以再调度用户级线程，将控制交给被调用户线程。进程内使用多少个内核级线程可以由系统提供默认值。多线库在第一次运行时按默认值到内核中申请创建内核级线程，或由用户动态提出申请。一般来说，以内核级线程的个数与系统处理机的个数相当为宜，若太多，则占用系统资源太多；若太少，则不能让进程内多任务真正在多处理机上最大程度地并行。

4．纯内核线程

内核级线程隶属于用户进程，用于运行用户的并行任务，在中断或自陷发生时也会运行内核程序。在大多数情况下，操作系统程序运行是由中断或用户自陷激发的，在内核级线程的核心栈上运行。但操作系统还会有一些要处理的事务，被安排在纯内核线程中运行。

纯内核线程不属于任何用户进程，它产生于内核内部，无须系统调用界面，只要由内核调用线程创建函数即可创建纯内核线程。内核会为纯内核线程创建相应的系统表格和核心栈，与其他内核级线程一样参与处理机分配。所有纯内核线程共享内核的程序区及全局数据区，它们直接调用内核的同步原语进行同步与互斥。

由于纯内核线程不作为用户可用的机制，因此系统并不提供创建管理纯内核线程的系统调用界面。一般来说，在操作系统初始化时，初始化程序利用操作系统内部函数调用产生一系列纯内核线程。例如，虚存系统负责定时进行页面交换的程序就在纯内核线程中运行。

8.1.4 线程调度

自从将传统进程概念中的执行部分独立出来，并引出了线程概念，一个并行任务就可以通过多线程来实现了。它们共享同一个地址空间，并行地执行，需要时通过共享空间进行通信和同步。这时，对处理机的调度变成了对线程的调度。

在单处理机系统中，利用线程可以规范并行编程结构，利用多线程实现 I/O 和处理机的并行执行。因为线程之间切换开销很小，故规范的线程并行编程与异步调用方式相比，在不增加开销的前提下具有程序结构化好、直观易懂等优点。如果运行在多处理机系统上，则可使用户并行任务真正在多处理机上并行执行。很显然，多线程总存在一些交互，这就为线程管理和调度带来了挑战。如何面对多线程运行的复杂性，在资源利用率、用户作业周转时间、系统吞吐率等诸多方面达到最佳，是多处理机系统线程调度必须面对的问题。下面讨论线程调度的关键问题和实现策略。

注意：在多处理机系统中，一般来说，每个处理机运行什么线程是由运行在处理机上的调度程序决定的，一旦调度程序决定运行什么线程，处理机就要进行线程的切换。线程切换一定是由当事处理机进行的。一个处理机绝对不可能帮助另一个处理机进行线程切换，因为处理机切换需要保存和恢复寄存器。处理机只能保存与恢复自己的寄存器，不能去操作别的处理机的寄存器。

在对多处理机线程调度和处理分配问题的研究中，以下 5 种调度策略在现代操作系统线程调度设计中影响很大：

① 负载共享调度。线程不被指定到任何特别的处理机上。系统维护一个全局的就绪队列，任何处理机在空闲时都可以到该队列中获得一个就绪线程来运行。

② 负载绑定调度。指定运行线程的处理机，线程只能在指定的处理机上运行。

③ 组调度。将一组相关的线程同时调度到一组处理机上运行。

④ 独占处理机调度。这与负载共享恰恰相反，将一组处理机分配给指定并行程序中的线程运行，等到并行程序运行结束，处理机才被系统收回，以利系统分配给其他并行程序。

⑤ 多级动态调度。允许并行程序中的线程数目在运行过程中动态改变，利用多级线程支持实现多级调度。

下面更加详细地讨论这 5 种调度策略。

1．负载共享调度

负载共享是一种最简单的调度实现形式，可使进程中的线程在任意处理机上运行。采用这种调度策略，具有以下优点：

① 系统负载可以均匀地分布到各个处理机上，只要系统有可运行线程，就不会出现任何形式的处理机空闲。

② 处理机完全根据自身运行情况进行自调度。当运行用户线程的处理机中断或自陷进入内核时，在处理完相应操作后即可调用调度程序运行，去选取相应的就绪线程。

③ 对全局就绪队列完全可以像在单处理机情形下一样组织和管理，可以很方便地实现单处理机情形下的调度策略。

采用负载共享的调度策略对系统吞吐率及资源利用率无疑是很有帮助的，但它也存在以下两方面的缺点：

① 不能很好地组织相关线程同时运行。由于各用户的所有线程共享同一个就绪队列，所以处理机在自调度时没有目的地选择高优先级的线程。各处理机所选线程可以隶属于不同进程，如果用户的并行线程之间需要大量同步通信，则会因同步等待而频频释放处理机，使用户作业周转时间延长。

② 不能保证处理机最小限度地切换线程或尽可能少地在不同进程的线程间切换。线程在处理机上运行时，处理机现场存于各硬件部件当中。如果处理机有局部 Cache，线程所用指令和数据会与处理机的 Cache 相关联，而这些 Cache 并不作为保存现场在线程切换时被保护。如果线程切换，则在切换到不同进程中线程的情形下，由于它们不共享地址空间，因此 Cache 中指令和数据往往都要作废，从而大大降低了线程运行速度。如果切换利用同一个进程中的不同线程，虽然 Cache 不作废，但其命中率会降低很多。

将用户线程挂到全局的就绪队列中，效果最好也是最简便的方法是先来先服务（FCFS）方式。当一个用户作业到达时，它的每个线程按顺序挂到共享就绪队列的末尾。当一个处理机选择线程运行时，从队列头选取线程运行。

2．负载绑定调度

将线程指定到处理机上运行而又允许处理机在执行 I/O 或同步等操作时进行调度，切换到其他线程，这种情况就是处理机与线程的绑定。现代操作系统都提供允许用户将线程绑定到某个处理机上的手段，以后该线程只被调度到绑定的处理机上运行。待到绑定解除后，方可以到其他处理机上运行。

在实际系统实现时，往往会将负载绑定与负载共享策略相结合。例如，Mach 操作系统中每个处理机拥有一个局部就绪队列，系统还有一个共享的全局就绪队列。局部就绪队列用于存放那些被捆绑到该处理机上的线程。当处理机调度时，首先在局部就绪队列中选择线程，当局部就绪队列中无就绪线程时，才到全局就绪队列中去选择。UNIX 也提供这样的捆绑支持，将某个 LWP 与处理机捆绑到一起。如果将同一个进程中的不同 LWP 捆绑到不同的处理机上，则可以保证它们真正并行执行。

3．组调度

组调度的概念来源于利用多进程并行计算的需求。把一组进程同时调度到一组处理机上运行称为组调度。当我们用组调度策略进行线程调度时，就是把同一个进程中的线程尽可能同时调度到各个处理机上运行。利用组调度策略可以带来以下好处：

① 让一组相关的线程同时在处理机上运行，可缩短同步通信引起的阻塞时间，减少线程切换，提高系统性能及用户作业周转率。

② 通过将一组线程同时分派到一组处理机上运行，可减少调度频率，减少调度开销。

由于线程间频繁的同步通信，如果一部分线程运行，而另一部分不能运行，将会降低任务的并行性。利用组调度策略不但能够减少同步等待时间，而且能够有目的地让同一道作业的并行任务真正并行运行。

组调度的实现方法因多机系统结构不同而有差别。主要有以下两种不同的实现方式：

① 引导型组调度。在处理机非独占的系统中，处理机分时地为不同进程或线程服务。处理机某个时刻调用哪个进程或线程执行，是由该处理机运行调度程序实现的。由于处理机通过中断、自陷或其他方法进入内核后自动运行调度程序，而不是由其他处理机调度好后加载到该处理机上运行，故称这种调度为自调度。在这种自调度系统中，要实现组调度必须具有一种机间中断机制：在某个处理机调度到某个用户进程的线程时，处理机利用这一机制通知其他处理机去调度同一个进程中的其他线程。在共享主存的多机系统中，通过机间中断机制进行机间通信，通知其他处理机去调度同一个用户的其他进程。欲使不同的处理机真正实现同时进行组调度，还有待进一步的研究。

② 强制型组调度。在共享主存的对称式多机系统中，当任一处理机因中断或自陷运行到调度程序时，它调度用户进程中的线程运行。如果用户进程是要求组调度的，且说明了处理机集合，调度程序则将用户进程的所有线程分派到处理机集合所指定的处理机上，实现上只需要为每个处理机设计一个待运行线程 TCB 指针域即可。当调度程序进行组调度时，将被选进程的所有线程 TCB 指针依次填入各处理机的待运行线程 TCB 指针域中，这样就替其他处理机完成了调度。再依次向处理机发送机间中断，其他处理机在进入机间中断处理时发现已有待运行线程，表明已由其他处理机上运行的调度程序帮助本处理机进行了调度。这时，只需进入线程切换程序，将原线程寄存器现场保存好，恢复待运行线程现场，占用处理机运行。

4．独占处理机调度

这是组调度的一种特殊形式，一种独占方式的组调度。将并行应用指定到一组处理机上运行，直到运行结束。也就是说，当一个并行应用被调度时，它的每个线程都固定分配到指定的处理机上，直到运行完毕。

这种调度方式看上去非常浪费处理机时间。如果有一个应用的线程因为等待 I/O 或与另一个线程同步而被阻塞，那么该线程所在处理机将被闲置，处理机处于空转状态。但这种调度方案会带来如下明显的好处：

① 在用户并行任务占用处理机集合运行过程中，完全没有线程或进程切换，这不但避免了切换的开销，而且也会因处理机 Cache 中的数据一直有效等原因而加速并行任务的运行。

② 避免了并行任务之间在同步通信时可能因为对方未被调度占用处理机而增加阻塞时间的情况。

这样一种调度方式非常适合大规模并行系统。在处理机资源非常丰富的情况下，对处理机的独占使用可提高作业周转速度。

组调度和独占处理机调度都是一次同时把用户作业的所有执行对象调度到处理机集合上运行，在独占处理机调度中途不再做切换。而组调度允许处理机集合在不同用户作业上的切换，当原被剥夺了处理机的用户作业重新被调度使用处理机集合时，用户作业中的执行对象可能并不回到集合中原来的处理机上运行。

组调度和独占处理机的调度都要求并行作业所拥有的执行对象数（如用单进程内多内核级线程实现的并行作业，作业拥有的执行对象数就是内核级线程个数）要少于系统内处理机的个数，这样才可能做到同时被调度占用处理机。

如果一个并行作业的执行对象数多于系统内处理机的个数，则各并行的执行对象无论如何都不可能同时占用处理机运行。这样势必引起系统处理机频繁切换的开销和各并行执行对象之间同步等待时间的增加。并行应用的加速度不但不会因并发度提高而增加，反而因系统开销的增加而降低。如图 8.11 所示为一个处理机系统，它展示了将快速傅里叶变换应用到 1～24 个内核级线程中运行时所获得的加速比。从图中可以看出，当内核级线程个数少于系统内处理机个数时，应用内核级线程个数的增加与加速度成正比；当内核级线程个数多于系统内处理机个数时，应用内核级线程个数的增加与加速度成反比。

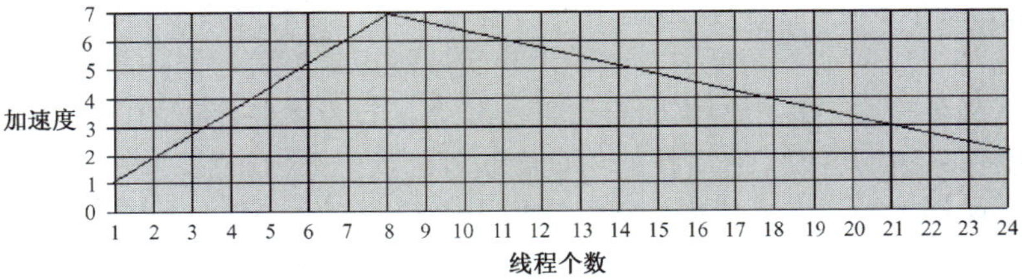

图 8.11　当处理机个数固定时线程个数与加速度的关系

5. 多级动态调度

在同时支持用户级线程和内核级线程的操作系统中，利用内核级线程，用户作业可以真正并行地在多个处理机上运行。但当内核级线程个数多于系统内处理机个数时，处理机来回在内核级线程之间切换导致的系统开销将抵消并行运行带来的好处。

从用户开发并行应用的角度出发，用户希望把应用中所有能并行运行的任务都开发出来，而无须考虑某个多处理机系统中的处理机个数。利用多线库支持的用户级线程，可以毫无限制地把应用的所有并行任务描述出来。这些并行任务对处理机的占用先以用户级线程的形式表示，再由多线库调度程序调度到某个内核级线程中，通过内核级线程被内核调度到处理机上运行实现。实质上，内核级线程所运行的程序通过多线库的调度程序在不同的用户并行任务程序中转换。用户多线库中的调度程序负责将用户级线程调度到内核级线程上运行，而内核级线程则由调度程序调度占用处理机。由于用户级线程的调度工作全部在用户空间的多线库中完成，故其开销非常小，对作业加速度的影响也不像内核级线程调度那样大。这样，便可利用用户级线程进行用户并行任务的描述，而让内核级线程来反映系统内处理机的个数。

多线库与操作系统提供的函数接口和系统调用，供上层程序动态地创建线程和结束线程，这样做可以带来如下两个好处：

① 使多线库及操作系统管理的资源适时得到使用，而无须预先分配以节省资源。

② 只在要执行并行任务时才产生新线程。当没有那么多并行任务时，结束线程，减少调度程序对线程的选择时间。特别对内核级线程实施组调度时，可以根据当时进程内内核级线程个数分配处理机集合，以避免多占处理机空转的情况发生。

内核级线程的调度与传统的进程调度一样，发生在操作系统内核里。调度程序执行的时机是在中断（包括时钟中断、机间中断）和自陷进入内核后，控制即将返回时。有些系统将调度程序作为一个中断处理程序实现。当发生引起调度的事件时就发一个调度中断，待操作系统响应该中断时进行调度。选择内核级线程调度策略的主要考虑如下：

① 支持组调度方式。因为同一个进程中的多内核级线程一定是实现同一道并行用户作业的，所以让同一道进程中的所有内核级线程同时占用处理机带来的好处显而易见。一般要求同一道进程中的内核级线程个数等于或少于系统内处理机个数，否则无法实现组调度。

② 负载共享与负载绑定并举。既可通过将不同的内核级线程绑定到不同处理机上获得并行性，也可以让系统中未指定处理机的内核级线程在任一处理机上运行而平衡处理机负载。

用户级线程的调度发生在用户空间的多线库中，调度程序执行的时机是在用户程序以任何方式调用多线库函数进入多线库程序时。在运行完多线库函数后，即将返回用户程序时，运行多线库调度程序。选择用户级线程调度策略的主要考虑如下：

① 尽量支持用户作业中关键任务的优先调度。例如，提供用户自定义优先级的函数接口，允许用户根据任务的关键程度调整任务的优先级。多线库调度程序按优先级来选取关键任务的用户线程占用内核级线程。

② 支持负载共享。任一用户级线程都可以被调用到任意的内核级线程中运行。

由于采用这种分级的动态调度方式时，用户级多线库调度程序与内核的线程调度程序之间没有信息交换，因此也会出现一些影响整体并行作业运行及系统性能的问题。例如，当用户级线程直接调用操作系统服务时，它所在的内核级线程因此陷入内核后，将会因为等待 I/O 完成而被剥夺处理机。如果此时用户多线库能得知该用户级线程要发“引起处理机剥夺的系统调用”，则可将其所用的内核级线程分给其他用户级线程。但因内核调度程序与多线库无关，故会出现虽有很多用户级线程待运行，但内核级线程仍被阻塞的现象。另外，用户级线程的优先级没有直接反映到内核级线程的优先级上。当内核级线程在关键任务上运行时，内核调度程序并不能感知。

用户多线库调度程序与内核调度程序之间建立一种通信机制的研究已经展开，主要利用如 UNIX 中的信号机制，使内核在合适的时候向内核级线程发信号。该信号会激活多线库调度程序的运行。利用这一机制可以解决以下两个问题：

① 当一个用户级线程由于等待 I/O 等原因被内核阻塞时，内核立即通知多线库调度程序，让它调用另一个用户级线程占用该内核级线程。

② 内核还可以利用这一机制定时地激活多线库调度程序，使它不但能在任务程序调用多线库函数时被激活并实现调度，还能定时地执行用户级线程调度，从而加快多线库调度的响应时间。

8.2 分布式系统

分布式系统由许多具有局部存储的计算机构成，计算机之间不共享主存及时钟，通过局域网或广域网进行通信。系统中的计算机可能由不同类型机器组成，每台机器在系统中的分工也不一定相同。例如，有些计算机作为文件服务器，有些作为计算资源。如图 8.12 所示说明了分布式系统结构。

利用分布式系统可以实现分布在不同计算机中的资源的共享，因为分布式系统的多计算机特点可以提高系统的计算能力，利用其计算机和数据冗余可以提高系统的可靠性。

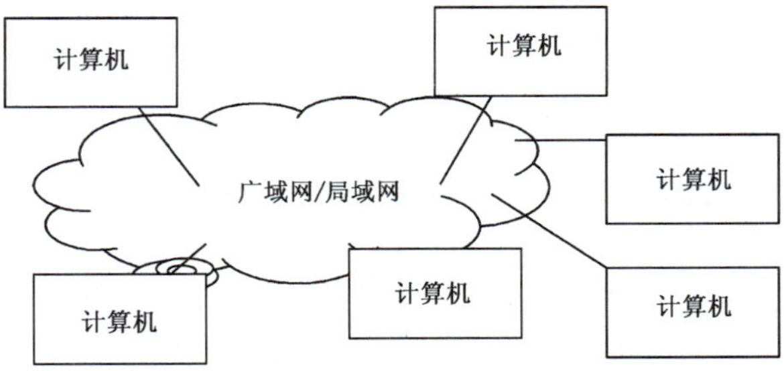

图 8.12　分布式系统结构

8.2.1　分布式系统特点

分布式系统研究的动因是，在计算机广泛应用在国防、国民经济各个领域之后，特别是在微机得到广泛应用之后，为了能在这些不同机器上共享及传输数据，在局域网及广域网研究与开发得到了长足的进步的基础上，人们提出了分布式系统和分布式操作系统的概念。

1. 分布式系统定义

对分布式系统的定义是与时俱进的。最新的较合理的分布式系统的定义是：分布式系统是由独立计算机（又称节点）组成的集合，并给用户一个单一系统的映像。

首先，在硬件及基础软件实现上，分布式系统的计算机是自治的，它们有自己的主存、外设，主存中有自己的内核程序副本。另外，在用户使用层面上，它给用户一个单一系统映像的接口。当然，这种单一系统映像的接口体现在不同层次或不同功能上。例如，为用户提供单一的树状文件目录，虽然某些子目录分布在不同的计算机辅存中，但用户只看到一个文件目录树，从而实现子目录位置对用户透明。再如，利用域名访问的 WWW 系统，给用户提供的是全局域名，用户只需输入浏览器全局域名即可访问相应的网页文件，而无须知道该网页文件存放在哪台计算机上。

2. 分布式系统优势

分布式系统强调资源、用户任务、系统功能等的全面分布。系统中的数据资源、用户任务及系统提供的专用功能分布于物理上分散的若干机器上，机器间通过网络连接，彼此通信，进行数据及程序的传递，最终完成用户交给系统的任务。

为什么要构建分布式系统呢？构建分布式系统主要有如下三个好处。

（1）资源共享

资源共享通常分为两个方面：一是硬件资源共享，包括处理机、存储器、打印机及其他设备等；二是软件资源共享，包括软件工具、其他服务型功能软件等。为了实现资源共享，分布式系统通常都提供良好的手段和支持机制。例如，在分布式文件系统中，通常设有一个或多个文件服务器来为系统中的客户机提供文件共享，文件服务器可以同时对来自多个客户的服务请求进行处理，并将共享文件数据返回给各个客户，从而实现文件资源的共享。资源共享可以极大地提高系统中各种资源的利用率，从而降低系统的成本。

（2）提高系统计算能力

如果能将用户任务分解成可以并行运行的子任务，那么可以将这些能并行运行的子任务分布到分布式系统的各台计算机上并行运行，从而提高系统的计算能力。由于分布式系统中的各个节点由网络连接，增加节点非常容易，这意味着，扩充计算能力非常方便。同时，当有的节点上用户子任务太多，负载过重时，可以将计算任务重新分布到轻载节点上，实现节点间的负载平衡。

（3）高可靠性和健壮性

在分布式系统中，由于多节点的特点，当系统中某个节点失效时，其他节点可以承担失效节点的工作。在设计分布式系统时，必须注意设置功能冗余的节点，它们不但能在同时工作时分担用户任务负载，而且当某个节点失效时，也不会损失系统的功能，只是系统的计算能力有些下降。在分布式的数据存储系统中，往往有镜像存储节点，它具有冗余的数据，当某个节点失效时，因为镜像节点保存有相同数据，所以不会耽误系统正常工作。

3．分布式系统特性

分布式系统在使用上呈现很好的透明性，在设计、构造上遵循开放性和可扩展性原则。

（1）透明性

分布式系统确保用户将分布式系统看成单个虚拟计算机，即单一映像系统。从用户角度看，局部资源和远程资源之间没有任何差别，这些资源位置对用户是透明的。

分布式系统应该提供对资源的透明访问，即所有资源都按相同方法访问，而与资源的位置无关。分布式操作系统的透明性体现在如下 9 个方面。

① 访问透明性。对于本地和远程资源，进程使用相同类型的访问机制。

② 位置透明性。资源的位置对访问方法是不可见的。

③ 迁移透明性。资源可以动态迁移，用户无须感知资源已经迁移。

④ 并行透明性。当用户程序并发操作共享数据时，调用标准接口函数，不用感知数据是共享的，不需要用户安排显式的同步互斥操作，而由系统程序判断数据共享性以保证其同步互斥。

⑤ 复制透明性。为提高效率和可靠性，系统各节点可能有文件和数据的多个副本，用户不会感知副本复制情况。

⑥ 失效透明性。可以隐藏错误，使用户任务在底层报错情况下，通过重构、重试顺利完成任务，使用户不用担心软、硬件失效。

⑦ 执行透明性。允许负载均衡、迁移程序和数据、不同计算机间进程通信，而不影响用户和程序的操作结果。

⑧ 性能透明性。在远程访问资源时，用户不应当感到性能下降。

⑨ 扩展透明性。允许系统和应用程序扩展规模，而不必改变系统结构、程序和算法。

系统提供透明性的好处是易于用户软件开发，提高系统的可靠性。用户只看到资源和在其上的操作，而不用关心它们的位置。但是为了做到这一点，许多分布式系统采用了由单一节点提供资源位置服务的方式，如某些分布式文件系统的单一目录服务。这种单一节点服务，相当于在分布式系统中的一种集中控制，不利于系统可扩展性。如果把目录服务做成多节点分布的，那是不是又需要一个对多节点目录服务进行定位和管理控制的单一控制节点呢？还是可以采用完全分布式的无中心的算法，开销怎么样？这看上去像是哲学问题，都是值得研究的。

对完全透明性的需要、达到完全透明性的可能性及实现完全透明性是否值得等问题，业界存在不同意见。一种观点认为，达到完全透明性是可能的，并且是非常值得的，也是我们的追求目标。相反，有人认为，完全透明性是不可达到的，也是不值得的。目前，没有完全透明的分布式系统。

（2）开放性

设计开放的分布式系统应该包含如下两方面含义。首先，系统给最终用户提供的服务应该尽量符合流行的开放式分布式系统提供服务的语法与语义，使用户在流行的开放式分布式系统上的应用比较容易地移植到所设计的分布式系统中来。其次，系统要有很好的分层系统结构，每层的服务接口遵循开放原则，在设计每层服务程序时，不但要考虑提供给本系统上层程序的调用，还要想到其他系统可能的使用，使服务具有通用性。

遵循开放性原则开发分布式系统，不但方便了最终用户上层程序开发移植，而且也方便了分布式系统中下层程序的扩充，确保了其他开放系统与所设计系统在各个层次的相互调用，最大限度实现了各系统、各层次程序的重用。

（3）可扩展性

分布式系统可扩展性包含两方面的内容：一方面是分布式系统硬件结构的可扩展性，要求很容易增加节点，同时要求分布式系统管理软件支持系统节点的扩展；另一方面指分布式系统软件的可扩展性，利用开放式设计原则可以保证分布式系统软件功能扩展容易，在扩展上层功能时能很容易地使用下层提供的开放服务。

4．分布式系统设计的难点

虽然分布式系统具有很多优点，然而由于分布式系统自身的特点及应用环境的复杂性，分布式系统设计有如下的很多难题需要解决。

① 难以合理设计资源分配策略。在集中式系统中，所有的资源都由操作系统管理和分配；但在分布式系统中，资源属于各个节点，所以调度的灵活性不如集中式系统，资源的物理分布可能与用户请求的分布不匹配，某些资源可能空闲，而另一些资源可能超载。

② 部分失效问题。分布式系统通常由若干部分组成，各个部分由于各种原因可能发生故障，如硬件故障、软件错误及错误操作等。如果一个分布式系统不对这些故障进行有效的处理，系统某个组成部分的故障可能导致整个系统的瘫痪。

③ 性能和可靠性过分依赖于网络。分布式系统是建立在网络之上的，而网络本身是不可靠的，可能经常发生故障，网络故障可能导致系统服务的终止。另外，网络超负荷会导致性能的降低，增加系统的响应时间。

④ 控制问题。如果一个分布式系统的控制（如同步、资源定位、容错控制等）用一个专门节点来实现，那么控制会相对简单，但这个节点会形成瓶颈或成为关键节点，这样不能发挥分布式系统的优势。如果是典型的分散控制，没有统一的中心控制，则通常需要相应的分布同步机制来协调系统中各个部分的工作。设计与实现一个对用户来说是透明的且完全分布式控制、具有容错能力的分布式系统是一项具有挑战性的工作，而且所需的机制和策略尚未成熟。因此什么样的程序设计模型、什么样的控制机制最适合分布式系统，仍是需要继续研究的课题。

⑤ 安全保密性问题。开放性使得分布式系统中的许多软件接口都提供给用户。这样的开放式结构对于开发人员非常有价值，但同时也为破坏者打开了方便之门。

针对分布式系统存在的上述难题，要保证一个分布式系统的正常运行，就必须对系统资源进行有效管理，对计算机之间的通信、故障、安全等问题提供有效的处理手段和支持机制。

用户对分布式系统的要求是透明性、安全性、灵活性、简单性、可靠性，也要求方便在局部失效时重构系统，以及集成不均匀子系统的能力。

资源的分布性、缺乏全局状态信息及传输延迟，意味着集中式系统的某些方法和技术不能应用于分布式系统中。即使集中式系统中的某些技术满足上面的要求，其实现通常也是要付出很大代价的。

8.2.2 几种分布式系统应用模型

分布式系统的工作方式也是分布式的，系统中各个节点之间可根据两种原则进行分工：一种是把一个用户任务分解成多个可并行执行的子任务，分布给系统中各个节点协同完成，这种方式称为任务分布；另一种是把系统的总功能划分成若干子功能，分配给各个节点分别承担，这种方式称为功能分布。各个节点能够比较均等地分担用户任务或系统功能，在独立地发挥自身的控制管理作用的同时，又能相互配合，在彼此通信协调的基础上实现系统的全局管理。

分布式系统的应用模型由构成系统的主要硬件、软件成分及它们之间的关系确定，包括系统使用的计算机类型、它们在网络中的物理位置、运行的系统程序和应用程序的位置及它们之间的关系。通过了解分布式系统的应用模型，我们可以了解分布式系统的应用。

分布式系统的应用模型可以有如下几种类型：客户/服务器模型（Client/Server Model）、处理机池模型（Processor Pool Model）、对等模型（Peer-Peer Model）、集群模型（Cluster Model）等。

1．客户/服务器模型

客户/服务器模型又称工作站/服务器模型（Workstation/Server Model），如图 8.13 所示。每个用户拥有一台计算机，称为工作站。应用程序在支持图形用户接口且具有快速响应能力的用户工作站上运行。工作站通过使用通信软件访问一组服务器。通过这些服务器，客户可以共享设备、文件、数据库和其他网络资源。服务器实际上是一台计算机，其上运行着特殊的服务软件，可以响应其他工作站的请求，提供特定服务。例如，客户端数据库应用程序与服务器端数据库服务器共同实现数据查询、修改等业务的系统应用就属于这种模型。

目前最常见的服务器有数据库服务器、Web 服务器、文件服务器等。典型的客户/服务器应用包括数据库应用、邮件服务、文件服务等。通常，可以将一个分布式应用划分为表现逻辑、计算逻辑和数据逻辑三个层次：① 表现逻辑提供与用户交互的界面，负责接收用户请求，向计算逻辑层转发请求，并将计算逻辑提供的结果显示给用户。② 计算逻辑负责具体的应用计算行为，在接收到请求后访问数据逻辑层以获得数据并计算出结果（也可能不访问数据逻辑层而直接进行计算），再将结果交给表现层。③ 数据逻辑负责数据资源的组织和维护，提供接口供计算逻辑访问数据，通常以数据库的形式存在。

最常见的客户/服务器功能分布模式称为基于客户的处理，将表现逻辑和计算逻辑捆绑在一起实现并放在客户端，而将数据逻辑放在服务器端（如数据库服务器）。这使得用户能够共享数据资源，并使用适应本地需要的应用模式，如图 8.14 所示。

图 8.13　客户/服务器模型

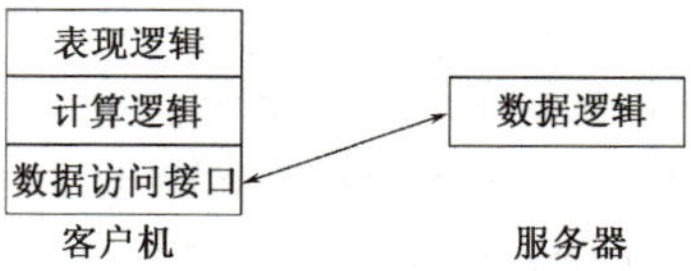

图 8.14　最常见的客户/服务器功能分布模式

图 8.14 的配置使得客户端存在很大的应用负载，即所谓的“胖客户”模型。这一模型随着 PowerBuilder、C++ Builder、Delphi 等相应开发模式的普及而广泛应用。但当客户的需求越来越多时，需要实现的功能也就越来越多。由于计算逻辑与表现逻辑是捆绑在一起实现的，因此客户端会变得越来越“胖”，客户机的处理能力、网络的负载都受到挑战。更为突出的是，要维护、升级或替换分布于数十台客户机上的应用程序是十分困难的。因此，近年来三层（多层）客户/服务器功能分布模式得到了更多的认可并日益普及，如图 8.15 所示。

在三层客户/服务器功能分布模式中，将表现逻辑、计算逻辑和数据逻辑分开考虑，并分开实现。通常，只将表现逻辑部署在客户端，而计算逻辑与数据逻辑均以服务器的形式提供，使应用的维护、升级变得相对简单。注意，实际上当应用服务器访问数据资源时，应用服务器充当的是客户的角色，而数据资源服务器充当了服务器的角色。

一个典型的基于多层客户/服务器模型的应用框架是 SUN 公司提出的 J2EE 体系结构，它适用于构建灵活而又复杂的 Web 应用。如图 8.16 所示，客户端只需安装 Web 浏览器即可，用户通过 Web 页面提交请求并获得结果。Web 服务器负责接收来自浏览器的用户请求并转交给应用服务器，由它负责接收来自应用服务器的计算结果并组织成 Web 页面返回给客户端。应用服务器负责具体的逻辑计算，需要时访问数据资源服务器以获得计算所需的数据资源。数据资源服务器只负责应用数据的保存与维护，并对外提供访问数据的接口。

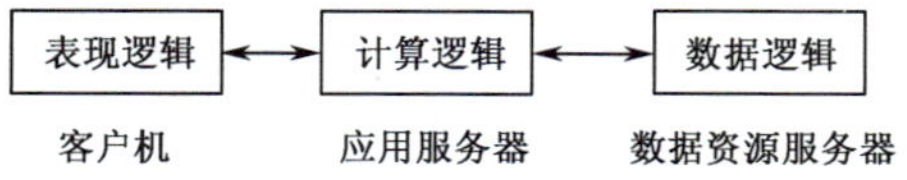

图 8.15　三层客户/服务器功能分布模式

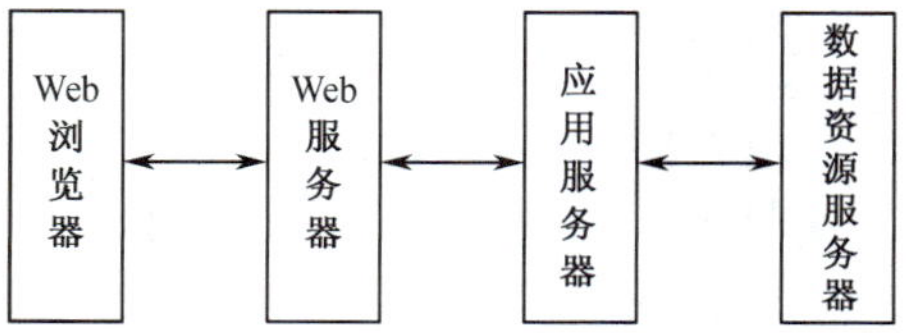

图 8.16　J2EE 结构功能分布模式

客户/服务器产品的开发与使用对于分布式计算的影响日益显著。但在解决了互通互联的基本需求及单个机构中相对独立的应用系统开发之后，机构内部多个系统之间的互操作问题和不同机构的多个系统之间的互操作问题也日益显著。遗憾的是，不同的系统可能有着不同的开发环境、支撑环境和运行环境，这使得互操作的实现并不简单。为了解决这一问题，开发者必须具有一组工具，为跨越所有平台访问系统资源提供唯一的方法和形式，即无论数据在什么位置，数据被什么管理系统所维护，客户机是什么型号，是什么平台，都可以使用相同的方法来访问数据。

满足这一需求的可选方法是，在上层应用程序和下层通信软件、操作系统之间使用标准的编程接口和协议，这些标准化的接口和协议被人们统称为中间件（Middleware）。中间件不仅能够屏蔽底层异构网络平台的细节，更重要的是，为分布式应用软件提供通用的、统一的高级管理服务，以及与应用领域相关的增强服务，为开发、部署和管理各类网络应用系统提供了强大的高端平台。具体地，在分布式系统建设中，它能够缩短系统开发周期，提高投资效率和系统的稳定性及可靠性，简化应用集成，提高系统的可扩展性与可维护性。

2. 处理机池模型

处理机池模型为用户提供高性能计算能力。不同于客户/服务器模型，处理机池模型要为用户提供并行程序开发环境，使用户有在其系统上具有再开发的能力，使用户编写的并行程序分布到处理机池中的处理机上运行。处理机池模型如图 8.17 所示。网络上连有一些微机和小型机，称为处理机池。文件服务器用于存放数据，处理机池分配与管理机专门用于处理机池的管理。当用户要系统运行一个并行程序时，系统就会从处理机池中分配处理机，分派用户程序去运行。

3. 对等模型

如图 8.18 所示，在对等模型中，系统中的每台计算机具有高度自治性，可以采用工作站或多用户计算机充当节点计算机，每个节点机都运行一组完整的标准软件，既可以作为客户机运行用户应用程序，又可以充当服务器为其他节点机提供服务。例如，当今互联网上流行的文件交换软件，就是这样的应用模式。当用户从别的节点下载文件的时候，用户的节点也作为别的节点的服务器，由别的节点客户机访问。

4. 集群模型

集群技术提供了高性能和高可用性，对于基于服务器的分布应用尤其具有吸引力。我们将集群定义为一组由相同功能的计算机互相连接而成的系统。它们作为统一的计算资源一起发挥作用，让客户感觉使用的是一台计算机。集群中的每台计算机称为一个节点。

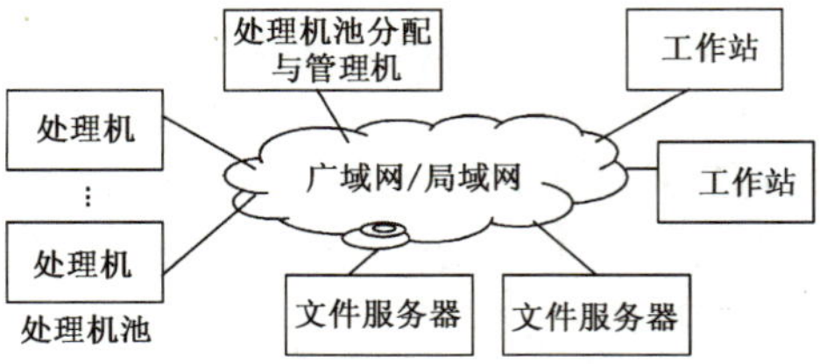

图 8.17　处理机池模型

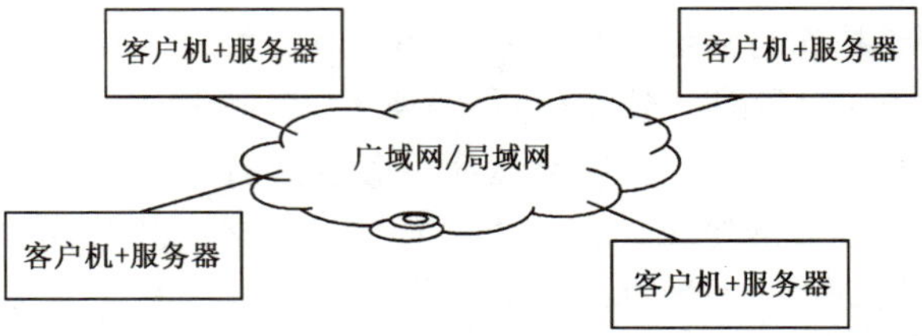

图 8.18　对等模型

利用集群技术可以得到以下好处：

① 高性能。通过构造大型的集群系统，可以得到比任何一台独立机器都高的计算能力。一个集群可以包括数十台甚至数百台的机器，且每台机器又都可以是多处理机。

② 高伸缩性。集群提供了这样的能力，当用户的计算需求增加时，可以通过增加节点来扩展集群的计算能力，而且增加节点时需要做的工作很简单，解决了在原来某台机器无法满足计算需求时只能购买更大系统的问题。

③ 高可用性。因为集群中的每个节点都是一台独立的计算机，所以某个节点的失效并不意味着整个集群的失效，也不会引起服务请求的失败。通过相应的软件可以自动进行容错处理。

④ 高性价比。使用计算机集群技术，可以通过多台相对廉价的机器获得与大型计算机相同甚至更高的计算能力。

如图 8.19 所示给出的是共享磁盘的双节点集群系统模型。它采用高速连接实现互连，并通过消息交换协调集群内各个节点的行动。连接可以是局域网，也可以是专用的互连设施。集群中每台机器都必须有到局域网/广域网的连接，以使客户机可以访问到它。在两个节点之间除存在一个高速消息连接之外，还有一个公共的磁盘子系统直接与集群中的多台计算机相连。图中，公共的磁盘子系统是一个基于 RAID 技术的磁盘阵列。在集群中，使用具有冗余功能的磁盘阵列是一种很普遍的方式，它可提高数据和整个系统的可用性。当一台机器出现故障时，不会影响整个集群对外提供服务。

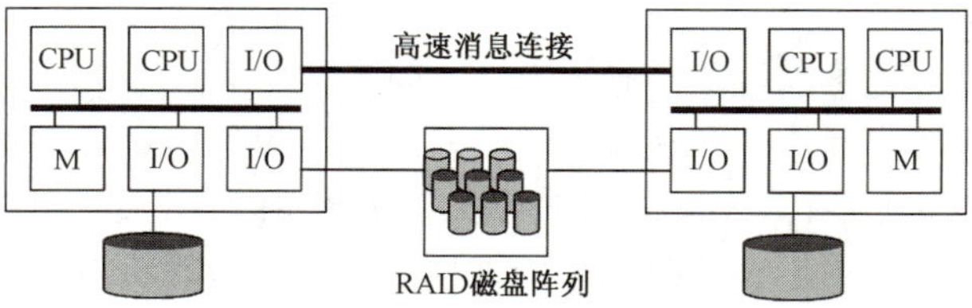

图 8.19　共享磁盘的双节点集群系统模型

8.2.3　分布式系统实现模型

要支持分布式应用，管理系统资源，提供用户位置透明的资源访问和并行/分布计算，有如下三种典型的系统实现模型。

1. 网络操作系统模型

由分布式应用程序为用户提供一台虚拟计算机，它能够感知分布式系统内每台计算机使用的不同操作系统、网络通信编程接口、为用户屏蔽系统节点位置等物理信息，如图 8.20 所示。

这种分布式系统不要求系统内机器同构，不要求每个节点使用相同的操作系统，但是编写分布式应用程序时需要了解程序运行节点各个操作系统及其网络通信编程接口，所以编程相对困难。

2．分布式操作系统模型

网络操作系统模型要求分布式应用程序开发者熟悉系统内各个节点操作系统的特点和网络编程接口。而分布式操作系统模型试图向分布应用程序提供一个屏蔽系统资源位置信息的统一的编程接口，当然这要求分布式系统内每个节点使用相同的分布式操作系统，如图 8.21 所示。

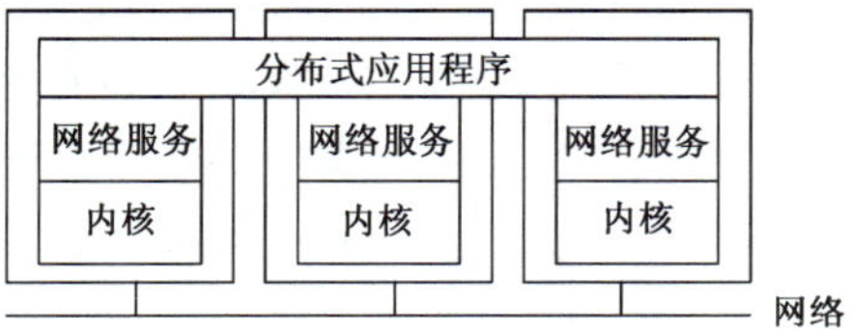

图 8.20　网络操作系统模型

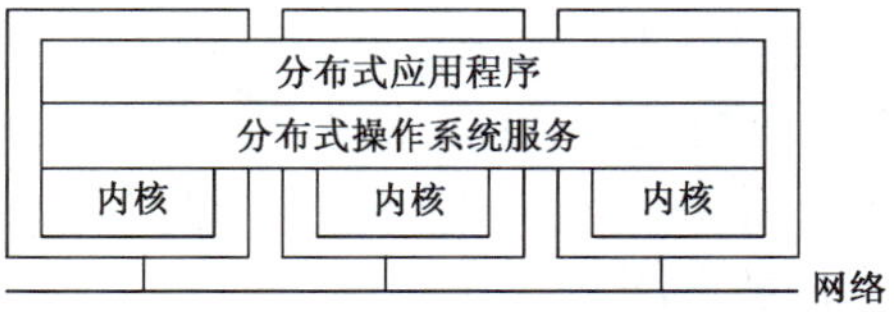

图 8.21　分布式操作系统模型

通常，由操作系统开发商提供分布式操作系统，上述的统一编程接口可以由系统调用形式提供。这意味着，实现位置透明性的服务都在核心态下实现，或以统一的库程序接口方式结合用户态下运行的系统进程实现。

一个分布式操作系统通常应该能提供如下功能：

① 隐蔽资源的分布，控制网络资源的分配，以便按最有效的方法使用这些资源。

② 为用户提供适合于编程的像单机一样的虚拟计算机环境。

③ 提供防止系统资源被未授权用户访问的机制。

④ 提供安全的远程通信机制，包括进程之间的通信原语及支持这些原语的传输协议。同时，通信机制还应当具有许多特殊功能，如建立、关闭和操作通信路径，以及实现消息的路由和提供可靠的传输等。

⑤ 当系统中出现局部故障时，可通过自动重构，适度降级使用，或通过错误恢复手段使系统继续运行，使系统具有高可用性和高可靠性。

从用户角度来看，分布式操作系统应当像集中式操作系统一样，因此它必须做到多个处理机的使用对用户是不可见的，即透明性。用户将系统作为虚拟的单处理机，而不是由通信子系统连接的不同机器的集合。

网络操作系统和分布式操作系统在使用上最重要的区别是透明性，分布式操作系统隐藏了多计算机的存在和分布性。工作在网络操作系统上的用户或分布式应用程序应具有正在使用的资源的位置信息。网络操作系统是建立在现有集中式（局部）操作系统集合之上的，并处理这些局部操作系统之间的远程操作、通信接口和协同操作。而分布式操作系统构造在裸的硬件基础上，以一致的策略和方式控制分布式系统中的所有操作和资源，而不仅仅是处理网络通信级的操作。如果采用分布式操作系统，则分布式系统中的每个节点都使用同一份操作系统副本。

3．中间件模型

分布式操作系统模型概念虽然很早就提出来了，但是目前应用并不广泛，而在网络操作系统模型基础上，利用中间件实现分布式系统资源位置透明性的方式却在互联网广为应用的今天迅速走红。这种模型的产品通常都是由非操作系统开发商推出的软件套件，下层可以运行不同的操作系统产品，通过中间件实现统一的用户应用编程接口，如图 8.22 所示。

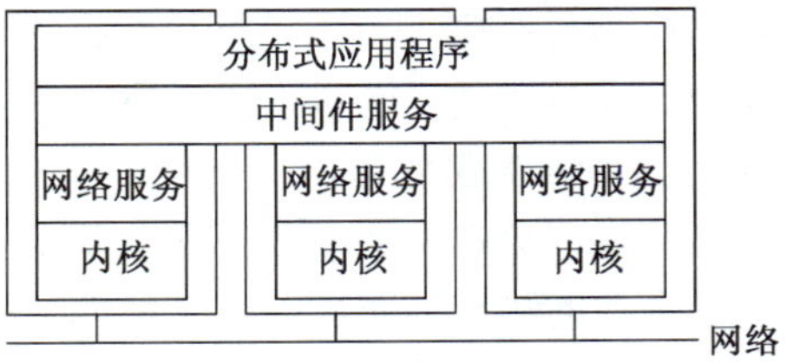

图 8.22　中间件模型

中间件一定是在用户态下运行的程序，绝对不需要对现有操作系统进行改动，因此实现相对较容易。目前许多基于互联网的分布式应用环境就是基于中间件模型的实现。

8.2.4 分布式操作系统主要研究内容

当前，各种商业操作系统都支持网络功能，可以说都是网络操作系统。基于网络操作系统的中间件套件也有许多商业版本，如 BEA 的 Weblogic 等。而分布式操作系统的概念提出最早，但是还没有真正意义上的商业分布式操作系统版本。真正意义上的分布式操作系统的研究还在进行中。分布式操作系统像集中式操作系统一样包含许多管理机制：进程管理、存储器管理、I/O 管理及文件管理等。由于资源和进程的分布性，研究这些机制涉及许多问题，因此需要寻找合适的方法和算法。

为了认识这些问题，我们考虑一个分布式系统，在这个系统中有一定数量的节点（由单个和/或多处理机的计算机和工作站构成），由网络连接，整个分布式系统由分布式操作系统控制和管理。每个节点支持若干进程，这些进程以它们的用户名义工作，所有这些进程通过消息传递来进行通信。

（1）通信技术。分布式系统各个节点进程间要能够协同工作，需要将消息从一个进程发送给另一个进程或一些进程，或者将消息间接地发送到与进程绑定的端口。进程间通信的实现依赖于通信原语和支持这些原语的通信体系结构。通信体系结构提供一个与机器硬件无关的网络层次结构，以支持分布式应用。已被最广泛应用的通信体系结构基础就是 TCP/IP 协议簇。在当今需要支持万物互联的时代，低延迟、高流量的通信技术还需要继续研究。

（2）分布式算法。由于在分布式系统中没有公共时钟，并且存在通信延迟，因此分布进程间同步需要一些特殊的分布式算法。有如下一些可供选择的基本方法：基于时间的事件排序、令牌（Token）传递和基于优先级的事件排序。

（3）分布式名字服务。分布操作系统的每个对象，如一个进程、一个文件、一台打印机等，都必须具有名字。如果一个进程要发送一个消息给另一个进程（或一些进程），则必须知道通信双方进程的名字或用于通信的全局端口。进程要访问某个资源，也需要指出资源的名字。为了给用户及用户编程提供资源及进程的位置透明性，对象命名应该具有与位置无关的全局逻辑意义。但对象访问实现时必须知道对象的物理位置，因此需要实现“名字-地址”转换的名字服务。可以将“名字-地址”转换表集中在一个服务器中进行管理，这带来的代价就是瓶颈与单一节点故障问题；也可以按照名字逻辑空间进行分布式管理，即由多个名字服务器分别管理多个名字逻辑空间的“名字-地址”信息；还可以用多名字服务器都有冗余的“全局名字-地址表”。每个名字服务器应提供和支持如下服务：存储名字地址信息、确定名字全局唯一性、名字转化等。如何设计高效可扩展的分布式名字服务依然是需要研究的课题。

（4）负载平衡。分布式系统用户要能够用尽可能短的时间顺利完成计算任务，这样对系统结构和设计有特别的要求。每个节点的工作负载应当得到平衡，以改进分布式系统的平均性能。这包括系统功能的静态、动态分布，远程进程建立、挂起、运行、删除操作，以及支持进程从一个计算环境迁移到另一个计算环境的能力。此外，为了达到短的响应时间，用户文件或其他数据应当可在多个节点进行缓存。为了达到高可靠性，文件或其他数据也应当能被复制，保持冗余。当然在数据有多副本的情况下，必须保证数据的一致性。

（5）分布式死锁。在分布环境下，一些进程竞争多个跨节点的有限资源，这时可能造成各进程死锁。分布式系统的死锁代价更大。因此，应当具有死锁预防、死锁检测和恢复的机制。基于资源的物理分布，存在两种类型的死锁：资源死锁和通信死锁。

（6）保护与安全。如何建立全局的用户、资源保护模型，如何在分布的节点中实现，是值得研究的课题。分布式保护机制倾向于使用权能（Capability）、访问控制表或锁/钥机制。然而这些保护机制未考虑信息内容，所以提供的保护是不够的。如果保护要考虑信息的语法形式，则需要对信息进行分类，并将某种级别的许可证分配给用户，因而必须研究不同的保护机制。

在通信进程之间传输信息时，可能会遭到窃取，为了安全地执行通信操作，必须提供密码技术。现在已经开发了两种密码系统：对称的和非对称的。由于这两种密码系统使用了密钥，因此必须对密钥进行管理。分布式系统用户彼此不能信任，这就提出了用户可信任问题。

（7）系统的高可用性。计算节点可替代与数据的多副本用于保证系统遇到节点故障或数据故障还能够随时恢复可用。如何在系统局部出现故障时，及时诊断并做出替代处理，使服务零延迟地延续，还需要专业人员持续的努力。例如，为了防止数据被破坏，需要定时产生数据在某一时刻的快照（即保留某一时刻分布在各存储节点的完整数据），这怎么在短时间内实现？例如，可以采用 COW（写时复制）技术，在以后每次写数据时，把原数据复制到其他空间予以保留，这样可以把统一集中数据复制的时间分散到以后的各次写操作中。但是快照中各个数据块到底存放在什么地方，是不是又需要一个逻辑块到物理块的映射表管理呢？这个映射表需要集中式管理还是分布式管理呢？这都是值得研究的问题。

8.2.5 分布式系统基础——通信协议层次简介

通信是分布式系统构成的基础。下面介绍著名的 OSI（Open Systems Interconnection）模型，并说明实用通信协议与 OSI 模型的对应关系。

OSI 模型是国际标准化组织（ISO）在 1974 年给出的一个系统之间信息传输的软件模型。它包含 7 个层次的定义（如图 8.23 所示），每层对上层提供服务，而对下层的实现加以屏蔽和抽象。

应用层
表示层
会话层
传输层
网络层
数据链路层
物理层

图 8.23　OSI 模型

① 应用层：处理两个网络应用程序之间的消息传输，包括安全校验、身份识别及数据交换的初始化等功能。

② 表示层：进行所传输消息的语法和语义分析，并处理数据的格式化，包括文本行是否有换行回车的描述、数据是否被压缩或编码等。

③ 会话层：管理相互协作的应用程序进程之间的连接，包括过程调用形式的高层同步，以及对正在发送信息的应用程序和正在接收消息的应用程序的监控。

④ 传输层：从会话层接收数据，传递给网络层，并确保到达对方的信息正确无误。传输层向会话层屏蔽了网络上机器的硬件差别所带来的影响，支持进程间消息的传递。

⑤ 网络层：负责建立分组头，处理路由、拥塞控制及网络互联。该层是在整个 OSI 模型中能够知道网络拓扑结构的最高层。

⑥ 数据链路层：包括发送和接收两项任务。在发送端，数据链路层负责将指令、数据等包装到帧中，帧包含有足够的信息以确保数据可以安全地通过网络到达目的地。在接收端，数据链路层负责重新组织从物理层收到的数据比特流。此外，数据链路层还提供数据有效传输的端到端连接。

⑦ 物理层：负责传输比特流。它从数据链路层接收数据帧，将其中的内容与结构串行发送；而在接收端，它负责将这些数据流传输给数据链路层以组织成数据帧。

下面列举与上述模型层次对应的实用协议，如底层的 TCP/IP 协议簇，对应会话层的远程过程调用。

1. TCP/IP 协议簇简介

TCP/IP 协议簇是基于 Internet 的实用协议簇，它是在 ARPANET 基础上进行协议研究与开发的结果。实际上，目前几乎所有的计算机软、硬件开发商都支持此协议体系。下面简单介绍对应于 OSI 模型网络层和传输层的协议。

网络层在功能上等同于 OSI 模型中的网络层。通常，网络之间通过路由器实现相互连接，而路由器就工作在该层，负责转发来自不同网络的报文。这里介绍该层中几种用于报文的路由和发送的协议。

① IP（网际协议）。IP 是面向无连接的报文交换协议，负责寻址和路由的选择。当一个报文向下层传输时，该协议会在传输层送来的数据前面加上一个头部，里面保存的信息能够支持报文在网络中应用动态路由表进行路由选择。另外，根据下层的需求，IP 还负责报文的拆分与重组。每个 IP 报文都包含源地址字段和目的地址、协议标识符、头校验和生存期等信息。由于是无连接协议，所以在每个报文发送完后并不需要接收方返回确认信息。

② ARP（地址解析协议）。在 IP 报文能够被转发到其他主机之前，必须先知道接收主机的硬件地址。ARP 负责由 IP 地址到硬件地址（MAC 地址）的转换。

③ RARP（反向地址解析协议）。RARP 负责完成由硬件地址到 IP 地址的转换，该协议服务器维护一个机器号数据库，当接收到转换请求之后，它就根据硬件地址搜索数据库，并将结果返回请求节点。

④ ICMP（互联网差错控制协议）。ICMP 用于向 IP 或更上层提供传输状态信息。路由器利用该协议进行数据流或数据传输速率的控制。

传输层与 OSI 模型中的传输层位置相同，主要负责建立和维护两个主机之间的端到端通信。传输层提供数据传送的确认、流控制、报文的排序及其重传。根据传输的不同需求，该层可以选择面向连接 TCP 的传输控制协议或者面向无连接的 UDP 数据报协议。

① TCP。在两点之间进行数据传输之前，TCP 要建立一条连接（虚电路），TCP 使用三次握手协议建立连接。当 TCP 接收到上层应用的数据后，为了方便管理，可能将此数据块分成更小的片段。对每个片段，TCP 在其前增加相关的控制信息即 TCP 头，从而形成 TCP 段。如图 8.24 所示给出了 TCP 头的格式，其最短长度为 20 字节。源端口和目标端口可标识在源和目标系统上使用此连接的应用程序，序列号、应答号和窗口域则用于流控和差错控制。实际上，对每段进行编号可以检测到丢失的段，并且在接收到段时可以发送显式的应答信息。校验码是 16 位的帧校验序列，用来检查 TCP 段中的差错。

② UDP。UDP 为应用级的过程提供无连接的数据传输服务，它不能保证数据被可靠、保序和无重复地传递，适合发送无须可靠连接的短消息。UDP 用最少的协议机制使得一个进程可以发送消息给另一个进程，基本上它只具备为 IP 增加端口寻址的能力。从如图 8.25 所示的 UDP 头可以很好地看到这一点。使用 UDP 的一个例子是 TCP/IP 网络中的简单网络管理协议（SNMP，Simple Network Management Protocol）。

<table>
<tr><td colspan="3">源端口</td><td>目标端口</td></tr>
<tr><td colspan="4">序列号</td></tr>
<tr><td colspan="4">应答号</td></tr>
<tr><td>头长</td><td>未用</td><td>标志</td><td>窗口域</td></tr>
<tr><td colspan="3">校验码</td><td>紧急指针</td></tr>
<tr><td colspan="4">选项与填充码</td></tr>
</table>

图 8.24　TCP 头的格式

源端口	目标端口
段长	校验码

图 8.25　UDP 头

2. 远程过程调用

远程过程调用（RPC）是一种会话层协议接口，它依赖下层协议的支持，使用传输层接口进行信息交互，是目前在分布式系统中被广为接受的交互方式。它的基本特点是，允许不同机器上的程序使用简单的过程调用/返回语义进行交互，就像两个程序运行在同一台机器上，即将过程调用用于对远程服务的访问。

远程过程调用技术有以下一些优点：

① 过程调用是被广为接受、使用和理解的概念。

② 远程过程调用使得要访问的远程接口可被说明为一组指定了类型的具名操作。这有利于清晰地说明接口，也便于分布式应用程序静态地检测类型错误。

③ 远程接口是被标准地、明确地定义的，可以自动生成应用程序的通信代码。

④ 远程接口是被标准地、明确地定义的，使得开发者编写的源程序在不同的计算机和操作系统之间移植时几乎无须修改。

可以认为，远程过程调用机制是基于可靠的、阻塞的消息传递语义的。如图 8.26 所示给出了远程过程调用的整体结构。

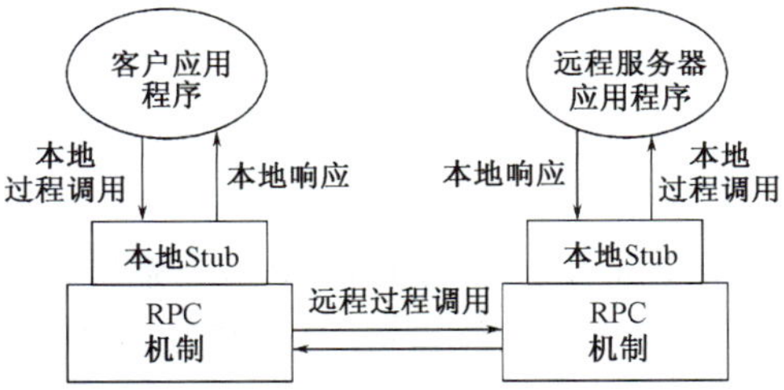

图 8.26　远程过程调用的整体结构

客户应用程序根据远程服务程序的接口定义在本机上发出一个正常的过程调用，客户机上的一个 Stub 程序包含该接口定义，并响应这一过程调用，生成一个包含参数说明的被调用过程的消息，然后将该消息发送给远程服务程序所在的系统并等待应答。在接收到应答后，从 Stub 程序返回发出调用的客户应用程序并提供返回值。

在远程机器上，另一个 Stub 程序与调用过程相关联。在收到请求消息后，检查消息已获得被调用的接口描述与参数，并生成一个本地的局部过程调用。在得到从远程服务器应用程序来的返回结果后，将其组织成返回消息发送给客户机。

下面对远程过程调用的一些细节给予简要说明。

（1）参数的表示与传递

如何表示参数并将其放在消息中呢？如果调用程序与被调用程序是用同一种编程语言编写的，并运行在同一种机器的同一种操作系统上，则参数的表示可能不存在问题。但如果在这些方面存在差别，则在数据类型和文本的表示方式上就可能存在较大差异。如果采用完整的 OSI 通信体系结构，这个问题可以在表示层得到解决。但这种结构的开销太大，并足以取消远程过程调用的存在。因此，数据格式转换的任务就只能由远程过程调用机制自身来完成了。通常，为普通对象提供一个标准化的格式，如整型数、浮点数、字符和字符串等，并提供手段将任何机器上的本地参数都转换成标准化格式，或将标准化的参数转换成特殊机器上的格式。

大多数编程语言都支持将参数作为值传递，即通过值调用。这种方法实现简单，只需将参数复制到消息中，并发送至远程系统中。还有一种传递参数的方法是将参数作为指针来传递，即通过引用调用。这种方法实现起来困难些，每个对象需要一个唯一的、全分布式系统范围内的指针。

（2）客户/服务器的绑定

绑定（Binding）说明了在调用程序和远程过程调用之间将怎样建立联系。当两个应用程序建立了逻辑连接并准备交换数据和命令时，绑定就形成了。绑定分非永久的和永久的两种模式。非永久绑定意味着，当进行远程过程调用时，会在两个进程之间建立逻辑连接，并且一有返回值就断开这一连接。而永久绑定意味着，连接一旦建立，即使在过程返回后也仍然会得到维持，该连接可供下一次远程过程调用使用。当然可设定一个时间段，在这个时间段期间，如果没有任何调用行为，则终止该连接。永久绑定对于需要多次重复调用远程过程的应用程序十分有效。

（3）同步与异步

在远程过程调用中，同步、异步的概念与消息传递中的阻塞、非阻塞的概念类似。传统的远程过程调用是同步的，要求调用进程等待，直到被调用进程返回一个值。因此，同步的远程过程调用类似于单处理机上的子过程调用。但是，这也限制了分布式应用的并发性，使得效率相对较低。

为了提供更大的灵活性，各种异步的远程过程调用机制已经得到实现，并保留了远程过程调用的通俗性与简易性。异步的远程过程调用并不阻塞调用进程的执行，应答可以在需要时再安排接收。

8.3 小结

计算机主要有单指令流单数据流机器（SISD）、单指令流多数据流机器（SIMD）、多指令流多数据流机器（MIMD）。多指令流多数据流机器又可分成两类系统：共享主存系统和分布存储系统。

共享主存多处理机系统设计主要涉及多任务并行实现、多任务同步互斥、多任务调度等。为实现多任务并发（并行）而引入了线程。

在引入线程概念后，进程成为资源（除处理机以外）分配单位，线程则是处理机分配的执行对象。线程的三个主要状态是运行、就绪、阻塞。多线程对共享变量同步与互斥可通过操作系统提供的同步、互斥系统调用实现，或者直接利用硬件支持的锁、信号量等原语进行。线程相关的主要函数或系统调用有创建线程、结束线程、等待某线程结束、加锁、解锁等。

线程的实现方法有内核方式实现、用户多线库程序实现及混合实现。用内核实现多线程，可以使多处理机系统对同一进程任务并行处理，而用用户库程序实现线程，则开销少。

线程的调度重点应考虑，同一进程中的线程如何同时被调度去占用多处理系统的处理机，以加速进程的执行。主要的线程调度方案有负载共享调度、负载绑定调度、组调度、独占处理机调度、多级动态调度。

分布式系统是由独立计算机（又称节点）组成的集合，并给用户一个单一系统的映像。分布式系统的优势在于能够将分布资源共享，利用多节点提高系统处理能力，利用节点冗余提高系统可靠性。分布式系统的特点有透明性、开放性及可扩展性。分布式系统设计的难点主要体现在资源与负载分布与平衡、分布式控制算法、容错与安全性等关键技术上。

分布式系统主要应用模型有客户/服务器模型、处理机池模型、对等模型和群集模型。分布式系统实现模型有网络操作系统模型、分布式操作系统模型、中间件模型。

分布式操作系统实现要研究的主要内容有通信技术、分布式算法、分布式名字服务、负载平衡、分布式死锁、保护与安全、系统的高可用性等。

OSI 模型是国际标准化组织（ISO）给出的一个系统之间信息传输的软件模型。它包含 7 个层次（应用层、表示层、会话层、传输层、网络层、数据链路层和物理层）的定义，每层对上层提供服务，而对下层的实现加以屏蔽和抽象。

TCP/IP 协议簇是应用最广泛的通信体系结构。其中，传输层的主要协议包括 TCP 与 UDP，TCP 是面向连接的传输控制协议，而 UDP 是面向无连接的数据报协议。网络层的主要协议包括 IP，ARP，RARP，ICMP 等。远程过程调用是一种会话层协议接口，它的基本特点是，允许不同机器上的程序使用简单的过程调用/返回语义进行交互，就像两个程序运行在同一台机器上。

习题 8

8.1 进程与线程的区别是什么？

8.2 如果要进行文件复制编程，为了加快速度，你会用多进程还是多线程，为什么？

8.3 比较用户级和内核级线程实现方法的优缺点。

8.4 对称多处理的主要思想是什么？多处理机如何进行中断处理？各处理机如何运行调度程序？系统调用处理程序在哪个处理机上运行？

8.5 各种线程调度方法的优缺点是什么？

8.6 试设计一种线程组调度的实现方法。

8.7 如果一个线程要等待另一个线程传数据给它，请问如何实现？要用到哪些多线库函数？

8.8 构建分布式系统有哪些好处？

8.9 请列举一个常见的分布式应用，画出系统结构图。

8.10 请设计一个分布式的电影点播系统，并在系统运行开销、系统实现难度、可扩展性、I/O 性能等方面进行比较。

8.11 你认为分布式系统设计最难的问题是哪个？为什么？

8.12 解释三层客户/服务器模型的基本原理，并说明其与传统的两层客户/服务器模型的不同？

8.13 简述 TCP 与 UDP 的差异，并举例说明各自所适用的应用。

8.14 说明远程过程调用的背景是什么？它有哪些优点？

第 9 章　保护与安全

保护与安全是密切相关的。保护是操作系统保证程序、进程和用户正确访问系统资源的机制，如存储保护机制和文件保护机制。安全是操作系统针对恶意程序或入侵者的防御机制。安全建立在保护机制之上，只有精细的保护机制才能建立完善的安全环境；而保护也依赖于安全机制，在没有安全机制的系统中，入侵者和病毒能够轻易地绕过保护机制，对系统造成损害。

在计算机发展的早期阶段，操作系统主要关心的是保护问题。例如，设置两种处理机执行状态——核心态和用户态，以保护操作系统中的程序和数据不被用户程序访问，实现存储保护机制，以保护用户的程序和数据不被其他用户程序访问。随着计算机与网络的使用日益普及，越来越多的组织和个人依赖计算机系统进行信息存储和数据传递，安全问题也就逐渐成为一个重要的和必须考虑的问题。

本章对计算机安全问题和相关技术进行综述性介绍。首先了解操作系统面临的安全威胁；然后讨论基本的安全机制及其原理，分析 Linux 操作系统的保护和安全机制；最后，介绍计算机系统的安全评测标准。

9.1　安全威胁

事实上，人们认识安全问题是从计算机系统所遭受的各种病毒破坏和入侵攻击开始的，这些安全威胁大多是通过挖掘操作系统和应用程序的弱点或者缺陷来实现的。

9.1.1　病毒

病毒是嵌入在合法程序中的一段代码。当宿主程序运行时，病毒就开始它的破坏和传播活动。病毒拥有宿主程序的访问权限，可以做该程序能做的任何事情。例如，如果宿主程序是系统程序，病毒就可以清除系统文件，使系统瘫痪。

病毒的传播方式是自我复制。病毒代码运行时会寻找本机上未被感染的可执行文件，对其进行修改，将自身嵌入其中，从而感染该文件。当用户利用磁盘、光盘和网络复制被病毒感染的文件时，病毒就随之传播到其他计算机中。

病毒主要危害 PC 用户。因为在多用户系统中，操作系统对用户文件提供了访问权限保护机制。只要正确设置文件的访问权限，即使病毒感染了某个用户程序，它也只能对这个用户的程序和数据造成损害，系统的其他部分仍受到操作系统的保护。

典型的病毒在其生命周期内将经历以下三个阶段：

① 繁殖阶段。病毒将与自身相同的一个副本放置到其他程序中或磁盘的某个存储区域。每个受感染的程序这时已经含有了该病毒的一个克隆体，这个克隆病毒自身也将进入繁殖阶段。

② 潜伏阶段。处于这一阶段的病毒并不具有破坏性，但一旦某种特定的事件发生，病毒即被激活。事件包括某个日期的到达，某个程序的执行，某种文件的出现，磁盘容量超过了某个限制等。要注意的是，并不是所有的病毒都具有这一阶段。

③ 发作阶段。病毒被激活，执行它预先定义好的功能。这些功能可能是无害的、恶作剧式的，如在屏幕上显示一条信息；也可能是有害的，如破坏系统、应用程序或数据。

宏病毒是一类感染范围广泛且品种繁多的病毒。据统计，到1999年底，宏病毒占据了所有计算机病毒总数的三分之二。宏病毒利用微软 Office 软件中的宏机制：用户可以使用宏，它是嵌在 Word 文档中的可执行程序，自动完成可重复性的任务。宏病毒将自己伪装成“宏”嵌在 Word 文档中，当该文档打开时，宏病毒就执行了。由于用户之间交流最多的也是各种 Word 文档，因此随着感染文档的交流，宏病毒很容易在计算机上传播。

电子邮件病毒是近年来随着网络使用者的急剧扩展而迅速蔓延的一种病毒。电子邮件病毒通常使用电子邮件软件包所支持的Visual Basic脚本语言或利用嵌在附件中的Word宏制造病毒。当接收者打开电子邮件或附件时，病毒就被激活了。电子邮件病毒能够自动将自己发送给用户邮件列表中的每个人，因此只需要几个小时就可以遍布全球。

9.1.2 蠕虫

蠕虫是一个独立的程序，利用网络连接寻找攻击目标。蠕虫通常由两部分程序组成：粘连（或钩子）程序和主程序。主程序负责搜寻存在安全漏洞的目标主机，将粘连程序发送到目标机中。一旦粘连程序在目标机中运行，就会与它的发送机连接，上传主程序。目标机中的主程序继续搜寻新的攻击目标。

目前，蠕虫传播的方式主要有以下三种：

① 远程访问。通过查看主机表或对某 IP 地址段上的主机进行扫描，使用常用的用户名和猜测的口令试图登录远程系统，将粘连程序复制到远程系统中并运行。

② 电子邮件。利用电子邮件的自动收发功能，将粘连程序作为附件发送到远程系统中运行。

③ 缓冲区溢出。利用网络服务程序的缺陷，通过向其发送超出预料长度的信息，导致缓冲区溢出，覆盖原来的返回地址，使服务程序执行包含在发送信息中的粘连程序。

蠕虫对系统的破坏程度视其程序所获得的访问权限而定。如果蠕虫程序获得 Root 特权，就可以做任何想做的事情，例如，可以复制系统和用户的重要文件；可以修改系统文件，留下入侵系统的后门；可以安装木马程序，搜集和监视系统活动。

蠕虫与病毒相比更具破坏性。病毒的活动和传播是被动的，依赖于其宿主文件的执行。而蠕虫是一个独立的程序，它的活动和传播是主动的。病毒攻击的主要对象是本机的文件系统，受限于文件系统的访问权限保护机制。而蠕虫主要针对网络连接的计算机进行攻击，利用系统管理和应用程序的安全漏洞，设法获得管理员权限，绕过系统的保护机制。

9.1.3 特洛伊木马

特洛伊木马是一个独立的程序，表面上在执行合法任务，实际上却具有用户不曾料到的非法功能。它们伪装成友好程序，如免费游戏、MP3 歌曲或自由软件，诱使用户接收和运行它们。一旦这些程序得到运行，隐藏其中的特洛伊木马就开始以用户察觉不到的方式进行非法活动。例如，用户登录程序中的特洛伊木马会悄悄记录用户输入的账号和密码；文本编辑程序中的特洛伊木马会小心地复制用户编辑的文件。这些非法获取的信息或者存放在攻击者（使用特洛伊木马的人）将来可以访问到的地方，或者直接发送到攻击者的机器中。

特洛伊木马通常包含客户端和服务器端两个执行程序，其中，客户端程序用于远程控制被植入木马程序的机器，服务器端程序即是木马程序。攻击者通常在邮件和下载文件中捆绑木马程序。当用户打开邮件或下载文件时，木马已经被植入用户的计算机中了。然后，它通过某种方式把目标主机的信息，如主机的 IP 地址、木马植入的端口等发送给攻击者。攻击者有了这些信息，就能够与木马里应外合，控制目标主机。

特洛伊木马拥有执行者的用户 ID 和存取权限，能在不破坏系统安全规则的情况下进行非法操作，这使它成为操作系统最难防御的一种危害。特洛伊木马与病毒、蠕虫不同，不具备自我复制能力。但它可以接受攻击者的控制，如同一个隐藏在系统中的间谍，具有更大的欺骗性和危害性。

9.1.4 隐蔽通道

隐蔽通道可定义为系统中不受安全策略控制的、违反安全策略的信息泄露信道。隐蔽通道利用系统中不受安全控制的操作来间接地传递信息。按照信息传递的方式和方法区分，隐蔽通道分为隐蔽存储通道和隐蔽定时通道。在隐蔽存储通道中，前一个进程通过改变存储单元中的内容发送信息，后一个进程通过观察存储单元中的变化来接收信息。隐蔽定时通道与隐蔽存储通道的工作原理相同，但操作的是广义存储单元，并需要用到时钟坐标。因为广义存储单元只能在短时间内保留前一个进程发送的信息。

例如，为了防止特洛伊木马程序盗取系统的信息，系统的安全控制机制禁止超级用户的进程向普通用户的目录传输文件。由于系统允许普通用户浏览系统目录，因此可以建立一个隐蔽存储通道。一个超级用户进程在系统目录下建立一个事先约定名称的文件，一个普通用户进程通过读系统目录可以获知该文件是否存在。这样，前者可以通过创建/删除文件发送 1 位信息，后者根据文件是否存在接收信息：存在为 1，不存在为 0。

共享硬件资源可以提供隐蔽定时通道。例如，发送者与接收者共享某个设备，两者达成协议：发送者在时刻 t_i 使用设备，表示发送 1；不使用，表示发送 0。接收者尝试同时使用设备，以判断发送者在时刻 t_i 是否使用设备，并将接收到的成功与失败的返回值解释成 0 和 1。

9.2 安全机制

面对各种安全威胁，操作系统必须采取相应的保护和防御措施，以消除或限制恶意程序或入侵者对系统的危害。操作系统安全的主要目标如下：

① 标识系统中的用户并进行身份鉴别。

② 依据系统安全策略对用户的操作进行权限控制，防止用户对计算机资源的非法存取（窃取、窜改和破坏）。

③ 监督系统运行的安全性，能够监测入侵者和恶意程序（病毒、蠕虫、木马等）的活动。

④ 保证系统自身的安全性和完整性，杜绝系统内部的安全漏洞。

为了实现这些目标，需要建立相应的安全机制，包括硬件保护机制、标识与鉴别、存取控制、最小特权管理、安全审计、入侵检测、网络信息安全技术等。

9.2.1 硬件保护机制

硬件保护机制为操作系统提供了建立安全机制的基础，包括存储保护和运行保护。

对于一个安全的操作系统，存储保护是一个最基本的要求。存储保护机制保证指令只能访问其被授权访问的存储单元。保护单元可以是进程地址空间、程序/数据段、页面、字块或字。保护单元越小，存储保护的精度越高。

在页式虚存管理系统中，每个进程都有自己的页表，描述进程使用的存储空间。每个页表项中的保护码规定了对该页面许可的访问操作。当程序访问某个存储单元时，硬件保护机制会根据存储单元所属页面的保护码检查这个访存操作是否被允许，如果不允许则产生一个异常。利用硬件存储保护机制，在页面保护码中增加“执行”许可位，将包含缓冲区的页面设置为不允许执行，就可以阻止入侵者利用缓冲区溢出获取特权。

运行保护机制是为进程的执行设置不同的保护域。大多数计算机系统实现了两层保护域：核心域和用户域，如图 9.1 所示。在核心域中运行的程序比在用户域中有更多的访问权限，如可以访问全部主存地址，包括 I/O 端口，执行特权指令和 I/O 指令。处理机状态寄存器中包含指明进程当前所属保护域的字段，硬件根据该字段限制执行程序的访问权限。核心域中的程序可以访问用户域中的程序和数据，但一般不会调用用户域中的程序，因为在操作系统看来，用户程序是不可信的。而用户域中的程序不能访问核心域中的程序和数据，只能通过一个特殊的入口——陷入指令来调用核心域中的程序。也就是说，进程通过执行陷入指令，可以从用户域进入核心域。

将两层保护域扩展到 N 层，可构成保护环状体系结构，如图 9.2 所示。R_0 拥有全部访问权限，可以执行全部指令集。如果 $i<j$，则 R_i 比 R_j 拥有更多的权限，可以执行更多的指令集；R_i 中的程序可以调用 R_j 中的程序，反之不行；R_j 中的进程只能通过一个被硬件监控的入口点进入 R_i。采用 N 层保护环形体系结构，可以根据需要赋予程序或进程相应的权限，支持最小特权管理，从而限制入侵者（如木马）的活动范围。

图 9.1　两层保护域体系结构

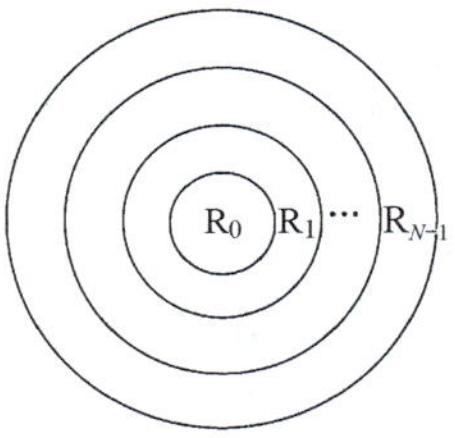

图 9.2　保护环状体系结构

在 Multics 操作系统中，实现了 8 个环：4 个用于操作系统，4 个用于应用程序。操作系统内核在 R_0 中执行，管理程序根据需要的安全级别运行在 R_1～R_3 中。例如，用户账号和密码管理运行在 R_1 中，而存储和备份信息的管理程序运行在 R_3 中。在应用系统中，可以通过保护环对用户分级授权。例如，教师可以将文件保存在 R_4 中，而学生的文件保存在 R_5 中。这样，教师可以随时检查学生的作业，而学生只能通过特定程序查看自己的成绩。

9.2.2　标识与鉴别

标识是指操作系统为每个用户取一个系统可以识别的内部名称——用户标识符。用户标识符必须是唯一的且不能被伪造，用于防止一个用户冒充另一个用户。将用户标识与用户（账号）联系的过程称为鉴别。鉴别的目的是识别用户的真实身份。在鉴别过程中通常要求用户具有能够证明其身份的特殊信息，并且这个信息必须是秘密的（如口令）或独一无二的（如指纹）。标识与鉴别是安全系统的第一关，因为将一个用户标识符与一个用户相联系意味着将一组权限赋予了该用户。

大多数操作系统采用口令鉴别机制。在用户登录时，系统要求用户输入口令，然后判断用户输入的口令是否与系统中保存的该用户的口令一致。这种口令机制虽然简便易行，但比较脆弱，其脆弱性表现在如下三个方面：

① 口令质量。许多用户为了方便记忆，常常使用自己的名字、配偶的名字、简单的数字或生日作为口令，这种口令很容易被猜出。入侵者会搜集目标用户的相关信息，使用常见的字典

攻击方法，探测和破解目标用户的密码。

② 口令泄露。当用户输入密码时，容易被偷窥。现在的高科技电子设备使之变得更容易。有的用户设置了复杂的口令，为防止忘记会将口令写在纸上；有的用户为了一时的便利，会将口令告诉他人。这些做法都是造成口令泄露的原因。

③ 网络传输。用户使用不安全的网络或网络软件来传输口令。任何一台接入网络的计算机都可以监视网络上的数据流，因此在网络上传输的口令很容易被截获。

由此可见，口令机制的安全性依赖于口令的保密性。可以从以下几方面加强口令机制的安全性。

1. 口令选择策略

强制口令的最小长度，要求口令必须包含数字、字母和特殊字符。这些措施可以增加口令猜测的难度。但更重要的是，让用户明白选择难猜口令的重要性，并指导用户如何选择容易记忆的好口令。为了确保口令质量，系统可以构造一个“坏”口令字典。如果用户选择的口令落入“坏”口令字典中，系统会给用户发出警告并拒绝该口令。

2. 口令的内部存储

必须对口令的内部存储进行加密处理和实行严格的访问控制，保证口令文件不被未授权用户读取或修改。口令输入后应立即加密，存储口令明文的内存单元应在口令加密后立即清除。在验证用户输入的口令时，都使用加密后的口令进行比较。

应该采用单向加密函数对口令进行加密。所谓单向加密函数就是不存在相应的解密函数。即使单向加密后的口令落入第三方人手里，也不能被还原为口令明文。因此，加密算法的安全性十分重要。为了减少加密后口令相同的可能性，加密算法可以使用一个与用户设置口令的时间相关的值作为加密因素之一。

3. 限制口令的有效期

口令有效期越短，口令被猜出的可能性越小。系统可以强制设置口令的有效期，并提醒用户定期修改口令。对超过有效期的口令视为非法口令。但这种方法会给用户带来一定的负担，因为用户需要记住经常修改的口令。

4. 限制登录尝试次数

通过限制登录尝试次数，可以将攻击者猜测口令的次数限制在一定范围内。每个访问系统的端口应该独立控制登录尝试次数。当超过登录尝试次数时，系统应该关闭此端口。对不成功的登录，应使用内部定时器延迟下一次登录请求，以限制每秒或每分钟内尝试最大次数。

5. 审计

系统应对口令的使用和修改进行审计。审计对象包括成功登录、失败登录、口令更改程序的使用、口令过期后上锁的用户账号等。使用同一个访问端口或同一个用户账号的连续登录失败次数超过规定阈值时，应该实时通知系统管理员，可能有攻击者正在试图渗透系统。当用户成功登录时，系统应通知用户以下信息：用户上次成功登录的日期、时间和地点，以及从上次成功登录以后的所有失败登录。用户可以根据这些信息判断是否有他人在使用或试图猜测自己的账号和口令。

在鉴别过程中还可以采用生物技术，如指纹、视网膜等。目前这种技术已经取得了长足进展，并已达到了实用阶段。

9.2.3 存取控制

存取控制是指对计算机系统中主体访问客体的操作进行控制。主体是一个主动的实体，可以是用户、用户组或进程等。客体是一个被动的实体，通常指文件、数据或程序等。在计算机系统中，每个实体（对象）或者是主体或者是客体，或者既是主体又是客体。例如，当进程为用户提供服务时，进程是用户的客体，同时又是访问文件的主体。

存取控制需要解决以下三个问题：

① 权限定义，确定需要控制的存取权限。通常有读、写、执行、删除、追加等存取方式的组合，还可以包括对权限的修改、增加、传递等权限。权限的划分和定义关系到存取控制的精确度，应根据安全策略的需要对不同客体定义不同的存取权限，例如，普通文件有读、写、执行权限，而目录文件有创建、删除权限。

② 授权，决定将客体的哪些存取权限给予哪些主体。授权方式有两种：自主的和强制的。在自主方式中，用户为自己拥有的客体指定授权。在强制方式中，系统在产生客体时预先规定部分授权。

③ 访问控制，根据授权对主体访问客体的操作实施控制。对每次访问操作，系统都会检查主体是否拥有该操作需要的存取权限。当然这会带来一定的系统开销。

根据授权方式，存取控制分为自主存取控制和强制存取控制两种。

1．自主存取控制

自主存取控制是最常用的存取控制机制。大多数操作系统对文件、目录、IPC 及设备采用了自主存取控制。在自主存取控制机制下，一个用户可以自主地说明自己拥有的资源允许系统中哪些用户以何种权限共享。

所有授权的相关信息可以用一个存取控制矩阵表示，一行表示一个主体，一列表示一个受保护的客体，矩阵中的元素表示主体对客体拥有的访问权限。一般不会将存取控制矩阵整个地保存起来，因为这样做效率很低。通常采用的实现方法是基于矩阵的行或列表示存取控制信息。

（1）权能表

系统为每个主体建立一个权能表（Capabilities List），包含该主体可访问的所有客体及访问方式，即存取控制矩阵中该主体对应行的信息。当主体访问一个客体时，系统只需在该主体的权能表中检查是否有相关的权能。由于权能表是关于主体的局部数据，因此易于实现高效率的访问控制。但存在一个比较困难的问题，这就是如何实现对权能的撤销操作。如果对某个文件需要撤销“写”权限，那么系统必须扫描所有用户的权能表，从中删除对该文件的“写”权限。

（2）存取控制表

系统为每个客体建立一个存取控制表（Access Control List），包含可访问该客体的所有主体及访问方式，即存取控制矩阵中该客体对应列的信息。当主体访问一个客体时，系统需要在客体的存取控制表中检查该主体是否有相关的权限。存取控制表对于访问同一个客体的多个主体而言，是共享的数据，在实现访问控制时需要进行互斥操作，从而增加了开销。但对权限的撤销操作，实现起来非常简单，只需要在相应客体的存取控制表中删除该权限。

在一个大系统中，主体和客体都非常多，无论是采用权能表还是存取控制表，表中的项目都会非常多。目前基于权能表实现的自主存取控制系统不多，并且只有少数系统试图实现完备的基于存取控制表的自主存取控制。通常的做法是，将存取控制表进行简化，如将用户分组，或使用通配符“*”代表任何组名或主体标识符。

2. 强制存取控制

在强制存取控制机制下，系统中的每个主体和每个客体都被赋予了相应的安全属性。这些安全属性是不能改变的，由管理部门（如安全管理员）或操作系统自动地按照严格的规则来设置，不能像存取控制表那样由用户或他们的程序直接或间接地修改。当一个进程访问一个客体（如文件）时，强制存取控制机制会比较进程和客体的安全属性，根据系统的安全规则确定是否允许进程对客体的访问。

代表用户的进程不能改变自身或任何客体的安全属性，包括不能改变属于该用户的客体的安全属性，而且进程也不能简单地通过授予其他用户存取权限来实现对客体的共享。如果系统判定具有某种安全属性的主体不能访问某个客体，那么任何人（包括客体的拥有者）也不能使它访问客体。这就是“强制”的意思。

强制存取控制和自主存取控制通常结合起来使用。只有当主体能够同时通过自主存取控制和强制存取控制的检查时，它才能访问一个客体。用户使用自主存取控制防止其他用户非法访问自己的文件；而强制存取控制作为更强有力的安全保护方式，使用户不能通过意外事件和有意识的误操作逃避安全控制。因此，强制存取控制可以将系统中的信息分密级和类进行管理，适用于政府部门、军事和金融等领域。

使用强制存取控制可以有效地防范入侵者的破坏活动。例如，在强制存取控制的情况下，特洛伊木马即使入侵到一个正在机密安全级上运行的进程中，它也无法将机密信息写到入侵者可以看到的公开文件中，因为用机密进程写入的文件必须至少是机密安全级的。

9.2.4 最小特权管理

特权是超越存取控制限制的能力，它和存取控制结合使用，提高了系统的灵活性。在大多数操作系统中，超级用户一般具有所有特权，普通用户不具有任何特权。其结果是，一个进程或者具有所有特权（超级用户进程），或者不具有任何特权（非超级用户进程）。这种特权管理方式虽然便于系统维护和配置，但不利于系统的安全性。一旦发生超级用户口令泄露或超级用户进程被控制等情况，将会对系统造成极大的威胁。另外，超级用户的误操作也是系统极大的安全隐患。因此，应该实行最小特权管理机制。

最小特权管理的思想是，系统不应给用户、程序或进程超过其执行任务所需特权以外的任何特权。例如，一个负责接收邮件的进程，可以具有访问网络设备的特权，但不应该具有对保存用户账号和密码的系统文件的访问特权。在最小特权管理机制下，任何用户、程序或进程都不能获取全部的特权，从而减少由于特权用户口令丢失或错误软件、恶意软件、误操作所引起的损失。

最小特权管理可以从以下三个方面进行。

（1）用户的特权

将超级用户的特权划分一组细粒度的特权，分别授予不同的系统管理员和操作员，使他们只具有完成各自职责所需的特权。例如，可在系统中设置 5 种特权管理职责：系统安全管理员、审计员、系统操作员、安全操作员和网络管理员。系统安全管理员负责配置系统的安全策略，系统操作员负责日常的开机和关机，网络管理员则负责网络配置和网络软件管理。

（2）文件的特权

对执行文件赋予其执行任务所需的特权集。这样可以让非特权用户完成部分系统管理工作，如开机/关机、文件备份等，但又不具有任何其他的特权。既提高了系统管理的灵活性，又不损害系统的安全性。

（3）进程的特权

根据进程执行的程序和所代表的用户，赋予其相应的特权集。当进程请求一个特权操作（如访问网络设备）时，系统在进程的特权集中检查其是否具有这种操作特权。这样，即使入侵者通过某种手段（如缓冲区溢出）取得该进程的控制权，也只能获得部分特权，不能对系统造成更大的威胁。

9.2.5 安全审计

安全审计是指对系统中有关安全的活动进行记录、检查及审核。它的主要目的就是检测和阻止非法用户对计算机系统的入侵，同时显示合法用户的误操作。审计作为一种事后追查的手段用来保证系统的安全，对涉及系统安全的操作进行完整的记录。审计为系统进行事故原因的调查、事故发生前的预测、事故发生时的报警，以及事故发生后的实时处理提供详细、可靠的依据和支持，以备有违反系统安全规则的事件发生后，能够有效地追查事件发生的地点、过程和责任人。

1．审计事件

审计事件是系统审计用户操作的最基本单位。系统将需要审计的用户活动归纳成一个个可区分、可识别、可标识和可记录的审计单位，即审计事件。

例如，创建一个名为 file1 的文件，这一动作是通过系统调用 create("file1", mode)或open("file1", O_CREATE, mode)实现的。为了能审计用户的这一动作，系统可以设置审计事件create。这个事件在用户调用上述系统调用时由系统记录下来。

系统通常会根据需要定义一个审计事件集，如用户的注册活动、对敏感文件的访问、特权命令和特殊设备的使用等。用户或进程的相关操作处于系统的监视之下，一旦其行为落入审计事件集中，系统就会将这一信息记录下来。

显然，审计过程会增大系统的开销（CPU 时间和存储空间）。如果设置的审计事件过多，势必使系统性能大大降低（如响应时间、运行速度等）。所以，在实际系统中应对用户的安全行为进行适当的筛选，选择最主要的事件进行审计，不能设置太多的审计事件，以免过多降低系统性能。

2．审计日志

审计日志是存放审计记录的文件。通常在每次启动审计时，系统会按照已设定好的路径和命名规则产生一个新的日志文件。

审计记录一般应包含如下信息：事件发生的日期和时间、事件主体的唯一标识符、事件的类型、事件的成功与失败等。对于登录与鉴别事件，审计记录应该包含事件发生的源地点（如终端标识符）。对于访问一个客体或删除一个客体的事件，审计记录应该包含客体名及客体的安全级。

审计日志本身是安全保护的重点对象。入侵者进入系统后通常必做的事情之一，就是试图修改日志文件，以消除它们的活动痕迹。操作系统必须严格控制对日志文件的访问权限，使其免遭有意或无意的修改、非法访问及毁坏。

3．审计过程

审计过程一般由两部分组成：审计事件的检测和审计数据的存储。前者称为审计点，即系统中检查审计事件的入口点；后者通常由一个内核审计进程完成。审计过程如图 9.3 所示。

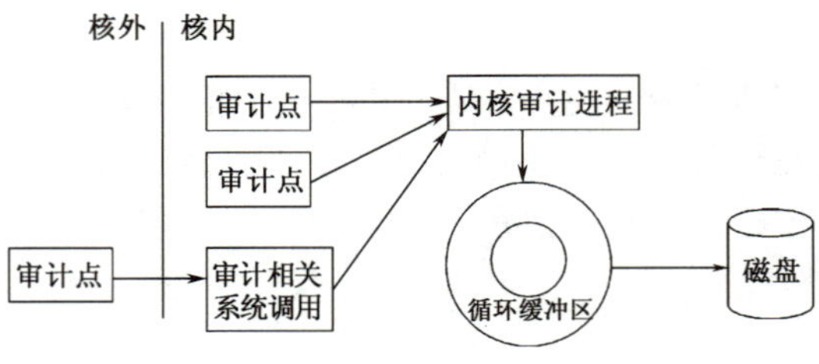

图 9.3　审计过程

审计点可设置在核内和核外。设置在核内的系统调用的总入口处，可以审计系统中所有使用内核服务的事件；或者，设置在核内的设备驱动程序中，以审计使用特殊设备的事件。设置在核外的审计点可用于对特权命令的审计。由于特权命令可能需要使用多个系统调用，逐个审计所用到的系统调用会使审计数据复杂而难于理解，同时难以判断出命令的使用情况，因此，可在被审计的特权命令程序中设置审计点。

当系统检查到可审计事件时，在审计点调用审计函数或审计系统调用向审计进程发消息，由审计进程完成审计信息的缓冲、存储、归档工作。为了提高系统效率，审计数据先写到一个循环缓冲区中，只有在缓冲区已经写满或者其中容量达到规定的限度时，审计进程才一次性地将审计缓冲区中的有效内容全部写入日志文件。

9.2.6　入侵检测

入侵检测基于这样一个假设：入侵者的行为与合法用户的行为可以用量化的方式来区分。而事实上，我们无法期望在入侵者攻击行为和授权用户正常使用资源之间存在明显的、确切的区别。相反，我们必须承认和处理在两者之间存在的重叠部分。图 9.4 用抽象的方法说明了这一问题。

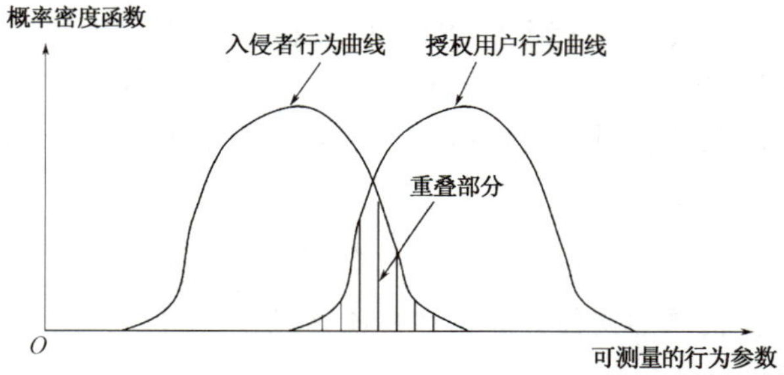

图 9.4　入侵者与授权用户的行为曲线

从图 9.4 中可以发现，尽管入侵者的典型行为与授权用户的典型行为是不同的，但在这些行为中存在重叠部分。因此，对入侵者行为不可能做出精确的解释。这意味着，要么放松界定，这可能导致一些错误的判断，将一些授权用户确定为入侵者；要么严格界定，这可能产生漏网之鱼，错把一些入侵者当成了合法用户。所以，在入侵检测的实际设计与操作过程中存在着权衡和技巧的成分。

入侵检测通常采用以下两种方法。

（1）统计异常检测

收集在一段时间内与合法用户行为有关的数据，然后以这些数据作为参考基准，对观察到的当前用户行为进行统计试验，判断该行为是否是合法用户的行为。这种检验方法分为如下两类：

① 阈值检测。这种方法独立于用户，以系统内的各种事件作为参考，针对各种事件的频率来定义阈值并做出检测。

② 直方图检测。以描述每个用户行为的直方图作为参考，根据直方图检测用户行为的变化情况并做出判断。

（2）基于规则检测

定义出一组描述用户行为的规则，这些规则描述了什么样的行为是入侵者的行为。检测时，按照规则对观察到的用户行为进行精确或模糊匹配。如果发现可匹配的情形，就认为有入侵者出现。检测方法也分为两类：

① 异常检测。利用规则来检测与正常使用者的偏差。

② 智能识别。使用专家系统的方法来搜寻各种可疑的行为。

统计异常检测试图定义合法用户的行为，而基于规则检测则试图定义入侵者的行为。前者能有效地对付伪装者，因为伪装者不太可能熟知并模仿所盗用账号用户的行为模式；后者由于能识别用户异常的事件或执行顺序，因此更适用于检测违法使用者。实际上，系统可以同时部署和使用这两种检测方法，以便更有效地对付较大范围的各类攻击。

9.2.7 网络信息安全技术

计算机和网络的普及给人们的生活和工作带来了极大的便利，同时也带来了许多安全问题。当用户将一份重要文件通过网络发送给银行时，需要确认两件事：一是文件确实传送到用户所指定银行的服务器上，二是文件中的信息不被窃听、泄露、窜改和破坏。为了解决上述问题，需要使用加密技术、数字证书和数字签名。这也是本节将要讨论的内容。

事实上，网络信息安全技术的基础就是数据加密技术。它有两种基本的方法：对称加密和非对称加密。

1. 对称加密

对称加密也称单密钥加密，即在加密和解密过程中使用同样的密钥。在 20 世纪 70 年代后期非对称加密出现以前，只有这一种加密技术。至今它仍然是使用最广泛的加密方法。对称加密的方法如图 9.5 所示。

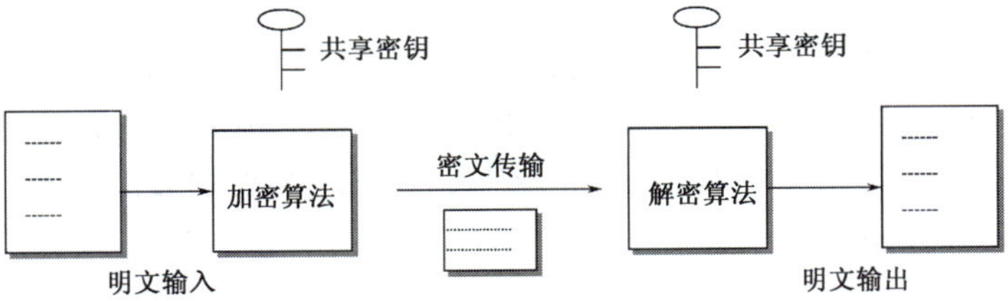

图 9.5　对称加密的方法

使用对称加密技术，信息的发送者和接收者在进行信息的传输与处理时，必须共同持有相同密钥（称为对称密钥）。对称加密的安全性主要依赖于密钥的保密性，而不是算法的保密性。因此，加密算法应该是强有力的，即使有了密文和加密/解密算法也不可能解密出消息。显然，在公开的计算机网络上安全地传送和保管密钥是一个严峻的问题。

数据加密标准（Data Encryption Standard，DES）是使用最广泛的对称加密算法，于 1977 年被美国国家标准局采纳。在 DES 中，使用 56 位的密钥对明文进行分组（64 位一组）加密，通过对每组 64 位的输入进行 16 次的排列和置换的组合迭代后，产生一个 64 位的密文。解密过程是对加密算法的反向执行。DES 算法可以用硬件实现，以加快速度。

穷举密钥搜索法是一种攻击对称加密体系的方法，它在一块密文上尝试所有可能的密钥，直到转换出一个可理解的明文。因此，增加密钥的长度和算法的复杂度能有效地阻止穷举密钥搜索法的攻击。例如，对于 168 位密钥和三次 DES 的加密算法，采用穷举搜索法进行攻击从效率上讲是不可能的。

2. 公钥加密

公钥加密也称双密钥加密，即在加密和解密过程中使用不同的密钥。它是 1976 年由 Diffie 和 Hellman 首次公开提出的。公钥加密的方法如图 9.6 所示。

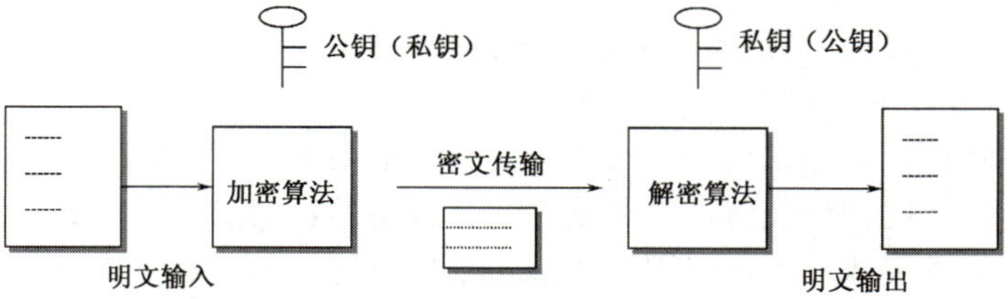

图 9.6 公钥加密的方法

公钥加密算法不同于对称加密算法，它使用了一对密钥：公钥和私钥。这两个密钥之间存在着相互依存关系，即用其中任一个密钥加密的信息只能用另一个密钥解密。公钥可以公之于众，而私钥只有用户自己知道。若以公钥作为加密密钥，以私钥作为解密密钥，则可实现多个用户加密的信息但只能由一个用户解读；反之，以私钥作为加密密钥而以公钥作为解密密钥，则可实现一个用户加密的信息能由多个用户解读。前者可用于数据加密，后者可用于数字签名。

RSA 是一种公认的十分安全的公钥加密算法，它的命名取自三个创始人：Rivest、Shamir 和 Adelman。RSA 算法的安全性基于数论中大素数分解的困难性。产生密钥的方法如下。先产生两个足够大的强质数 p,q，可得 p 与 q 的乘积为 $n=pq$，再由 p 和 q 算出另一个数 $z=(p-1)(q-1)$，然后再选取一个与 z 互素的奇数 e（称为公开指数），从这个 e 值可以找出另一个值 d，并能满足 $ed=1 \bmod(z)$ 条件。由此而得到的两组数 (n,e) 和 (n,d) 分别被作为公钥和私钥。加密/解密算法基于数学函数，而不是简单的算术和逻辑运算。

公钥加密算法的优点是，能适应网络的开放性要求，密钥管理简单，并且可方便地实现数字签名和身份认证等功能，是目前电子商务等技术的核心基础。其缺点是算法复杂，加密数据的速度和效率较低。因此在实际应用中，通常将对称加密算法和公钥加密算法结合使用，利用对称加密算法来进行大容量数据的加密，而采用 RSA 等非对称加密算法来传递对称加密算法所使用的密钥，通过这种方法可以有效地提高加密的效率并简化对密钥的管理。

3. 数字证书和数字签名

数字证书（或数字 ID）用于在网络环境下验证用户或软件的身份，而数字签名可以验证传输信息的真实性、完整性和不可否认性。结合使用数据加密技术，可以保证信息的安全传输。目前，数字证书和数字签名都是建立在 PKI（Public Key Infrastructure）基础之上的。

数字签名是指用户使用自己的私钥对原始数据的数字摘要进行加密所得的数据。产生数字摘要需要使用一个单向散列（Hash）函数，该函数能对任何输入长度的数据生成固定长度的摘要（数字指纹）输出。任意两个不同的数据将得到两个不同的摘要，由摘要生成原始数据几乎是不可能的。因此数字签名是不可伪造的。

信息接收者使用信息发送者的公钥对附在原始信息后的数字签名进行解密后获得数字摘要，并通过与自己收到的原始数据产生的数字摘要进行比较，便可确信原始信息是否被窜改，这样就保证了数据传输的完整性和不可否认性。

数字证书是包含用户身份信息、用户公钥及证书授权机构（Certificate Authorities，CA）的数字签名的数据。CA 是一个安全的、可信任的权威机构，专门负责数字证书的签发和管理。用户使用自己的公钥和相关身份信息到一家 CA 申请一个数字证书；在核实用户的身份之后，CA 为用户产生一个包含 CA 数字签名的数字证书，证书格式及证书内容遵循 X.509 标准。CA 的数字签名可以确保证书信息的真实性。CA 的公钥是可以公开查询的，或已经存在于我们的系统中，任何用户都可以使用 CA 的公钥验证数字证书的真实性。

相互认证就是相互验证对方的真实身份，这是实现网络安全计算的重要步骤。例如，当用户向某个服务器请求服务时，用户要验证服务器就是他所指定的服务器，而服务器也要验证用户的真实身份。相互认证的一般过程如下：

① 将一段随机信息和该信息的数字签名及自己的数字证书发送给对方。

② 使用 CA 的公钥验证对方的数字证书。

③ 使用对方数字证书中的公钥验证对方的数字签名。

信息传输的安全性包括保密性、真实性、完整性和不可否认性，为此需要对传输的信息进行加密和数字签名。在网络上安全的信息传送过程如下：

① 甲准备好要传送的数字信息（明文）。

② 甲对数字信息进行 Hash 运算，得到一个信息摘要。

③ 甲用自己的私钥对信息摘要进行加密产生数字签名，并将其附在数字信息上。

④ 甲随机产生一个加密密钥（DES 密钥），并用此密钥对要发送的信息进行加密，形成密文。

⑤ 甲用乙的公钥对刚才随机产生的加密密钥进行加密，将加密后的 DES 密钥连同密文一起传送给乙。

⑥ 乙收到甲传送过来的密文和加过密的 DES 密钥，先用自己的私钥对加密的 DES 密钥进行解密，得到 DES 密钥。

⑦ 然后乙用 DES 密钥对收到的密文进行解密，得到明文的数字信息，然后将 DES 密钥抛弃（即 DES 密钥作废）。

⑧ 乙用甲的公钥对甲的数字签名进行解密，得到信息摘要。

⑨ 乙用相同的 Hash 算法对收到的明文再进行一次运算，得到一个新的信息摘要。

⑩ 乙将收到的信息摘要和新产生的信息摘要进行比较，如果一致，则说明收到的信息没有被修改过。

9.2.8 软件漏洞防护技术

在软件开发过程中有时会引入一些漏洞，其原因可能是程序员的失误，也可能是别有用心留下的后门。典型的漏洞有缓冲区溢出、整数溢出、无效指针访问等。这些漏洞有可能被恶意利用，带来严重的安全威胁。

以缓冲区溢出漏洞为例，该漏洞是由于数组访问时越过数组边界导致的。例如下面的 C 程序 overflow.c：

```
#include <stdio.h>
void main() {
      char name[10];
      printf("Input your name please: ");
      gets(name);
```

```
5        printf("Hello, %s!\n", name);
6 }
```

此程序输入用户名到字符数组 name 中（第 4 行），然后输出一行欢迎字符串（第 5 行），功能非常简单。因为 gets()不会检查数组边界，所以输入的字符串存放时可能会越过数组 name 的边界，造成程序崩溃：

```
nudt@ubuntu:~$ ./overflow
Input your name please: operating
Hello, operating!
nudt@ubuntu:~$ ./overflow
Input your name please: operatingsystem
Hello, operatingsystem!
*** stack smashing detected ***: ./overflow terminated
Aborted
nudt@ubuntu:~$
```

可见，当输入的字符数少于 10 时，程序运行正常，否则可能导致栈数据被破坏、程序异常终止。究其原因，是因为缓冲区溢出破坏了栈中的其他敏感数据。main()运行时，栈空间的布局如图 9.7 所示。

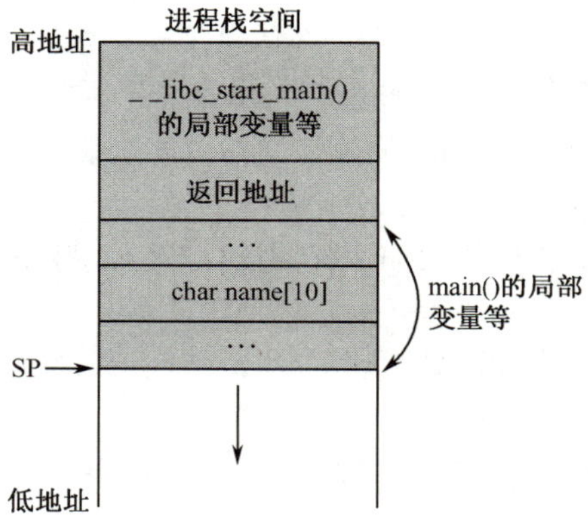

图 9.7　栈空间布局

一旦输入的字符数大于或等于 10，字符串加上结束符的总长度就会大于 10。当 gets()写数组 name 时，就会越过边界修改上面的其他数据。图 9.7 中的阴影部分都有可能被修改，包括其中的 main()返回地址（main()一般会返回到 C 库函数__libc_start_main）。而一旦返回地址被修改，程序的后续行为就会发生变化。通过使用特意设计的数据来进行缓冲区溢出，就可以对软件进行攻击，例如有可能启动有特权的命令解释器进而获得 root 权限。

针对缓冲区溢出这一类的软件漏洞，可以通过编译器和操作系统进行一定程度的防护，常用的防护技术有下面三种。

1. 栈保护技术

这种技术的基本思想是：在栈中的函数返回地址和函数局部变量之间插入一个随机字段，在函数返回之前进行检查，一旦该字段发生改变，就说明很可能发生了溢出，从而进行出错处理，防止程序进一步产生破坏。这种随机字段称为“金丝雀”（Canary）。随机字段的插入和检测一般通过编译器在编译时插入代码来进行，并不需要修改操作系统。此技术是一种非常有效的对栈异常进行检测的手段。

2. 数据执行保护

数据执行保护（Data Execution Prevention，DEP）的基本思想是：使通常存放数据的内存区域（如进程的数据段、栈、堆）不可执行，即使这些区域被攻击而注入了代码，也无法执行。此技术可有效降低漏洞被攻击的危险，一般需要 CPU 支持在页表项中设置 NX（不可执行）位。

3. 地址空间随机化

地址空间随机化（Address Space Layout Randomization，ASLR）的基本思想是：使进程的某些函数（如库函数）和数据（如栈中的局部变量、堆中数据）的内存地址在一定程度上随机化。程序每次运行时，这些地址都不一样，从而使攻击代码难以利用这些函数和数据，增加攻击的难度。

上述三种技术都很成熟，很多现代操作系统都支持，实现它们的成本比较小，而且能够取得不错的安全防护效果。当然，它们并不能防止所有的漏洞攻击，只是显著增加了攻击的成本。

9.3 Linux 的安全机制

Linux 是一种多用户、多任务的操作系统。系统具有两个执行态：核心态和用户态。系统保证在用户态下的进程只能存取它自己的指令和数据，而不能存取内核及其他进程的指令和数据，并且保证特权指令只能在核心态下执行。Linux 实现了基本的安全机制，但仍然存在安全隐患。其新功能的不断纳入及安全机制的错误配置和使用不当，都可能带来安全问题。

1. 标识与口令鉴别

当用户创建账户时，系统管理员为其分配一个唯一的用户号（UID）和一个用户组号（GID），并为用户建立一个主目录。系统中，超级用户（Root）的 UID 为 0。每个用户可以属于一个或多个用户组，每个用户组有唯一的 GID。

超级用户拥有所有特权，负责系统的配置和管理，可以控制一切，包括用户账户、文件和目录、网络资源等。因此，超级账户及其口令的管理至关重要，它们也是入侵者攻击的主要目标。

系统使用 DES 或 MD5 算法对用户口令进行加密后存储在/etc/password 文件中。用户登录系统时，需要输入其口令。系统对输入的口令采用同样算法加密，并与存储在/etc/password 文件中的口令密文进行比较，鉴别用户的真实身份。

/etc/password 文件中含有所有用户账户的全部信息，普通用户只有“读”权限。为了防止入侵者获取口令密文进而猜测口令，系统将口令密文存放在另一个 shadow 文件中。shadow 文件只有超级用户可存取。这时/etc/password 文件中的口令密文被替代成“*”字符串。

当用户设置或修改口令时，如果输入的口令安全性不够，系统会给出警告。应该避免使用用户名或者它的相关变化形式，许多秘密破解程序首先是以用户名的各种可能变换作为破解起点的。系统管理员还可以设置口令的最小长度和有效期限。

2. 存取控制

Linux 中实现了粗粒度的自主存取控制。用户可以为自己的文件设置和修改访问权限。权限的类型有三种：读、写和执行。授权的对象有三类：文件属主、用户组和其他用户。显然，这种粗粒度的自主存取控制不能满足许多应用系统的安全要求。为此，开发了 Linux ACL（Access Control List，访问控制列表）系统。ACL 提供了更完善的文件授权设置，可将存取控制细化到单个用户，而非笼统的“同组用户”或“其他用户”。

系统中的每个进程都有真实 UID、真实 GID、有效 UID 及有效 GID。进程的真实 UID、真实 GID 是创建该进程的用户的 UID、GID，表示进程隶属于谁，而有效 UID、有效 GID 则标识了进程的主体身份。当进程试图访问文件时，内核将进程的有效 UID、有效 GID 与文件的存取权限域中的相应值进行比较，决定是否赋予其相应权限。一般，进程的真实 UID、真实 GID 就是进程的有效 UID、有效 GID。

有时需要让没有被授权的用户完成某些要求授权的任务。例如，普通用户允许使用 password 程序来改变自己的口令，但不能拥有"写"/ect/password 文件的权限，以防止其修改其他用户的口令。为了解决这个问题，Linux 允许对可执行文件设置 SUID 或 SGID 标志。当进程执行带 SUID（或 SGID）标志的可执行文件时，进程的有效 UID（或 GID）被改变为可执行文件属主的 UID（或 GID），于是，进程就拥有了可执行文件属主所拥有的存取权限。

使用 SUID/SGID 方法，可以限制用户通过特定的程序访问那些不允许被直接访问的信息。但是，这种方法也给入侵者留下了可乘之机。入侵者或恶意软件专门寻找超级用户的带 SUID 标志的可执行文件作为攻击目标，企图获得超级用户的存取权限。一旦获得成功，入侵者可能会留下自己的带 SUID 标志的可执行文件作为进入系统的后门。

3．审计

Linux 实现了比较完善的审计功能，包含丰富的审计内容，遍及系统、应用和网络协议层，能全面监控系统中发生的事件，并及时地对系统异常报警提示。大部分日志文件存放在/var/log 目录下。常见的日志文件说明如下：

acct 或 pacct	记录每个用户使用过的命令。
aculog	Modem 呼叫记录。
lastlog	记录用户最后一次登录情况（包括登录时间、成功或失败）。
loginlog	不良的登录尝试记录。
messages	记录输出到系统控制台上或由 syslogd 系统服务程序产生的信息。
sulog	记录 su 命令的使用情况。
utmp	记录当前登录的每个用户。
wtmp	记录用户的登录和注销及系统的开机和关机的历史情况。
xferlog	记录 ftp 的使用情况。

审计服务程序 syslogd 专门负责审计信息的存储。系统和内核程序将需要记录的信息发送给 syslogd，syslogd 根据配置（/etc/syslog.conf），按照信息的来源和重要性，将它们记录到不同的日志文件中、输出到指定设备中或发送到其他主机中。

4．网络安全

为了支持网络计算环境，Linux 提供了多种网络操作命令，其中有：远程登录命令 telnet，rlogin；远程文件复制命令 ftp，rcp；远程执行命令 rsh，rcmd。这些命令的执行结果都是对远程计算机的访问，或使用远程主机的资源，或请求远程服务器的服务。那么，怎样防范利用这些服务而进行的入侵行为呢？答案是，对远程用户的访问进行有效控制，仅对特定的用户开放必要的网络服务，减少本机系统受到攻击的可能性。

在 UNIX 系统中，超级守护进程 inetd 负责监听在 inetd.conf 配置文件中登记的网络端口，启动被请求的服务程序；网络过滤工具 TCP_Wrappers 则对由 inetd 启动的网络服务进行访问控制并记录访问请求。Linux 使用了超级守护进程 xinetd 来实现网络服务的访问控制。xinetd 不仅包含了两者的功能，而且更加强大和安全。

系统管理员可以在 xinetd.conf 配置文件中为每个网络服务建立一个表项，在表项中指定服务进程的 UID 和 GID、可以访问服务的时间段、允许访问服务的客户机列表（机器名或 IP 地址）、禁止访问服务的客户机列表、可以同时运行的最大服务进程数——防止 DoS（Denial of Services）攻击、需要记录的访问信息等。

当远程用户的访问请求到达本机时，首先到达由 xinetd 管理的服务端口，xinetd 根据配置文件 xinetd.conf 来判断是否允许该请求得到服务。如果请求被允许，则相应的服务器程序（如 ftpd，telnetd）将被启动。

另外，还可以在 Linux 上安装 OpenSSH 和 OpenSSL 程序包，实现网络安全通信。

OpenSSH 是开放的安全 Shell 软件，是替代 telnet、ftp、rcp、rsh 的安全软件。它使用 SSH 协议，基于公钥加密和对称加密技术为远程访问提供安全通道。SSH 协议的安全性在于：第一，在接受连接请求之前，服务机需要对客户机的主机密钥进行认证；第二，对用户认证信息和数据进行对称加密传输，对称密钥是随机产生的并且使用服务器的公钥进行加密传输；第三，服务器对用户身份进行认证，可以采用多种认证方法，包括数字证书认证。

OpenSSL 是开放的 SSL（Secure Sockets Layer，安全套接层）软件工具包。它在套接字的层次上实现了 Web 环境下的安全传输协议。按照 SSL 协议，数据传输过程包含三个部分：第一，使用 CA 数字证书进行相互认证；第二，由客户端产生一个对称加密密钥 key，使用服务器的公钥加密后传给服务器；第三，双方使用 key 加密和传输数据。

9.4 安全评测标准

现代操作系统都或多或少地实现了部分安全功能。如何评价一个操作系统的安全性？如何选择一个能够满足应用系统安全策略需求的操作系统？为了回答这些问题，需要一个计算机系统安全评测标准。

美国国防部于 1983 年推出了历史上第一个计算机系统安全评价标准《可信计算机系统评估准则（Trusted Computer System Evaluation Criteria，TCSEC）》。TCSEC 带动了国际上对计算机安全评测的研究，许多国家纷纷制定了各自的计算机系统安全评价标准。1999 年，我国也制定了相应的国家标准 GB 17859－1999《计算机信息系统安全保护等级划分准则》。

9.4.1 TCSEC

TCSEC 是美国国防部根据国防信息系统的保密需求制定的。因为它使用了橘色书皮，所以通常被称为橘皮书。TCSEC 在用户登录、授权管理、访问控制、审计跟踪、隐蔽通道分析、可信通路建立、安全检测、文档写作等各方面，均提出了规范性要求，并根据所采用的安全策略和具备的安全功能，将系统分为 4 类 7 个安全级别：D 类、C 类、B 类和 A 类。其中，C 类和 B 类又分成若干子类，称为级。所有类、级以层次方式排序，各级别的安全性依次增高，较高级别包含较低级别的安全性。A 类代表安全性最高的系统。

1. D 类

D 类只包含一个级别——D 级，是安全性最低的级别。不满足任何较高安全性的系统全部划入 D 级。该级别说明整个系统都是不可信任的，没有硬件保护措施，操作系统容易受到损害，不提供身份验证和访问控制。早期操作系统如 MS-DOS 就属于这个级别。

2．C 类

C 类为自主保护类。该类的安全特点是系统的对象（如文件、目录）可由其主体（如用户、程序）自定义访问权限。C 类依据安全性从低到高分为 C1，C2 两个级别。

① C1 级，又称自主安全保护系统。它具有某种程度的硬件保护措施。系统的用户必须用一个注册名和一个口令验证其身份。实现初级的自主存取控制机制，允许文件和目录的拥有者或系统管理员能够阻止某个人或某组人访问其中的程序或数据。UNIX 的“owner/group/other”存取控制机制就是一个典型例子。该级别没有提供管理和限制超级用户的功能，不谨慎的系统管理员可能会在无意中损害系统的安全。

② C2 级，又称受控制的存取控制系统。它包含了 C1 级的安全特性，实现了针对单个用户的自主存取控制机制，具有进一步限制用户执行文件或访问文件的能力。它引入了审计机制，记录系统中所有与安全有关的事件，比如那些由系统管理员执行的活动。除此之外，C2 级还包含了其他受控访问环境的安全特性。

3．B 类

B 类为强制保护类。该类的安全特点在于系统强制的安全保护。每个系统对象（如文件、目录）及主体（如用户、程序）都有自己的安全标记，系统依据主体和对象的安全标记赋予访问者对访问对象的存取权限。B 类依据安全性从低到高分为 B1，B2，B3 三个级别。

① B1 级，或称标记安全保护级。它具有 C2 级的全部功能，并引入强制存取控制机制，实现了相应的主体、客体安全级标记和标记管理。B1 级别说明一个处于强制存取控制机制下的对象，不允许该对象的拥有者改变其存取许可权限。

② B2 级，或称结构保护级。它具有形式化的安全模型、更完善的强制存取控制机制、系统结构化设计、可信通路设计、最小特权管理、隐蔽通道分析和处理等安全特征。B2 级要求对计算机系统中的所有对象都加标记，包括给设备（如磁盘、磁带或终端）分配单个或多个安全级别，对高安全级别对象与低安全级别对象之间的通信进行强制访问控制。

③ B3 级，或称安全域级。它具有全面的存取控制和访问监控机制、严格的系统结构化设计、审计实时报告机制、更好的隐蔽通道分析和解决方案等安全特征。B3 级使用硬件机制（如内存管理硬件）提供安全域的保护，要求用户的终端通过一条可信任途径连接到系统上。

4．A 类

A 类为验证保护类。它不仅包含了较低级别的所有安全特性，还包含了一个严格的设计、控制和验证过程。设计必须是从数学上经过验证的，必须具有形式化的安全模型和系统顶层设计说明，并经过形式化验证两者的一致性，还需要用形式化技术解决隐蔽通道问题。

美国国防部采购的系统要求其安全级别至少达到 B 类，商业用途的系统也追求达到 C 类安全级别。在安全操作系统开发中，从 B1 级到 B2 级的升级被认为是单级增强最为困难的阶段。

9.4.2 GB 17859－1999

1999 年中国国家技术监督局发布了中华人民共和国国家标准 GB 17859－1999《计算机信息系统安全保护等级划分准则》，该准则参考了 TCSEC 的安全级别体系，将计算机系统安全保护能力划分为 5 个安全保护等级。这 5 个等级基本上对应于 TCSEC 中的 C1，C2，B1，B2 和 B3。

（1）第一级：用户自主保护级

实现命名用户对命名客体的自主存取控制，能够控制客体属主、同组用户、其他任何用户对客体的共享及如何共享。系统在用户登录时，通过鉴别机制验证用户的真实身份，确保安全相关的信息（如鉴别用户的数据、存取权限信息）不被非授权用户访问、修改和破坏。

（2）第二级：系统审计保护级

自主存取控制的粒度更细，要达到系统中的任一单用户。实现审计机制，要审计系统中受保护对象的访问情况（如增加、删除）、用户身份鉴别机制的使用、系统管理员的操作及其他与系统安全相关的事件，要确保审计日志不被非授权用户访问、修改和破坏。引入客体重用机制，当释放一个客体时，应清除其当前包含的所有信息；当该客体被重新分配时，新主体将不能从中获得其原主体的任何信息。

（3）第三级：安全标记保护级

实现强制存取控制机制，对系统中的所有主体及其控制的客体（如进程、文件、程序/数据段、设备）指定敏感（安全级）标记。只有当主体和客体的敏感标记满足一定关系时，系统才允许主体读或写客体。在网络环境中，要使用完整性敏感标记确保信息在传输过程中没有受损。审计记录中需要包含客体的敏感标记信息。

（4）第四级：结构化保护级

基于一个明确定义的形式化安全策略模型进行系统结构化设计，安全功能的设计和实现要接受更充分的测试和更完善的复审。建立隐蔽存储信道分析机制，提供用户注册的可信通路，支持最小特权管理。

（5）第五级：访问验证保护级

采用更严格的设计、测试和验证过程，实现更全面的存取控制和访问监控机制。在审计过程中，增加报警和中止事件的功能。实现更完善的隐蔽通道分析（包括隐蔽存储通道和隐蔽定时通道），在系统与用户之间提供可信通信路径。建立可信恢复机制，保证系统在失效或中断后，可以进行不损害任何安全保护性能的恢复。

9.5 小结

安全已成为计算机领域一个极为重要的课题。事实上，人们认识安全问题是从计算机系统所遭受到的各种病毒破坏和入侵攻击开始的，安全威胁大多是通过挖掘操作系统和应用程序的弱点或者缺陷来实现的。

病毒是嵌入在合法程序中的一段代码，依赖于宿主程序的运行进行它的传播和破坏活动。它攻击的主要对象是本机的文件系统，受限于文件系统的访问权限保护机制。蠕虫是一个独立的程序，可以针对网络连接的计算机进行主动攻击，利用系统管理和应用程序的安全漏洞，设法获得管理员权限，绕过系统的保护机制。特洛伊木马与病毒、蠕虫不同，不具备自我复制能力，它貌似合法程序，可以接受攻击者的控制，在不破坏系统的安全规则的情况下进行非法操作，是操作系统最难防御的一种危害。隐蔽通道是系统中不受安全策略控制的、违反安全策略的信息泄露信道，包括隐蔽存储通道和隐蔽定时通道。

为了实现操作系统安全目标，需要建立相应的安全机制，包括硬件保护机制、标识与鉴别、存取控制、最小特权管理、安全审计、入侵检测、网络信息安全技术等。硬件保护机制为操作系统提供了基本安全机制，包括存储保护和运行保护。用户标识符是用户在系统中的唯一代表，系统通过鉴别过程验证用户的真实身份。大多数操作系统采用了口令鉴别机制。存取控制是对计算机系统中主体访问客体的操作进行控制，可分为自主存取控制和强制存取控制。最小特权管理的思想是，系统不应给用户、程序或进程超过其执行任务所需特权以外的任何特权，应该将超级用户的特权划分为一组细粒度的特权，分别授予不同的系统管理员/操作员，使他们只具有完成各自职责所需的特权。安全审计是指对系统中有关安全的活动进行记录、检查及审核，其主要目的就是检测和阻止非法用户对计算机系统的入侵，同时显示合法用户的误操作。入侵检测通过对用户或程序的行为进行检测分析，发现入侵者的攻击企图或攻击行为，主要有统计异常检测和基于规则检测两种方式。网络信息安全技术的基础是数据加密技术，有两种基本的方法：对称加密和非对称加密。数字证书（或数字 ID）用于在网络环境下验证用户或软件的身份，而数字签名可以保证传输信息的真实性、完整性和不可否认性。结合使用数据加密、数字证书和数字签名，就可以保证信息的安全传输。

为了对现有计算机系统的安全性进行统一评价，需要一个计算机系统安全评测标准。美国国防部于 1983 年推出了历史上第一个计算机安全评价标准《可信计算机系统评测标准（Trusted Computer System Evaluation Criteria，TCSEC)》，TCSEC 根据所采用的安全策略和具备的安全功能，将系统分为 4 类 7 个安全级别。1999 年，我国也制定了相应的国家标准 GB17859－1999《计算机信息系统安全保护等级划分准则》，该准则参考了 TCSEC 的安全级别体系，将计算机系统安全保护能力划分为 5 个安全保护等级。

习题 9

9.1 分析和了解病毒、蠕虫、特洛伊木马的特点及它们对系统的危害性。

9.2 口令系统的脆弱性表现在哪些方面？说明系统采用什么手段可以保护口令系统免受攻击。

9.3 在自主存取控制机制下，有几种表示访问控制信息的方式？分别简述它们的主要内容，并分析各自的优缺点。

9.4 什么是强制存取控制？它能起到什么安全作用？

9.5 特权的设置与存取控制机制有什么关系？举例说明为什么需要进行最小特权管理。

9.6 审计机制包含哪些内容？简述审计过程。

9.7 在操作系统中使用入侵检测软件，就能够完全杜绝入侵者吗？为什么？

9.8 数字证书能够被伪造吗？为什么？

9.9 简述数字加密、数字证书和数字签名是如何保证信息传输的安全性的。

9.10 找一套最新版本的 Linux 操作系统，实际测试一下其所提供的安全功能。

第 10 章　系统虚拟机

操作系统是管理计算机资源的软件系统，其管理资源的思想精髓之一就是资源虚拟化，即用一个物理资源模拟出多个逻辑资源。例如，在管理 CPU（处理机）资源时，利用线程现场数据结构模拟出多个逻辑 CPU（线程）。虚拟存储是指将一个物理内存资源为每个进程模拟出一个逻辑内存，外存中的文件可以看成由一个外存空间模拟出来的多个存储了数据的逻辑空间。

将物理计算机虚拟化成多个逻辑计算机是虚拟化技术的进一步发展。这里的逻辑计算机在本章中称为**系统虚拟机**，简称虚拟机。它包含了构成计算机的所有部件，如 CPU、内存、外部设备等。因为虚拟机是在物理资源上的逻辑资源，多个虚拟机可以通过“时分空分”原理更高效地利用物理资源，所以可以在一定程度上达到节省物理资源的目的。又因为其逻辑资源特点，虚拟机易于重启恢复、备份、迁移，具有很好的安全性和隔离性。

虚拟机最初多用于操作系统的调试和开发，解决了在物理计算机上调试操作系统时经常需要重装操作系统和重启系统特别耗时的问题。但随着虚拟机性能的不断提升，虚拟机所具有的可快速恢复、安全隔离的特性让其能够很好地适用于部署网络应用服务，如 Web 服务，以及远程桌面服务。如今，全球超过 70%的网站将自己的 Web 服务等部署在用虚拟机构建的云计算平台中，大型企业的内部也在物理服务器上部署虚拟机，以提供给远程用户直接使用桌面服务。

本章将对虚拟机技术做综述性介绍。从虚拟机管理器入手，介绍 CPU 和内存的软件完全虚拟化和硬件辅助虚拟化，以及 I/O 设备的全虚拟化和半虚拟化。

10.1　虚拟机概述

虚拟机管理器（Virtual Machine Monitor，VMM）是一种运行在物理计算机（物理机）之上的软件，其目标是能够在一个物理机上模拟出多个虚拟机，这些虚拟机和物理机一样，拥有 CPU、内存和 I/O 资源。

虚拟机管理器是一种支持虚拟环境的“元”操作系统。其可以访问物理机上包括磁盘和内存在内的所有硬件资源。虚拟机管理器在协调虚拟机对这些硬件资源的访问的同时，对各个虚拟机施加防护。当物理机启动并运行虚拟机管理器后，为了运行虚拟机，虚拟机管理器会加载虚拟机磁盘中的操作系统，同时会给每个虚拟机分配 CPU、内存、磁盘、网卡等资源。目前较为流行的虚拟机管理器有 VMware 公司的 VMware，Citrix 公司的 Xen，微软公司的 Hyper-V 和 Red Hat（红帽）公司的 KVM。

10.1.1　为什么需要虚拟机

在虚拟机管理器概念出现之前，物理硬件资源的管理是通过操作系统完成的。操作系统通过对 CPU 的分时处理，对内存和磁盘设备的虚拟化，以及对部分外部设备的分时处理，给上层应用提供一个虚拟的运行环境。对于运行于操作系统上的进程而言，其看到的是供自己独占使用的系统。例如，在用户进程看来，操作系统的进程调度是透明的。程序员在编程时不需要考虑操作系统的调度，只需要将自己的程序看成独占 CPU 运行的程序。同时，程序员在编程时也不用关心物理内存的使用，只关心从 0 地址开始的逻辑空间即可。用户对磁盘的访问也是通过文件方式访问的，底层的物理磁盘对其也是透明的。为了给用户进程提供如此简单的程序运行模型，操作系统承担了物理资源管理者的角色，为用户进程提供逻辑上的 CPU、内存和 I/O 资源。

随着时间的推移，多种操作系统得到了广泛应用，例如，在 UNIX 和 Windows 家族中，应用程序与操作系统往往深度耦合，应用程序很难跨平台工作。为此，人们通过以下两方面解决这个问题：一方面，新的应用可以用 Java 等一些与系统无关的解释型语言编写，使应用程序不经过修改即可运行在不同的操作系统上；另一方面，虚拟机技术可以让一个物理机同时运行多个安装了不同操作系统的虚拟机。

在操作系统的发展过程中，由于各种原因引起的操作系统或软件的崩溃导致应用程序无法继续执行的情况越来越普遍。为了保证整个系统的高可用性，开发人员往往需要对系统进行高可用性设计，如使用双机热备份这样的技术。在现在软件错占比很高的情况下，如果用物理机来实现热备份会浪费较多的资源，而使用虚拟机进行热备份，则可实现资源的高效利用。另外，虚拟机管理器可以方便地对虚拟机的存储资源进行快照、备份等多种操作。

云计算流行以来，基于虚拟机的基础设施及服务平台已然成为一种新的服务模式。用户可以在云端申请一个虚拟机，并在虚拟机上部署自己的服务，而其他工作都可以交给整个云平台。用户不再需要独立采购硬件，也不需要关心硬件的升级，只需要根据自身服务购买更高配置的虚拟机即可。在这方面，目前已经有亚马逊公司旗下的 AWS、国内阿里巴巴集团旗下的阿里云等众多厂商，为全球大部分的网站、数据库提供虚拟机服务。

10.1.2 虚拟机管理器的分类

虚拟机管理器有许多种，可以从不同的角度进行分类。

（1）按照实现技术不同，分为全虚拟化和半虚拟化。全虚拟化，即在虚拟机上运行的操作系统不需要做任何更改。对于操作系统而言，其就像运行在真实的硬件上一样。而半虚拟化则需要对操作系统进行一些改动，例如，加载一些特定的驱动程序，使操作系统感知其正运行在虚拟机之上，以便提高虚拟机 I/O 性能或提供诸如在虚拟机之间复制文件的特殊功能。

（2）按照虚拟机管理器实现与运行方式不同，分为 Hypervisor 型和宿主机型。如果在硬件上直接运行虚拟机管理器，由虚拟机管理器创建、管理虚拟机，则为 Hypervisor 型，其典型代表为 Xen 和 VMware ESX。如果在现有操作系统上开发虚拟机管理器软件，由虚拟机管理器软件创建、管理虚拟机，则为宿主机型，其代表典型为 VMware Workstation。KVM 因为是在 Linux 内核中运行的，所以有些文献把它归为宿主机型；另一些文献认为它直接运行在硬件之上，应看作 Hypervisor 型。

10.1.3 系统虚拟化的优势及发展目标

用物理机来模拟多个虚拟机的系统虚拟化技术具有如下优势。

① 多实例。一个物理机上可以同时运行多个虚拟机。其优势是可以更加充分地利用物理机的硬件资源。

② 隔离。在同一个物理机上的虚拟机独立运行，防止由于某个虚拟机的崩溃而导致整个系统的崩溃，提高了系统的稳定性。这在软件错占比很高的今天尤为重要。

③ 硬件配置无关性。虚拟机不受物理机中 CPU 个数、内存空间大小、外存空间大小的约束，能够自主定制虚拟机配置。当然，物理机配置一般应高于虚拟机配置。

④ 具有良好的封装性。由于虚拟机由模拟磁盘的镜像文件及有关表示资源的表格组成，因此可以方便地进行快照方式备份、克隆、迁移。

⑤ 特殊功能。由于虚拟机上的系统对于硬件的访问都要经过虚拟机管理器，因此其可以对虚拟机上的操作系统事件进行记录和回放，能够进行入侵检测、病毒检测等。

虚拟机技术进一步的发展目标是要做到运行高效和系统资源受控。为了程序执行的高性能，要求虚拟机执行的指令和物理 CPU 执行的指令相同，由此保证虚拟机执行的大部分指令可以在物理 CPU 上直接执行，以省去解释执行的开销；同时，理论上，所有的硬件资源都应该由虚拟机管理器统一管控，而不允许虚拟机在虚拟机管理器不可知的情况下直接访问系统的硬件资源，以保证安全性。

10.1.4　虚拟机管理器的架构

虚拟机管理器的架构如图 10.1 所示。

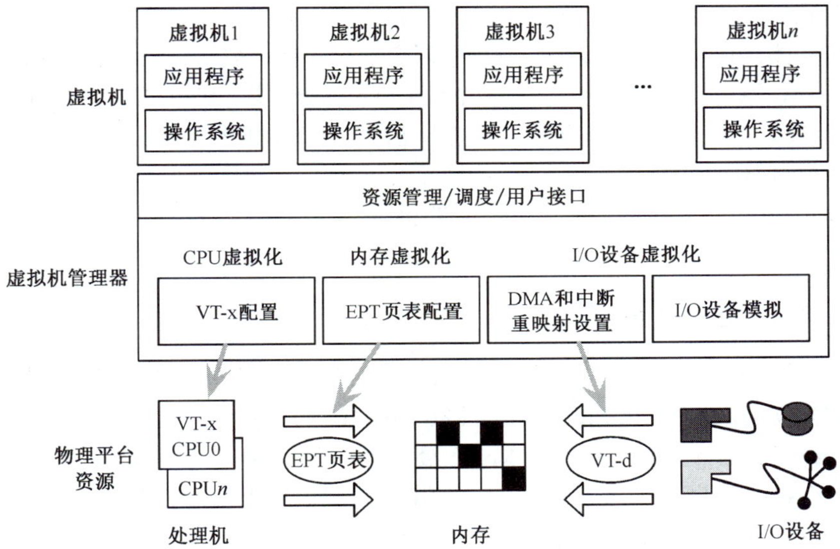

图 10.1　虚拟机管理器的架构

虚拟机管理器承担了对所有物理硬件资源的管理，所以虚拟机执行到涉及物理硬件资源的使用指令时，要能够陷入虚拟机管理器进行处理。同时，类似于进程管理中的进程调度，虚拟机管理器也提供对虚拟机的调度。此外，虚拟机管理器还能为用户提供可供编程调用的用户接口。例如，在 KVM 虚拟机上，用户可以编写程序，通过 libkvm 提供的函数建立虚拟 CPU 等资源，或获取虚拟机的内部信息。

（1）虚拟 CPU 管理

虚拟机管理器提供虚拟的 CPU 给虚拟机。其本质在于模拟了与物理 CPU 相同的操作接口——寄存器。只要物理 CPU 执行了虚拟机的硬件指令，虚拟机的寄存器值等于物理 CPU 执行指令后的值，则这种虚拟化是可行的。目前的手段主要是通过软件模拟和硬件辅助来完成。后面将详细讲解这部分内容。

（2）虚拟内存管理

虚拟机管理器必须给虚拟机分配物理机上的内存空间。虚拟机的内存需要从 0 开始编址，但是分配给虚拟机的物理内存未必是从 0 开始编址的一段。虚拟机管理器必须提供虚拟机操作系统管理的进程虚拟地址到物理机的物理地址的转换，这相对于虚拟机的物理地址到物理机的物理地址的转换要复杂得多。为此，有诸如页表、EPT 页表等技术解决这样的问题，该内容将在后面详细介绍。

（3）虚拟 I/O 设备管理

虚拟机管理器必须提供和真实物理设备相同的设备访问接口——设备控制器/寄存器，给虚拟机使用。这些控制器/寄存器可以通过内存表格来模拟，虚拟机在执行 I/O 指令时读/写这些模拟的寄存器（即内存表格），虚拟机管理器根据这些模拟的寄存器值，通过访问真实的物理设备来实现真正的 I/O。其模拟的 I/O 设备极其广泛，包括网卡、磁盘、打印机、显示器等。这些内容将在后面详细介绍。

10.2 CPU 的虚拟化

CPU 的虚拟化历程分为三个阶段。

第一个阶段，操作系统通过进程机制让应用程序能够分时共享 CPU 的计算资源，这一阶段的技术是由操作系统以进程方式实现的。后面两个阶段的技术被用于系统虚拟化。

第二个阶段，通过软件模拟的方式让多个虚拟机能够分时共享 CPU 的计算资源。

第三个阶段，通过 CPU 提供的辅助虚拟化支持，让虚拟机上运行的程序像进程一样可以直接在 CPU 上进行切换。

本书前面章节已经对进程进行了全面的阐述，本节将主要对后两个阶段的技术进行解释。

10.2.1 软件完全虚拟化

在 CPU 硬件厂商没有对 CPU 提供硬件辅助的虚拟化支持前，虚拟机管理器对 CPU 的虚拟化是通过软件实现的。例如，在 Intel 传统的 x86 指令架构中，系统分为 4 个权级：Ring0，Ring1，Ring2，Ring3。一般的操作系统运行于 Ring0 级（核心态），拥有所有指令的执行权限；应用程序运行于 Ring3 级（用户态），拥有部分指令的执行权限。应用程序对于一些资源（如显示器、打印机、文件等）的访问需要通过 INT 0x80 指令（trap 指令）陷入操作系统，由操作系统的驱动程序完成相关的工作。

在硬件没有提供相关支持之前，虚拟机管理器处于 Ring0 级；当虚拟机在物理机上运行时，虚拟机在虚拟机管理器支持下以一个进程的方式运行于 Ring3 级，而虚拟机上的操作系统执行的特权指令此时不能被执行，当然 INT 0x80 这条 Ring3 级转换为 Ring0 级的指令也不能按照原先约定的语义执行。更重要的是，因为虚拟机管理器分给虚拟机的内存不是从 0 地址开始编址的，以致虚拟机上的所有访存操作无法访问到真实的物理内存地址。这种问题称为虚拟化缺陷，这些不能实现其原语义的指令称为**敏感指令**。

为了解决这种问题，可以通过软件模拟的方式运行。主要有两种方法：一种方法是解释执行虚拟机要执行的每条指令，这类似于指令模拟器，运行效率较低；另一种方法是将虚拟机执行的程序重新编译成特定二进制代码，将敏感指令替换成相应的模拟程序，这种方法需要操作系统及应用程序开源。所以软件模拟的方式不适用于高效及适应性强的虚拟机管理器。

最有效的方式应该是，硬件能够认识敏感指令，发现敏感指令后转给虚拟机管理器做特殊处理。因此要求硬件辅助虚拟化。

10.2.2 硬件辅助虚拟化

由于软件虚拟化的效率较低，因此系统设计人员开始研究如何让虚拟机上运行的代码可以不经过修改直接运行在物理硬件平台上，从而提高虚拟机的效率。在这方面最成功的就是 Intel

在 x86 平台上提出的硬件辅助虚拟化方案 VT-x，其核心在于硬件**遇到敏感指令要能够自动转入虚拟机管理器做特殊处理**。

1．根模式和非根模式

为了解决存在的虚拟化缺陷，Intel 增加了根模式和非根模式，目的在于让所有的敏感指令都可以陷入虚拟机管理器，从而避免了虚拟机对于除 CPU 外的硬件资源的直接访问。在非根模式下，所有敏感指令都能够陷入根模式执行。这样就可以让在虚拟机上运行的代码不经过修改直接运行在物理机上，并且对于非敏感指令，不再需要虚拟机管理器去模拟，而是直接在物理机上执行，从而大大提高了虚拟机的运行效率。

如图 10.2 所示，对于虚拟机而言，其运行于非根模式（VMX Guest Mode），虚拟机操作系统运行于 Ring0 级，应用程序运行于 Ring3 级。有了硬件辅助后，在非根模式下的虚拟机应用软件依然可以通过陷入指令（INT 0x80）进入虚拟机的操作系统，实现系统调用，而不需要虚拟机管理器的干预（这说明 INT 0x80 陷入指令是非敏感指令）。而对于虚拟机管理器而言，其运行于根模式（VMX Root Mode），在根模式下运行的是虚拟机管理器和虚拟机管理器的一些应用程序。

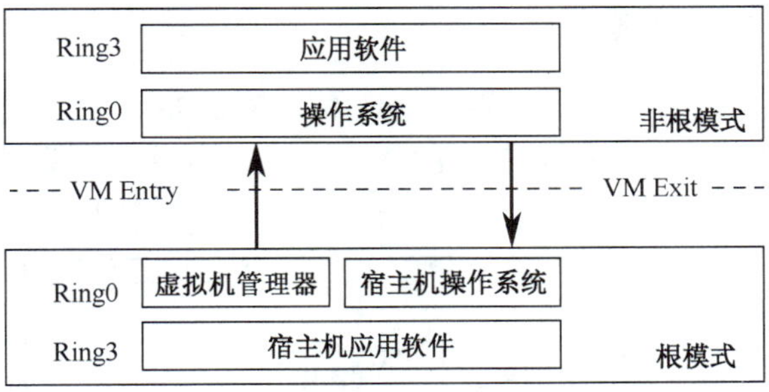

图 10.2　根模式和非根模式

在非根模式下，当虚拟机由于外部中断或执行到访问系统资源的指令时，退出非根模式，并通过硬件机制记录退出的原因，进入根模式。根模式程序捕捉退出的原因，处理虚拟机发出的请求，把对虚拟资源的操作变成对物理资源的操作。当虚拟机管理器处理完毕后，执行 VM Entry 指令，系统由根模式又回到非根模式，执行虚拟机的代码。

2．上下文的保存

类似于操作系统的进程模式（态）切换和进程切换需要保存和恢复现场，根模式到非根模式的相互切换也需要保存现场和恢复现场。为了保存与恢复现场信息，VT-x 引入了 VMCS 寄存器，存放与虚拟机相关的现场空间的指针。当系统在根模式和非根模式之间切换时，硬件将自动根据 VMCS 寄存器指向的空间保存 CPU 原现场，恢复 CPU 新现场。

VMCS 寄存器是一段内存空间。每个虚拟的 CPU 中都有一个 VMCS 寄存器，用于记录虚拟机的各种信息，包括：非根模式现场、根模式现场；引起退出非根模式进入根模式指令的说明，进入非根模式运行状态的控制域；记录非根模式退出原因的 VM Exit 信息域。

在虚拟机进入非根模式运行前，虚拟机管理器会配置虚拟机的控制域来决定虚拟机的运行状态（如在 64 位系统上运行 32 位虚拟机时，需要在控制域配置 IA32 选项）。

在虚拟机运行前，虚拟机管理器会将根模式下的宿主机上下文保存在根模式现场区，恢复虚拟机的非根模式现场，之后进入非根模式，运行虚拟机。

当虚拟机由于执行敏感指令，或者发生某些特殊事件，如中断或者软件异常退出时，硬件会自动返回根模式，此时需要将虚拟机的上下文保存在虚拟机非根模式现场区，并且恢复根模式现场区宿主机的上下文，通过分析记录在 VM Exit 信息域中的引起进入根模式的事件信息，做相应的处理。当虚拟机管理器处理完相关事件时，又会调度虚拟机运行。

3．虚拟机调度

虚拟机调度是虚拟机管理器的重要功能。在虚拟机管理器处理完进入根模式运行的特定功能后，应该运行虚拟机调度程序，选择合适的虚拟 CPU 运行。对于利用宿主机内核实现的虚拟机管理器，将每个虚拟 CPU 用一个宿主机的内核级线程来实现，由宿主机的线程调度程序来调度虚拟机运行。也就是说，虚拟机管理器把每个虚拟 CPU 作为一个线程看待，调度程序选中代表虚拟 CPU 的线程运行，并将该线程现场恢复到物理 CPU 寄存器中。

另外，VT-x 技术还可以进行一些优化，例如，利用虚拟机的控制域可以控制某些敏感指令不产生模式切换；又如，在配置了 EPT 页表的内存访问机制中，正常的访存操作将不会产生模式切换。

10.3 内存的虚拟化

10.3.1 软件实现内存虚拟化

现有的 CPU 在执行访存指令时通过页表地址寄存器（x86 的 CR3 寄存器）查找页表以获得物理内存地址，如图 10.3 所示。进程被调度程序运行时，操作系统将进程页表的首地址加载到 CR3 寄存器中，用户程序的访存指令虚实地址变换在不缺页情况下就可以通过硬件直接进行。

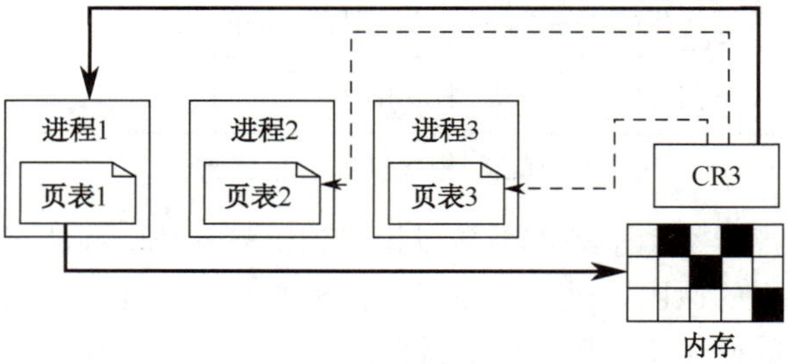

图 10.3 页表

在利用软件实现内存虚拟化的情形下，虚拟机管理器为虚拟机分配一段不是从 0 地址开始的物理内存。这样，虚拟机的 CR3 寄存器中的地址与真实的物理机的内存地址不一致，它是虚拟机管理器为虚拟机分配空间的从 0 开始编址的虚拟物理内存地址。所以虚拟机页表转换后得到的地址是从 0 开始编址的虚拟物理内存地址，而不是真实的物理内存地址。

在 VT-x 模式下，由于访存指令也是敏感指令，因此虚拟机的每次访存都将陷入根模式；根模式通过虚拟机的 CR3 寄存器获得虚拟机上运行进程的页表，通过页表将虚拟机上运行进程的虚地址变换为虚拟物理内存地址；再通过在虚拟机管理器中登记的该虚拟机的虚拟物理内存与实际物理内存对应表，得到最后的物理内存地址，从而访问到实际物理内存单元的数据，并将数据写入对应的虚拟机寄存器。或者反过来，把虚拟机寄存器内容写到实际物理单元中，单元地址通过在虚拟机管理器上的二次地址变换得到。

由此可以看出，这样的访存效率极低，每次访存都需要虚拟机管理器做很多工作。因此人们提出了硬件支持的 EPT 页表方式。

10.3.2 EPT 页表辅助内存虚拟化

利用软件实现内存虚拟化，其访存效率低下的原因是，整个程序执行过程涉及太多的访存操作。如果每条访存指令都要进入根模式处理，进行地址变换，则开销太大。如果这些访存过程能够只通过硬件完成，那么虚拟机的访存将会变得高效而简单。为此，Intel 设计了 EPT 页表，由硬件实现上述地址变换过程。

如图 10.4 所示，CPU 增加了 EPT 地址（EPT point）寄存器，虚拟机管理器为每个虚拟机维护一个 EPT 页表，这个页表记录了虚拟机的虚拟物理内存地址到实际物理内存地址的转换关系。在虚拟机运行时，系统将当前虚拟机的 EPT 页表首地址载入 EPT point 寄存器。当虚拟机中的进程访问内存时，硬件通过 CR3 寄存器完成虚拟机上运行进程的虚拟地址到虚拟物理内存地址的转换，通过 EPT point 寄存器实现虚拟物理内存地址到实际物理内存地址的转换，且两个阶段的地址变换过程都由硬件完成。只有在访存缺页时，才会陷入根模式加载相关的内存页帧。这样大大减少了通过软件进行内存虚拟化时，访存指令必须进入根模式的开销，整个访存过程就变得快速且高效了。

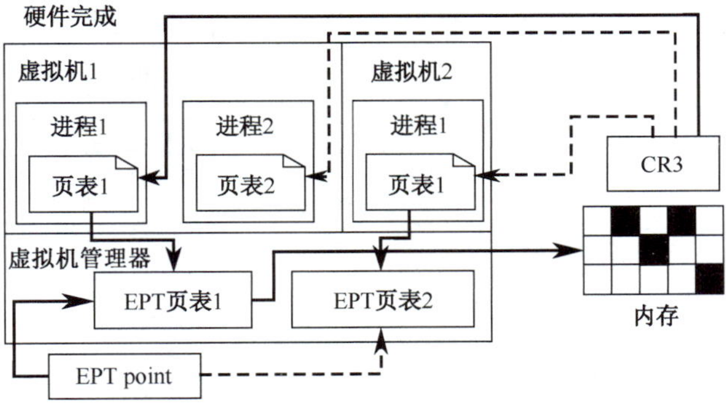

图 10.4　EPT 页表

10.4　I/O 设备的虚拟化

I/O 设备的虚拟化，分为完全的软件实现、半虚拟化的软件实现及硬件辅助实现（如 Intel VT-D 技术），但由于硬件辅助实现虚拟化的复杂性，在此不做介绍。有兴趣的读者可以参考 Intel VT-D 的实现。下面主要介绍前两种情况。

10.4.1 完全的软件 I/O 设备虚拟化

对于 I/O 设备的虚拟化，最主要的工作在于，由虚拟机管理器向客户机（虚拟机）的操作系统提供访问设备的接口及虚拟设备的功能。

如图 10.5 所示，磁盘控制器对外提供一组 I/O 寄存器，CPU 可以通过 I/O 指令访问这些 I/O 寄存器。也就是说，操作系统驱动程序是通过 I/O 寄存器去操控设备的。要模拟设备，就要定义数据结构来模拟 I/O 寄存器，提供与实际设备相同的 I/O 访问接口。至于具体的设备操作，则由虚拟机管理器去实现。例如，虚拟机磁盘的模拟可以由运行在虚拟机管理器宿主机上的文件来实现，而虚拟机显示器则可以用一个网络终端来实现。总之，虚拟机管理器能够提供比实际硬件设备更多的设备供虚拟机使用，这也是虚拟机在功能、可靠性、可用性上高于物理机的原因。

这里以虚拟磁盘设备为例，如图 10.5 所示。虚拟磁盘设备在大部分虚拟机管理器中表现为一个文件。当虚拟机访问磁盘时，访问磁盘的 I/O 指令都将陷入根模式处理。当执行数据写入磁盘的 I/O 指令时，陷入虚拟机管理器执行。虚拟机管理器将虚拟机内要写入的数据复制到虚拟机管理器中，在虚拟机管理器中利用文件访问接口将数据写入虚拟磁盘的文件中。

对上述软件完全虚拟设备而言，其存在的问题是，访问过程较为缓慢，因为虚拟机每次访问设备的 I/O 寄存器都需要退出非根模式而进入根模式，由虚拟机管理器去执行相关的设备模拟访问代码，并且需要进行内容的复制。如图 10.6 所示，虚拟机上应用程序访问设备的过程将通过虚拟机操作系统的设备驱动程序去访问虚拟机管理器虚拟出来的设备，也就是设备模型，而设备模型模拟程序再通过调用虚拟机管理器上的设备驱动程序，最终实现对设备的访问。

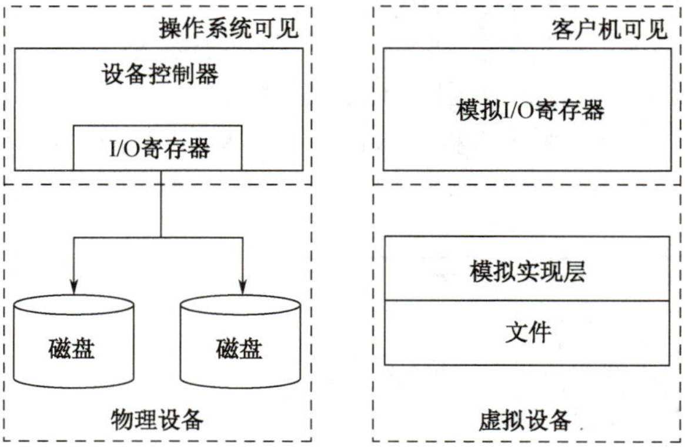

图 10.5　物理设备和虚拟设备

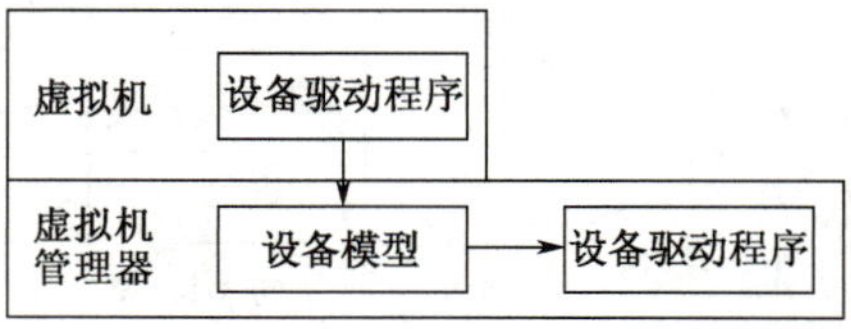

图 10.6　设备访问模型

10.4.2　半虚拟化设备模拟

为了解决完全软件虚拟化设备性能不高的问题，大多数虚拟机管理器实现了一种称为半虚拟化的设备模拟。其核心思想是，通过在虚拟机操作系统中安装特定设备的驱动程序来完成加速过程。之所以称为“半虚拟化”，是因为对虚拟机上运行的操作系统驱动程序进行了某种程度的改造。

在完全软件虚拟化中，如果虚拟机要访问磁盘，在虚拟机上只需要安装虚拟机操作系统标准的磁盘驱动程序，如 IDE 磁盘、SCSI 磁盘的驱动程序，由虚拟机管理器提供的 IDE 或者 SCSI 设备模型完全模拟磁盘的 I/O 接口。但半虚拟化设备不同。如图 10.7 所示，需要在虚拟机操作系统中安装专门为设备虚拟化开发的驱动程序，其提供的是非标准的设备驱动程序，如 KVM 中 virtio 驱动程序。这样的设备接口不需要遵守实际物理设备的接口规范。

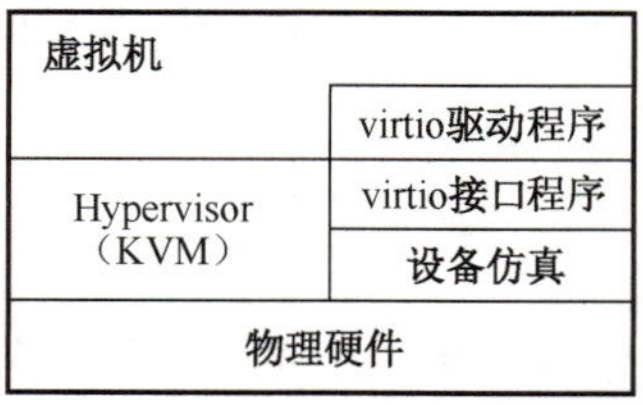

图 10.7　virtio 半虚拟化实现

此处以 virtio 驱动程序为例，其通过在共享缓冲区中实现生产者/消费者工作模式，让虚拟机和宿主机 Hypervisor 共享同一片内存空间，并进行 I/O 数据传输。在虚拟机中，其非标准设备驱动程序将 I/O 操作转化为将数据发送到共享空间或者从共享空间接收数据的过程，从而避开了运行 I/O 指令陷入根模式的过程。在虚拟机管理器中的程序，负责将 I/O 数据从共享空间读出并写入物理设备或文件，或者从物理设备或文件读出数据送入共享空间。这样，一方面减少了根模式到非根模式的切换，另一方面减少了虚拟机到宿主机的内存复制，从而提升了 I/O 性能。

以 virtio 的磁盘访问为例，当虚拟机的操作系统通用块设备层接收到写请求时，将调用 virtio 驱动程序，virtio 驱动程序将磁盘写请求数据写入共享空间。当系统由于中断或者其他原因运行到根模式后，虚拟机管理器将调用 virtio 接口程序处理磁盘的写数据操作，并将共享空间的数据直接写入文件。

半虚拟化不仅可以优化虚拟机 I/O 的访问性能，还可以提供特殊的功能，如由 VMware Workstation 实现宿主机和虚拟机之间的文件复制和共享。可以说，目前的主流虚拟机管理器都实现了对于不同客户操作系统的磁盘、网卡和 PCI 总线的半虚拟化驱动。但是半虚拟化也有一定的局限性，就是其必须为不同的客户操作系统去开发不同的驱动程序，这样就增加了维护的开销。

10.5　小结

虚拟机是将计算机资源整体虚拟化的结果，虚拟机管理器是支持计算机系统虚拟化的核心软件。本章主要介绍了虚拟机管理器的工作原理，分别介绍了 CPU 的虚拟化、内存的虚拟化和 I/O 设备的虚拟化。

引入虚拟机的目的是，一方面，多虚拟机可以共享物理资源，达到节省资源的目的；另一方面，因为各虚拟机的隔离性，所以可以提高系统安全性，特别可为系统软件容错提供一种虚拟机热备份方案。

虚拟机上的操作系统不用做任何修改即可运行，称为全虚拟化；如果要做一些改动，则称为半虚拟化。改动的目的是提高性能。

虚拟机管理器可以作为独立软件实现（Hypervisor），也可以以宿主机操作系统中的功能模块实现。

硬件辅助 CPU 虚拟化，引入了根模式和非根模式，可以设置引起非根模式进入根模式的敏感指令和中断事件；VMCS 寄存器用于保存和恢复模式切换时的上下文；在 KVM 虚拟机管理器中，虚拟 CPU 以内核级线程来实现，由宿主机的线程调度程序来调度虚拟机运行。

由虚拟机管理器来变换虚拟机的虚拟物理内存地址到实际物理内存地址的方法效率很低，因此引入 EPT 页表支持从虚拟机的虚拟物理内存地址到实际物理内存地址的变换，因为在不缺页情况下地址的两次变换过程直接由硬件实现，因此效率很高。

I/O 设备的完全软件虚拟化重点在于对设备控制器寄存器的模拟，而半虚拟化的重点则是修改虚拟机上操作系统的驱动程序，通过共享内存与虚拟机管理器交换 I/O 数据来实现高效的 I/O 操作。

习题 10

10.1　在哪些情况下可以使用虚拟机，为什么？

10.2　虚拟机管理器应该包含哪些功能？

10.3　如果在现有操作系统内核中以模块形式实现虚拟机管理器，与在裸机上实现一个独立的虚拟机管理器相比，有什么优缺点？

10.4　用户态—核心态的转换与非根模式—根模式的转换相比，有哪些相同点与不同点？

10.5　分析虚拟机调度需求，设计一种宿主机线程调度算法，满足虚拟机调度需求。

10.6　怎样能够减少访存指令进入虚拟机管理器的次数？

10.7　原来设置的寄存器可以立刻启动设备，现在如果用表格模拟外设接口寄存器，还能立刻启动吗？请分析 I/O 过程中可能延时的地方。

10.8　半虚拟化 I/O 设备是如何提高性能的？请以写盘过程为例进行说明。

第 11 章　Linux 操作系统实例

本章以 Linux 操作系统 2.6.11 版为蓝本，系统地介绍 Linux 操作系统的进程管理、存储管理、文件系统、设备管理、中断与异常及系统调用、SysV 进程间通信。

11.1　进程管理

Linux 支持传统的进程概念，也支持线程的实现，但和传统的做法有所区别。本节先介绍进程描述符，然后介绍进程的切换时机及调度算法，最后描述进程的创建与消亡过程。

11.1.1　进程与进程描述符

支持线程的传统做法是，把进程看成内核资源分配的单位，而线程是调度的基本单位，在操作系统内核里有专门的数据结构分别描述进程与线程。Linux 的做法比较特别。首先，Linux 支持传统 UNIX 进程的概念。进程控制块在 Linux 中称为进程描述符（Process Descriptor），用 task_struct 结构表示。每个进程都有一个进程描述符，进程不但拥有资源而且参与调度。Linux 内核没有明确的数据结构描述线程，但 Linux 通过 clone()系统调用支持轻量级进程的概念，子进程可以和父进程共享地址空间、打开文件表等信息。轻量级进程使用 task_struct 结构描述，同样参与调度。Linux 2.6 平台主流线程库 NPTL 的实现就借助了 clone()系统调用。

Linux 还支持内核级线程的概念，内核级线程永远在核心态下运行，共享内核地址空间，没有用户空间。页面换出、刷新磁盘缓冲区等工作都由内核级线程完成。

task_struct 是一个复杂的结构，占 1000 多字节，其各个成员用来准确描述进程在各方面的信息，主要包含以下 8 个部分。

（1）进程标识。包括进程的标识号（pid）、进程的用户标识、进程的组标识等。每个进程的标识号是唯一的。

（2）运行环境信息。提供指向结构 thread_info 的指针。该结构包含当前进程运行的一些环境信息，其中有指向所在进程描述符的指针。

（3）调度相关信息。这部分内容与进程调度有关，一部分信息见 11.1.2 节。进程描述符中还需要有结构用于保存当前进程被换出时寄存器的状态。当该进程恢复运行时便可从正确的状态继续运行。

（4）进程地址空间信息。Linux 的进程都在自己的私有地址空间中运行，task_struct 的成员 mm 指向一个 mm_struct 结构，见 11.2 节。

（5）文件相关信息。包含进程与文件系统交互的信息，见 11.3.1 节。

（6）信号处理信息。Linux 支持传统的 UNIX 信号语义。该部分记录了信号的处理函数及信号掩码等信息。

（7）记账信息及统计信息。资源是有限的，每个进程对每种资源的使用都有一个限值。另外，还有统计信息来记录系统需要的信息，如页面异常次数、CPU 使用时间等。

（8）描述进程间关系的指针。进程并不是孤立存在的，所有的进程通过一个双向链表链接在一起。通过宏 task_for_each 可以在需要的时候对每个进程操作。进程描述符还拥有指向其父进程描述符、子进程描述符、兄弟进程描述符的指针。此外，由于很多场合需要根据 pid 能够快速找到进程，因此系统以 pid 为关键字建立了一个 Hash 表，将 Hash 函数值相同的进程通过进程描述符的 pid 成员链在一起。

Linux 的运行分为两种模式——核心态和用户态。内核程序总在核心态下运行，而进程通常在用户态下运行，只有系统调用或者中断异常被触发时才能切换到在核心态下运行。

进程拥有两个栈：用户模式栈与核心模式栈，分别在相应模式下使用。进程描述符的运行环境信息 thread_info 和进程核心栈的空间分配在一起，内核编译选项 CONFIG_4K_STACK 决定它们占用一个还是两个连续的物理页帧，而 task_struct 对象则利用 slab 分配器进行分配。图 11.1 可以清楚地说明这一点。

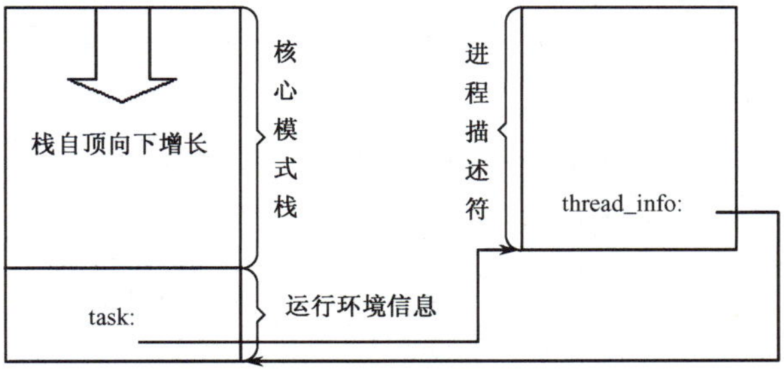

图 11.1　核心模式栈、进程描述符与运行环境信息

11.1.2　进程状态及切换时机

1. Linux 的进程状态

Linux 的进程状态有 7 种，由变量 state 和 exit_state 表示。state 表示运行状态，包括 TASK_RUNNING，TASK_INTERRUPTIBLE，TASK_UNINTERRUPTIBLE，TASK_STOPPED 和 TASK_TRACED；exit_state 表示进程退出状态，包括 EXIT_ZOMBIE 和 EXIT_DEAD。

（1）TASK_RUNNING：表示进程具备运行的资格，要么正在运行，要么等待被调度运行。进程描述符有一个 run_list 成员，所有处于 TASK_RUNNING 状态的进程都通过该成员链在一起，称为可运行队列。

（2）TASK_INTERRUPTIBLE 和 TASK_UNINTERRUPTIBLE：这两种状态均表示进程处于阻塞状态。进程进入阻塞状态一般是因为所请求的资源不能满足。它们的不同之处是，TASK_INTERRUPTIBLE 除资源满足时可以被唤醒外，还可以被信号唤醒，而 TASK_UNINTERRUPTIBLE 则不行。

（3）TASK_STOPPED：表示进程处于暂停状态，当进程收到 SIGSTOP，SIGTSTP，SIGTTIN 或 SIGTTOU 信号时进入该状态。

（4）TASK_TRACED：表示被调试进程收到信号时进入该状态并通知调试器，等待调试器发出继续的指令。

（5）EXIT_ZOMBIE：表示进程已经结束运行，但是父进程还未触发 wait4()或 waitpid()系统调用。

（6）EXIT_DEAD：与 EXIT_ZOMBIE 类似，只是不需要等待父进程来回收进程描述符和核心栈。

Linux 进程状态转换图如图 11.2 所示。

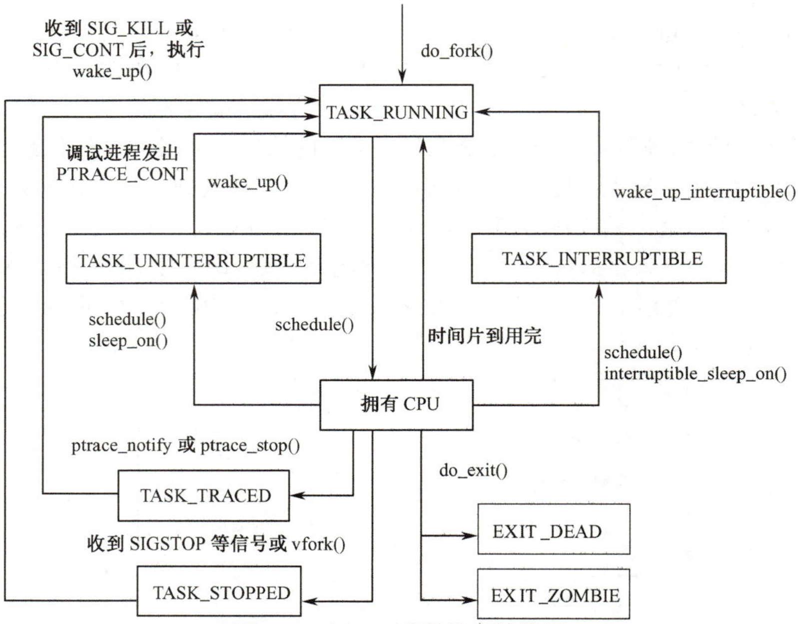

图 11.2 Linux 进程状态转换图

2. 进程的切换时机

当前进程放弃 CPU，从而其他进程得到运行机会的情况可以分为两种：进程主动放弃 CPU 和被动放弃 CPU。

进程主动放弃 CPU 又分为两种情形。

第一种情形是隐式地主动放弃 CPU。这往往是因为需要的资源目前不能获取，例如，在执行 read()，select()等系统调用的过程中。这种情况下的处理过程如下：

① 将进程加入合适的等待队列。

② 把当前进程的状态改为 TASK_INTERRUPTIBLE 或 TASK_UNINTERRUPTIBLE。

③ 调用 schedule()，该函数的执行结果往往是当前进程放弃 CPU。

④ 某个事件使得进程进入 TASK_RUNNING 状态，经过调度重新获得 CPU，检查资源是否可用，如果不可用，则跳转到第②步。

⑤ 资源已可用，将该进程从等待队列中移去。

第二种情形是显式地主动放弃 CPU，如系统调用 sched_yield()，sched_setscheduler()，pause()及 nanosleep()均会导致当前进程让出 CPU。

进程被动放弃 CPU 又分为两种情形，其一是当前进程的时间片已经用完，其二是刚被唤醒进程的优先级别高于当前进程。两种情形均会导致当前进程描述符进程信息的 flags 的 TIF_NEED_RESCHED 标志位被置位。

从进程调度时机的角度来讲，也可以分为两种情形。① 直接调用 schedule()调度函数，如前面提到的进程主动放弃 CPU 的第一种情形；② 间接调用 schedule()调度函数，如进程被动放弃 CPU 的情形。当进程描述符运行环境信息中的 flags 的 TIF_NEED_RESCHED 标志位被置位时，并不立即直接调用 schedule()调度函数，而是在随后的某个时刻，在进程从核心态返回用户态之前检查 TIF_NEED_RESCHED 是否被置位，如果被置位，则调用 schedule()调度函数。

当内核编译选项CONFIG_PREEMPT开启时，Linux 2.6 内核是可剥夺（Preemptive）的。可剥夺内核可以在更多的内核代码点检测 TIF_NEED_RESCHED 是否被置位，从而让刚被唤醒的高优先级进程尽快得到 CPU，缩短了分派延迟（Dispatch Latency）。

11.1.3 进程的调度算法

Linux 进程调度的核心函数是 schedule()，该函数的主要任务是选出一个可运行的进程并将 CPU 切换给该进程。调度算法属于动态优先级算法，优先级在 0～MAX_PRIO-1 之间取值（MAX_PRIO 定义为 140）。其中，0～MAX_RT_PRIO-1（MAX_RT_PRIO 定义为 100）属于实时进程范围，MAX_RT_PRIO～MX_PRIO-1 属于非实时进程。数值越大，优先级越小。调度器为每级的优先级都准备一个可运行队列。随着进程优先级的改变，进程也将挂入对应不同优先级的可运行队列。

进程描述符与调度有关的主要成员如下。

① policy 标识进程的调度策略。有以下三种类型：

- SCHED_NORMAL　　非实时进程
- SCHED_FIFO　　实时进程，采用先进先出的调度算法
- SCHED_RR　　实时进程，采用轮转法

② rt_priority 为实时进程的优先级。

③ static_prio 为非实时进程的优先级，决定进程初始时间片大小。

④ sleep_avg 为进程的平均等待时间，决定非实时进程动态优先级的主要因素。

⑤ prio 为进程的动态优先级。

动态优先级的计算主要在 effect_prio()中完成的，该函数实现相当简单。下面是 effect_prio()的实现代码：

```
static int effective_prio(task_t *p)
{
    int bonus, prio;
    if(rt_task(p))
        return p->prio;
    bonus =(NS_TO_JIFFIES(p->sleep_avg)* MAX_BONUS/MAX_SLEEP_AVG) –
            MAX_BONUS/2;
    prio = p->static_prio–bonus;
    if(prio < MAX_RT_PRIO)
        prio = MAX_RT_PRIO;
    if(prio > MAX_PRIO–1)
        prio = MAX_PRIO–1;
    return prio;
}
```

显然，非实时进程的优先级仅决定于静态优先级 static_prio 和平均等待时间 sleep_avg 两个因素，而实时进程的动态优先级是设定好的，不会通过计算改变。实际上是在 setscheduler()中设置的，且一经设定就不再改变。

动态优先级不能统一在调度器中进行计算和比较，而是独立计算的。只要进程的状态发生了改变，内核就可能重新计算和设置进程的动态优先级。具体时机包括进程创建、进程被唤醒、时间片耗尽和其他原因。

11.1.4 进程的创建与消亡

Linux 最早产生的进程是启动过程中创建的 idle 进程，pid 为 0。该进程会创建一个内核级

线程，该线程进行一系列初始化动作后最终会执行/sbin/init 文件，执行该文件的结果是运行模式从核心态切换到用户态，该线程演变成用户进程 init，pid 为 1。init 进程是一个非常重要的进程，一切用户态进程都是它的后代进程。

Linux 系统执行新任务的典型方法是通过函数 fork()/exec()。通常 fork()创建一个新进程，然后新进程通过调用 exec 系列函数执行真正的任务。下面是一段示例代码：

```
#include<stdio.h>
#include<unistd.h>
#include<stdlib.h>
int main（void）
{
    pid_t   pid;
    if((pid = fork())< 0){
        printf("fork failed\n");
        exit(1);
    }
    else if(pid == 0){        /*子进程执行进入此部分*/
            execlp("echoall", "echoall", (char*)0);
    }
    else{                     /*父进程*/
        printf("fork success\n");
        exit(0);
    }
}
```

如果 fork()调用成功，当前进程就拥有了一个子进程。该函数返回两个值，其中在子进程中返回 0，在父进程中返回子进程的 pid。

实现创建子进程的系统调用有三个：sys_clone(), sys_vfork()和 sys_fork()。这三个系统调用最终都会调用 do_fork()完成主要工作。该函数的第一个参数 clone_flags 可由多个标志位组成，常见的标志位如下：

CLONE_VM　　子进程与父进程共享进程地址空间
CLONE_FS　　子进程与父进程共享文件系统信息
CLONE_FILES　　子进程与父进程共享打开的文件
CLONE_VFORK　　当 vfork()被调用时该标志位被设置

sys_clone()对应的 clone_flags 可能是多个标志位的组合，取决于具体情况。sys_vfork()对应的 clone_flags 值是 CLONE_VFORK | CLONE_VM | SIGCHILD，sys_fork()对应的 clone_flags 值是 SIGCHILD。SIGCHILD 的作用是子进程终结或暂停时给父进程发信号。

vfork()是一个老的函数调用，子进程共享父进程的地址空间，包括页表，父进程被挂起直到子进程执行 exec 系列函数或子进程退出时。在合适的场合，与 fork()处理时的“写时复制”策略（见 11.2 节）相比，vfork()无疑开销更小。

do_fork()执行的过程大致如下：

（1）调用 alloc_pidmap()为子进程分配一个 pid。

（2）调用 copy_process()，该函数完成子进程创建的大部分工作。

① 调用 dup_task_struct()，创建一个新的 task_struct 结构。dup_task_struct()调用 alloc_task_ struct()为子进程描述符分配空间，调用 alloc_thread_info()为子进程分配核心栈，核心栈中包含了 thread_info 结构，组织好相关的指针，并复制父进程的进程描述符和运行环境信息。

② 检查是否超过了资源限制，如果是，则结束并返回出错信息，否则更改一些统计量的信息。

③ 调用 audit_alloc()分配进程的记账信息，并初始化。

④ 依次调用 copy_semundo()，copy_files()、copy_fs()，copy_sighand()，copy_signal()，copy_mm()，copy_namespace()，分别复制父进程的 semundo（进程退出时应该执行操作的一个信号量队列）、文件处理、信号处理、进程地址空间信息和名字空间。以上函数的具体行为取决于 clone_flags 参数。例如，当调用 copy_mm()时，如果 clone_flags 包含 CLONE_VM 标志，则子进程共享父进程的空间，不会进行复制。

⑤ 调用 copy_thread()初始化子进程的核心栈，核心栈保存了进程返回用户空间的上下文。此处与平台相关，以 Intel 386 为例，其中很重要的一点是存储寄存器 eax 值的位置被清 0，这个值就是执行系统调用后子进程的返回值。

⑥ 调用 sched_fork()设置进程的调度信息。sched_fork()将进程的状态置为 TASK_RUNNING，并将父进程的时间片余额分一半给子进程。

⑦ 调用 set_task_cpu 设置进程所在的处理器编号。子进程和父进程在同一台处理器上。

⑧ 利用宏 SET_LINKS 将子进程插入所有进程都在其中的双向链表。调用 attach_pid()将子进程加入相应的 Hash 队列。

（3）如果 clone_flags 包含 CLONE_STOPPED 标志，则将进程的状态改为 TASK_ STOPPED，否则调用 wake_up_new_task()。wake_up_new_task()最终调用_activate_task()将子进程加入可运行队列。至此，子进程创建完毕并在可运行队列中等待被调度运行。

（4）如果 clone_flags 包含 CLONE_VFORK 标志，则将父进程挂起直到子进程释放进程地址空间。

（5）返回子进程的 pid，该值就是系统调用后父进程的返回值。

进程运行结束后即被销毁。最普遍的情况是，进程正常运行结束后显式或隐式调用 exit()。当进程收到某种信号后，该信号的处理函数会结束进程运行并将其销毁。对于最常使用的 Shell 命令之一 kill，在不指定信号的情况下，默认信号 SIGTERM 将被发给进程导致进程结束运行。另一种常见的情况是，用户程序访问了非法空间，使内核向进程发送 SIGSEGV 信号从而导致进程结束运行。进程销毁的最终动作是通过调用函数 do_exit()完成的。

do_exit()执行的大致流程如下：

① 检测进程当前是否处于中断处理中。如果是，则给出出错信息并中止系统。

② 检查进程 pid 是否为 0 或 1，即进程是否为 idle 进程和 init 进程。如果是，则给出出错信息并中止系统。

③ 设置标志，表明进程正在被销毁。

④ 如果进程在定时器队列中等待，则将其移出。

⑤ 调用 exit_mm()，exit_sem()，_exit_files()，_exit_fs()，exit_namespace()和 exit_ thread()释放进程所占用的各种资源。被释放的资源一般先将其共享计数器减 1，如果此时还有别的进程使用该资源，则共享计数器不为 0，此时直接返回。如果为 0，则真正释放资源。exit_mm()的动作是释放进程地址空间，在此过程中会检测该进程是否由 vfork()创建，如果是，则唤醒父进程。

⑥ 设置进程的退出码，调用 exit_notify()处理该进程与其父进程及子进程的各种关系。在

该函数中，会将该进程的退出状态 exit_state 置为 EXIT_ZOMBIE 或者 EXIT_DEAD。

⑦ 调用调度函数 schedule()切换到别的进程。

因为父进程往往要通过 wait()之类的系统调用来检查子进程是否结束，所以，即使子进程结束了，子进程描述符和其关联的部分数据结构也不能立即释放，此时子进程处于 EXIT_ZOMBIE 状态。等到父进程执行 wait()系统调用后，调用 release_task()回收僵尸子进程的进程描述符自身及部分相关数据，还有核心栈及 pid。当然，父进程可能先于子进程结束，这时 init 进程就变成了子进程的父进程，init 进程会定时回收僵尸子进程，从而保证 task_struct 结构总能得到回收。

有时父进程并不关心子进程的退出信息，在这种情况下，子进程结束时设置为 EXIT_DEAD 状态，release_task()立即被调用。

11.2 存储管理

Linux 存储管理由两部分组成：第一部分是物理内存的管理，第二部分是虚拟存储器的管理，主要是进程虚拟地址空间的管理。

11.2.1 物理内存的管理

所有的物理内存，除部分用来存储内核映像外，其余的都要被虚拟存储子系统管理起来，以应付不同的需要。主要的需求有其他内核子系统的内存需求、进程的需求和缓冲需求。内核内存管理必须能够快速响应请求，尽可能地在提高内存利用率的同时减少内存碎片问题。

Linux 内核内存管理采用了基于区域的伙伴系统及 slab 分配器。

1．页帧与区域

物理内存是以页帧（Page Frame）为基本单位的。页帧的大小固定，对 Intel 386 默认为 4KB。每个页帧由一个 struct page 结构描述。Linux 2.6 内核支持 NUMA 结构。NUMA 结构的物理内存逻辑上统一编址，但可能物理上却不在一处，从而导致访问不同位置所需的时间并不一样。访问时间相同的物理区域称为一个节点。为了保证效率，一般不希望有跨节点操作，并且尽可能使用访问时间短的节点。对应 80x86（简称 x86），实际只有一个节点。

每个节点的物理内存因为用途不同又分成不同的区域（Zone）。例如 x86，分成如下三个区域。

① ZONE_DMA。这部分是低于 16MB 的内存区，是 DMA 方式能够访问的物理内存。在分配内存时，尽可能保留这部分内存以供 DMA 方式使用。

② ZONE_NORMAL。这部分是介于 16MB～896MB 之间的内存区，直接被内核映射。

③ ZONE_HIGHMEM。超过 896MB 以上的部分是高端内存区，不能被内核直接映射。

在分配内存时，首先要选定节点，然后根据区域访问优先级别来决定访问次序。例如，为 DMA 方式分配内存，ZONE_DMA 是唯一符合要求的区域。如果用户进程申请页面，则先到 ZONE_HIGHMEM 中分配，如果不能满足要求，再尝试 ZONE_NORMAL，如果还不能满足要求，则求助于 ZONE_DMA。

2．伙伴算法

内存管理系统存在所谓的“外部碎片”问题，即频繁地分配与回收物理页帧会导致大量的、连续的小页面块夹杂在已分配的页面中间。当需要一大块连续的物理页帧时，即便空闲物理内存总量很多却依然满足不了要求。Linux 在每个区域，对空闲内存的管理采用伙伴算法来解决这个问题。

这里以 16 个页面为例，描述它的分配与回收过程。假设有 16 个页面，编号为 0～15，可以用 5 个链表来描述页面的空闲情况，分别描述 1，2，4，8，16 个连续空闲页面的情况。若一开始均为空闲页面，则只有链表 5 不为空，表示页面[0～15]均空闲。

现在申请 2 个页面，先在链表 2 中查找，发现为空，再到链表 3 中查找，仍为空，再向上查找，直到链表 5，发现有 16 个连续空闲页面。清空链表 5 的对应项并把 16 个页面剖为两半，页面[8～15]加入链表 4，页面[0～7]继续剖为两半，页面[4～7]加入链表 3，页面[0～3]继续剖为两半，页面[2～3]加入链表 2，页面[0～1]用来满足申请。假设继续申请 4 个页面，先到链表 3 中查找页面[4～7]，并将这 4 个页面分配出去，同时清空链表 3 的对应项。

如果用户接着释放页面[0～1]，系统并不将其插入链表 2，而是看它的伙伴页面[2～3]是否空闲，如果是，则表明可组成一个更大的连续页面[0～3]。所以此时将页面[2～3]从链表 2 中摘除。继续查看空闲页面[0～3]的伙伴页面[4～7]是否空闲，页面[4～7]已被分配，表明不可能合成更大的连续空闲页面，此时才将页面[0～3]加入链表 3。

按照上面的例子，要将两块连续的页面看作一对“伙伴”，必须满足如下条件：

① 大小相同，如都有 b 个页面。

② 在物理空间上连续。

③ 位置居前的页面，其首页编号必须是 $2b$ 的倍数。

页面[4～7]，页面[8～11]因为不满足条件③，因而不是伙伴。

从上面可以看到，分配页面时尽量动用小的连续页面，回收页面时则尽可能将空闲的伙伴合并成大的连续页面，从而在很大程度上解决了内存的“外部碎片”问题。

Linux 的每个区域的空闲内存实际是挂在 MAX_ORDER（定义为 11）个链表（大小为 2^0～2^{10} 个页帧）中的。直接向伙伴系统申请空间的函数为 alloc_pages()，而对应的释放函数为 free_pages_ok()。当在申请内存发现页面短缺时，还会唤醒 kswapd 内核级线程运行，该线程会腾出一些空间以满足要求。

3．slab 分配器

伙伴系统是以页帧为基本分配单位的。在很多情况下，其效率不高，例如，文件子系统要使用的 inode 对象、文件对象都远远小于页面的大小。在这种情况下分配一个页面无疑会造成很大的浪费，这就是内部碎片的概念。Linux 引入了 SUN OS 操作系统中的技术——基于伙伴系统的 slab 分配器。

slab 分配器的基本思想是，为经常使用的对象建立缓冲池，当申请一个对象时，如果缓冲池有空闲对象就分配一个给申请者，只有当缓冲池中无空闲对象时才向伙伴系统申请更多的对象。释放对象时，将该对象加入缓冲池即可。这样做的好处是，申请与释放操作主要与缓冲池交互，尽可能少地与伙伴系统打交道，从而提高了效率。

slab 分配器为不同的常用对象生成不同的缓冲池，每个缓冲池存储相同类型的对象。但对象缓冲池并非由各个对象直接构成，而是由一连串的 slab 构成，每个 slab 又由一个或多个连续的物理页帧组成，包含了若干同种类型的对象。假定 slab 大小为 slab_size，对象大小为 obj_size，一个 slab 可以容纳 N 个对象，产生的碎片为 frag（frag<obj_size），则有如下公式：

$$\text{slab\_size} = N\times\text{obj\_size}+\text{frag}$$

可以得出内部碎片率 frag/slab_size 的值不超过 $1/(N+1)$。Linux 的实现保证内部碎片率不超过 12.5%，该值在实际系统中是可以接受的。

对象缓冲池的控制结构为 kmem_cache_t。因为各种对象缓冲池都由一个 kmem_cache_t 结构管理，所以系统专门建立了变量名为 cache_cache 的缓冲池，该缓冲池存放类型为 kmem_cache_t 的对象。

除上面讨论的特定对象的缓冲池外，Linux 还提供 13 种通用的对象缓冲池，其存储对象的单位大小分别为 32B，64B，128B，256B，512B，1KB，2KB，4KB，8KB，16KB，32KB，64KB 和 128KB。这些缓冲池用来满足特定对象之外的普通内存需求。单位的大小按级数增长，保证了内部碎片率不超过 50%。

下面介绍与 slab 分配器相关的操作。

（1）kmem_cache_create()

该函数从 cache_cache 缓冲池中得到一个空闲 kem_cache_t 对象，然后初始化各成员项。这需要进行一系列运算，以确定最佳的 slab 构成。这包括每个 slab 由几个页面组成，可包含几个对象，slab 的控制结构应该在 slab 的内部还是外部存放。下面的代码创建了名为 inode_cache 的对象缓冲池，该缓冲池专门负责 inode 对象的分配：

```
inode_cachep = kmem_cache_create("inode_cache", sizeof(struct inode), 0,
                                  SLAB_PANIC, init_once, NULL);
```

（2）kmem_cache_alloc()与 kmem_cache_free()

当需要分配一个拥有专用缓冲池的对象时，应该使用 kmem_cache_alloc()。下面的语句从 inode_cache 缓冲池中获取一个空闲对象：

```
inode =(struct inode *)kmem_cache_alloc(inode_cachep, SLAB_KERNEL);
```

通过 kmem_cache_alloc()申请到的对象不用时，通过 kmem_cache_free()释放。下面的语句将 inode 对象释放回 inode_cache 缓冲池中：

```
kmem_cache_free(inode_cachep, inode);
```

（3）cache_grow()与 cache_reap()

kmem_cache_create()只是建立了所需的专用缓冲池的基础设施，但是此时缓冲池为空。slab 的创建则要等到 kmem_cache_alloc()被调用时，却发现缓冲池中无空闲对象可供分配，此时通过 cache_grow()向伙伴系统申请一个 slab 空间，初始化 slab 中的各个对象。每隔一定时间 cache_reap()被调用一次，用来回收对象全空闲的 slab。

（4）kmalloc()与 kfree()

这两个函数分别用来向通用的缓冲池申请和释放空间。

11.2.2 进程地址空间的管理

每个进程都有自己独立的虚拟地址空间，从而保证多个进程可以同时运行且互不影响。每个进程的地址空间通过进程的页目录、页表来实现与物理内存的映射。当进程需要存储空间时，并不是一开始就分配物理内存，而是分配一块虚拟内存空间，直到真正需要对物理内存进行操作时才通过缺页处理机制分配物理内存。虚拟内存以页为基本单位，大小等同于物理页帧。

进程地址空间主要由 mm_struct 结构描述。该结构包含了进程地址空间的两个重要组成部分，分别是进程的页目录及指向 vm_area_struct 结构的指针。

1. 页表机制

此部分与硬件密切相关，我们以 Intel 386 体系结构为例，描述如何把进程地址空间的线性地址转换成为物理地址。Intel 386 既支持分段机制，也支持分页机制。Linux 主要采用了分页机制，在常规情况下，页面的粒度为 4KB，页面可以映射到任一物理页帧上。对于 Intel 386，进程的线性地址为 32 位，分为以下三个部分：

- 页目录段。置于高 10 位，记录在页目录中的索引。
- 页表段。占据中间的 10 位，记录在页表中的索引。
- 偏移段。占据低 12 位，表示在 4KB 的页帧中的偏移。

每个进程都有一个页目录。当进程运行时，CR3 寄存器指向该页目录的基地址。如图 11.3 所示，显示了从线性地址到物理地址的映射过程。

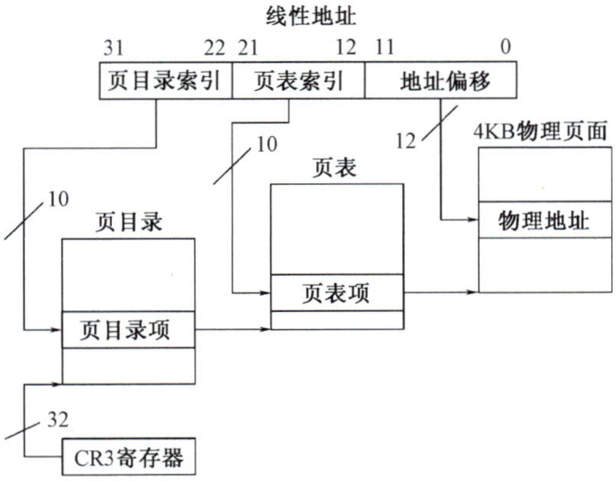

图 11.3　从线性地址到物理地址的映射过程

（1）从 CR3 寄存器中取得页目录的基地址。页目录用一个物理页帧存储，保存页表的基地址。每个数据项占 4 字节，因而页目录有 1024 个数据项。

（2）以线性地址的页目录项为索引，在页目录中找到页表的基地址。页表也用一个物理页帧存储，保存物理页帧号。每个数据项占 4 字节，因而页表有 1024 个数据项。

（3）以线性地址的页表项为索引，在页表中找到相应的物理页帧号。

（4）物理页帧号加上线性地址的偏移段，即得到了对应的物理地址。

因为物理页帧是 4KB 对齐的，所以页目录项和页表项都只需要 20 位来保存物理地址的 12～31 位，还有 12 位用于控制或其他目的。几个重要的标志位说明如下：

① 存在位。表示对应的物理页帧是否存在。一个典型的例子是，当访问的线性地址所对应的物理信息还未装入物理内存时，其存在位为 0，将产生一个页面异常，导致申请一个物理页帧，将信息装入并填充相应的页表项。

② 读/写位。表示是只读还是可写，起保护作用。例如，存储代码的页面为只读，如果用户程序写入该页，将会引发写错误。

③ 访问位。表示该页是否被访问过。

④ 脏位。表示该页是否被写过。

采用两级页表的好处是节省存储空间。例如，页目录的第一项表示线性空间的前 4MB（1024×4KB）。如果该空间未使用，则只需要将页目录的第一项的存在位置为 0，表示不存在即可，而不需要分配一个页表再置各页表项为 0。如果不分级，则需要将 1024 个页表项的存在位皆置为 0。两级页表对于 32 位机器是合适的。对于 64 位机器，往往采用级别更多的页表，甚至采用其他页表组织结构。无论硬件的页表模型如何，Linux 采用的实际是四级页表模型，在页全局目录和页表之间还有页上级目录层和页中间目录层。对于 32 位机器，页上级目录层和页中间目录层实际不起作用。

CPU 内部有称为 TLB 的专门缓冲区用来加速地址转换过程。TLB 可看成（虚页面号，物理页帧号）二元组的集合。当进行地址转换时，首先查找 TLB，看是否有该线性地址项存在。如果有，则直接取得物理地址；如果没有，则查找页表并更新 TLB。根据“局部性”原理，TLB 无疑将极大地提高 CPU 性能。

2．进程地址空间的管理

（1）vm_area_struct 结构

对于 32 位机器，共有 4GB 地址空间。其中前 3GB 可以为进程直接访问，称为用户空间；而后 1GB 空间为内核所用，称为内核空间。只有运行于核心态才能访问内核空间地址。目前，绝大多数程序都不会使用全部的 3GB 空间。组成进程地址空间的各个部分，其性质并不相同，例中，代码段、数据段显然不同，代码段只能读，而数据段可写。Linux 的进程地址空间用一系列的 vm_area_struct 结构描述不同的区间：

```
struct vm_area_struct {
      struct mm_struct * vm_mm;                    /*区间所属的 mm_struct 结构*/
      unsigned long vm_start;                      /*区间的起始地址*/
      unsigned long vm_end;                        /*区间的终结地址加 1 */
      struct vm_area_struct *vm_next;              /*指向进程的下一个区间*/
      pgprot_t vm_page_prot;                       /*区间页帧的访问权限*/
      unsigned long vm_flags;                      /*区间的标志位*/
      struct rb_node vm_rb;                        /*代表该区间的红黑树节点*/
      …
      struct vm_operations_struct * vm_ops;        /*区间的操作集合*/
      unsigned long vm_pgoff;                      /*在 vm_file 中的偏移*/
      struct file * vm_file;                       /*该区间映射的文件*/
      …
};
```

每个 vm_area_struct 结构描述进程的一段连续区间，并且在该区间上的访问权限相同。各区间互不重叠，按线性地址升序排列。因为查找某个线性地址属于哪个区间是内核频繁进行的操作，所以进程地址空间建立了一棵红黑树以保证搜索速度。

进程页面必定属于某个 vm_area_struct 结构，但是属于 vm_area_struct 结构的页面不一定在页表中有数据项。因为只有在需要用到该页面时才会申请物理页面并填充相应的页表项，在此过程中，该页面的物理内容取决于其所属的 vm_area_struct 结构，见下面的页面异常处理。

（2）进程地址空间的相关系统调用

内核在执行 exec 和 fork 系统调用时一般会产生全新的虚拟地址空间。前者会抛弃原来的地址空间并根据可执行文件内容生成相应的新的地址空间。后者会复制一份父进程的地址空间，父进程的 vm_area_ struct 结构及页目录、页表均会被复制，但是父进程页表项所标识的有效物理页帧并不会立即被复制，而是由子进程和父进程共享，即父进程和子进程的同一个页表项指向同一个物理页帧，并且页表项的相应标志位均标记为“只读”。这样当父进程或子进程试图写入该页帧时就会引发页面异常，处理过程见后面的论述。这种技术称为“写时复制”（Copy On Write，COW），其优点如下所述：

① 节省了开销，有些在运行过程中不会被写入的页帧，将其共享就足够了，没必要一个进程一份地复制。

② 要写入的页帧，等到要写的时候才复制一份。这是一种典型的“懒惰策略”，与一次性集中复制的效果相比，分散式复制即时响应效果更好。

系统调用 brk()用来改变堆的大小，增大进程地址空间。exit()结束进程并销毁进程地址空间。

mmap()创建文件的内存映射，扩展进程地址空间，而 munmap()的行为与之相反。shmat()创建一个共享内存区，而 shmdt()则释放共享内存区。

3．页面异常的处理

导致页面异常的原因如下：

① 编程错误。可分为内核程序错误和用户程序错误。常见的用户程序错误有访问错误的地址空间和传递给系统调用错误的参数等。用户通常见到的“Segmentation Fault”就是页面异常的结果。

② 操作系统故意引发的异常。操作系统合理利用硬件机制在适当时间触发异常，使得该异常的处理程序被调用以达到预期目的。最常见的莫过于缺页，操作系统利用异常获得一个物理页帧后再重新执行产生异常的指令。下面介绍几种具体的情况。

页面异常的处理程序是 do_page_fault()，该函数有两个参数：一个是指针，指向异常发生时寄存器上下文的地址；另一个是错误码，由 3 位二进制信息组成，第 0 位表示访问的物理页帧是否存在，第 1 位表示是写错误还是读错误或执行错误，第 2 位表示程序运行于核心态还是用户态。do_page_fault()的执行过程如下：

① 首先得到导致异常发生的线性地址，对于 x86，该地址放在 CR2 寄存器中。

② 检查异常是否发生在内核空间，如果是，则进行出错处理。

③ 检查该线性地址属于进程的某个 vm_area_struct 区间。如果其不属于任何一个区间，则需要进一步检查该地址是否属于栈的合理可扩展区间。栈的区间可以向低地址方向扩展，该区间的 vm_flags 标志被设置成 VM_GROWSDOWN，即该区间的 vm_end 值固定，而 vm_start 的值可以减小。应用程序需要的栈大小往往到运行时刻才知道，并且是动态变化的，而区间的大小必须是 4KB 的整数倍。而且，分配给栈区间的物理页帧只有到区间被删除时才释放，所以 Linux 采用了利用异常来扩展栈的机制。如果用户态产生异常的线性地址正好位于栈区间的 vm_start 前面的合理位置，则调用 expand_stack()扩展该区间。通常是扩充一个页面，但此时还未分配物理页帧。至此，线性地址必属于某个区间。

④ 根据错误码的值确定下一个步骤。如果错误码的值表示为写错误，则检查该区间是否允许写。若不允许，则进行出错处理；如果允许，就属于前面提到的“写时复制”。如果错误码的值表示为页面不存在，这就是所谓的“按需分页”（Demand Paging）。

下面分别讨论“写时复制”和“按需分页”的处理过程：

①“写时复制”的处理过程是，首先改写对应页表项的访问位，表明其刚被访问过，以便在页面调度时，该页面不会被优先考虑。如果该页面对应的页帧目前只为一个进程单独使用，则只需要把页表项置为可写即可。如果该页面对应的页帧为多个进程共享，则申请一个新的物理页帧并标记为可写，复制原来物理页帧的内容，更改当前进程相应的页表项，同时原来的物理页帧的共享计数减 1。

②“按需分页”的处理过程是，首先确认产生页面不在物理内存中的原因。一个原因是，页面从未被进程访问过，在这种情况下，页表项的各位全为 0；另一个原因是，该页面被进程访问过，但是目前已被写到交换分区中，在这种情况下，页表项的存在位为 0，但其他位被用来记录该页面在交换分区中的信息。在第一种情况下，要区分该页面是否映射到一个文件上。如果所属区间的 vm_ops->nopage 不为空，则表示该区间映射到一个文件上且 vm_ops->nopage 指向装入页面的函数，此时调用该函数装入该页面。如果 vm_ops 或 vm_ops->nopage 为空，则该调用 do_anonymous_page()申请一个页面。在第二种情况下，调用 do_swap_page()从交换分区调入该页面。

11.3 文件系统

Linux 为了支持多种不同的文件系统，引入了纯软件中间层 VFS。加入中间层无疑会使文件子系统的可扩展性、可维护性变得更好。本节先介绍 VFS 的运作原理，然后再介绍一个物理文件系统——EXT2，最后介绍几个操作系统调用的实现。

11.3.1 VFS

1．VFS 的作用

Linux 支持许多种文件系统，如 EXT2，VFAT，ISO9660 等。VFS（Virtual File System）是内核软件层。它为用户空间的程序提供大家熟悉的 open()，read()等统一编程接口，同时隐藏不同文件系统的差别，如图 11.4 所示。

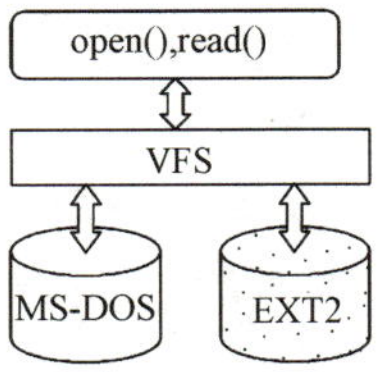

图 11.4 VFS 隐藏不同文件系统的差别

2．进程描述符中与文件系统相关的成员

进程描述符中有下面两个与文件系统相关的成员：

```
struct fs_struct *fs;
struct files_struct *files;
```

fs_struct 结构描述进程进行文件访问时用到的当前目录、根目录等信息如下：

```
struct fs_struct {
    …
    struct dentry * root， * pwd， * altroot;
    struct vfsmount * rootmnt， * pwdmnt， * altrootmnt;
};
```

files_struct 结构描述被进程打开使用的文件信息，fd 成员指向一个 struct file *数组，数组中的已使用项指向某个正被打开的文件对象，数组中的索引称为文件描述符（File Descriptor）。用户程序使用文件描述符对打开的文件进行操作。fd 开始时指向 fd_array 数组。当进程打开的文件数超过 32 个时，会重新分配一个更大的 struct file *数组并让 fd 指向它，前提当然是进程被允许打开更多的文件。files_struct 结构如下：

```
struct files_struct {
    …
    struct file ** fd;
    …
    struct file * fd_array[NR_OPEN_DEFAULT];          /* NR_OPEN_DEFAULT 为 32*/
};
```

3．VFS 的文件模型

VFS 的关键是，根据不同的文件系统抽象出一个通用的文件模型。每个特定的文件系统都要把物理操作与通用文件模型对应起来。通用文件模型由以下 4 种数据对象组成。

① file 对象。存储一个打开的文件和一个进程的关联信息。只要文件一直打开，这个对象就一直存在。file 对象用 struct file 结构描述如下：

```
struct file {
    struct list_head f_list;           /*指向与 file 对象关联的 dentry 对象*/
    struct dentry *f_dentry;
    struct vfsmount *f_vfsmnt;
```

```
    struct file_operations *f_op;          /*file 对象的操作集合*/
    atomic_t f_count;                      /*引用计数*/
    unsigned int f_flags;                  /*使用 open()时设定的标志*/
    mode_t f_mode;                         /*进程访问模式*/
    int f_error;
    loff_t f_pos;                          /*对文件进行读/写操作的当前位置*/
    …
};
```

② inode 对象。存储某个文件的管理信息，通常对应磁盘文件系统的文件控制块。文件在文件系统内有唯一的 inode 号。struct inode 结构的部分成员如下：

```
struct inode {
    struct hlist_node i_hash;              /*用于 Hash 表的指针*/
    struct list_head i_list;               /*根据 inode 状态链入相关链表*/
    struct list_head i_sb_list;            /*链入超级块的 inode 链表*/
    struct list_head i_dentry;             /*inode 的 dentry 对象链表*/
    unsigned long i_ino;                   /*inode 号*/
    atomic_t i_count;                      /*使用计数*/
    umode_t i_mode;                        /*表示文件类型及权限*/
    unsigned int i_nlink;                  /*硬链接的数目*/
    uid_t i_uid;                           /*文件拥有者的用户 ID*/
    gid_t i_gid;                           /*用户所在组的 ID*/
    dev_t i_rdev;                          /*所在设备的设备号*/
    loff_t i_size;                         /*文件大小*/
    struct timespec i_atime;               /*最近一次的访问时间 */
    struct timespec i_mtime;               /*最近一次的修改时间 */
    struct timespec i_ctime;               /*文件创建时间*/
    …
    struct inode_operations *i_op;         /*inode 对象操作集合*/
    struct file_operations *i_fop;         /*file 对象操作集合*/
    struct super_block *i_sb;              /*所属的超级块*/
    struct file_lock *i_flock;
    struct address_space *i_mapping;
   …
};
```

③ dentry 对象。描述目录项及其相关联的 inode 信息如下：

```
struct dentry {
    …
    struct inode *d_inode;                 /* 该 dentry 对象所属的 inode */
    struct dentry *d_parent;               /* 父目录 */
    struct qstr d_name;                    /* 文件名及附属信息*/
    …
    struct dentry_operations *d_op;
    …
};
```

④ super_block 对象。存储已安装文件系统的信息，通常对应磁盘文件系统的文件系统控制块：

```
struct super_block {
        struct list_head s_list;                    /* 将所有的超级块链接起来 */
        kdev_t s_dev;                               /* 所在设备号*/
        unsigned long s_blocksize;                  /*该文件系统磁盘块的大小（字节数）*/
        …
        struct file_system_type *s_type;            /*所属的文件系统类型*/
        struct super_operations *s_op;
        …
};
```

如图 11.5 所示，描述了各种对象之间的关系。inode 对象对应于一个文件，该文件一般在磁盘上。inode 对象与文件之间是一对一的关系。而一个真正的文件可能有多个文件名，例如，硬链接（Hard Link），因此 dentry 对象与 inode 对象之间是多对一的关系。不同的进程可能打开同一个文件，但却不能用同一个文件对象来描述，因为操作标志、文件操作的位置等均可能不同，因而文件对象与 dentry 对象之间是多对一的关系。

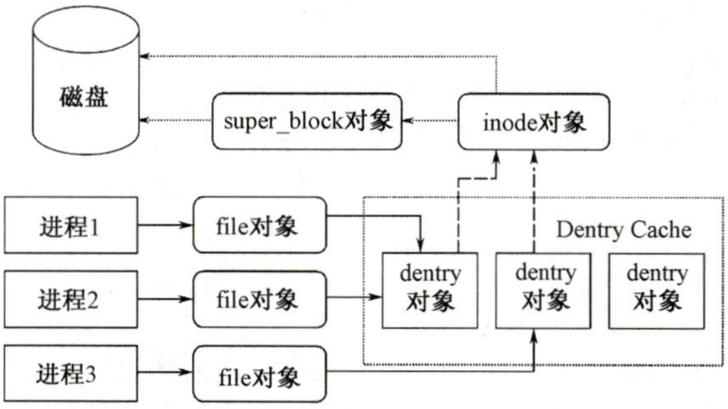

图 11.5　VFS 各种对象之间的关系

为了加快文件的查找速度，内核引入了缓冲机制。最近使用的 dentry 对象放在 Dentry Cache 中，最近使用的 inode 对象放在 Inode Cache 中。在 Cache 中的对象又以 Hash 表的形式将它们组织起来。

4．文件系统的注册与安装

（1）文件系统的注册

每种文件系统使用前必须先注册一个 file_system_type 对象。其成员如下：

```
struct file_system_type {
        const char *name;                                   /*文件系统类型名*/
        struct super_block *(*get_sb)(struct file_system_type *, int, const char *, void *);
        struct file_system_type * next;
        …
};
```

get_sb 是个函数指针，负责读取文件系统的超级块对象。每个文件系统都有自己的实现函数，如 EXT2 文件系统的具体项是 ext2_get_sb()。所有的文件系统类型通过 next 成员链接起来。

（2）文件系统的安装

用户经常使用 mount 命令把一个分区安装到某个目录下。内核与之对应的系统调用是 sys_mount()。该函数根据文件系统类型得到相应的 file_system_type 对象，再取得该分区的 super_block 对象。

5. 各种对象的操作接口

前面已经提到，super_block 对象、inode 对象、file 对象、dentry 对象构成了 VFS 框架。但它们是如何与底层的物理文件系统打交道的呢？又是如何区分不同的文件系统的呢？Linux 采用了面向对象的思想，每个对象都有一套函数操作集合，不同文件系统的对象操作也不同，VFS 只负责提供接口（操作种类集合）。下面以超级块对象为例。

super_block 对象有一个 struct super_operations *s_op 成员。struct super_operations 定义如下：

```
struct super_operations {
    struct inode *(*alloc_inode)(struct super_block *sb);
    void(*destroy_inode)(struct inode *);
    void(*read_inode)(struct inode *);
    void(*dirty_inode)(struct inode *);
    int(*write_inode)(struct inode *, int);
    void(*put_inode)(struct inode *);
    void(*drop_inode)(struct inode *);
    void(*delete_inode)(struct inode *);
    void(*put_super)(struct super_block *);
    void(*write_super)(struct super_block *);
    …
};
```

当第一次安装（mount）一个 EXT2 分区时，会调用 ext2_get_sb()，该函数有一条语句 sb-> s_op = &ext2_sops。ext2_sops 变量的成员值如下：

```
static struct super_operations ext2_sops = {
    .alloc_inode = ext2_alloc_inode,
    .destroy_inode = ext2_destroy_inode,
    .read_inode = ext2_read_inode,
    .write_inode = ext2_write_inode,
    .delete_inode = ext2_delete_inode,
    .put_super = ext2_put_super,
    .write_super = ext2_write_super,
    …
};
```

read_inode 等函数指针域被初始化为 ext2_read_inode()，生成特定于 EXT2 文件系统的函数入口。而当第一次安装（mount）一个 FAT 分区时，会调用 fat_read_super()，该函数包含语句 sb->s_op = &fat_sops。fat_sops 变量的成员值如下：

```
static struct super_operations fat_sops = {
    .alloc_inode = fat_alloc_inode,
    .destroy_inode = fat_destroy_inode,
    .write_inode = fat_write_inode,
    .delete_inode = fat_delete_inode,
    .put_super = fat_put_super,
    …
};
```

从面向对象的角度来描述上面的概念，可以认为 super_operations 就是一个抽象类，它只提供接口但并没有实现这些接口，而 ext2_sops，fat_sops 则是具体类，实现相应的接口。与 super_block 对象类似，每个 inode 对象包含一个 struct inode_operations *i_op，每个 file 对象包含一个 struct file_operations *f_op，每个 dentry 对象包含一个 struct dentry_operations *d_op。每个对象的具体操作取决于该对象所属的文件系统类型。下面介绍各个主要接口。

（1）struct super_operations

alloc_inode：分配一个 inode 对象。

destroy_inode：注销一个 inode 对象。

read_inode：该函数从已安装（mount）的文件系统读入一个 inode 信息。该 inode 对象的 inode 号已事先被初始化。

dirty_inode：当 inode 标记为脏时调用。

write_inode：把 inode 信息写入磁盘时调用。

put_inode：从 Inode Cache 中移去 inode 对象时调用。

drop_inode：当 inode->i_count 变为 0 时调用。

delete_inode：当删除 inode 时调用。

put_super：在卸载（umount）的过程中，当 VFS 释放超级块时调用。

write_super：希望把 VFS 超级块写入磁盘时调用。

（2）struct inode_operations

struct inode_operations 定义如下：

```
struct inode_operations {
        int(*create)(struct inode *, struct dentry *, int, struct nameidata *);
        struct dentry *(*lookup) (struct inode *, struct dentry *, struct nameidata *);
        int(*link) (struct dentry *, struct inode *, struct dentry *);
        int(*unlink) (struct inode *, struct dentry *);
        int(*symlink) (struct inode *, struct dentry *, const char *);
        int(*mkdir) (struct inode *, struct dentry *, int);
        int(*rmdir) (struct inode *, struct dentry *);
        …
};
```

注意，目录和文件在 VFS 中都用 inode 对象表示，而目录项则用 dentry 对象表示。下面介绍前两个函数以便对整体有所了解。

① create()：第一个参数必须是目录型文件对应的 inode。create()在该目录下创建一个文件，文件名事先被置入第二个参数中。第三个参数是文件的创建类型。

② lookup()：第一个参数必须是目录型文件对应的 inode。lookup()在该目录下查找一个文件，文件名事先被置入第二个参数 dentry 中。查找到的信息填入 dentry 中并返回。

（3）struct file_operations

struct file_operations 定义如下：

```
struct file_operations {
        struct module *owner;
        loff_t(*llseek) (struct file *, loff_t, int);
        ssize_t(*read) (struct file *, char __user *, size_t, loff_t *);
        ssize_t(*aio_read) (struct kiocb *, char __user *, size_t, loff_t);
        ssize_t(*write) (struct file *, const char __user *, size_t, loff_t *);
        ssize_t(*aio_write) (struct kiocb *, const char __user *, size_t, loff_t);
```

```
        int(*readdir) (struct file *, void *, filldir_t);
        ...
    }
```

这些操作与系统调用接口非常相似，因此不过多介绍。

（4）struct dentry_operations

struct dentry_operations 定义如下：

```
    struct dentry_operations {
        int(*d_revalidate) (struct dentry *, struct nameidata *);
        int(*d_hash) (struct dentry *, struct qstr *);
        int(*d_compare) (struct dentry *, struct qstr *, struct qstr *);
        ...
    };
```

① d_revalidate：检查 Dentry Cache 中的 dentry 是否是最新的。

② d_hash：计算文件名的 Hash 值。第一个参数是父目录，第二个参数包含了预设的文件名。

③ d_compare：比较一个目录下的两个文件名是否相等。例如，MS-DOS 文件系统不区分大小写，而 UNIX 文件系统则不然。

11.3.2 EXT2

EXT2 文件系统是 Linux 的原生文件系统之一，它支持传统 UNIX 文件的语义及一些高级特性，在性能和健壮性方面都表现不错。EXT2 的衍生版本为 EXT3。EXT3 在 EXT2 的基础上增加了日志功能，以满足企业级应用对日志文件系统的需求。

1. EXT2 在磁盘上的物理布局

EXT2 分区的第一个磁盘块用于引导，其余的部分被分成组，如图 11.6 所示。所有的组大小相同并且顺序存放，所以由组的序号可以确定该组在磁盘上的位置。

每个组由如下部分组成：超级块、组描述符、数据块位图、inode 位图、inode 表、数据块。

在早期版本的 EXT2 文件系统中，每个组都有一份超级块和组描述符的副本。在正常情况下，内核只使用组 0 的超级块和组描述符，并在合适的时机让各个组的副本一致。当组 0 的副本遭到损坏时，便可根据其他组的副本恢复，从而加强文件系统的可靠性。当文件系统很大时，将浪费大量空间备份超级块和组描述符。EXT2 文件系统随后的版本支持稀疏超级块（Sparse Super）特性，当组号是 0，1，或 3，5，7 三个数的幂时，该组才需要备份超级块和组描述符。

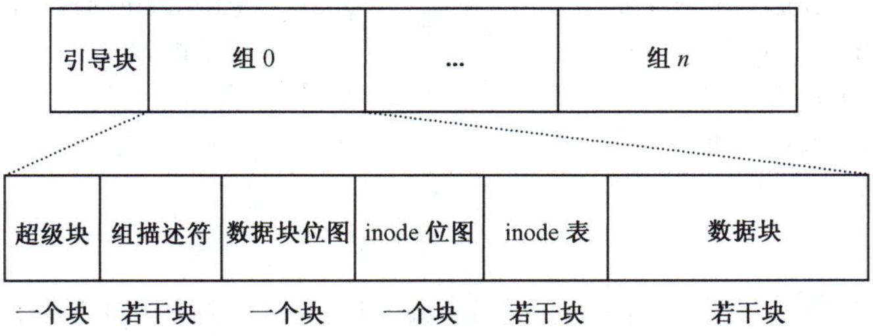

图 11.6　EXT2 分区的物理布局

而数据块位图、inode 位图、inode 表、数据块则专属于组。数据块位图的大小为一个块，位图的每位顺序对应组中的一个块，0 表示块可用，1 表示块已被用。如果块的大小为 1KB，则每个组的大小为 8196 块。所有的文件及目录都需要用 inode 结构表示，inode 结构大小固定，依次存放在 inode 表中。inode 位图表示对应的 inode 表的空间是否已被占用。

2．主要的数据结构及基本操作

（1）超级块

超级块的信息可用 ext2_super_block 结构表示。下面列出了一些讨论中将用到的成员：

```
struct ext2_super_block {
        _ _le32 s_inodes_count;             /* inode 的总数 */
        _ _le32 s_blocks_count;             /* 块的总数 */
        _ _le32 s_r_blocks_count;           /* 保留块的总数 */
        _ _le32 s_free_blocks_count;        /* 空闲块的总数 */
        _ _le32 s_free_inodes_count;        /* 空闲 inode 的总数 */
        _ _le32 s_first_data_block;         /* 第一个数据块 */
        _ _le32 s_log_block_size;           /* 块的大小 */
        _ _le32 s_log_frag_size;            /* 碎片的大小 */
        _ _le32 s_blocks_per_group;         /* 每组的块数 */
        _ _le32 s_frags_per_group;          /* 每组的碎片数 */
        _ _le32 s_inodes_per_group;         /* 每组的 inode 数 */
        _ _le32 s_mtime;                    /* 安装的时间 */
        _ _le32 s_wtime;                    /* 写的时间 */
        _ _le16 s_mnt_count;                /* 安装的次数 */
        …
};
```

（2）组描述符

每个组都有自己的描述符，内核用结构 ext2_group_desc 描述。下面列出了它的主要成员：

```
struct ext2_group_desc
{
        _le32 bg_block_bitmap;              /* 本组数据块位图所在的块号 */
        _le32 bg_inode_bitmap;              /* 本组 inode 位图所在的块号 */
        _le32 bg_inode_table;               /* 本组 inode 表的起始块号 */
        _le16 bg_free_blocks_count;         /* 组中空闲块的数目 */
        _le16 bg_free_inodes_count;         /* 组中空闲 inode 的数目 */
        _le16 bg_used_dirs_count;           /* 组中目录的数目 */
        _le16 bg_pad;                       /* 未用 */
        _le32 bg_reserved[3];               /* 未用 */
};
```

（3）inode

inode 是 EXT2 文件系统的文件控制块，inode 的大小为 128B。每个 inode 在 inode 表中的位置即是该 inode 隐含的 inode 号。内核用结构 ext2_inode 结构描述 inode。下面列出了它的主要成员：

```
struct ext2_inode {
        _le16 i_mode;
        _le16 i_uid;                        /* 拥有者的用户 ID */
```

```
        _le32 i_size;                          /* 文件大小 */
        _le32 i_atime;                         /* 最近一次访问时间 */
        _le32 i_ctime;                         /* 创建时间 */
        _le32 i_mtime;                         /* 最近一次修改时间 */
        _le32 i_dtime;                         /* 最近一次不用时间 */
        _le16 i_gid;                           /* 文件的组 ID */
        _le16 i_links_count;                   /* 链接数 */
        _le32 i_blocks;                        /* 分配给该文件的磁盘块的数目 */
        _le32 i_flags;                         /* 文件标志 */
        …
        _le32 i_block[EXT2_N_BLOCKS];          /* 指向磁盘块的指针 */
        …
    };
```

i_mode 包含了文件的类型信息和文件的访问权限。文件的类型有常规文件、目录、字符设备、块设备等。

i_block[EXT2_N_BLOCKS] 一般放置文件数据所在的磁盘块编号，EXT2_N_ BLOCKS 的默认值为 15。

设备文件用 ext2_inode 足以包含所有信息，不需要另外的数据块。而常规文件、目录有所不同，一般需要额外的磁盘块来存储数据。

目录的数据块包含了所有属于这个目录的文件信息。它用 ext2_dir_entry_2 结构来描述属于这个目录的文件。原型声明如下：

```
    struct ext2_dir_entry_2 {
        _le32 inode;                   /* inode 号 */
        _le16 rec_len;                 /* 本项所占的长度 */
        _u8   name_len;                /* 文件名长度 */
        _u8   file_type;               /* 文件类型 */
        char  name[EXT2_NAME_LEN];     /* 文件名 */
    };
```

目录的各项在数据块中依次放置，可以看成一个变长数组，每项的起始地址偏移 rec_len 后即是下一项的起始地址。当删除一项时，被删除项的 rec_len 加入前一项的 rec_len 即可。如果要增加一项，则顺序查找已有项，如果某项的剩余空间足以容纳新项，则利用该空间放置，若找不到，则需要分配新块。

i_block[15]数组主要是支持常规文件，因为数据在磁盘上并不一定连续，需要保存各个磁盘块号。它的前 12 项可看成一级指针，直接存放文件数据所在的磁盘块号。数组的第 13 项是二级指针，指向的磁盘块并不包含文件的数据，而是一系列的一级指针，这些一级指针指向磁盘块。假设磁盘块大小是 1KB，每个磁盘块号占 4B，则第 13 项可表示的文件大小是 256KB。而数组的第 14 项和第 15 项分别是三级和四级指针，访问数据的方式可由第 13 项类推。这种方法保证了对大量的小文件的访问效率很高，同时又支持大文件，如图 11.7 所示。

（4）一些操作

如果知道文件的 inode 号，如何找到该文件信息呢？因为每组磁盘块的 inode 数目固定，所以很容易计算出该文件属于哪个组，并且得到 inode 在组中 inode 表的下标，继而可得到 ext2_inode 信息。

下面以/root/temp.c 为例，介绍如何查找一个文件。由于根目录的 inode 号总为 2，因此可以得到根目录的 ext2_inode 信息，再从 i_block 指向的数据块查找是否有 ext2_dir_entry_2 项的名字等于 root。如果有，就得到了 root 目录的 inode 号。重复上述过程，则可以判定是否存在 /root/temp.c。

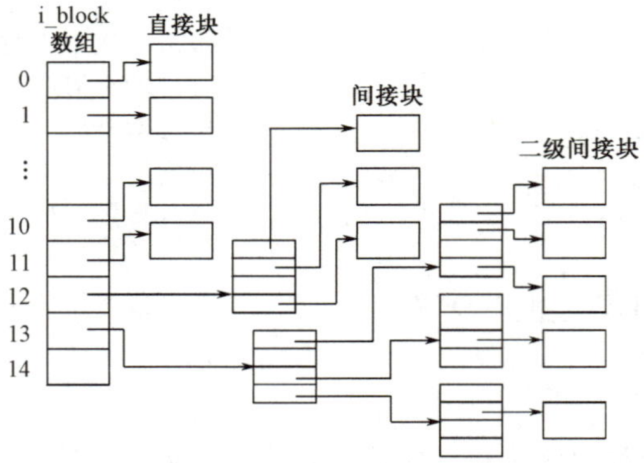

图 11.7　EXT2 文件数据块组织示意图

最后介绍如何读取文件某个位置的数据。由于给定的位置是相对于文件而不是相对于磁盘的，因此需要根据该位置计算出它在 i_block 中的下标，这样才能得到在磁盘上的位置。当然，会因为多级指针的介入而稍显复杂。

3．磁盘块的分配与释放

磁盘块的释放主要工作是，修改块位图和涉及块的统计变量。

磁盘块的分配稍为复杂。EXT2 采用了预分配策略，当申请一个块时，系统尽量预分配 8 个连续块，这样在下一次申请时，分配算法先查找是否存在预分配块，如果存在，则分配。如果不行，则试图在附近 32 个块的范围内分配。如果还不行，则在本组内向前查找 8 个连续空闲的块。如果还不满足，则任何空闲的块均可以被分配。如果还不满足，则到其他的组中寻找。这样做能有效地缩短文件的访问时间。

11.3.3　主要文件系统中系统调用的处理流程

文件系统的操作接口 open()，read()，write()等看似简单，但内部实现却比较复杂。下面介绍 open()，read()的实现。

1．文件的 open()

open()最终会调用内核的 sys_open()。该函数的第一个参数是打开文件的路径名，第二个参数是对文件的访问位，可以是读、写、创建等标志位的组合。该函数的执行过程如下。

（1）调用 getname()，将用户空间的文件名复制到内核空间内供后面的步骤使用。

（2）调用 get_unused_fd()，在 current->files->fd 所指向的文件对象指针数组中查找一个未使用的索引（文件描述符），将该值存储在局部变量 fd 中。current 表示当前进程描述符。

（3）调用 filp_open()，该函数的工作主要分为如下两步：

第一步，调用 open_namei()，找到目标节点（可以是文件、目录）所对应的 dentry 对象。与 dentry 对象相对应的 inode 对象此时也应该在物理内存中。open_namei()的主体是调用 path_lookup()填充一个 nameidata 结构。path_lookup()的执行过程如下。

① 确定从哪一个 dentry 对象出发进行路径解析。根据指定文件路径名是相对路径还是绝对路径，从 current->fs 中得到相应的 dentry 对象。

② 调用 link_path_walk()进行路径解析，一系列文件系统操作均会调用该函数。以

cs371/project/document.html 为例，现在已经得到了当前目录的 dentry 对象，要得到子目录 cs371 的 dentry 对象，再通过 cs371 的 dentry 对象得到 project 的 dentry 对象，依次下去。这实际上是个循环过程。每次循环都得到一个 dentry 对象，该对象对应文件路径的一个子路径。下面是每次循环的具体过程。

a）如果子路径是“.”，则表示当前目录，应该进行下一次循环。

b）如果子路径是“..”，则表示父目录，要看当前 dentry 对象的情况。若当前 entry 对象已经是本进程的根目录，则应保持不变，直接进行下一次循环；若当前 dentry 对象与父目录在同一个设备上，则 dentry 对象的 d_parent 成员即为所求，d_parent 一定在内存中；若当前 dentry 对象为所在设备的根节点，则它的上一层必然是另一个设备，此时应把 dentry 对象改成安装点的 dentry 对象，再从头执行。

c）调用 do_lookup()找到或建立子路径的 dentry 对象。do_lookup()查找子路径对应的 dentry 是否已经在 dentry cache 中，如果有，则返回。

此时应该到磁盘上查找信息，调用 real_lookup()。该函数先通过 slab 分配器申请一个空闲 dentry 对象，用来存放即将查找的信息，然后调用父目录 inode 对象的 i_op->lookup()方法。该 lookup()方法是特定于文件系统的。下面以 EXT2 文件系统为例说明大致流程。EXT2 的 lookup()方法是 EXT2_lookup()，它首先从磁盘读入 dentry 对象信息，包括 dentry 对象对应的 inode 号。然后再查找相应的 inode 对象是否在 Inode Cache 中，如果不在，则申请一个空闲的 inode 对象，再利用超级块对象的 s_op->read_inode()从磁盘读入相关信息，EXT2 的 read_inode()方法是 EXT2_ read_inode()；最后，让 dentry 对象的 d_inode 成员指向该 inode 对象。

d）已经找到子路径的 dentry 对象，但还有两种情况值得考虑：一种情况是，该 dentry 对象是一个安装点，这时要推进到所安装设备的根节点；另一种情况是，该 dentry 对象是一个软链接（Soft Link），这时要推进到链接目标。

第二步，调用 dentry_open()，该函数申请获得一个空闲的文件对象 f，然后初始化该对象，其中包括使 f->f_dentry 指向已获得的 dentry 对象，f->f_op 被赋值为 inode 对象的 i_fop 成员，然后将调用 f->f_op->open()。

（4）调用 fd_install()，通过下面这条语句将文件对象装入当前进程的打开文件表：

```
current->files->fd[fd] = file;
```

（5）返回文件描述符 fd。

2．文件的 read()

（1）页缓冲（Page Cache）

Linux 在读/写文件时采用了页缓冲机制，它能够有效地减少 I/O 操作的次数。尽管文件在磁盘上以磁盘块为基本单位存放，但在内核中文件被看成由页面组成，对文件的读/写首先要经过页缓冲。读操作首先到页缓冲中查找页面是否存在，如果存在则将结果返回。如果没找到，则发出 I/O 请求。写操作并不立即发出 I/O 请求，而是写入页缓冲，在后面的某个时刻才会启动 I/O 操作，如图 11.8 所示。

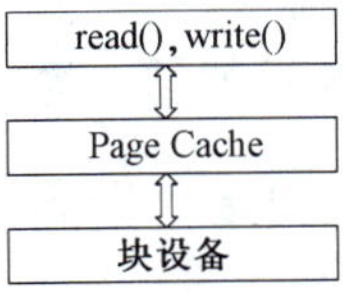

图 11.8　在文件操作中的页缓冲

页面由 struct page 结构描述。每个文件的所有页面由一个 struct address_space 结构管理，struct inode 结构中的 i_mapping 成员就起这个作用。当需要对属于该文件的页面进行操作时，就调用 address_space_operations 的相应方法。

```
struct address_space {
```

```
        struct inode *host;                          /* 该空间的拥有者*/
        struct radix_tree_root  page_tree;           /* 基树的根 */
        …
        struct address_space_operations *a_ops;
        …
};
struct address_space_operations {
        int(*writepage) (struct page *page, struct writeback_control *wbc);
        int(*readpage) (struct file *, struct page *);
        …
};
```

为了快速查找文件的页是否在 Page Cache 中，同一个 address_space 在 Page Cache 的页面中组成一棵基树，基树根据当前访问过的文件最大偏移量来生成与调整。对于大小不超过 256KB 的小文件，相应的基树深度仅为 1。

（2）read()的实现

read()在内核中的对应函数为 sys_read()，该函数的执行过程如下：

① 根据文件描述符调用 fget_light()，找到相应的文件对象 file。

② 调用 file_pos_read()得到当前读指针。

③ 调用 vfs_read()执行读操作。

第一步，检查 file->f_mode 是否允许读。

第二步，调用 rw_verify_area()检查要读的文件区间是否被锁住。如果只有读锁，则可以继续。如果是互斥的写锁，则根据写锁的设置进程阻塞或者返回一个错误码。

第三步，调用 file->f_op->read()执行读操作。如果 read()不存在，则调用 file-> f_op->aio_read()读数据。对于大部分文件系统，struct file_operations 的 read 成员实际指向 generic_file_read()。该函数根据文件位置和要读出的长度确定相应的页面，然后再检查该页面是否在 Page Cache 中。如果不在，就要调用 inode 节点的 i_mapping->a_ops->readpage()将其从磁盘读入。不同磁盘文件系统的 readpage()不同，EXT2 文件系统相应的函数为 EXT2_readpage()。另外需指出，为了提高性能，读操作采用了预读机制以减少 I/O 操作的次数。

④ 调用 file_pos_write()，更新当前读指针。

⑤ 返回实际读到的字节数。

11.4 设备管理

Linux 沿用了 UNIX 设备管理的做法，用户可以像处理常规文件一样来操作设备。本节将先介绍设备文件的概念及相关的数据结构，最后通过 open()与 read()的实现描述块设备管理是如何与 VFS 框架结合的。

11.4.1 设备文件的概念

传统的 UNIX 系统均把设备当成文件来处理，因而可以用 read()/write()对设备进行操作。设备文件一般在/dev 目录下，如/dev/sda 表示 U 盘，/dev/hda1 表示第一个硬盘的第一个分区。

Linux 下的设备大体分为如下三类：

① 块设备。一次 I/O 操作以固定大小的数据块为单位，且可随机存取。

② 字符设备。一次 I/O 操作存取数据量不固定，只能顺序存取。

③ 网卡。网卡是特殊处理的，它没有对应的设备文件。

设备文件除文件名之外，还有如下三个主要的属性：

① 类型。它用于标识是字符设备还是块设备。

② 主设备号。主设备号相同的设备被同一个设备驱动程序处理。

③ 从设备号。它指明具体的设备。

例如，/dev/hda1，/dev/hda2 都是块设备文件，主设备号均为 3，从设备号则分别为 1 和 2。设备文件的生成是由 mknod()系统调用完成的，它的参数是前面提到的三个属性。Linux 安装完成之后，已经在/dev 目录下生成了绝大多数可能要用到的设备文件，尽管很多真正的设备尚未安装。

11.4.2 设备模型基础

内核对象是 Linux 2.6 内核引入的新的设备管理机制，在内核中用 kobject 结构表示。kobject 是一种简单的数据类型，它一般内嵌在更为复杂的数据类型中。kobject 提供基本的对象管理，是构成 Linux 2.6 设备模型的核心结构，它与 sysfs 文件系统紧密关联，每个在内核中注册的 kobject 对象都对应于 sysfs 文件系统中的一个目录，目录下的文件往往是对象的属性。使用这个结构，所有设备在底层都具有统一的接口。内核对象结构定义如下：

```
struct kobject {
        char * k_name;                    /*设备名称, 名字短时指向 name 数组*/
        char  name[KOBJ_NAME_LEN];
        struct kref kref;                 /*对象引用计数*/
        struct list_head entry;           /*挂接到所在内核对象集合中的单元*/
        struct kobject * parent;          /*指向父对象的指针*/
        struct kset * kset;               /*所属内核对象集合的指针*/
        struct kobj_type * ktype;         /*指向其对象类型描述符的指针*/
        struct dentry * dentry;           /*在 sysfs 文件系统中对应的文件节点路径指针*/
};
```

下面是一些内核对象操作接口：

```
int kobject_register(struct kobject *);
void kobject_unregister(struct kobject *);
struct kobject * kobject_get(struct kobject *);
void kobject_put(struct kobject *);
void kobject_init(struct kobject *);
int kobject_add(struct kobject *);
```

通过调用 kobject_register()和 kobject_unregister()可以动态地对内核对象进行添加和删除操作。注册一个内核对象会在一个内核对象集合中插入这个 kobject，并在 sysfs 文件系统中创建一个对应这个 kobject 的目录。

kobject_get()将 kobject 的引用计数加 1，而 kobject_put()将 kobject 的引用计数减 1。

kobject_init()和 kobject_add()用来初始化和添加一个 kobject。调用 kobject_init()后再调用 kobject_add()。它与 kobject_register()有相同的功能，即注册一个 kobject。

11.4.3 相关数据结构

1．字符设备管理

字符设备管理的主要数据结构如下：

```
struct cdev {
        struct kobject kobj;                    /*内嵌的内核对象 */
        struct module *owner;                   /*所属的模块*/
        struct file_operations *ops;            /*设备操作集合*/
        struct list_head list;                  /*设备的 inode 链表头*/
        dev_t dev;                              /*设备号*/
        unsigned int count;                     /*分配的设备号数目*/
};
static struct char_device_struct {
        struct char_device_struct *next;        /*链接 Hash 值相同的项*/
        unsigned int major;                     /*主设备号*/
        unsigned int baseminor;                 /*第一个从设备号*/
        int minorct;                            /*从设备号区间的大小*/
        const char *name;                       /*设备名*/
        struct file_operations *fops;           /*未使用*/
        struct cdev *cdev;                      /*相关联的 cdev 对象*/
} *chrdevs[MAX_PROBE_HASH];
```

每个字符设备驱动都有一个 cdev 结构。为了追踪设备号的使用情况，系统使用 Hash 数组 chrdevs 记录已经分配的主设备号和从设备号。char_device_struct 结构描述了被分配出去的设备号区间。设备在系统中的注册是通过 register_chrdev()实现的，其原型如下：

```
int register_chrdev(unsigned int major, const char *name, struct file_operations
                    *fops);
```

major 是用户期望的主设备号，如果值为 0，则由系统选择一个空闲的主设备号；name 是设备名；fops 是字符设备特定的操作集合。register_chrdev()分配一个 cdev 对象和一个 char_device_struct 对象并将它们初始化。设备注册后就可以使用该设备了，当 open()操作打开字符设备文件时，文件对象的操作集合就被初始化为该设备特定的操作集合，从而和普通的文件区分开来。当设备不再使用时，文件可以通过 unregister_chrdev()注销。

2．块设备管理

块设备比字符设备的管理要复杂得多，在此只能简单介绍。块设备由 gendisk 结构描述，其定义如下：

```
struct gendisk {
        int major;                              /* 主设备号 */
        int first_minor;                        /* 第一个从设备号 */
        int minors;                             /* 设备最大的从设备数 */
        char disk_name[32];                     /* 设备名 */
        struct hd_struct **part;                /* 分区数组 */
        struct block_device_operations *fops;   /* 块设备的操作集合 */
        struct request_queue *queue;            /* 请求队列 */
        void *private_data;                     /* 私有数据 */
        sector_t capacity;                      /* 块设备的容量 */
```

```
    ...
    struct kobject kobj;                    /* 内嵌的 kobject 对象 */
    ...
};
```

使用一个块设备时，要使用 register_blkdev()注册设备号，再使用 alloc_disk()分配一个 gendisk 对象并对该对象初始化，其中包括请求队列对象和块设备操作集合的初始化；然后注册一个中断处理函数，最后调用 add_disk()注册 kobject 对象，激活该设备。

当打开某个块设备文件时，系统将创建一个 block_device 对象，结构定义如下：

```
struct block_device {
    dev_t bd_dev;                           /* 设备号 */
    struct inode *bd_inode;                 /* 对象所对应的 inode 对象 */
    int bd_openers;                         /* 打开的次数 */
    ...
    struct gendisk *bd_disk;                /*所对应的 gendisk 对象 */
    ...
};
```

3．buffer

文件系统对块设备的操作是以块为基本单位的，而磁盘的物理基本单位是扇区。块的大小不小于一个扇区的大小但不会超过一个页面的大小。每读入一个块时，并不立即把块中的数据送到应用程序的缓冲区，而是先在内核申请一个同等大小的内存块，称为 buffer，将块读入，然后再写入程序缓冲区。这样，下一次访问该块时就不必再进行磁盘操作，从而提高了性能。对块的写操作同样要经过 buffer，由 buffer_head 结构描述。该结构定义如下：

```
struct buffer_head {
    unsigned long b_state;                  /* 状态位图 */
    struct buffer_head *b_this_page;        /* 同属一个页面的 buffer 链表 */
    struct page *b_page;                    /* buffer 所属的页面 */
    atomic_t b_count;                       /* 使用者计数 */
    u32 b_size;                             /* 块的大小 */
    sector_t b_blocknr;                     /* 块号 */
    char *b_data;                           /* buffer 所在的位置 */
    struct block_device *b_bdev;            /* 所属的块设备 */
    ...
};
```

每个 buffer 由块设备和块号唯一确定。若块的大小为 1KB，物理页帧的大小为 4KB，则一个物理页帧可以容纳 4 个 buffer，图 11.9 反映了这种关系。

下面介绍 Page Cache 和 Buffer Cache 的区别。在早于 2.4.10 版本的 Linux 内核中，Buffer Cache 起着非常重要的作用。使用 Buffer Cache 的场合主要是读取块设备文件的数据和文件系统的元数据（如 EXT2 的超级块、数据块位图等），Page Cache 主要用来存放普通文件的数据。在 Linux2.6 内核中，文件的数据几乎都由 Page Cache 来组织。文件可以是普通文件，也可以是特殊文件，如块设备文件等。文件数据并不一定在物理上连续。读入 Page Cache 的操作必然以块为基本单位完成，所以 Page Cache 是依赖于 buffer 的。

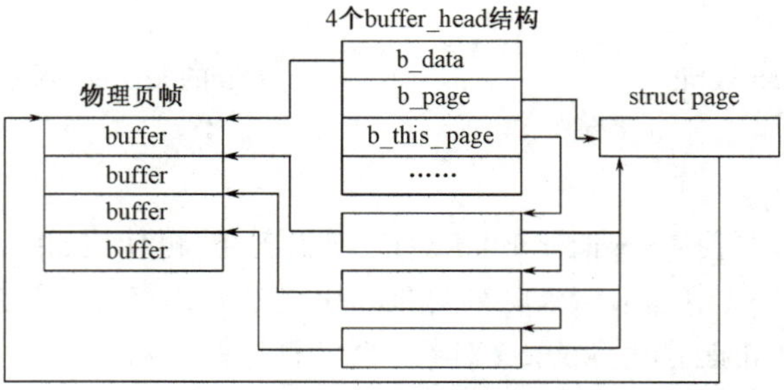

图 11.9　同属一个页面的 buffer 与 head 之间关系

4. 设备请求队列和 I/O 调度算法

每个块设备都维护一个请求队列，该队列的每个成员称为请求。一个请求实际上主要包含两项信息：一是若干物理上连续的磁盘块，二是操作类型是读还是写。磁盘驱动逐个完成请求，直到请求队列为空。每当文件系统产生一个新的请求，都要将其加入设备请求队列，这个过程有两个优化措施：

① 加入之前，先要检查已有的块设备操作请求和现在的请求是否在物理上相邻并且操作行为一致。如果是，则将该操作并入已有的操作请求而无须生成新的操作请求。

② 如果不能合并，则生成一个新的块设备操作请求，由 I/O 调度器加入设备请求队列的合适位置。

I/O 调度器采用的算法是影响系统性能的关键因素，令人遗憾的是，没有一种 I/O 调度算法能够适合所有的 I/O 负载情况。Linux 2.6 支持 4 种 I/O 调度算法：预期 I/O、期限 I/O、完全公平队列 I/O 和 NOOP I/O 调度算法。在默认情况下，选择预期 I/O 调度算法。在 Linux 启动时，通过设置内核参数选用 4 种算法之一。在运行时，系统管理员也可以通过 sysfs 文件改变某个块设备所采用的 I/O 调度算法。

11.4.4　块设备文件的 open()和 read()操作

读取块设备上的数据有两种形式：一种形式把它看成以某种文件系统组织起来的各个文件集合来读取，另一种形式把块设备整体看成一个文件来访问。已经介绍过前一种形式，下面介绍后一种形式。无论哪一种形式，最终都要归结为对块的操作。

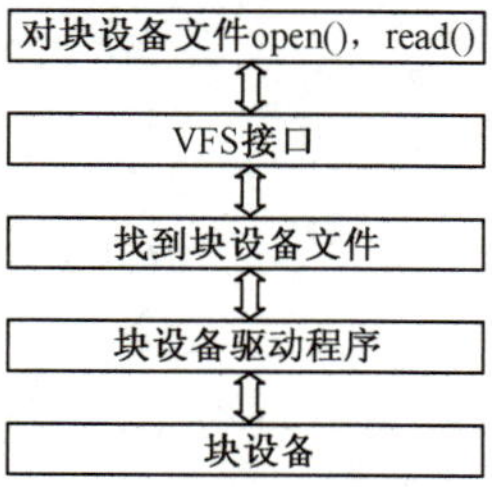

图 11.10　块设备文件的操作流程

1. 块设备驱动程序的组成

从图 11.10 可以看出块设备驱动程序分为如下两部分：

① 与 VFS 的接口层。

② 真正对设备（一般是磁盘控制器）操作的部分，有操作请求以后会触发这部分。

2. open()

该函数的处理与 11.3 节介绍的流程一样。这里介绍该流程中设备作为一种特殊文件是如何处理的。

在调用 open_namei()的过程中，需要填充一个设备文件对应的 inode 对象的各成员项。这将会调用 init_special_inode()：

```
void init_special_inode(struct inode *inode, umode_t mode, dev_t rdev)
{
```

```
        inode->i_mode = mode;
        if(S_ISCHR(mode) ){                      /*为字符设备文件*/
            inode->i_fop = &def_chr_fops;
            inode->i_rdev = rdev;
        } else if(S_ISBLK(mode) ){               /*为块设备文件*/
            inode->i_fop = &def_blk_fops;
            inode->i_rdev = rdev;
        }
        …
    }
```

对设备的操作集合为 def_blk_fops，它与普通文件系统的操作集合不同。根据 11.3 节的介绍，该操作集合的 open()方法，即 blkdev_open()将被调用，取得该设备对应的 block_device 对象和 gendisk 对象，对两个对象进行初始化。如果有必要，还要对该设备进行初始化。

```
    struct file_operations def_blk_fops = {
        .open = blkdev_open,
        ...
        .read= generic_file_read,
        .write = blkdev_file_write,
        ...
    };
```

3. read()

从 def_blk_fops 的成员列表中可以看到，对于特殊文件类型的块设备文件的读操作，也采用通用的文件读函数 generic_file_read()。该函数在 11.3 节中已经介绍过。

11.5 中断、异常及系统调用

本节将基于 x86 分别介绍中断、异常及系统调用的处理过程。中断通常分为同步中断和异步中断。同步中断由 CPU 产生，通常在执行指令时却遇上异常情况。常见的同步中断有被零除、溢出及页面异常等。产生同步中断的情况中有一种是使用 int 指令，Linux 使用该指令来实现系统调用。异步中断又分为可屏蔽的和不可屏蔽的两类，由一些硬件设备在指令执行的任意时刻产生，I/O 设备和定时器产生的中断就属于异步中断。

Intel 处理器手册把同步中断称为异常，把异步中断直接称为中断。在此采用这种说法。

11.5.1 中断/异常的基本知识

中断/异常的发生都将导致核心态代码的运行。中断既可能发生在用户态下，也可能发生在核心态下，并且允许中断的嵌套发生。相比之下，异常大部分发生在用户态下，但是页面异常可能发生在核心态下。这往往是因为核心态要访问进程地址空间，而此时该页面又不在内存中。可以看到，即便在核心态下可能发生页面异常。异常最多可能是两级嵌套，绝大多数情况是只有一级异常。异常的处理过程中可能产生中断，反之则不可能。

每个中断/异常都有一个向量号，该号的值在 0～255 之间，该值是中断/异常在中断向量表（Interrupt Descriptor Table，IDT）中的索引。每个中断/异常均有其相应的处理函数。中断/异常在使用前必须在 IDT 中注册，以保证发生中断/异常时能找到相应的处理函数。IDT 表项还记录了一些用于安全检查的其他信息，以防止非法进入核心态。IDT 在系统初始化时创建。

IDT 中向量号的使用情况如下：

① 异常与非屏蔽中断使用 0～31。

② 可屏蔽中断使用 32～47，见 11.5.4 节。

③ Linux 内核用第 128（0x80）号中断实现系统调用。

④ 剩余的编号，主要用于外部中断、高级可编程中断控制器（APIC）。

人们非常熟悉中断/异常发生与退出的处理，就是发生时保存现场，退出时恢复现场。这个工作是由软件和硬件共同完成的。值得指出的是，保存在核心栈中的程序计数器 eip 的值取决于具体情况。在一般情况下，eip 保存下一条指令的地址。但对于页面异常，保存的是产生异常的这条指令的地址，而不是下一条指令的地址。因为这很可能是由缺页所导致的，异常处理将调入页面，然后重新执行这条指令，见 11.2 节。

11.5.2 异常处理函数

异常处理的一般流程如下：

① 将大多数寄存器的值保存到核心栈中。

② 调用相应的处理函数。

③ 跳转到 ret_from_exception 标号处退出。

大多数异常处理函数的过程如下：

① 将硬件错误码和异常向量号存入当前进程。

② 给当前进程发出一个相应的信号。

下面的代码说明了该过程：

```
struct task_struct *tsk = current;            /*current 为当前进程*/
tsk->thread.error_code = error_code;          /*error_code 为硬件错误码*/
tsk->thread.trap_no = trapnr;                 /* trapnr 为异常向量号*/
if(info)
      force_sig_info(signr, info, tsk);       /* force_sig_info(), force_sig()均用来向进
                                              程发出信号*/
else
      force_sig(signr, tsk);
```

当从 ret_from_exception 处返回用户空间时，将会检查进程是否有信号等待处理。如果有，则还要看进程是否有自己的信号处理函数。如果有，则调用它，否则采用内核对信号的默认处理，一般是将该进程杀死。

但是，有些异常的处理过程并不类似上面的情况。典型的例子是页面异常，该异常是实现按需分配页面的硬件支持机制，它的处理函数最终会调用 do_page_fault()，见 11.2 节。

11.5.3 系统调用

众所周知，用户程序不能对硬件直接操作。操作系统为用户态进程提供了统一的接口，即系统调用。通过该接口，用户态进程可以切换到核心态从而访问相应的资源。这样做的好处如下：① 使编程更加容易。② 有利于系统安全，因为接口统一，故可以对用户的参数进行检查。③ 接口统一有利于移植。

Linux 2.6 内核提供了近 300 个系统调用。

下面通过 fork()来了解系统调用的执行过程。当用户调用 fork()时，在 libc 库中有如下的实

现语句：

```
movl $2, %eax
int $0x80
```

int $0x80 指令是所有系统调用的统一入口，而 eax 寄存器中存放的是系统调用表中的编号，fork()系统调用的编号为 2。不是所有的库函数都有相应的系统调用，即便有，它们的关系也不一定是一一对应的。

系统在初始化时设置了 0x80 号异常的处理函数为 sys_call()，该函数执行下面一条语句：

```
call *SYMBOL_NAME(sys_call_table)(, %eax, 4)
```

sys_call_table 为系统调用表，该表保存的是各个系统调用的入口地址。下面列出了系统调用表的前三项：

```
ENTRY(sys_call_table)
    .long SYMBOL_NAME(sys_ni_syscall)        /*第 0 号 */
    .long SYMBOL_NAME(sys_exit)
    .long SYMBOL_NAME(sys_fork)
```

fork()对应的系统调用为 sys_fork()，该函数又调用 do_fork()完成具体的工作，细节见 11.1 节。许多库函数都有类似的形式，假设库函数名为 xyz，则其对应的系统调用名为 sys_xyz。sys_xyz()往往只做一些参数检查之类的工作，然后调用具体的函数进行处理。

11.5.4 中断的处理

与异常的处理相比，中断处理要复杂一些。中断处理分为两部分，上半部分和下半部分。本节先介绍上半部分的处理，然后再介绍下半部分的处理。

1. 中断控制器

每个硬件设备控制器都能通过中断请求线发出中断请求（IRQ），所有设备的中断请求线又连到中断控制器的输入端。在 x86 单 CPU 的机器上采用两个 8259A 芯片作为中断控制器，一主一从。从 8259A 将它的 INT 脚与主 8259A 的 IRQ2 相连，如图 11.11 所示。8259A 从 IRQ*n* 请求线上接收中断信号，每根请求线有一个触发器来保存请求信号，从而形成中断请求寄存器。当 8259A 有中断信号输入且中断信号不被屏蔽时，主 8259A 向 CPU 发出 INT 信号，请求中断。这时如果 CPU 处于允许中断状态，CPU 就会发信号给 8259A 进入中断响应周期。

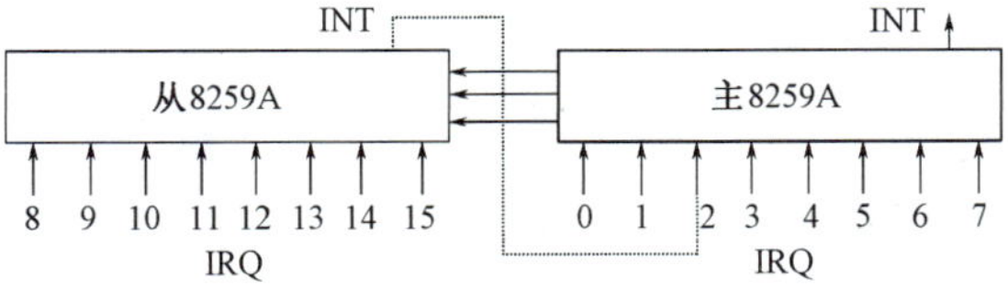

图 11.11　两个 8259A 芯片级联

中断请求线的编号从 0 开始。在对 8259A 芯片的初始化过程中，第 *n* 号中断对应 IDT 表中的索引为 *n*+32。很明显，因为中断请求线的数目有限，所以几个设备共享一根线是有必要的。当这根输入线上有中断请求时，处理程序需要依次查询这些设备，以确定究竟是哪一个设备发出了中断请求。

2. 管理中断的数据结构

核心的数据结构有两个：hw_interrupt_type 结构和 irq_desc_t 结构。

hw_interrupt_type 结构的定义如下：

```
struct hw_interrupt_type {
    const char * typename;
    unsigned int(*startup)(unsigned int irq);
    void(*shutdown)(unsigned int irq);
    void(*enable)(unsigned int irq);
    void(*disable)(unsigned int irq);
    void(*ack)(unsigned int irq);
    void(*end)(unsigned int irq);
    void(*set_affinity)(unsigned int irq, cpumask_t dest);
};
typedef struct hw_interrupt_type hw_irq_controller;
```

该结构描述中断控制器。Linux 支持多种中断控制器，hw_interrupt_type 是根据它们的共性抽象出来的一致接口。对于 8259A 芯片来讲，它的具体成员如下：

```
static struct hw_interrupt_type i8259A_irq_type = {
    "XT-PIC",
    startup_8259A_irq,
    shutdown_8259A_irq,
    enable_8259A_irq,
    disable_8259A_irq,
    mask_and_ack_8259A,
    end_8259A_irq,
    NULL
};
```

irq_desc_t 结构描述中断源，数组 irq_desc[ ]描述所有的中断源：

```
typedef struct irq_desc {
    hw_irq_controller *handler;         /*该中断所属的中断控制器*/
    void *handler_data;
    struct irqaction *action;           /*IRQ 响应链*/
    unsigned int status;                /*IRQ 状态*/
    unsigned int depth;                 /*嵌套深度*/
    unsigned int irq_count;
    unsigned int irqs_unhandled;
    spinlock_t lock;
} __cacheline_aligned irq_desc_t;
extern irq_desc_t      irq_desc [NR_IRQS];
```

irqaction 结构记录当中断发生时具体的处理函数，其定义如下：

```
struct irqaction {
    irqreturn_t(*handler)(int, void *, struct pt_regs *);      /*具体的处理函数*/
    unsigned long flags;
    cpumask_t mask;
    const char *name;
    void *dev_id;
    struct irqaction *next;                                    /*利用该成员形成链表*/
    int irq;
```

```
    struct proc_dir_entry *dir;
};
```

irq_desc_t 的 action 成员实际是一个 irqaction 结构的链表，因为多个设备可能共享一个中断源，每个设备都必须提供一个 irqaction 结构挂入 action 链表。

每个设备在使用前必须注册一个 IRQ 号，并提供相应的处理函数。该功能是通过 request_irq() 实现的。下面是软驱驱动程序注册 IRQ 号的代码：

```
request_irq(FLOPPY_IRQ, floppy_interrupt,
            SA_INTERRUPT|SA_SAMPLE_RANDOM, "floppy", NULL);
```

FLOPPY_IRQ 是 IRQ 号，floppy_interrupt()是处理函数。如果该函数成功，则 irq_desc[FLOPPY_IRQ]的 action 成员将会指向一个新分配的 irqaction 结构，该结构的 handler 指向 floppy_interrupt()。

3．中断的处理过程

下面描述中断的处理流程：

① 中断信号由外部设备发送到中断控制器，中断控制器根据 IRQ 号转换成相应的中断向量号传给 CPU。

② CPU 在接收中断后，保存现场，根据中断向量号到 IDT 中查找相应的处理函数。这些处理函数的操作类似，都是先将中断向量号入栈，然后将硬件未自动保存的某些寄存器的内容入栈，再调用 do_IRQ()。

③ do_IRQ()完成一系列的动作，包括对中断控制器确认、设置中断源状态等，接着它会根据 IRQ 号找到描述中断具体动作的 irqaction 结构变量 action，执行如下代码：

```
do {
    ret = action->handler(irq, action->dev_id, regs);
    if(ret == IRQ_HANDLED)
        status |= action->flags;
    retval |= ret;
    action = action->next;
} while(action);
```

while 循环用来处理设备共享中断号的情况。

④ 最后，do_IRQ()检查是否有软中断，若有，则调用 do_softirq()执行软中断。

⑤ 跳转到 ret_from_intr 退出，恢复中断前的现场。

11.5.5 软中断

前面已经提到，中断处理分为上半部分和下半部分，这样做是因为 CPU 在响应中断并进行处理的时候往往会关闭中断，而在此期间完全可能有多个设备发出中断请求，所以希望能够尽快地响应中断以免中断丢失。

下面以“网卡驱动程序”为例来描述解决的办法。当有网卡接收到数据包时，向 CPU 发出中断后，处理分成如下两部分：

① CPU 响应，关闭中断，把数据包从硬件缓冲区复制到内核空间中，做标记用来激活下半部分的动作，开中断。

② 处理数据包。

注意到下半部分可以在开中断的情况下运行，并且第②步并不一定紧接着第①步运行（如出现第①步后马上又有中断的情况），实际情况往往是有点时延。如此便保证了中断的响应速度。大部分驱动程序都遵循这种处理方法。习惯上，把下半部分称为软中断，而上半部分称为硬中断。

软中断可以并发执行，相同的与不同的软中断都可以在不同的 CPU 上同时执行。进一步加强条件，就得到了一种特殊的软中断 tasklet。相同的 tasklet 不会同时在不同的 CPU 上运行，不同的 tasklet 可以在不同的 CPU 上同时运行。

系统预定义了 6 个软中断：HI_SOFTIRQ，TIMER_SOFTIRQ，NET_TX_SOFTIRQ，NET_RX_SOFTIRQ，SCSI_SOFTIRQ 及 TASKLET_SOFTIRQ。HI_SOFTIRQ 用于处理高优先级别的 tasklet；TIMER_SOFTIRQ 用于时钟中断；SCSI_SOFTIRQ 用于 SCSI 总线中断；TASKLET_SOFTIRQ 对应于 tasklet；NET_TX_SOFTIRQ 发送网络数据；NET_RX_SOFTIRQ 接收网络数据。

软中断定义使用 open_softirq( )，下面是注册 NET_RX_SOFTIRQ 软中断的语句：

```
open_softirq(NET_RX_SOFTIRQ, net_rx_action, NULL);
```

NET_RX_SOFTIRQ 为软中断号。net_rx_action 是一个函数，当软中断被处理时调用该函数。raise_softirq()设置标志位激活软中断，在中断处理的上半部分被调用。例如，下面的语句激活 NET_RX_SOFTIRQ 软中断：

```
raise_softirq_irqoff (NET_TX_SOFTIRQ);
```

内核的 do_softirq()用于处理软中断，它发现哪个软中断的标志位被设置，就调用相应的软中断处理函数。do_softirq()在以下三个地方得到执行机会：

（1）irq_exit()被调用时。该函数被调用的场合如下：

① 当 do_IRQ()结束中断上半部分的处理时。

② 支持 APIC 的系统，执行本地时钟中断处理 smp_apic_timer_interrupt()结束时。

③ SMP 系统执行 smp_call_function_interrupt()结束时。

（2）当一个内核级线程 ksoftirqd/*n*（*n* 代表 CPU 号）被调用时。

（3）当 local_bh_enable()被调用时。

在上述三个执行时机中，如果软中断标志位被激活，则调用 do_softirq()。

11.6 SysV 进程间通信

Linux 支持多种进程间通信的方式，如管道、信号、SysV 和套接口等。本节将介绍 SysV 进程间通信的三种手段：信号量、消息队列和共享内存。

SysV 进程间通信的内核实现在接口和数据结构两方面与库函数有许多相似之处，在下面的内容中请注意两者之间的区别。

11.6.1 共有的特性

先介绍信号量、消息队列、共享内存在操作界面上的共同处。三者均有 xxxget()系列函数与 xxxctl()系列函数，xxx 代表 sem，msg，shm 之中的任何一者。这里只讨论函数共同拥有的参数或标志位，特定的则不涉及。

下面使用术语 IPC 资源来表示单独的消息队列、共享内存或信号量集合。xxxget()系列函数有两个共同的参数：key 和 oflag。key 既可以由 ftok()产生，也可以是 IPC_PRIVATE 常量。key 值是 IPC 资源的外部表示。oflag 包括读/写权限，还可以包含 IPC_CREAT 和 IPC_EXCL 标志位。

它们组合的效果如下：

① 指定 key 为 IPC_PRIVATE，以保证创建一个唯一的 IPC 资源。

② 设置 oflag 参数的 IPC_CREATE 标志位，但不设置 IPC_EXCL。如果相应 key 的 IPC 资源不存在，则创建一个 IPC 资源，否则返回已存在的 IPC 资源。

③ oflag 参数的 IPC_CREATE 和 IPC_EXCL 同时设置。如果相应 key 的 IPC 资源不存在，则创建一个 IPC 资源，否则返回一个错误信息。

xxxctl()系列函数均提供 IPC_SET，IPC_STAT，IPC_INFO 和 IPC_RMID 命令。前两者用来设置或得到 IPC 资源的状态信息；IPC_INFO 用来得到 IPC 资源信息；IPC_RMID 用来释放 IPC 资源。

信号量、消息队列和共享内存均先通过 xxxget()系列函数创建一个 IPC 资源，返回值是该 IPC 资源 ID。在以后的操作中，均以 IPC 资源 ID 为参数对相应的 IPC 资源进行操作。注意，IPC 资源 ID 不是局限于进程的，而是全局可见的。只要权限允许，别的进程均可以通过 xxxget()系列函数取得已有的 IPC 资源 ID 并对其操作，从而使进程间通信成为可能。

在内核中，每类 IPC 资源都有一个 ipc_ids 结构的全局变量，用来描述同一类资源的公有数据，三个全局变量分别是 sem_ids，msg_ids 和 shm_ids。ipc_ids 结构定义如下：

```
struct ipc_ids {
    int in_use;                          /* entries 数组已使用的元素个数*/
    int max_id;
    unsigned short seq;
    unsigned short seq_max;
    struct semaphore sem;                /*内核信号量，控制对 ipc_ids 结构的访问*/
    struct ipc_id_ary nullentry;
    struct ipc_id_ary* entries;          /*变长数组，数组大小决定可用资源数*/
};
struct ipc_id_ary {
    int size;
    struct kern_ipc_perm *p[0];
};
```

ipc_id_ary 结构的成员 size 表示成员数组 p 的大小，也就是 entries 数组的大小。系统管理员可以动态调整该数组的大小。数组 p 的每项指向一个 kern_ipc_perm 结构。kern_ipc_perm 结构表示每个 IPC 资源的属性，用来控制操作权限。其定义如下：

```
struct kern_ipc_perm
{
    spinlock_t lock;
    int deleted;
    key_t key;                 /*键值，由用户提供，为 xxxget()系列函数所用
    uid_t uid;                 /*创建者用户 ID*/
    gid_t gid;                 /*创建者组 ID*/
    uid_t cuid;                /*所有者用户 ID*/
    gid_t cgid;                /*所有者组 ID*/
    mode_t mode;               /*操作权限，包括读、写等*/
    unsigned long seq;
    void *security;
};
```

数组 p 的各项均初始化为 NULL。当创建一个 IPC 资源时，均会调用函数 ipc_addid()从相应 ipc_ids 结构的 entries 数组中找出第一个未使用的项，然后返回其下标 index。注意，index 并不是返回的 IPC 资源 ID，但它们之间存在如下关系：

IPC 资源 ID = SEQ_MULTIPLIER * seq + index

SEQ_MULTIPLIER 是可用资源的最大数目，seq 是 ipc_ids 结构中的 seq。每当分配一个 IPC 资源时，ipc_ids 结构中的 seq 就加 1。IPC 资源 ID 是一个动态申请和释放的资源。不希望该资源 ID 被释放后又立即被分配给别的资源，因为这样可能会导致误用。通过变换 seq 值，短期内即使复用 index 也会得到不同的资源 ID。

当知道 IPC 资源 ID 时，对 SEQ_MULTIPLIER 取余就可得到其在 entries 数组中的 index，从而找到相应的 IPC 资源。

11.6.2 信号量

信号量是具有整数值的对象，它支持 P，V 原语。进程可以利用信号量实现同步和互斥。有必要指出，SysV 信号量是对用户空间的操作，最终需要内核的同步机制支持。

SysV 支持的信号量实质上是一个信号量集合，由多个单独的信号量组成。在后面的叙述中，SysV 信号量称为信号量集合，而单个的信号量直接称为信号量。支持信号量集合的原因是，进程往往需要在同时具备多个资源的情况下才能工作。典型的例子是银行家算法。

图 11.12 给出了信号量各数据结构之间的关系。

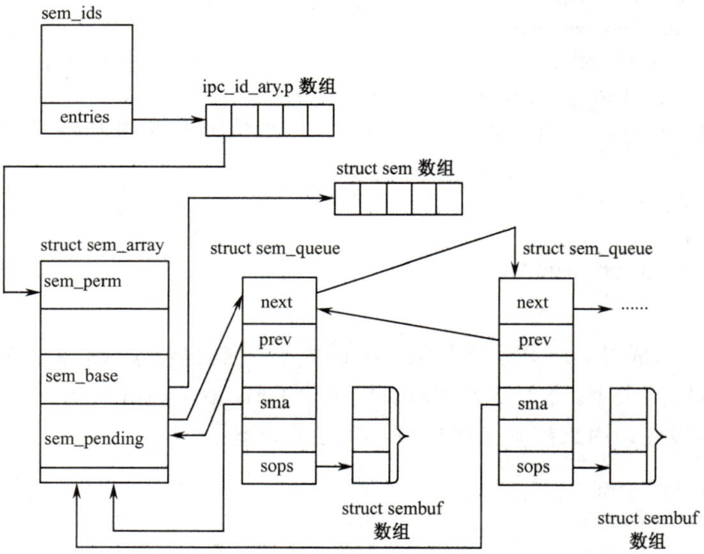

图 11.12　信号量各数据结构之间的关系

信号量集合在内核中用结构 sem_array 表示，其定义如下：

```
struct sem_array {
        struct kern_ipc_perm sem_perm;
        time_t sem_otime;                    /* 最近一次的操作时间 */
        time_t sem_ctime;                    /* 最近一次的改变时间 */
        struct sem *sem_base;
        struct sem_queue *sem_pending;       /* 挂起操作队列*/
        struct sem_queue **sem_pending_last;
        struct sem_undo *undo;
```

```
    unsigned long sem_nsems;
};
```

sem_base 指向第一个信号量，sem_nsems 表示信号量的个数。信号量集合中的每个信号用结构 sem 表示，其定义如下：

```
struct sem {
    int semval;                    /* 信号量的当前值 */
    int sempid;                    /* 最近对信号量操作进程的 pid */
};
```

信号量的初始值可以调用函数 semctl()进行设置。用户可以调用函数 semop()对信号量集合中的一个或多个信号量进行操作。semop()的原型如下：

```
int semop(int semid, struct sembuf *opsptr, size_t nops);
semid：                            /* IPC 资源 ID */
opsptr：                           /*操作的集合*/
nops：                             /*数组 opsptr 的大小*/
```

需强调的是，内核必须保证操作数组 opsptr 原子地执行：要么完成所有的操作，要么什么也不做。每个操作都是 sembuf 结构变量，该结构在函数库和内核中均有定义，其定义如下：

```
struct sembuf {
    unsigned short sem_num;        /* 在 sem_array.sem_base[]数组中的下标*/
    short sem_op;
    short sem_flag;
};
```

sem_num 指明是对哪个信号进行操作。

sem_flag 指明一些操作标志位，它可以有下述取值。

① SEM_UNDO：当进程结束但还拥有信号量资源时，应将信号量资源返还给相应的信号量集合。内核有一个 sem_undo 结构用于跟踪这方面的情况。进程描述符有一个 semundo 成员，用来记录进程这方面的信息。在下面关于 sem_op 的讨论中省略掉了这方面的信息。

② IPC_NOWAIT：当操作不能立即完成时，若 IPC_NOWAIT 被设置，则进程立即返回，否则进程进入阻塞状态，等待时机成熟被唤醒时完成该操作。

sem_op 指定具体的操作，它的值有如下含义：

① 若大于 0，则将该值加到信号量的当前值上。

② 若等于 0，则用户希望信号量的当前值变为 0。如果该值已经是 0，则立即返回；如果不是 0，则取决于 IPC_NOWAIT 是否被设置。

③ 若小于 0，则要看信号量的当前值是否大于等于 sem_op 的绝对值。如果大于或等于，就从信号量的当前值中减去 sem_op 的绝对值；如果小于，则取决于 IPC_NOWAIT 是否被设置。

当进程的信号量操作不能完成进入阻塞状态时，需要将一个代表着当前进程的 sem_queue 结构链入相应的信号量集合的等待队列，即 sem_array 结构的 sem_pending 队列。sem_queue 结构定义如下：

```
struct sem_queue {
    struct sem_queue * next;           /*队列中的下一个元素*/
    struct sem_queue ** prev;          /*队列中的前一个元素*/
    struct task_struct* sleeper;       /*阻塞进程的描述符*/
```

```
        struct sem_undo * undo;
        int pid;                              /*阻塞进程的 pid */
        int status;
        struct sem_array * sma;               /*sem_queue 结构所属的信号量集合*/
        int id;
        struct sembuf * sops;                 /*挂起的操作数组*/
        int nsops;                            /*挂起的操作个数*/
        int alter;
    };
```

11.6.3 消息队列

具有写入权限的进程，可以往消息队列中写入一个消息；具备读出权限的进程，则可以从消息队列中读出一个消息。这就是消息队列支持进程通信的方式。

除前面提到的两个函数外，用户还可以使用另外两个函数操作消息队列。

一个函数 msgsnd()将消息放入队列中，其原型如下：

```
int msgsnd(int msqid, struct msgbuf *msgp, size_t msgsz, int msgflg);
```

其中，msqid 为消息队列的资源 ID 号；msgp 为消息缓冲区的首地址。消息缓冲区由两部分组成，首先是消息的类型，然后才是数据部分；msgsz 为消息缓冲区的长度；msgflg 可以是 0，也可以是 IPC_NOWAIT。

另一个函数 msgrcv()从某个消息队列中读一个消息并将其移出消息队列。其原型如下：

```
int msgrcv(int msqid, struct msgbuf *msgp, int msgsz, long msgtyp, int msgflg);
```

其中，msgp 为接收消息的缓冲区首址。msgsz 为接收缓冲区的大小，这是函数能返回的最大数据量。msgtyp 为指定接收消息的类型，分为如下三种情况：

① 值为 0，返回队列中的第一个消息。

② 值大于 0，返回类型为 msgtyp 的第一个消息。

③ 值小于 0，在返回类型值小于或等于 msgtyp 的绝对值的消息中，返回其类型值最小的第一个消息。

msgflg 可以是 IPC_NOWAIT，还可指定为 MSG_NOERROR。MSG_NOERROR 允许消息长度大于接收缓冲区长度时，截断消息后返回。

在内核中消息队列用 msg_queue 结构表示，其定义如下：

```
    struct msg_queue {
        struct kern_ipc_perm q_perm;
        time_t q_stime;                       /*最近一次 msgsnd 时间*/
        time_t q_rtime;                       /*最近一次 msgrcv  时间*/
        time_t q_ctime;                       /*最近的改变时间*/
        unsigned long q_cbytes;               /*队列中的字节数*/
        unsigned long q_qnum;                 /*队列中的消息数目*/
        unsigned long q_qbytes;               /*队列中允许的最大字节数*/
        pid_t q_lspid;                        /*最近一次  msgsnd()发送进程的 pid */
        pid_t q_lrpid;                        /*最近一次  msgrcv()接收进程的 pid */

        struct list_head q_messages;          /*消息队列*/
        struct list_head q_receivers;         /*待接收消息的阻塞进程队列*/
```

```
        struct list_head q_senders;            /*待发送消息的阻塞进程队列*/
};
```

若 IPC_NOWAIT 未被设置，则当消息队列的容量已满时，发送消息的进程会进入阻塞状态并添加到相应的 q_senders 队列；而当消息队列中无合适的消息时，接收进程会进入阻塞状态并添加到相应的 q_receivers 队列。消息队列中的每个消息都链入 q_messages 队列中，每个消息用一个 msg_msg 结构描述。该结构定义如下：

```
struct msg_msg {
        struct list_head m_list;               /*消息队列链表*/
        long    m_type;                        /*消息的类型 */
        int m_ts;                              /*消息的长度 */
        struct msg_msgseg* next;               /*链接属于这个消息的下一个消息片*/
        void *security;
};
struct msg_msgseg {
        struct msg_msgseg* next;
};
```

可以看出，msg_msg 结构实际只是一个消息头部，并不包含消息的数据部分。Linux 的处理如下：数据部分的空间紧接 msg_msg 结构，从而保证了可以找到属于该消息的数据，但是当数据部分的空间与 msg_msg 结构所占空间大于一个页面时，则将其以页面为单位分片。第一个页面存储 msg_msg 结构与首部分数据，随后的再分配空间则存储 struct msg_msgseg 结构与剩余的数据。如果这两者所占空间之和仍大于一个页面，则继续分配下去。msg_msgseg 结构用以把消息片链接在一起。如图 11.13 所示，给出了消息队列各数据结构之间的关系。

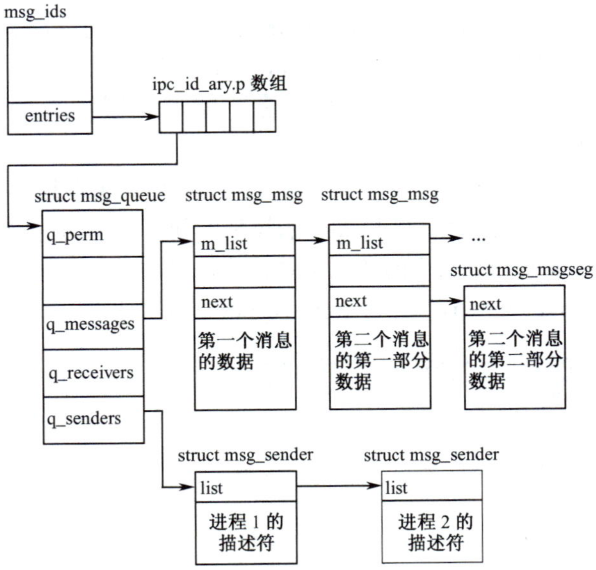

图 11.13　消息队列各数据结构之间的关系

11.6.4　共享内存

共享内存是多个进程共享的一块内存区域。不同的进程可把共享内存映射到自己的一块地址空间上，不同的进程映射的空间地址不一定相同。在映射后，进程对该段地址空间的写操作就是对共享内存写操作。同样，映射了该共享内存的其他进程，就可以看见该变化，从而实现进程通信。但是共享内存没有提供进程同步与互斥的机制，所以往往需要和信号量配合使用。

与其他进程间通信方式相比，共享内存在数据交换方面是效率比较高的。假设进程 A 给进程 B 发送数据，可以比较一下消息队列与共享内存的传输效率。采用消息队列，A 进程调用 msgsnd()需要从用户态切换到核心态，还有数据传输开销，然后再返回用户态；B 进程调用 msgrcv()需要从用户态切换到核心态，然后再返回用户态，还有数据传输开销，总共需要 4 次切换。如果采用共享内存方式，假设映射已经建立，A 向共享内存中写数据，B 立即能看见，根本无须运行状态的切换。

shmget()有一个参数指定共享内存区的大小，该函数建立的共享内存区在内核中用 shmid_kernel 结构表示，其定义如下：

```
struct shmid_kernel {
        struct kern_ipc_perm  shm_perm;
        struct file * shm_file;
        int id;
        unsigned long shm_nattch;          /*已建立映射的数目*/
        unsigned long shm_segsz;           /*共享内存区的大小*/
        time_t shm_atim;
        time_t shm_dtim;
        time_t shm_ctim;
        pid_t shm_cprid;
        pid_t shm_lprid;
        struct user_struct*mlock_user;
};
```

调用 shmget()创建的共享内存区并没有立即分配物理内存，而是创建一个文件对象 shm_file 来描述该区域，而该文件属于 shm 文件系统。shm 文件系统是一个内存文件系统，它不依赖于磁盘文件的内容，记载该文件系统的相关信息随着关机彻底消失。在后面的介绍中可以看到，shm_file 实际上是由一个个页面组成的。

进程调用 shmat()建立进程地址空间与共享内存区的映射。选取进程地址空间的哪一段区间进行映射，由用户指定或委托内核选择。shmat()找到区间后，由进程分配一个 vm_area_struct 结构描述该区间。vm_area_struct 结构的各项被初始化，其中 file 成员被初始化为 shm_file，而 vm_ops 成员被初始化为 shm_vm_ops。变量 shm_vm_ops 定义如下：

```
static struct vm_operations_struct shm_vm_ops = {
        open: shm_open,
        close: shm_close,
        nopage: shmem_nopage,
        …
};
```

需注意的是，共享内存区在第一次 shmat()后仍然没有分配物理内存。Linux 在此采取的仍然是“懒惰策略”。当进程第一次访问该映射共享内存区的区间地址时，将触发页面异常，根据 11.2 节中介绍的有关页面异常处理的内容可知，最终将调用 shmem_nopage()。该函数处理的过程大致如下：

① 先根据文件和文件位置查找页面是否已经在 Page Cache 中，因为别的进程可能已经为映

射的共享内存区页面申请了一个物理页帧。如果找到，则修改本进程页表；否则继续下一步。

② 检查被映射的共享内存区页面是否被访问过（已被换出到交换分区中）。如果是，则调入该页面，修改进程页表；否则继续下一步。

③ 若被映射的共享内存区页面从未被访问过，则向内存子系统申请一个物理页帧，修改进程页表。

进程调用 shmdt()可以解除地址空间与共享内存区的映射关系，其处理较为简单，主要是修改页表及释放 vm_area_struct 结构。如图 11.14 所示为共享内存各数据结构之间的关系。

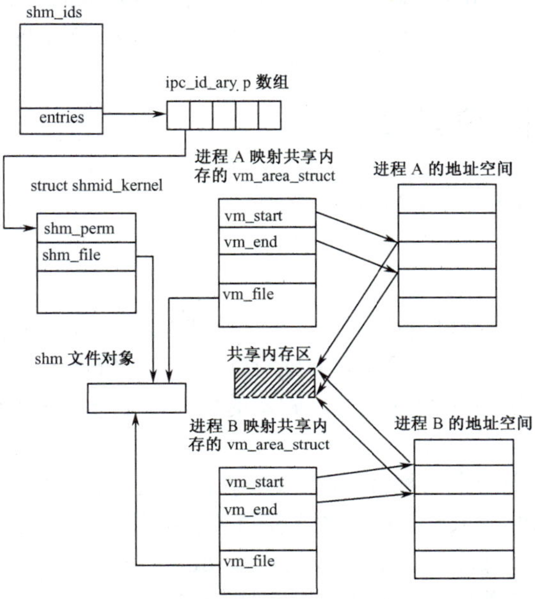

图 11.14　共享内存各数据结构之间的关系

习题 11

11.1　Linux 的进程有几种状态？

11.2　为什么说在某些情况下 vfork 比写时复制（COW）效率更高？

11.3　阅读 Linux 2.6.11 内核的代码，画出 slab 机制几个数据结构关系示意图。

11.4　假设有 64 个页帧，基于本章介绍的伙伴系统，分别画出依次申请 16，4，8，2 个页面，再依次释放 4，8，16，2 个页面的过程。

11.5　写时复制（COW）可以用在哪些地方，如何实现？

11.6　描述按需分页的处理过程。

11.7　VFS 主要由哪几种类型的对象组成？试描述它们之间的关系。

11.8　解释 Page Cache 是如何查找页面、淘汰页面的？

11.9　给出 EXT2 文件的第 N 块在 i_block 数组中的下标计算方法。

11.10　设备文件有哪几个属性？有什么用？

11.11　如何做到让设备请求队列中有多个设备 I/O 请求，以利进行请求调度？

11.12　设置软中断的目的是什么？

11.13　当进程调用 shmat()映射到共享内存区上后，使用该区间地址发生页面异常，该如何处理？

附录 A　bash 脚本编程简介

bash 是 Linux 环境下常用的一个命令解释器，它既可以接收来自命令行的输入，也可以接收来自脚本文件的输入。编写 bash 脚本程序，可以完成许多复杂的任务。这里简单介绍编写 bash 脚本文件的基本知识。可以利用脚本语言编写诸如目录集备份等复杂功能的脚本程序。

A.1　注释和简单命令

我们先看一个简单的 bash 脚本 hello。

```
#!/bin/bash
# name: hello
echo 'hello, world! '
```

脚本中可以加入注释，注释以字符#开始，至行尾结束。例如，脚本 hello 的第 2 行就以注释的形式说明了该脚本的文件名。脚本的第 1 行有些特殊，它以#!/bin/bash 开始[①]，表示这是一个 bash 脚本，应该用命令解释器 bash 来解释执行。脚本的第 3 行是一条简单命令 echo，它输出一个字符串“hello, world!”。

bash 脚本中的简单命令分为两种：内部命令和外部命令。前者由 bash 直接执行，如 cd，export，pwd，alias，echo，read 和 source 等；后者需要执行相应的可执行文件，如 ls，rm，vi，less，mount，telnet，tar，make 和 gcc 等。各命令的具体功能可参见附录 C 和相应的联机帮助。

另外，需要对引号做特殊说明。在脚本 hello 的第 3 行中，字符串“hello, world!”用单引号括起来，其含义是，不对其中的特殊字符（这里是字符'!'）进行扩展。字符'!'是 bash 的历史扩展字符，具有特殊的含义。关于各种引号的使用方法，可以参考 bash 的联机帮助。

A.2　环境变量

正如在 C 语言中可以定义数据变量一样，在 bash 脚本中也可以定义环境变量，方法如下：

```
$ msg = 'hello, world! '
```

以上命令定义了一个环境变量 msg，它包含字符串“hello, world!”。注意，等号的两边不能有空格。在环境变量前加一个字符$，即可使用该环境变量的值：

```
$ echo $msg
hello, world!
```

这种方式在 bash 中称为“变量扩展”。为了将环境变量与周围的文字分开，也可以使用${msg}这种形式。

环境变量有一个特别好的用处：可以向子进程传递数据，而无论该子进程是一个普通的可执行文件还是另一个脚本，具体方法为：

```
$ export $msg
```

这样，在以后启动子进程时，变量 msg 就传过去了，可以在该子进程中使用此变量。

① 如果可执行文件 bash 安装在其他目录下，那么脚本第一行中的/bin/bash 应改为实际的全路径名。

另外，还有一些只读的特殊环境变量。例如，$1,$2,$3,…分别表示调用此脚本时的第 1,2,3,…个参数；$0 表示带全路径的脚本名；$#表示脚本的参数个数；$*表示由所有参数构成的单字符串；$?表示最近运行的命令的退出状态（0 表示成功）。

A.3 控制结构

类似于 C 语言，bash 脚本语言也有控制流机制，如条件结构有 if 和 case 语句，循环结构有 for，while 和 until 语句。

注意，在下面的语法描述中，分号也可以用一个或多个换行符替换。

A.3.1 if 语句

if 语句的语法格式为：

```
if test_commands; then
    consequent_commands;
[elif more_test_commands; then
    more_consequents;]
[else alternate_consequents;]
fi
```

其含义为：如果命令列表 test_commands 的返回值为 0，则下一步执行命令列表 consequent_commands，否则执行后续的 elif 语句中的命令列表，如果它返回 0 值，则执行相应的 more_consequents 命令列表。elif 语句可以有多条，也可以没有。如果最后一条 if 或 elif 语句后面的命令列表返回非 0 值，就执行命令列表 alternate_consequents。最后执行的命令的返回值为整个 if 语句的返回值，如果所有的条件判断都为假，则整个 if 语句的返回值为 0。

下面以脚本 test-if 为例进行说明。

```
#!/bin/bash
# name: test-if
if ["${1##*.tar.}" = "gz" ]
then
    echo It appears to be a tarball zipped by gzip.
else
    echo It appears to NOT be a tarball zipped by gzip.
fi
```

此脚本判断一个文件名是否像一个被 gzip 压缩的 tar 文件的名字。值得说明的是，第 3 行中的语句[ ]是 bash 的一个内部命令，表示对其中的条件表达式进行测试。"${1##*.tar.}"="gz"是一个条件表达式，表示判断"${1##*.tar.}"是否等于字符串"gz"，其中"${1##*.tar.}"表示对环境变量$1（脚本的第一个命令行参数）进行截断处理之后的字符串。具体过程解释如下：从左至右扫描字符串$1，发现从$1 的第一个字符开始且满足模式*.tar.的最大子串，然后将其截掉，剩下的字符串即为结果。

在条件表达式中，除判断两个字符串是否相等的运算符“=”外，还有其他比较运算符。

文件比较运算符有：

-e filename:	判断文件 filename 是否存在
-d filename:	判断文件 filename 是否为目录
-f filename:	判断文件 filename 是否为常规文件

```
-r filename:            判断文件 filename 是否可读
-w filename:            判断文件 filename 是否可写
-x filename:            判断文件 filename 是否可执行
```

字符串比较运算符有：

```
-z string:              判断字符串 string 的长度是否为零
-n string:              判断字符串 string 的长度是否非零
string1 != string2:     判断字符串 string1 与 string2 是否不等
```

算术比较运算符有：

```
num1 -eq num2:          判断整数 num1 与 num2 是否相等
num1 -ne num2:          判断整数 num1 与 num2 是否不等
num1 -lt num2:          判断整数 num1 是否小于 num2
num1 -gt num2:          判断整数 num1 是否大于 num2
```

A.3.2 case 语句

case 语句的语法格式为：

```
case word in
[ [(] pattern [| pattern] …)
      command_list ;;]
…
esac
```

其含义为：寻找与 word 相匹配的第一个 pattern，然后执行对应的命令列表 command_list。如果不匹配任何模式或字符串，则不执行任何代码行。

下面以脚本 test-case 为例进行说明。

```
#!/bin/bash
# name: test-case
if [ -e "$1" ]
then
        case ${1##*.tar.} in
                bz2)
                        tar jxvf $1
                        ;;
                gz)
                        tar zxvf $1
                        ;;
                *)
                        echo "wrong file type"
                        ;;
        esac
else
        echo "the file $1 does not exist"
fi
```

此脚本首先判断第一个命令行参数所指的文件是否存在，若存在则再判断它是否为一个后缀为.tar.gz 或.tar.bz2 的文件，并分别做解压缩处理。在此脚本中，如果文件存在，则至少要执行一个代码块，因为任何不与“bz2”或“gz”匹配的字符串都将与“*”模式匹配。

A.3.3 for 语句

for 语句的语法格式为：

```
for name [in words  …]; do commands; done
```

其含义为：对于 words 中的每个字符串，都将其赋给变量 name，然后执行命令列表 commands。举一个简单例子。

```
#!/bin/bash
# name: test-for
for para in "$@"
do
        echo ${para}
done
```

运行结果：

```
test-for a b c
a
b
c
```

这个脚本遍历每个命令行参数，并将其显示出来。$@是一个特殊的环境变量，前面已经提过，表示由所有命令行参数构成的单字符串。

A.3.4 while 语句和 until 语句

while 语句的语法格式为：

```
while test_commands; do consequent_commands; done
```

其含义为：只要执行命令列表 test_commands 的返回状态为 0（表示命令执行成功），就执行命令列表 consequent_commands，不断重复此过程，直至 test_commands 的返回状态为非 0。举例说明如下：

```
#!/bin/bash
unset var
while ["$var" != "end" ]
do
        echo -n "please input a string(\"end\" to exit): "
        read var
        if ["$var" = "end" ]
        then
                break
        fi
        echo "the string you input is $var"
done
```

此脚本首先提示用户输入一个字符串，如果输入的是 end，就结束，否则显示该字符串并继续读入下一个字符串。其中，unset var 的功能是取消变量 var 的定义，read var 的功能是读入一个字符串并将其存到变量 var 中。unset 和 read 都是 bash 的内部命令。

until 语句的语法与 while 语句类似，只是将关键字 while 替换为 until 即可。所不同的是语义：until 语句退出循环的条件是，命令列表 test_commands 的返回结果为 0，即正好与 while 语句相反。

A.4 函数

在 bash 中，也可以定义与过程式语言（如 Pascal 和 C）类似的函数，并且 bash 中的函数也可以接收和处理命令行参数，其方式类似于脚本对命令行参数的使用，举例如下：

```
#!/bin/bash
# name: test-function
myunzip()
{
    if [ -e "$1" ]
    then
        case ${1##*.tar.} in
            bz2)
                tar jxvf $1
                ;;
            gz)
                tar zxvf $1
                ;;
            *)
                echo "wrong file type"
                ;;
        esac
    else
        echo "the file $1 does not exist"
    fi
}
myunzip a.tar.gz
myunzip b.tar.gz
```

此脚本与前面介绍的 test-case 非常类似，只不过它采用了函数的形式。从第 3 行到倒数第 3 行定义了一个函数 myunzip，在最后两行调用了此函数并分别传递了一个命令行参数，该参数在函数 myunzip 中可通过$1 来访问。

需要说明的是，在 bash 中，函数内部创建的环境变量是全局的，这意味着，该变量在函数退出之后继续存在。如果希望在函数内部定义一个局部的环境变量，可以使用关键字 local。

本附录简要介绍了 bash 脚本编程的基本知识：环境变量、控制结构和函数，供初学者使用。其实，bash 脚本可以高效地实现很多非常复杂的功能，如果读者想进一步学习，可参考文献 16，17，18。

附录B　实现一个简单的Linux命令解释器

这是一个实现用户命令操作界面的实验，也是一个涉及多进程编程的实验。这里我们实现一个简单的命令解释器 myshell。它虽然简单，但已确立了构建复杂命令解释器的程序框架。大家可以在这个基础上添加自己感兴趣的功能。

B.1　myshell 的语法

myshell 命令解释器只能接收简单命令。命令行上的每行输入都被视为一个简单命令，它由多个以空白字符（空格或制表符）分隔的词组成，其中第一个词是命令名，后面的词为命令的参数。词（word）定义为不含空白字符和换行符的字符串。用 BNF 格式表示为：

```
<simple_command> ::=  <word>
                    | <simple_command> <word>
```

B.2　程序框架

程序的主框架为：

```
for (;;){
    ① 显示提示符
    ② 读入一行命令
    ③ 判断此命令是否为 exit，若是则退出
    ④ 分析并执行这行命令
}
```

主程序 myshell.c 如下：

```
#include <stdio.h>
#include <string.h>
#include <limits.h>
#include <unistd.h>
#include <sys/types.h>

#define PROMPT_STRING " [myshell]$ "
#define QUIT_STRING "exit\n"

static char inbuf[MAX_CANON];
char* g_ptr;
char* g_lim;

extern void yylex();

int main (void) {
    for( ; ; ) {
        if (fputs(PROMPT_STRING, stdout) == EOF)
            continue;
        if (fgets(inbuf, MAX_CANON, stdin) == NULL)
            continue;
```

```
        if (strcmp(inbuf, QUIT_STRING) == 0)
            break;
        g_ptr = inbuf;
        g_lim = inbuf + strlen(inbuf);
        yylex();
    }
    return 0;
}
```

需要特别说明的是，程序主框架中的“④分析并执行这行命令”，它包含 myshell.c 中的三行语句：

```
g_ptr = inbuf;
g_lim = inbuf + strlen(inbuf);
yylex();
```

前面两行将命令行字符串的首、尾指针分别放在了全局变量 g_ptr 和 g_lim 中，具体分析执行该行命令的任务由第三行的函数 yylex()来完成，这是由语法分析工具 flex 生成的。

B.3 命令行的语法分析

我们采用专业的语法分析工具 flex。它使用方便，也易于对语法进行扩展和修改。虽然 flex 包含许多内容，但这里只涉及其中很简单的部分。读者通过不多的学习即可掌握。

B.2 节用到的函数 yylex()由 flex 根据一个输入文件 parse.lex 生成。此文件由三部分组成，下面分别进行介绍。

parse.lex 的第一部分，是 C 语言语代码，包括后面要用的头文件、数据变量和函数原型。

```
%{
    #include <errno.h>
    #include <stdio.h>
    #include <stdlib.h>
    #include <unistd.h>
    #include <string.h>
    #include <sys/types.h>
    #include <sys/wait.h>

    // input related
    extern char* g_ptr;
    extern char* g_lim;

    #undef YY_INPUT
    #define YY_INPUT(b, r, ms) (r = my_yyinput(b, ms))
    static int my_yyinput(char* buf, int max);

    // cmd-arguments related
    #define MAX_ARG_CNT 256
    static char* g_argv[MAX_ARG_CNT];
    static int g_argc = 0;

    static void add_arg(const char* xarg);
    static void reset_args();

    // cmd-handlers
    static void exec_simple_cmd();
%}
```

在主程序中，命令行的输入信息被放在了全局变量 g_ptr 和 g_lim 中。这里进一步告诉 flex 如何使用该输入信息，具体是通过宏 YY_INPUT 和函数 my_yyinput 来实现的。

parse.lex 的第二部分描述了一组模式匹配规则，这是语法分析的核心。

```
%%
[^ \t\n]+     {add_arg(yytext);}
\n            {exec_simple_cmd(); reset_args();}
.             ;
%%
```

第 2 行的含义是，如果扫描到一个不含空白字符和换行符的字符串，则将其加到参数数组中（add_arg(yytext)的功能是将字符串 yytext 放到参数数组 g_argv[]中，详细代码见 parse.lex 的第三部分）。第 3 行的含义是，如果扫描到换行符，则将参数数组中的所有参数构成的序列当作一个简单命令去执行，然后清空参数数组。第 4 行的含义是，忽略其他所有字符（在这里，因为不匹配前两项规则的字符只剩下空白字符，所以实际忽略的是所有空白字符）。

parse.lex 的第三部分是前面用到的所有函数的定义。

```
static void add_arg(const char* arg)
{
    char *t;
    if ((t = malloc(strlen(arg) + 1)) == NULL) {
        perror("Failed to allocate memory");
        return;
    }
    strcpy(t, arg);
    g_argv[g_argc] = t;
    g_argc++;
    g_argv[g_argc] = 0;
}
static void reset_args()
{
    int i;
    for(i = 0; i < g_argc; i++) {
        free(g_argv[i]);
        g_argv[i] = 0;
    }
    g_argc = 0;
}
static void exec_simple_cmd()
{
    pid_t childpid;
    int status;
    if ((childpid = fork()) == -1) {
        perror("Failed to fork child");
        return;
    }
    if (childpid == 0) {
        execvp(g_argv[0], g_argv);
        perror("Failed to execute command");
        exit(1);
    }
    waitpid(childpid, &status, 0);
}
static int my_yyinput(char* buf, int max)
{
    int n;
    n = g_lim-g_ptr;
```

```
        if (n > max)
            n = max;

        if(n > 0) {
            memcpy(buf, g_ptr, n);
            g_ptr += n;
        }
        return n;
    }
```

关于如何执行一条简单命令，即 exec_simple_cmd()的实现过程，将在 B.4 节中专门介绍。为叙述方便，在该函数中为每行添加了序号。其他函数的实现比较直接，这里不多解释。

B.4 简单命令的执行

函数 exec_simple_cmd()在执行时，所有的参数（包括命令名）都已按顺序放在了数组 g_argv[]中，因此此函数的功能就是创建一个子进程来运行这个命令并传递相应的参数，然后等待该子进程结束。

在 exec_simple_cmd()的第 5 行，调用 fork()（这是创建进程系统调用）创建一个子进程，随后子进程在进行第 9 行的条件判断后会执行第 10 行的函数调用 execvp()（这是更换进程执行程序系统调用），此调用将会执行参数数组中的命令并传递参数。如果上述调用成功，那么第 11 行将没有机会被执行，否则子进程将在第 11 行报错后于第 12 行结束。父进程则在进行第 9 行的条件判断后转而执行第 14 行，以等待子进程结束，然后返回。

B.5 Makefile

最后来看本项目的 Makefile。

```
CC = gcc
CFLAGS = -g -Wall
LEXSRC = parse.lex
SRC = myshell.c lex.yy.c
all:
	flex $(LEXSRC)
	$(CC) $(CFLAGS) -o myshell $(SRC) -lfl
```

命令 flex $(LEXSRC)生成程序文件 lex.yy.c，其中包含了语法分析函数 yylex()；最后一行命令编译主程序 myshell.c 和文件 lex.yy.c，并连接生成可执行文件 myshell。

本附录介绍了一个简单的命令解释器，它能够执行简单命令并传递参数。读者可以此为起点，加入其他感兴趣的特性，如管道、命令列表、任务控制和重定向等。

附录 C　Linux 常用命令

C.1　用户终端命令

1．cat

使用权限：所有使用者。

使用方式：cat [-AbeEnstTuv] [--help] [--version] filename

使用说明：把文件串连接后传给基本输出（显示器或加>filename 传给另一个文件）。

参数：

-n 或--number　从 1 开始对所有输出的行数编号。

-b 或--number-nonblank　和-n 相似，只不过对于空白行不编号。

-s 或--squeeze-blank　当遇到有连续两行以上的空白行时，替换为一行的空白行。

【示例】

cat -n textfile1 > textfile2　把 textfile1 文件的内容加上行号后输入 textfile2 文件。

cat -b textfile1 textfile2 >> textfile3　把 textfile1 和 textfile2 文件的内容加上行号（空白行不加）后附加到 textfile3 文件末尾。

2．cd

使用权限：所有使用者。

使用方式：cd [dirName]

使用说明：变换工作目录至 dirName。其中，dirName 的表示可使用绝对路径或相对路径。若省略目录名称，则变换至使用者的 home directory（也就是 login 时所在的目录）。

另外，“~”也表示 home directory，“.”则表示当前所在的目录，“..”则表示当前目录的上一层目录。

【示例】

跳转到/usr/bin/：

```
cd /usr/bin
```

跳转到自己的 home directory：

```
cd ～
```

跳转到当前目录的上两层目录：

```
cd ../..
```

3．chmod

使用权限：所有使用者。

使用方式：chmod [-cfvR] [--help] [--version] mode file…

使用说明：Linux/UNIX 的文件存取权限分为三级，分别是文件拥有者、群组、其他。利用 chmod 命令可以控制文件如何被他人所存取。

-c　仅当该文件权限确实已经更改时，才显示其更改动作。

-f 即便该文件权限无法被更改也不要显示错误信息。

-v 显示权限变更的详细资料。

-R 对当前目录下的所有文件与子目录进行相同的权限变更（即以递归的方式逐个变更）。

--help 显示辅助说明。

--version 显示版本。

mode 权限设定字符串，格式如下：

```
[ugoa…][[+-=][rwxX]…][, …]
```

- u 表示该文件拥有者；g 表示与该文件的拥有者属于同一个群组（group）的人；o 表示除上述两者以外的人；a 表示这三者皆是。
- +表示增加权限；-表示取消权限；=表示唯一设定权限。
- r 表示可读取；w 表示可写入；x 表示可执行；X 表示该文件是一个子目录或者该文件已经被设定过为可执行。

【示例】

将文件 file1.txt 设为所有人皆可读取：

```
chmod ugo+r file1.txt
```

将 ex1.py 设定为只有该文件拥有者可以执行：

```
chmod u+x ex1.py
```

将当前目录下的所有文件与子目录全部设定为任何人可读取：

```
chmod -R a+r *
```

此外，chmod 也可以用数字来表示权限，如：chmod 777 file。

语法格式为：

```
chmod abc file
```

其中，a,b,c 各为一个数字，分别表示 User，Group 及 Other 的权限。

假设 r = 4，w = 2，x = 1。若要 rwx 属性，则取值 4+2+1= 7；若要 rw-属性，则取值 4+2 = 6；若要 r-x 属性，则取值 4+1=5。

4．cp

使用权限：所有使用者。

使用方式：

```
cp [options] source dest
cp [options] source…  directory
```

使用说明：将一个文件复制到另一个文件中，或将数个文件复制到另一个目录下。

-a 尽可能将文件状态、权限等资料都照原样予以复制。

-r 若 source 中含有目录名，则将该目录下的文件全部按顺序复制至目的地。

-f 若目的地已有同名的文件存在，则在复制前，应先删除该文件后再复制。

【示例】

复制文件 aaa（已存在），并命名为 bbb：

```
cp aaa bbb
```

将所有的 C 语言源代码复制到 Finished 子目录下：

```
cp *.c Finished
```

5．cut

使用权限：所有使用者。

使用方式：cut -cnum1-num2 filename

使用说明：显示每行从开头算起第 num1～num2 字节。

【示例】

```
shell>> cat example
test2
this is test1
shell>> cut -c0-6 example ## print 从开头算起前 6 字节
test2
this i
```

6．find

使用方式：find[options] [path…] [expression]

使用说明：将文件系统内符合 expression 的文件列出来。可以指定文件的名称、类别、时间、大小、权限等不同信息的组合，只有完全相符的才会被列出来。

find 根据下列规则判断 path 和 expression，在命令行上第一个带“-”的参数之前的部分为 path，之后的是 expression。如果 path 是空字符串，则使用当前路径；如果 expression 是空字符串，则使用-print 为预设 expression。

expression 中可使用的选项有二三十个之多，在此只介绍常用的几个。

-mount，-xdev　只检查与指定目录在同一个文件系统下的文件，避免列出其他文件系统中的文件。

-amin n　在过去 n 分钟内被读取过的文件。

-anewer file　比文件 file 更晚被读取过的文件。

-atime n　在过去 n 天内读取过的文件。

-cmin n　在过去 n 分钟内被修改过的文件。

-cnewer file　比文件 file 更新的文件。

-ctime n　在过去 n 天内修改过的文件。

-empty　空文件。

-gid n or -group name　gid 为 n，或者 group 名称为 name 的文件。

-ipath p，-path p　路径名称为 p 的文件，其中 ipath 会忽略大小写。

-name name，-iname name　文件名称为 name 的文件，其中 iname 会忽略大小写。

-size n　文件大小为n的文件。可取值有：b 表示 512B 的区块，c 表示字节数，k 表示 kilo bytes，w 表示 2B。

-type c　文件类型为 c 的文件，即字符类型文件。其他取值：d 表示目录；b 表示块文件；f 表示一般文件；l 表示符号连接；s 表示 socket。

-pid n　进程 ID 为 n 的文件。

可以使用()将运算式分隔开：

```
exp1 -and exp2
!expr
-not expr
exp1 -or exp2
exp1, exp2
```

【示例】

将当前目录及其子目录下所有扩展名为.c 的文件列出：

```
# find . -name "*.c"
```

将当前目录及其子目录下所有一般文件列出：

```
# find . -ftype f
```

将当前目录及其子目录下所有最近 20 分钟内更新过的文件列出：

```
# find . -ctime -20
```

7. less

使用权限：所有使用者。

使用方式：less [Option] filename

使用说明：less 的作用与 more 十分相似，都可以用来浏览文本文件的内容。不同的是，less 允许使用者往回卷动，以浏览已经看过的部分，同时因为 less 并未在一开始就读入整个文件，因此在开启大型文件时，会比一般的文书编辑器（如 vi）速度快。

8. more

使用权限：所有使用者。

使用方式：more [-dlfpcsu] [-num] [+/pattern] [+linenum] [filenames…]

使用说明：类似 cat，不过会一页一页地显示，方便使用者逐页阅读。最基本的指令是：按空格键（Space）显示下一页，按 B 键往回（Back）显示上一页，而且还有搜寻字符串的功能（与 vi 相似）。要查看说明文件，可以按 H 键。

参数：

-num　一次显示的行数。

-d　提示使用者，在画面下方显示[Press space to continue, q to quit.]。如果使用者按错键，则会显示[Press h for instructions.]，而不是发出“哔”声。

-l　取消遇到特殊字节^L（送纸字节）就会暂停的功能。

-f　在计算行数时，以实际行数，而非自动换行过后的行数（有些单行字数太多的会被扩展为两行或两行以上）。

-p　不以卷动的方式显示每页，而是先清除屏幕后再显示内容。

-c　跟-p 相似，不同的是先显示内容再清除其他旧资料。

-s　当遇到有连续两行以上空白行时，替换为一行空白行。

-u　不显示下引号（根据环境变量 TERM 指定的 terminal 不同而有所不同）。

+/　在每个文件显示前搜寻该字符串（Pattern），然后从该字符串之后开始显示。

+num　从第 num 行开始显示。

filenames…　欲显示其内容的文件名称，可以有多个。

【示例】

逐页显示 testfile 文件的内容。如果有连续两行以上空白行，则只显示一行空白行：

```
more -s testfile
```

从第 20 行开始显示 testfile 文件的内容：

```
more +20 testfile
```

9. mv

使用权限：所有使用者。

使用方式：

```
mv [options] source dest
mv [options] source…  directory
```

使用说明：将一个文件移至另一个文件中，或将数个文件移至另一个目录中。

参数：

-i　若目的地已有同名文件，则先询问是否覆盖旧文件。

【示例】

将文件 aaa 更名为 bbb：

```
mv aaa bbb
```

10．rm

使用权限：所有使用者。

使用方式：rm [options] name…

使用说明：删除文件及目录。

-i 删除前逐个确认。

-f 即使原文件属性设为只读，也会直接删除，无须逐个确认。

-r 将目录及其下文件全部删除。

【示例】

删除所有 C 程序文件，删除前逐个确认：

```
rm -i *.c
```

将 Finished 目录及子目录下所有文件全部删除：

```
rm -r Finished
```

11．rmdir

使用权限：当前目录有适当权限的所有使用者。

使用方式：rmdir [-p] dirName

使用说明：删除空的目录。

参数：

-p 当子目录被删除后，若当前目录也变成空目录，则一并删除。

【示例】

在工作目录下，删除名为 AAA 的子目录：

```
rmdir AAA
```

12．at

使用权限：所有使用者。

使用方式：at -V [-q queue] [-f file] [-mldbv] TIME

使用说明：at 可以让使用者指定在 TIME 这个特定时刻执行某个程序或指令。TIME 的格式是 HH:MM，其中的 HH 为小时，MM 为分钟，甚至可以指定 am，pm，midnight，noon，teatime（就是下午 4 点）等口语用词。如果想要指定超过一天的时间，则可以用 MMDDYY 或者 MM/DD/YY 的格式。其中，MM 为分钟，DD 为第几日，YY 为年。另外，使用者甚至也可以使用“now+时间间隔”来弹性指定时间，其中的时间间隔可以是 minutes，hours，days，weeks。另外，使用者也可指定 today 或 tomorrow 来表示今天或明天。当指定时间并按下 Enter 键之后，at 会进入交谈模式并要求输入指令或程序。输入后按下 Ctrl+D 组合键即可完成所有动作。至于执行的结果将会寄回使用者的账号中。

参数：

-V 显示出版本编号

-q 使用指定的队列（Queue）来存储。at 的资料存放在所谓的 Queue 中。使用者可以同时使用多个 Queue，而 Queue 的编号为 a, b, c, …, z，以及 A, B, …, Z 共 52 个。

-m 即使程序/指令执行完成后没有输出结果，也要寄封信给使用者。

-f file 读入预先写好的命令文件。使用者不一定要使用交谈模式来输入，可以先将所有的指令先写入文件后再一次读入。

-l 列出所有的指令（使用者也可以直接使用 atq 而不用 at -l）。

-d 删除指令（使用者也可以直接使用 atrm 而不用 at -d）。

-v 列出所有已经完成但尚未删除的指令。

【示例】

在三天后的下午 5 点执行/bin/ls：

```
at 5pm + 3 days /bin/ls
```

在三个星期后的下午 5 点执行/bin/ls：

```
at 5pm + 3 weeks /bin/ls
```

在明天的 17:20 执行/bin/date：

```
at 17:20 tomorrow /bin/date
```

在 1999 年的最后一天的最后一分钟打印出“the end of the century!”：

```
at 23:59 12/31/1999 echo the end of the century!
```

13．password

使用权限：所有使用者。

使用方式：password [-k] [-l] [-u [-f]] [-d] [-S] [username]

使用说明：用来更改使用者的密码。

参数：

-d 关闭使用者的密码认证功能。这样，使用者在登录时将可以不用输入密码。只有具备 root 权限的使用者方可使用。

-S 显示指定使用者的密码认证种类。只有具备 root 权限的使用者方可使用[username]选项指定账号名称。

14．who

使用权限：所有使用者。

使用方式：who - [husfV] [user]

使用说明：显示系统中有哪些使用者正在线上，显示的资料包含了使用者 ID、使用的终端机、从哪里连上来的、上线时间、呆滞时间、CPU 使用量、动作等。

参数：

-h 不显示标题列。

-u 不显示使用者的动作/工作。

-s 使用简短的格式来显示。

-f 不显示使用者的上线位置。

-V 显示程序版本。

15．mail

使用权限：所有使用者。

使用方式：mail [-iInv] [-s subject] [-c cc-addr] [-b bcc-addr] user1 [user 2 …]

使用说明：mail 不仅只是一个指令，还是一个电子邮件程序。对于管理者来说，mail 很有用。因为管理者可以用 mail 写成 Script，定期寄一些备忘录给使用者用于提醒。

参数：

i 忽略 tty 的中断信号（interrupt）。

I 强迫设成互动模式（interactive）。

v　打印出信息，如送信的地点、状态等（verbose）。

n　不读入 mail.rc 设定文件。

s　邮件标题。

c cc　邮件地址。

b bcc　邮件地址。

【示例】

将信件发送给邮件地址 mail user1@email.address，由于没有加入其他的选项，因此使用者必须输入标题与信件的内容等：

```
mail user1@email.address
```

除上述功能外，还可以将邮件发送给本地用户 user2：

```
mail user1@email.address user2
```

将 mail.txt 的内容发送给 user2，同时抄送给 user1。如果将这一行指令设成 cronjob，就可以定时将备忘录发送给使用者：

```
mail -s 标题 -c user1 user2 < mail.txt
```

16. kill

使用权限：所有使用者。

使用方式：

```
kill [ -s signal | -p ] [ -a ] pid …
kill -l [ signal ]
```

使用说明：kill 送出一个特定的信号（Signal）给进程 ID 为 pid 的进程，后者根据该信号而做特定的动作，若没有指定动作，预设是送出终止（TERM）的信号。

参数：

-s　可用的信号有 HUP（1），KILL（9），TERM（15），分别代表重运行、杀掉、结束。详细的信号可以用 kill -l 查看。

-p　打印 pid，并不送出信号。

-l　列出所有可用的信号名称。

【示例】

将 pid 为 323 的进程杀掉：

```
kill -9 323
```

将 pid 为 456 的进程重运行：

```
kill -HUP 456
```

17. ps

使用权限：所有使用者。

使用方式：ps [options] [--help]

使用说明：列出系统当前进程的状态。

参数：

ps 的参数非常多，在此仅列出几个常用的参数并大概介绍其含义。

-A　列出所有的进程。

-w　显示加宽，这样可以显示较多的信息。

-au　显示较详细的信息。

-aux　显示所有包含其他使用者的进程。

aux 输出格式如下：

USER PID %CPU %MEM VSZ RSS TTY STAT START TIME COMMAND

USER　进程拥有者。

PID　进程的 ID。

%CPU　占用的 CPU 使用率。

%MEM　占用的内存使用率。

VSZ　占用的虚拟内存大小。

RSS　占用的内存大小。

TTY　终端的次设备号（Minor Device Number of TTY）。

STAT　该进程的状态：

- D　不可中断的静止状态（例如，进行 I/O 动作等）。
- R　正在执行中。
- S　静止状态。
- T　暂停执行。
- Z　不存在但暂时无法消除。
- W　没有足够的内存分页可分配。
- <　高优先级的进程
- N　低优先级的进程。
- L　有内存分页分配并锁在内存里。

START　进程开始时间。

TIME　执行的时间。

COMMAND　所执行的指令。

18．clear

使用说明：清屏。

C.2　vi 编辑器的使用

编辑器是使用计算机的重要工具之一。在各种操作系统中，编辑器都是必不可少的部件。在 UNIX 和 Linux 操作系统系列中，为方便用户在各种不同的环境中使用，提供了一系列的编辑器软件，包括 ex，edit，ed 和 vi。其中 ex，edit，ed 都是行编辑器，使用不便，现在已经很少有人使用，而 vi 则使用较为普遍。

在系统提示字符（如$，#）下，输入 vi<文件名>，即可自动载入所要编辑的文件或开启一个新文件（如果该文件不存在或缺少文件名）。进入 vi 后，在屏幕左方会出现波浪符号，凡是列首有该符号的，就代表此列当前是空的。

vi 存在两种模式：指令模式和输入模式。在指令模式下，输入的按键将作为指令来处理，例如输入 a，vi 认为要在当前位置插入字符。而在输入模式下，vi 则把输入的按键当作插入的字符来处理。从指令模式切换到输入模式，只需输入相应的输入命令即可（如 a 或 A）；而要从输入模式切换到指令模式，则需在输入模式下按 Esc 键。如果不知道现在是什么模式，可以多按几次 Esc 键。系统如果发出响铃声，就表示已处于指令模式了。

在命令模式下，有以下几种命令可以编辑模式：

a　从光标所在位置后面开始新增内容，光标后的内容随新增内容向后移动。

A　从光标所在列最后面的地方开始新增内容。

i　从光标所在位置前面开始插入内容，光标后的内容随新增内容向前移动。

I　从光标所在列的第一个非空白字节前面开始插入内容。

o　在光标所在列下新增一列并进入输入模式。

O　在光标所在列上方新增一列并进入输入模式。

在指令模式下，输入“:q”，“:q!”，“:wq”或“:x”（注意前面的冒号），就会退出 vi。其中，“:wq”和“:x”是存盘退出，而“:q”是直接退出。如果文件已有新的变化，则 vi 会提示用户保存文件。这时用户可以用“:w”命令保存文件后再退出，也可以直接用“:wq”或“:x”命令存盘退出。如果不想保存改变后的文件，可以用“:q!”命令。这个命令将不保存文件而直接退出 vi。

在命令模式下，vi 的基本编辑命令有以下几种：

x　删除光标所在的字符。

dd　删除光标所在的列。

r　修改光标所在的字节，r 后面接着要修正的字符。

R　进入替换状态，新增文字会覆盖原先文字，直到按 Esc 键回到指令模式为止。

s　删除光标所在的字节，并进入输入模式。

S　删除光标所在的列，并进入输入模式。

事实上，在 PC 上使用 vi 时，输入和编辑的功能都可以在输入模式下完成。例如，要删除字节，可以直接按 Delete 键，而插入状态与替换状态可以直接用 Insert 键切换。不过，前面说过，这些指令几乎是每台终端都能用的，而不是仅仅在 PC 上。在指令模式下，移动光标的基本指令是 h，j，k，l；在 PC 上，直接用方向键就可以了。当然，PC 的键盘也有不足之处。vi 还有两个很好用的指令，u 指令可以恢复被删除的文字，而 U 指令则可以恢复光标所在列的所有改变。这与某些系统中的 Undo 按键功能相同。

这些编辑指令非常有弹性，基本上是由指令与范围所构成的。例如，dw 是由删除指令 d 与范围 w 所构成的，代表删除一个字或者单词：d（delete）w（word）。

vi 常见的指令有：d——删除（delete），y——复制（yank），p——放置（put），c——修改（change），v——开始选取。

表示范围可以使用下列指令：

e　光标所在位置到该单词的最后一个字母。

w　光标所在位置到下一个单词的第一个字母。

b　光标所在位置到上一个单词的第一个字母。

$　光标所在位置到该列的最后一个字母。

0　光标所在位置到该列的第一个字母。

)　光标所在位置到下一个句子的第一个字母。

(　光标所在位置到该句子的第一个字母。

}　光标所在位置到该段落的最后一个字母。

{　光标所在位置到该段落的第一个字母。

值得注意的一点是，删除与复制操作都会将指定范围的内容放到暂存区里，然后可以用指令 p 放置（粘贴）到其他地方。这是 vi 用来处理区段复制与剪切的办法。

某些 vi 版本，如 Linux 所用的 elvis，可以大幅简化这些指令。例如，光标所在的位置会反白显示，可以移动光标来设定范围，然后直接用指令进行编辑。

cc 表示修改整列文字；yy 表示复制整列文字；D 表示删除光标到该列结束为止所有的文字。

除 h，j，k，l 这 4 个基本的光标移动指令之外，还可以使用以下的光标移动命令：

0　移动到光标所在列的最前面。

$　移动到光标所在列的最后面。

[Ctrl][d]　向下半页。

[Ctrl][f]　向下一页。

[Ctrl][u]　向上半页。

[Ctrl][b]　向上一页。

H　移动到视窗的第一列。

M　移动到视窗的中间一列。

L　移动到视窗的最后一列。

b　移动到下一个单词的第一个字母。

w　移动到上一个单词的第一个字母。

e　移动到下一个单词的最后一个字母。

^　移动到光标所在列的第一个非空白字节。

附录 D　Linux 常用函数

D.4 节介绍由 Pthreads 库提供的线程编程接口函数，其他函数属于 Linux 系统调用接口函数。

D.1　进程管理函数

（1）pid_t fork()

功能：创建一个新进程，运行与当前进程相同的程序。

参数：空。

返回值：若失败，则返回值为-1；否则，父进程返回子进程的 pid 号，子进程返回 0。

头文件：<sys/types.h>。

（2）pid_t waitpid(pid_t pid, int* status,int options)

功能：使得父进程的执行得以保持，直到子进程退出（即使父进程先处理完，也要等到子进程结束）。当子进程退出时，父进程收集子进程的信息，并继续执行直到退出。

参数：

pid　子进程的 ID。

status　返回参数，保留子进程结束时的状态信息。

options　进程等待选项，可以为 WCONTINUED，WNOHANG，WNOWAIT 或 WNUTRACED。

返回值：如果成功，则返回被等待的子进程的 pid；否则，若指定为 WNOHANG，并且子进程状态无效，则返回 0，其余的失败将返回-1。

头文件：<sys/types.h> <sys/wait.h>。

（3）exec 系列函数

功能：完成对其他程序的调用。用户在调用 exec 系列函数时，进程的当前映像将被替换成新的程序。换言之，如果成功调用了一个 exec 系列函数，则函数的调用不会返回，而新的进程将覆盖原进程所占用的内存空间。通常，用子进程调用运行 exec 系列函数，父进程要等待子进程结束后再退出。

exec 系列函数有 execl，execlp，execle，execv 等。

示例：创建一个进程，由子进程调用命令 ls，父进程等待子进程结束后退出，并以特定方式显示输出。

```
#include <stdio.h>
#include <unistd.h>
#include <stdarg.h>
#include <time.h>
#include <sys/types.h>
#include <sys/wait.h>
#include <unistd.h>
#include <stdlib.h>
int tprintf(const char *fmt,…);
void waitchildren(int signum);
```

```
int main(void){
    pid_t pid;                                          /*调用进程号*/

    pid = fork();                                       /*创建进程*/
    if(pid == 0){                                       /*子进程*/
        tprintf("Hello from the child process!\n");
        setenv("PS1", "CHILD \\$ ", 1);
        tprintf("I'm calling exec.\n");
        execl("/bin/ls", "/bin/ls", "-l","/etc",NULL);  /*调用 ls 命令*/
        tprintf("You should never see this because the child is already gone.\n");
    }
    else if(pid != -1){                                 /*父进程*/
        tprintf("Hello from the parent, pid %d.\n", getpid());
        tprintf("The parent has forked process %d.\n", pid);
        tprintf("The parent is waiting for the child to exit.\n");
        waitpid(pid, NULL, 0);                          /*等待子进程结束*/
        tprintf("The child has exited.\n");
        tprintf("The parent is exiting.\n");
    }
    else {
        tprintf("There was an error with forking.\n");
    }
    return 0;
}

int tprintf(const char *fmt,…)
{
    va_list args;
    struct tm *tstruct;
    time_t tsec;
    tsec = time(NULL);
    tstruct = localtime(&tsec);
    printf("%02d:%02d:%02d %5d| ",
        tstruct->tm_hour,
        tstruct->tm_min,
        tstruct->tm_sec,
        getpid());
    va_start(args, fmt);
    return vprintf(fmt, args);
}
```

D.2 文件管理函数

（1）int stat(char* path,struct stat sbuf)及 int lstat(char* path, struct stat sbuf)

功能：两个函数用这些信息来填充一个类型为 struct stat 的结构。这两个函数的区别在于，lstat 不对符号链接进行追踪，而只是返回链接本身的信息；而 stat 对符号链接进行追踪，直到链接的最末端。

参数：

path　需要获得信息的文件路径。

sbuf　返回的文件信息（如果调用成功）。

返回值：如果该函数被正确执行，则返回 0；否则，返回-1。

头文件：<sys/stat.h>。

（2）int open(char* path,int flags,mode_t mode)

功能：打开一个文件，并返回文件的 fd。

参数：

path　要打开的文件名。

flags　打开文件的方式。可用的值有 O_CREAT，O_RDONLY，O_WRONLY，O_RDWR，O_NONBLOCK，O_APPEND，O_TRUNC，O_EXECL，O_SHLOCK 和 O_EXLOC 或者合适的组合。

mode 打开文件的权限，请参考附录 C 中的 chmod 命令。

返回值：如果成功打开参数指定的文件，则返回该文件的 fd；否则，返回-1。

头文件：<fcntl.h>。

（3）int read(int fd,void* buf,int count)

功能：从指定文件中读取特定长度的内容至某缓冲区中。但要注意，该文件必须具有读权限。

参数：

fd　指定文件的 fd。

buf　目标缓冲区。

count　需要读入的数目（以字节计）。

返回值：实际读入的字节数。

头文件：<fcntl.h>。

（4）int write(int fd,void*buf,int count)

功能：将指定的数据以指定的大小写入指定的文件。同样要求该文件必须具有写权限。

参数：

d　指定文件的 fd。

uf　源缓冲区。

count　需要写入的数目（以字节计）。

返回值：实际写入的字节数。

头文件：<fcntl.h>。

（5）int close(int fd)

功能：关闭指定文件。

参数：

fd　指定文件的 fd。

返回值：如果成功关闭文件，则返回 0；否则，返回-1。

头文件：<fcntl.h>。

（6）long lseek(int fd,int count,int flags)

功能：将指定文件的读/写指针移动特定的偏移量。

参数：

fd　目标文件的 fd。

count　偏移量的大小。

flags　文件指针移动选项。可选值有 SEEK_SET，SEEK_CUR，SEEK_END，分别表示文

件开始位置、文件指针当前位置及文件结束位置。

返回值：文件指针的新位置。

头文件：<fcntl.h> <io.h>。

示例：打开一个文件，对该文件进行读/写操作，并将文件指针移动到指定的位置。

```
#include <stdio.h>
#include <errno.h>
#include <sys/types.h>
#include <sys/stat.h>
#include <fcntl.h>
#include <unistd.h>
#include <string.h>

int main(void){
    int fd;                                         /*文件描述符定义*/
    char *buffer;
    char show[80];
    int len1,len;
    buffer = "It is a test! ";
    if((fd = open("test1.c",O_CREAT | O_RDWR))== -1){   /*文件的打开*/
        printf("cannot open file !\n");
        exit(0);
    }
    len1= write(fd,buffer,strlen(buffer));          /*对文件进行写操作*/
    lseek(fd,3,SEEK_SET);                           /*文件指针的移动*/
    len = read(fd,show,80);                         /*对文件进行读操作*/
    show[len+1]= '\0';                              /*请读者思考，没有这行，会出现什么情况*/
    printf("file is:%s, len is %d.\n",show,len);
    close(fd);                                      /*关闭文件*/
    return 0;
}
```

D.3 进程间通信函数

int pipe(int fd[2])

功能：创建一个管道和两个文件描述符。

参数：

fd 管道文件的描述符数组。其中，fd[0]文件描述符用于读操作，而 fd[1]文件描述符用于写操作。

返回值：如果创建成功，则返回 0；否则，返回-1。

头文件：标准头文件组。

示例：创建管道，子进程向管道中写信息，父进程从管道中读取信息。

```
#include <stdio.h>
#include <unistd.h>
#include <errno.h>
#include <stdarg.h>
#include <time.h>
```

```
#include <string.h>

#define FD_READ 0
#define FD_WRITE 1

void parent(int pipefds[2]);
void child(int pipefds[2]);
int write_buffer(int fd, const void *buf, int count);
int read_buffer(int fd, void *buf, int count);
int readnlstring(int socket, char *buf, int maxlen);
int readdelimstring(int socket, char *buf, int maxlen, char delim);
int tprintf(const char *fmt, …);

int main(void){
    int pipefds[2];                          /*定义管道文件描述符*/
    pipe(pipefds);                           /*管道创建*/
    if(fork())                               /*进程创建*/
        parent(pipefds);
    else
        child(pipefds);
    return 0;
}

void parent(int pipefds[2]){                 /*父进程从管道中读取信息*/
    char buffer[100];
    close(pipefds[FD_WRITE]);                /*关闭管道写*/
    tprintf("The parent is ready.\n");       /*等待数据，从管道中读取信息，并显示*/
    while(readnlstring(pipefds[FD_READ], buffer, sizeof(buffer))>= 0){
        tprintf("Received message: %s\n", buffer);
    }
    tprintf("No more data; parent exiting.\n");
    close(pipefds[FD_READ]);                 /*关闭管道读*/
}

void child(int pipefds[2]){                  /*子进程向管道中写信息*/
    char buffer[100];
    /* First, close the descriptor that the child doesn't need. */
    close(pipefds[FD_READ]);                 /*关闭管道读*/
    tprintf("The child is ready.\n");
    tprintf("Enter message(Ctrl+D to exit): ");
    while(fgets(buffer, sizeof(buffer), stdin)!= NULL){          /*接收从终端输入的信息*/
        tprintf("Transmitting message: %s\n", buffer);
        write_buffer(pipefds[FD_WRITE], buffer, strlen(buffer));/*信息写到管道中*/
        tprintf("Enter message(Ctrl+D to exit): ");
    }
    tprintf("Client exiting.\n");
    close(pipefds[FD_WRITE]);                                    /*关闭管道写*/
}

int write_buffer(int fd, const void *buf, int count){            /*写信息到管道中*/
    const void *pts = buf;
    int   status = 0, n;
```

```
    if(count < 0)return(-1);
    while(status != count){
        n = write(fd, pts+status, count-status);
        if(n < 0)return(n);
        status += n;
    }
    return(status);
}

int read_buffer(int fd, void *buf, int count)
{                                                    /*从管道中读取信息*/
    void *pts = buf;
    int   status = 0, n;
    if(count < 0)return(-1);
    while(status != count){
        n = read(fd, pts+status, count-status);
        if(n <1) return n;
        status += n;
    }
    return(status);
}

int readnlstring(int socket, char *buf, int maxlen)
{
    return readdelimstring(socket, buf, maxlen, '\n');
}

int readdelimstring(int socket, char *buf, int maxlen, char delim)
{
    int status;
    int count = 0;
    while(count < maxlen - 1){
        if((status = read_buffer(socket, buf+count, 1))< 1){
            printf("Error reading: EOF in readdelimstring()\n");
            return -1;
        }
        if(buf[count] == delim){                     /*找到 delimiter */
            buf[count] = 0;
            return 0;
        }
        count++;
    }
    buf[count] = 0;
    return 0;
}

int tprintf(const char *fmt,…)
{                                                    /*特定输出格式*/
    va_list args;
    struct tm *tstruct;
    time_t tsec;
    tsec = time(NULL);
```

```
        tstruct = localtime(&tsec);
        printf("%02d:%02d:%02d %5d| ", tstruct->tm_hour, tstruct->tm_min, tstruct->tm_sec, getpid());
        va_start(args, fmt);
        return vprintf(fmt, args);
    }
```

D.4 多线程库函数

（1）int pthread_create(pthread_t *thread, const pthread_attr_t * attr, void*(*routines) (*void), void* arg)

功能：创建以 routines 为线程体，以 arg 为参数，具有 attr 线程属性的线程。

参数：

thread　返回参数，新线程的句柄。

attr　新生成线程的属性。如果值为 NULL，则具有默认的线程属性设置。

routine　线程指定运行的函数。该函数必须具有 void*返回值、void*单参数的形式。

arg　该线程运行函数的参数。

返回值：如果成功创建该线程，则返回 0；否则，返回一个非 0 的错误码。

头文件：<pthread.h>。

（2）int pthread_join(pthread_t thread,void**status)

功能：等待一个线程结束，并将结束时的状态返回。

参数：

thread　被等待的线程。

status　返回参数，线程结束时的状态。

返回值：如果线程成功结束，则返回 0；否则，返回非 0 的错误码。

头文件：<pthread.h>。

（3）int pthread_mutex_lock(pthread_mutex_t *mutex)

功能：如果信号量 mutex 未加锁，则为其加锁；否则，该线程阻塞。

参数：

mutex　需要加锁的信号量。

返回值：如果成功加锁，则返回 0；否则，返回非 0 的错误码。

头文件：<pthread.h>。

（4）int pthread_mutex_unlock(pthread_t* mutex)

功能：为指定的信号量解锁。

参数：

mutex　需要加锁的信号量。

返回值：如果成功解锁，则返回 0；否则，返回非 0 的错误码。

头文件：<pthread.h>。

示例：创建一个线程，进行运算并显示输出信息；主程序也对相同的变量进行运算并输出相应信息。

```
#include <pthread.h>
#include <stdlib.h>
#include <unistd.h>
```

```
#include <stdio.h>

int myglobal;
pthread_mutex_t mymutex = PTHREAD_MUTEX_INITIALIZER;        /*定义静态互斥*/

void *thread_function(void *arg)
{
      int i,j;
      for( i= 0; i<20; i++){
            pthread_mutex_lock(&mymutex);                     /*加锁*/
            j= myglobal;
            j=j+1;
            printf(".");
            fflush(stdout);
            sleep(1);
            myglobal=j;
            pthread_mutex_unlock(&mymutex);                   /*解锁*/
      }
      return NULL;
}

int main(void)
{
      pthread_t mythread;
      int i;
      if(pthread_create(&mythread, NULL, thread_function, NULL)){
            printf("error creating thread.");
            abort();
      }
      for(i= 0; i<20; i++){
            pthread_mutex_lock(&mymutex);                     /*加锁*/
            myglobal= myglobal+1;
            pthread_mutex_unlock(&mymutex);                   /*解锁*/
            printf("o");
            fflush(stdout);
            sleep(1);
      }
      if(pthread_join(mythread, NULL)){
            printf("error joining thread.");
            abort();
      }
      printf("\nmyglobal equals %d\n",myglobal);
      exit(0);
}
```

附录 E　Linux 内核综合实验指南

为了深入理解操作系统的概念、操作系统内核的数据结构及处理方法，我们在 Linux 下设计了一个涉及系统调用处理与内存管理的综合实验。该实验的目的是实现对系统运行的应用程序所发出的特定系统调用进行统计，从而掌握在系统中运行的用户程序的行为特征。

E.1　实验目标与内容

到目前为止，我们已经学习了很多系统调用，可以像使用普通的 C 库函数一样去使用这些系统调用，向操作系统内核发出请求，如打开文件，创建管道等。操作系统内核会处理系统调用以满足我们的请求。事实上，在处理每个系统调用的时候，必须暂时切入核心态，待完成用户请求后再返回用户态继续执行。在本次实验中，我们将学习系统调用的执行流程，利用模块技术在 Linux 中编写核心态程序。模块是 Linux 特有的一种机制，可以被动态加载到 Linux 内核空间中来增加内核的功能，后面会有详细解释。

本次实验的目标，一是认识 Linux 的内核模块机制并学习相关编程方法；二是通过内核模块编程学习部分内存管理机制及系统调用机制；三是劫持系统调用并满足记录用户行为这一需求。在实践中培养分析和解决问题的能力，包括三个方面：一是围绕总体目标分析解决问题的能力；二是阅读操作系统内核源代码的能力；三是动手修改系统程序的能力。

本次实验的内容是：① 通过编写内核模块，遍历系统进程，统计指定信息来熟悉内核模块的编程方法；② 为了达成劫持系统调用的目的，必须修改有关系统调用表，为此需要了解和掌握内存分页实现的机制，并理解内存保护的实现方式，通过内核模块编程，完成在核心态下系统内存中随机地址上的读/写操作；③ 前面的实验只是基础，最终的目的是要监视用户程序的系统调用行为。因此需要熟悉常用的几个系统调用及其处理方式，根据需要记录用户程序调用有关“系统调用”的活动信息。你可以自己确定要记录什么系统调用，然后修改内存中的系统调用表，截获该系统调用，记录并分析相关信息。

还可以进一步扩展实验，例如，打开指定文件的系统调用次数统计，或某用户打开指定文件的次数统计等。

E.2　实验基础知识

为了把实验做好，需要进一步理解内核模块、系统调用、内存管理等一系列基础知识。

E.2.1　内核模块

Linux 模块（module）是一些可以作为独立程序来编译（当然，需要使用适当的标志说明这是内核代码）的函数和数据类型的集合。在加载这些模块时，将它的代码链接到内核中。Linux 模块可以在内核启动时加载，这称为静态加载。它们也可以在内核运行的过程中随时加载，这称为动态加载。

Linux 模块可以单独编译成为目标代码。一个编译成功的模块就是一个单独的文件。它可以根据需要，在系统启动后动态地加载到内核中。当这个模块不再需要时，也可以将其动态地卸载出内核。实际上，Linux 中大多数设备驱动程序或文件系统都被编译成为模块。因为它们数目繁多，体积庞大，不适合直接在内核中编译。而通过模块机制，在需要使用它们的时候再临时加载，是最适合不过的。

超级用户可以通过 insmod 和 rmmod 命令显式地将模块加载到内核中或从内核中将它卸载，也可以在内核需要时，请求守护进程（kerneld）加载和卸载模块。这样动态地将代码载入内核，可以减小内核代码的规模，使内核配置更为灵活。还有一个很明显的好处是，在调试内核代码时采用模块技术，用户不必每次修改后都重新编译内核和引导系统。

1．模块的组织结构

在 Linux 中，当一个模块被加载到内核中的时候，它就成为内核代码的一部分（称为内核模块），与其他内核代码的地位完全相同。内核将资源（如函数和变量）登记在符号表（Symbol Table）中。当加载模块时，内核利用符号表来解决模块中资源引用的问题，也就是说，在需要的时候，模块可以通过符号表使用内核中的资源。Linux 中支持模块堆栈（Module Stacking）的概念，这意味着一个模块可请求其他模块为之提供服务。当加载模块到内核中时，系统将修改内核中的符号表，将新加载的模块提供的资源添加到符号表中。通过这种通信机制，新加载的模块可以访问已加载的模块提供的资源。通过/proc/ksyms 文件，可以查看符号表中各类符号及其地址。

当某个模块不再使用的时候，用户便可将它卸载出内核。在卸载之前，系统释放分配给该模块的所有系统资源，如内存、中断等，同时系统将该模块提供的资源从符号表中删除。

值得注意的是，由于模块中的代码与内核中其他部分代码的地位相同，因此，一个模块的代码错误就有可能导致整个系统的崩溃。而且模块一般需要调用内核的资源，所以必须注意模块的版本与内核版本的匹配问题。一般在加载模块的过程中，系统会自动检查该模块的版本信息。

2．内核模块的特点

使用内核模块的优点：

- 使得内核更加紧凑和灵活。
- 修改内核时，不必全部重新编译整个内核，可节省不少时间，避免人工操作的错误。系统中如果需要使用新模块，只要编译相应的模块，然后使用特定用户空间的程序将模块插入即可。
- 模块可以不依赖于某个固定的硬件平台。
- 模块的目标代码一旦加载到内核中，它的作用就和静态链接的内核目标代码完全等价。所以，当调用模块中的函数时，无须显式地进行消息传递。

但是，内核模块的引入也会带来一定的问题：

- 由于内核所占用的内存是不会被换出的，因此内核模块会给整个系统带来一定的性能和内存利用方面的损失。
- 模块一旦加载到内核中，就成为内核的一部分，可能会修改内核中的其他部分，因此，模块的使用不当会导致系统崩溃。
- 为了让内核模块能够访问所有内核资源（如函数及变量），必须维护符号表，并在加载和卸载模块时修改符号表。
- 因为内核模块会要求利用其他模块的功能，所以，内核要维护模块之间的依赖性。

由于模块和内核在同样的地址空间中运行，因此模块编程在一定意义上就是内核编程。但是，并不是内核中所有的地方都可以使用模块。一般在设备驱动程序、文件系统等地方使用模块，而对 Linux 内核中极为重要的地方，如进程管理和内存管理等，仍难以通过模块实现，通常要直接修改内核。

3．模块的加载和卸载

编译内核模块的方法和编译其他用户态程序基本一致，只是需要增加适当的标志（后文详细介绍），说明要编译的是内核模块，结果将产生一个特殊的可执行格式的文件。

一个内核模块必须至少有两个函数：init_module()在该模块被加载到内核中的时候被调用，cleanup_module()则在该模块被卸载之前调用。这两个函数都是在核心态下执行的。典型的 init_module()通常会完成一些申请资源等初始化的任务；而一个完整的 cleanup_module()应该能够撤销 init_module()所做的任何事情，使得模块被卸载后不留下任何副作用。举例来说，如果在 init_module()中申请了一块内存，在 cleanup_module()中就应该释放这块内存，以免造成内存泄漏。

加载模块到内核中的过程如图 E.1 所示。

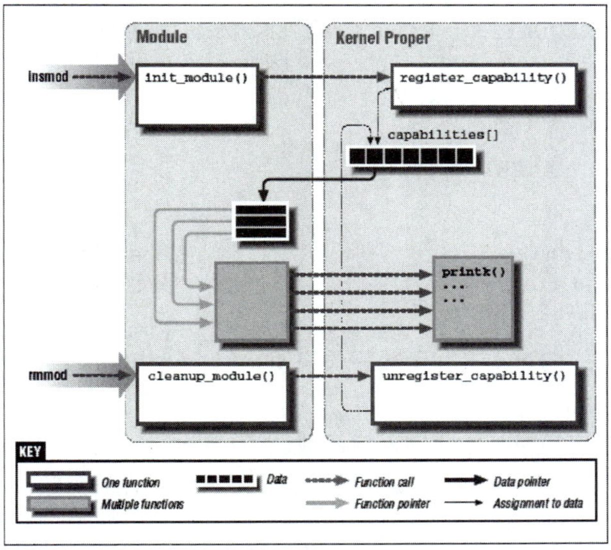

图 E.1　加载模块到内核中的过程示意

在用 insmod 命令加载一个模块时，将会发生以下事件：

① 新模块通过内核函数 create_module()加载到内核地址空间中。

② 另外一个内核函数 get_kernel_syms()，通过查找导出的内核符号对模块中的外部符号引用进行解析。导出内核符号之后，可以得到一个已经加载到内核中的其他模块的列表。这意味着如果一个模块引用了其他模块中定义的符号，那么定义这个符号的模块必须在那些引用这个符号的模块加载到内核中之前被加载。

③ create_module()为这个模块分配内存空间。

④ 通过 init_module()加载模块。该模块定义的符号在此时被导出，供其他可能后来加载的模块使用。

⑤ insmod 命令为新加载的模块调用 init_module()。

当用户使用 rmmod 命令卸载模块时，内核调用模块的 cleanup_module()，释放模块所使用的空间，同时取消虚拟地址的映射。

4．编写简单的内核模块程序

因为模块不和 C 函数库连接，所以在编写内核模块时，在源文件中不能包含通常的头文件。而且，内核模块作为核心态程序，只能使用内核函数。这些函数通常定义在内核源代码的 include 目录下。

示例：创建一个内核模块，在核心态下打印“Hello world！”字符串。

文件名：helloworld.c

```
/* "Hello, world" ——内核模块版本 */

/*  内核模块中的标准 */
#include <linux/module.h>                          /*内核模块编程必要的头文件*/
#include <linux/kernel.h>                          /*核心态程序常用函数头文件*/

/*初始化模块 */
static int_ _init hello_init(void)
{
     printk(KERN_ALERT"Hello world!\n");           /*打印内核消息*/
     return 0;    /*如果返回一个非 0 值，则表示内核模块初始化失败并且内核模块不能被加载*/
}

static void _ _exit hello_exit(void)
{
     printk(KERN_ALERT "Bye!\n");
}

module_init(hello_init);                           /*绑定模块入口函数*/
module_exit(hello_exit);                           /*绑定模块出口函数*/
MODULE_LICENSE("GPL");
```

下面给出上面程序中的宏定义和函数相关说明。

➢ #define module_init(x)

功能：宏定义，指定模块初始化的入口函数。

参数：x，在内核启动的时候或者模块插入的时候需要运行的函数。

返回值：无。

头文件：<linux/module.h>。

➢ #define module_exit(x)

功能：宏定义，指定模块卸载的出口函数。

参数：x，在模块卸载的时候需要运行的函数。

返回值：无。

头文件：<linux/module.h>。

➢ asmlinkage _ _visible int printk(const char *fmt, …)

功能：与用户态的 printf()功能类似，区别在于该函数工作在核心态下，用于将格式化后的字符串输出。

参数：与 printf()一致。格式化字符串包含三种对象，分别为：字符串常量、格式控制字符串和转义字符。字符串常量原样输出，在显示中起提示作用。输出表列中给出了各个输出项，要求格式控制字符串和各输出项在数量和类型上应该一一对应。其中格式控制字符串是以%开头的字符串，在%后面跟有各种格式控制符，以说明输出数据的类型、宽度、精度等。

返回值：正确，返回输出的字符总数；错误，返回负值。

头文件：<linux/kernel.h>。

利用 make 工具编译较为方便，所以在 helloworld.c 的同目录建立如下文件。

文件名：Makefile。

```
TARGET = helloworld
KDIR =/lib/modules/$(shell uname -r)/build
PWD = $(shell pwd)
obj-m+ = $(TARGET).o

default:
	make -C $(KDIR) M = $(PWD) modules
clean:
	make -C $(KDIR) M = $(PWD) clean
```

其中，TARGET、KDIR、PWD 分别表示目标文件名、当前 Linux 运行的内核源代码路径名、当前工作目录名的变量；“=”用于变量的定义，接着就可以采用$(TARGET)的方式使用变量；default 内为编译目标文件所使用的命令，-C $(KDIR)指明跳转到内核源代码目录下读取那里的 Makefile 文件，M = $(PWD)表示返回到当前目录下继续读入，执行当前的 Makefile 文件；clean 内的命令用于清除一些编译产生的文件，当输入 clean 命令时，clean 内的命令就会被执行。

一旦设计并编写好模块，必须将其编译成一个适合内核装载的对象文件。执行 make 工具，输入如下命令:

```
make
```

此时，如果在当前目录下生成了 helloworld.ko 文件，则说明已经编译成功，可以依次输入下面的命令：

输入命令 insmod helloworld.ko 加载这个模块。

输入命令 dmesg 查看内核系统日志，请注意最后一行。

输入命令 lsmod 查看系统中所有的模块，看看有没有 helloworld 模块。

输入命令 rmmod helloworld 卸载模块。

E.2.2 系统调用

实验目的是修改系统调用处理函数，因此必须了解系统调用机制。

1. 基本概念

在计算机中，系统调用（System Call）指运行在用户空间中的程序向操作系统内核请求需要更高权限运行的服务。系统调用提供用户程序与操作系统之间的接口。大多数系统交互式操作需要在核心态下运行，如设备 I/O 操作或者进程间通信。操作系统的进程空间可分为用户空间和内核空间，它们需要不同的执行权限。其中系统调用运行在内核空间中。

系统调用和普通库函数调用非常相似，只是系统调用由操作系统内核提供，运行于内核核心态，而普通的库函数调用由函数库或用户自己提供，运行于用户态。

Linux 的系统调用通过 int 0x80 指令实现，用系统调用号来区分处理函数。系统提供了系统调用库，库中函数都包含了 int 0x80 指令，这样用户在编写的高级语言程序中调用系统调用库函数即可。操作系统实现系统调用的基本过程是：

① 应用程序调用系统调用库函数（API）；

② API 将系统调用号存入 EAX 寄存器，然后通过 int 0x80 指令使系统进入核心态；

③ 内核中的 0x80 中断处理例程根据系统调用号作为索引，查找系统调用表，调用表中对应的系统调用处理函数；

④ 系统调用完成相应功能，将返回值存入 EAX 寄存器，返回中断处理函数；

⑤ 中断处理函数返回 API 中；

⑥ API 将 EAX 寄存器中的值返回给应用程序。

总的来说，整个系统调用的执行流程如图 E.2 所示。

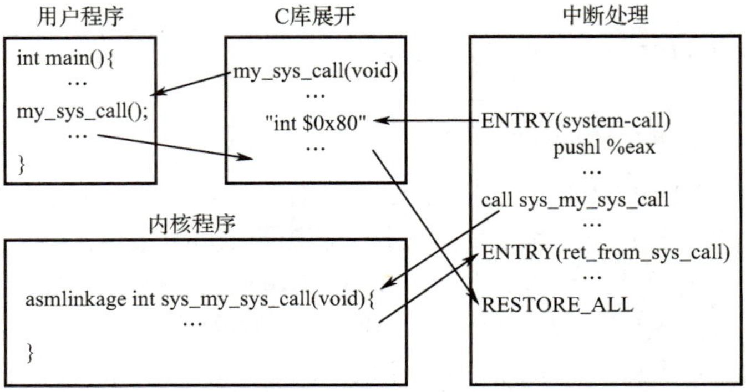

图 E.2　系统调用的执行流程

例如，用户态的 printf()会使用 write()这个系统调用，然后通过内核函数 sys_write()将输出内容写到终端上。printf()的执行流程如图 E.3 所示。

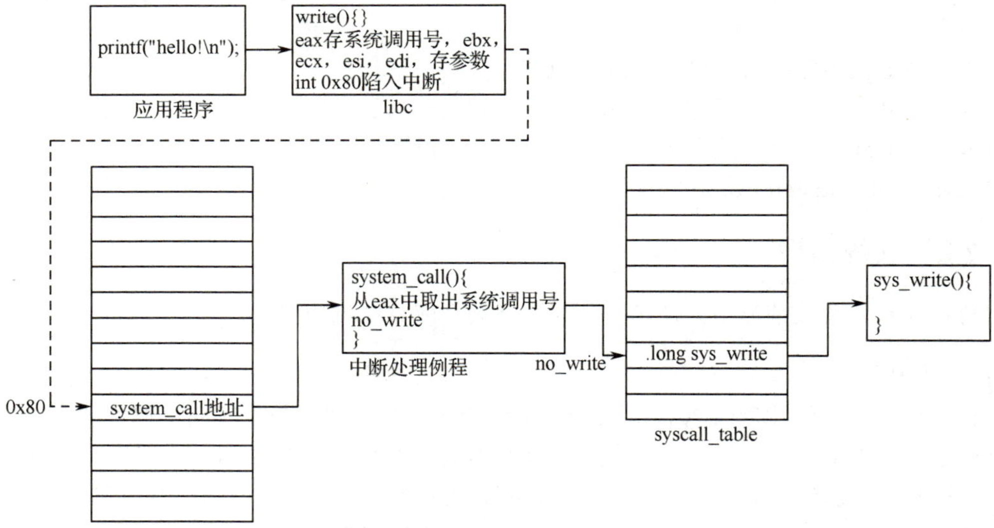

图 E.3　printf()的执行流程

2．系统调用表

Linux 4.4.x 版本内核的 x86 系统（32 位）系统调用表，其路径为：

arch/x86/entry/syscalls/syscall_32.tbl

而 x86 系统（64 位）的系统调用表，其路径为：

arch/x86/entry/syscalls/syscall64.tbl

注意，可以看出，两者的系统调用顺序是不一样的，所以我们在使用系统调用的时候最好直接使用宏来代替序号。在内核中，每个系统调用都有一个序列号，并常以宏的形式实现。

系统调用宏定义参考头文件 unistd32.h（32 位程序）和 unistd64.h（64 位程序），它们同时保存在以下两个文件夹中：

来自内核源码：arch/x86/include/generated/uapi/asm

来自 gcc 编译器：/usr/include/i386-linux-gnu/asm

系统启动后，整张系统调用表都被放入内存中，表中的每项都是一个函数指针，指向对应的内核程序。sys_write()的执行流程如图 E.4 所示，表中的索引号（no_write）就是所对应的系统调用编号。

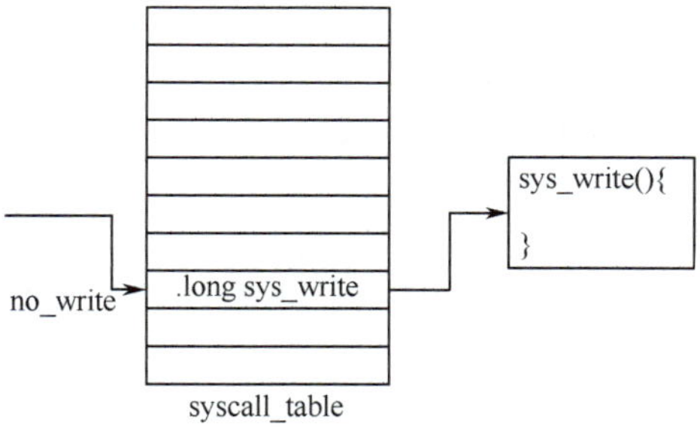

图 E.4　sys_write()的执行流程

系统调用表将被加载到内存中，它在内存中的位置是固定的，其首地址（对应 Linux 4.4.162 版本内核）可在/boot/System.map-4.4.162 符号表中找到。其值在不同的机器上会不一样，对应的条目为 sys_call_table。

在 System.map-4.4.162 符号表中可以看到：

```
xxxxxxxx R sys_call_table
```

其中，xxxxxxxx 表示 sys_call_table 在内存中的首地址，R 表示 sys_call_table 所在的内存页属性为只读。

E.2.3　内存管理

实验要修改系统调用表，但系统调用表所在的内存页是受保护的，因此我们要知道页保护机制，到时能够修改系统调用表所在页的保护位，达到修改系统调用表的目的。

1. 分页机制

Linux 4.x 版本的内存管理使用了一种适合 32 位和 64 位结构的通用分页模型。该模型使用 4 级分页机制：

- 页全局目录（Page Global Directory）
- 页上级目录（Page Upper Directory）
- 页中间目录（Page Middle Directory）
- 页表（Page Table）

页全局目录包含若干页上级目录的地址，页上级目录包含若干页中间目录的地址，而页中间目录包含若干页表的地址，每个页表项指向一个页框。因此线性地址被分成 5 个部分，而每个部分的大小与具体的计算机体系结构有关。多级页表示意图如图 E.5 所示。

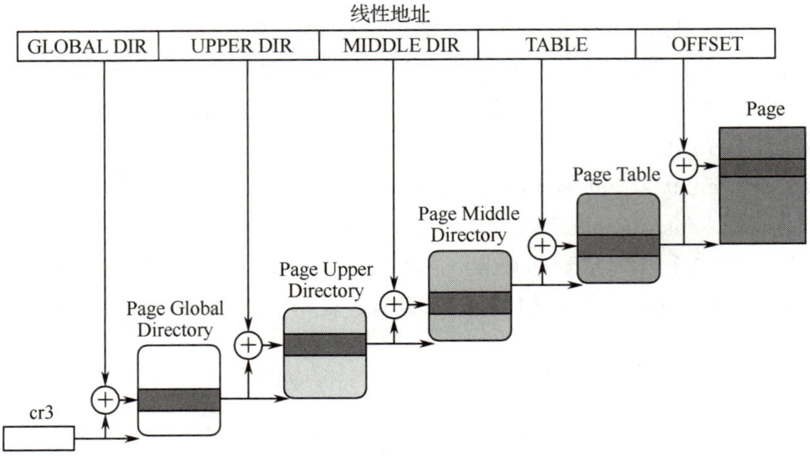

图 E.5 多级页表示意图

2. 页表项结构

内存页的属性信息保存在其对应的页表项（PTE）中。页表项的结构如下：

31 … 12	11 10 9	8 7	6	5	4 3	2	1	0
页帧地址 位31…12	AVL	0 0	D	A	0 0	U/S	R/W	P

页表项的一些关键属性位定义如下：

```
…
#define _PAGE_BIT_PRESENT        0    /* 是否存在 */
#define _PAGE_BIT_RW             1    /* 是否可写 */
#define _PAGE_BIT_USER           2    /* 是否可在用户模式下访问 */
#define _PAGE_BIT_ACCESSED       5    /* 访问位 */
#define _PAGE_BIT_DIRTY          6    /* 脏位 */
```

所以，内存页属性的检测和设置可以通过 pte_t->pte 与下列变量进行位运算实现：

```
…
#define _PAGE_PRESENT(_AT(pteval_t, 1) << _PAGE_BIT_PRESENT)
#define _PAGE_RW(_AT(pteval_t, 1) << _PAGE_BIT_RW)
#define _PAGE_USER(_AT(pteval_t, 1) << _PAGE_BIT_USER)
#define _PAGE_PWT(_AT(pteval_t, 1) << _PAGE_BIT_PWT)
#define _PAGE_PCD(_AT(pteval_t, 1) << _PAGE_BIT_PCD)
#define _PAGE_ACCESSED(_AT(pteval_t, 1) << _PAGE_BIT_ACCESSED)
#define _PAGE_DIRTY(_AT(pteval_t, 1) << _PAGE_BIT_DIRTY)
#define _PAGE_PSE(_AT(pteval_t, 1) << _PAGE_BIT_PSE)
#define _PAGE_GLOBAL(_AT(pteval_t, 1) << _PAGE_BIT_GLOBAL)
#define _PAGE_SOFTW1(_AT(pteval_t, 1) << _PAGE_BIT_SOFTW1)
#define _PAGE_SOFTW2(_AT(pteval_t, 1) << _PAGE_BIT_SOFTW2)
#define _PAGE_PAT(_AT(pteval_t, 1) << _PAGE_BIT_PAT)
#define _PAGE_PAT_LARGE (_AT(pteval_t, 1) << _PAGE_BIT_PAT_LARGE)
#define _PAGE_SPECIAL(_AT(pteval_t, 1) << _PAGE_BIT_SPECIAL)
#define _PAGE_CPA_TEST(_AT(pteval_t, 1) << _PAGE_BIT_CPA_TEST)
#define _PAGE_SPLITTING(_AT(pteval_t, 1) << _PAGE_BIT_SPLITTING)
…
```

3. 更改内存页属性示例

示例：变更线性地址 address 所在的内存页的读/写属性。

```
void make_rw(unsigned long address)
{
    unsigned int level;
    pte_t *pte = lookup_address(address, &level);       //查找虚拟地址所在的页表地址
    pte->pte |=_PAGE_RW;                                 //读/写属性设置为可写
}

void make_ro(unsigned long address)
{
    unsigned int level;
    pte_t *pte = lookup_address(address, &level);
    pte->pte &= ~_PAGE_RW;                               //读/写属性设置为只读
}
```

下面给出上述程序调用的 lookup_address 例程相关说明。

语法格式：

```
pte_t *lookup_address(unsigned long address, unsigned int *level)
```

功能：查找虚拟地址对应的页表项。

参数：

address　虚拟地址。

level　返回内存页映射的层级（若调用成功）。

返回值：指向虚拟地址对应页表项结构体的指针。

头文件：<linux/kernel.h>。

pte_t 结构体的定义如下：

```
typedef unsigned long pteval_t;
typedef struct {
    pteval_t pte;
}pte_t;
```

E.2.4　其他

1．用户空间和内核空间

我们知道，模块运行在内核空间（Kernel Space）中，而应用程序则运行在用户空间（User Space）中，这个概念是操作系统理论的基础之一。内核空间和用户空间这两个术语不仅说明两种执行模式具有不同的优先权等级，而且还说明每种模式都有自己的内存映射，即自己的内存地址空间。

每当应用程序执行系统调用或者被中断时，Linux 将执行模式从用户空间切换到内核空间，执行系统调用的内核代码运行在进程上下文中，它代表调用进程执行操作，因此能够访问进程地址空间的所有数据；而处理硬件中断的内核代码则和进程是异步的，因而与任何一个特定进程都无关。

图 E.6 展示了用户空间和内核空间的示意，以及进程在两种执行模式下的切换。

实现内核函数时，并不能直接使用用户空间的指针型参数或者引用型参数，而必须使用 copy_from_user()和 copy_to_user()这两个内核函数（也可以使用 memcpy_fromfs()和 memcpy_tofs()）实现用户空间和内核空间的数据交换。相关函数声明如下：

```
copy_from_user(void *to, const void _ _user *from, unsigned long n)
copy_to_user(void _ _user *to, const void *from, unsigned long n)
```

下面以从用户空间复制数据到内核空间中为例说明有关参数。

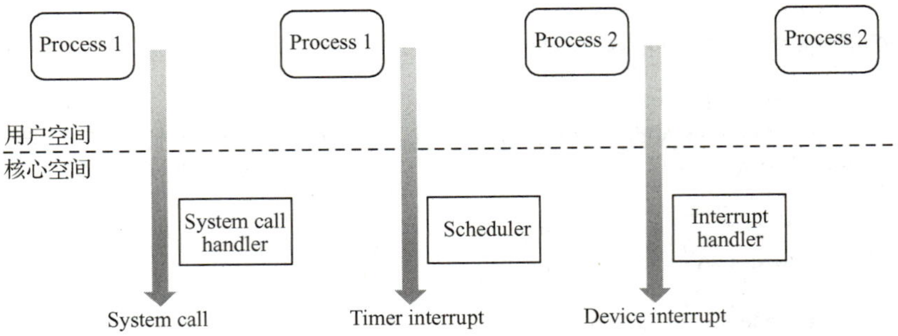

图 E.6　用户空间和内核空间切换的示例

语法格式：

```
unsigned long copy_from_user(void *to, const void _ _user *from, unsigned long n)
```

功能：将用户空间的数据传送到内核空间。

参数：

to　内核空间中存放数据目标地址指针。

from　用户空间中数据源地址指针。

n　数据的长度。

返回值：如果数据复制成功，则返回 0；否则，返回没有复制成功的数据字节数。

头文件：<linux/highmem.h>。

2．进程

进程是任何多道程序设计的操作系统中的基本概念。为了管理进程，内核必须对每个进程运行的程序及状态等进行描述。例如，内核必须知道进程的优先级，它是正在 CPU 上运行还是因某些事件被阻塞，给它分配什么样的空间，它访问哪个文件等。这正是进程描述符（Process Descriptor）的作用。Linux 内核中采用 task_struct 类型结构说明进程描述符，它的域中包含了与进程相关的所有信息。因为进程描述符中存放了那么多信息，所以它相当复杂。它本身不仅包含了很多域，而且其中一些域中还包含了指向其他数据结构的指针。

为了对给定类型的进程（例如，在可运行状态下的所有进程）进行有效的搜索，内核建立了几个进程链表。有一个双向循环链表把所有现有的进程联系起来，称为进程链表（Process List）。进程的 prev_task 和 next_task 域用来实现链表。init_task 指向进程链表的头。另外，宏 current 总是指向 CPU 的当前进程。进程链表结构如图 E.7 所示。

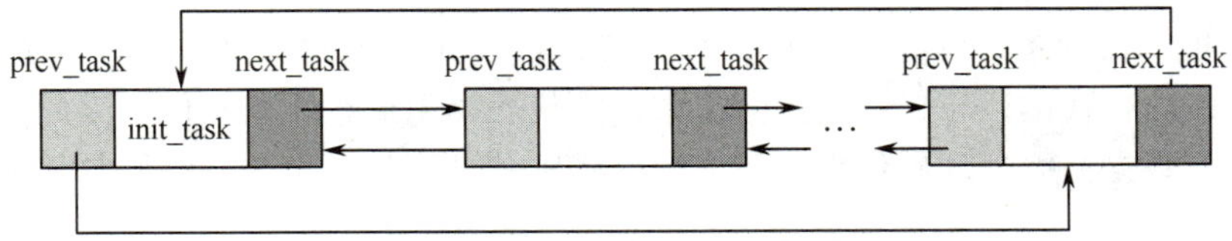

图 E.7　进程链表结构示意图

查看 linux/sched.h 文件可以得到 task_struct 类型结构定义，请读者试着分析各个域的含义。

下列代码可以用于遍历进程描述符链表：

```
struct task_struct *p;
for_each_process(p){
…//do something
}
```

其中，for_each_process 为宏定义，所在位置为 include/linux/sched.h，相关信息如下：

```
#define for_each_process(p) \
for (p = &init_task ; (p = next_task(p)) != &init_task ; )
```

功能：宏定义，通过进程结构体指针遍历系统所有进程。

参数：

p　进程描述符指针。

头文件：<linux/sched.h>。

E.3　实验设计

该综合实验的目的是对在系统中运行的应用程序所发出的特定系统调用进行记录与统计，从而掌握在该系统中运行的用户程序的有关系统调用行为特征信息。例如，记录某个系统调用的频率，或打开某个文件的次数等。

我们需要用内核模块来实现一段程序，用这段程序去替代涉及的原系统调用处理程序。因此我们需要修改系统调用表，用新函数去替换原函数。由于系统调用表放在受保护的内存页中，故我们需要了解如何修改页保护属性，确保系统调用表修改成功。

在实现这个终极目标前，我们要做一些基础实验进行铺垫。先要了解如何编写内核模块，实验 1 帮助我们做到这一点。实验 2 就是告诉我们如何去修改页的保护属性，为修改系统调用表打下基础。实验 3 才是我们的最终目标。具体实验时，后两个实验均在前一个实验的基础上通过修改或增加部分功能实现。实验系统内核用 Linux4.4.162。

实验 1

实验目的：熟悉 Linux 内核中的 task_struct 结构，学习内核模块编程。

实验任务：设计并实现一个模块，遍历进程链表，打印出系统中的进程数目、当前进程，并尽量多地打印每个进程的信息，如进程 PID、进程状态等。

实验 2

实验目的：通过本实验使学生了解和掌握内存分页实现的机制，并理解内存页保护的实现方法。

实验任务：通过内核模块编程，完成系统内存中随机地址上的读/写操作。在核心态下对给定内存进行读/写操作。如果内存所在页为写保护状态，通过更改页保护属性以允许写操作。

实验 3

实验目的：通过本实验，熟悉常用的几个系统调用及其处理过程，并记录系统中所有用户的活动信息。

实验任务：修改系统调用表，截获系统调用，记录并分析相关信息。至少截获 open、mount、execve 等系统调用，记录所有用户的行为信息。

还可以进一步扩展实验，例如，对指定文件打开系统调用的统计，或某用户打开指定文件的统计等。

E.4 实验步骤

实验 1

1．编写内核模块程序；
2．在指定的模块初始化函数中遍历进程描述符，并打印信息；
3．装载模块，验证结果，查看内核的输出记录；
4．卸载模块。

实验 2

1．了解系统调用表的结构；
2．找到未使用的系统调用号（即系统调用表空表项对应的调用号）；
3．找到系统调用表在内存中的位置；
4．编写内核模块程序；
5．在指定的模块初始化函数中，打印空表项修改前的值；
6．修改系统调用表所在内存页的读/写属性，以允许写操作；
7．修改空表项的值，并打印修改后的空表项的值；
8．装载模块，查看内核的输出记录，验证两次打印结果是否一致；
9．卸载模块。

实验 3

1．找到 open，mount，execve 对应系统调用的编号（可使用宏定义__NR_open，__NR_mount，__NR_execve 代替）；

2．找到系统调用表在内存中的位置；

3．在模块初始化函数中，修改系统调用表所在内存页的读/写属性，以允许写操作；

4．找到内存中 mount，open，execve 对应的系统调用表表项，保存其内容，备份；

5．将 mount，open，execve 对应的系统调用表表项修改为自己定义的函数地址；

6．在自己定义的函数中，打印系统调用的相关信息，并继续调用原系统调用处理函数，以保证系统的正常运行；

7．装载模块，查看内核的输出记录，分析验证结果；

8．卸载模块。

E.5 常见问题

1. 修改调用表后，在内核输出结果中，为什么会存在内存页请求异常信息？例如，BUG: unable to handle kernel paging request at c17554bc。

答：这表示内存页访问失败。具体原因是，系统调用表所在内存页是只读的，无法写入，所以在执行写入操作时返回异常，应该先把系统调用表所在内存页的读/写属性改为可写。

2. 修改调用表为自定义函数，加载内核模块后，为什么系统会直接死机或者返回不知名错误？

答：这里主要有两个原因。

原因 1：修改的系统调用表表项影响了正常的系统运行，应该在自定的函数中调用原有的系统调用处理函数。

可参考以下代码：

```
/*声明空的函数指针变量，用来保存原有的系统调用表表项*/
asmlinkage long (*original_open)(const char __user *filename,int flags,umode_t mode);
asmlinkage long (*original_mount)(const char __user * dev_name,char __user * dir_name,
                    char __user * type,unsigned long flags,void __user * data);
asmlinkage long (*original_execve)(const char __user *filename,
                    const char __user*const __user *argv,
                    const char __user *const __user *envp);
/*函数定义*/
asmlinkage long my_open(const char __user *filename,int flags, int mode)
{
    //do something
    return original_open(filename,flags,mode);
}

asmlinkage long my_mount(const char __user *dev_name,char __user *dir_name,
                    char __user * type,unsigned long flags,void __user * data)
{
    //do something
    return original_mount(dev_name,dir_name,type,flags,data);
}

asmlinkage long my_execve(const char __user *filename,
                    const char __user *const __user*argv,
                    const char __user *const __user *envp)
{
    //do something
    return original_execve(filename_,argv,envp);
}
```

原因 2：直接使用了指向用户态的指针打印字符串（如 open 调用中的文件名）。

应该先用 copy_from_user()将字符串从用户空间复制到内核空间中，然后打印。例如：

```
asmlinkage long my_open(const char _ _user *filename,int flags,umode_t mode)
{
    char buf[128];
    copy_from_user(mybuf,filename,128);
    printk(KERN_ALERT "uid %d open(%s,o%o,o%o)\n",current->real_cred->user->uid.val,
          buf, flags, mode);
    return original_open(filename,flags,mode);
}
```

参 考 文 献

[1] 邹鹏，罗宇，王广芳等. 操作系统原理. 长沙：国防科技大学出版社，2000.

[2] 罗宇，邹鹏，邓胜兰等. 操作系统（第 4 版）. 北京：电子工业出版社，2015.

[3] A S Tanenbaum 等. 现代操作系统（原书第 4 版）. 陈向群等，译. 北京：机械工业出版社，2017.

[4] A Silberschatz，etc. Operating Systems Concepts, 6th edition. John Wiley&Sons，2002.

[5] William Stalling. Operating Systems-Internals and Design Principle, 6th edition. Prentice Hall，2009.

[6] 孟静. 操作系统教程——原理与实例分析. 北京：高等教育出版社，2001.

[7] Linux 源代码. http://lxr.linux.no/source.

[8] Daniel P Bovet，Marco Cesati. Understanding the Linux Kernel. 3rd edition. O'Reilly，2005.

[9] W.Richard Stevens. UNIX 网络编程（第二版）第 2 卷：进程间通信. 杨继张，译. 北京：科海电子出版社，2000.

[10] 毛德操，胡希明. Linux 内核源代码情景分析. 杭州：浙江大学出版社，2001.

[11] 李善平等. Linux 内核 2.4 版源代码分析大全. 北京：机械工业出版社，2002.

[12] Rémy Card，Theodore Ts'o，Stephen Tweedie. Design and Implementation of the Second Extended Filesystem. In:Proceedings of the First Dutch International Symposium on Linux，1994.

[13] Uresh Vahalia. UNIX Internals-The New Froutiers. Prentice Hall，1996.

[14] Nutt G. 操作系统现代观点（第 3 版）. 罗宇等，译. 北京：机械工业出版社，2005.

[15] 卿斯汉，刘清文，温红子. 操作系统安全. 北京：清华大学出版社，2004.

[16] bash 参考手册，http://www.gnu.org/manual/bash/index.html.

[17] Single UNIX specification version 3, http://www.UNIX-systems.org/version3.

[18] Cameron Newham. Learning The Bash Shell. 3rd edition. O'reilly, 2005.

[19] 广小明等. 虚拟化技术原理与实现. 北京：电子工业出版社，2012.

[20] The Linux Kernel Module Programming Guide，http://www.docmirror.net/en/linux/guides/lkmpg-2.6/lkmpg.

[21] Linux 源码，https://elixir.bootlin.com/linux/latest/source.